2017 年贵州大学“贵州省农林经济管理国内一流学科建设项目
（编号：GNYL[2017]002）”

2018 年贵州大学中喀研究院项目
“乡村振兴战略落地模式与利益链接机制研究”

西部地区小流域
生态补偿的现代逻辑

伍国勇　著

人民出版社

责任编辑:高晓璐

图书在版编目(CIP)数据

西部地区小流域生态补偿的现代逻辑/伍国勇 著. —北京:
人民出版社,2019.12
ISBN 978 - 7 - 01 - 021665 - 2

Ⅰ.①西… Ⅱ.①伍… Ⅲ.①小流域-生态环境-补偿机制-研究-西北地区
②小流域-生态环境-补偿机制-研究-西南地区 Ⅳ.①X321.2

中国版本图书馆 CIP 数据核字(2019)第 286955 号

西部地区小流域生态补偿的现代逻辑

XIBU DIQU XIAOLIUYU SHENGTAI BUCHANG DE XIANDAI LUOJI

伍国勇 著

人民出版社 出版发行
(100706 北京市东城区隆福寺街 99 号)

北京虎彩文化传播有限公司印刷 新华书店经销

2019 年 12 月第 1 版 2019 年 12 月北京第 1 次印刷
开本:710 毫米×1000 毫米 1/16 印张:25.25
字数:445 千字

ISBN 978 - 7 - 01 - 021665 - 2 定价:82.00 元

邮购地址 100706 北京市东城区隆福寺街 99 号
人民东方图书销售中心 电话 (010)65250042 65289539

序　言

我国自改革开放以来，经济持续高速发展，据国家统计局数据显示，2017年中国国内生产总值GDP达827122亿元，同比增长6.9%，为近年来首次提速。从目前31个省区市GDP增速的排名来看，包括贵州、西藏、云南、重庆、四川、陕西、宁夏等西部省区市在内的22个省市GDP增幅超过了全国水平。但是，这种高速增长也是建立在大量消耗资源和付出环境代价的基础上，资源、环境已成为制约经济社会发展的瓶颈，特别是水资源短缺、水环境污染问题日益突出。农村环境治理、流域生态补偿问题已经迫在眉睫。

自20世纪80年代以来，我国各级政府不断重视对水环境的保护，环境政策也转向更加积极的态度。最重要的是强调“谁污染、谁负责”的理念，从排污权许可改革、“三同时”制度强化等市场手段和问责机制方面强化监管。2012年十八大报告首次将生态文明建设提升到国家战略高度，明确提出“推进水土流失综合治理增强城乡防洪抗旱排涝能力”，“建立反映体现生态价值理念和生态有偿使用的生态补偿制度，建立健全生态环境保护责任追究考核制度和环境破坏赔偿制度”，建设“美丽中国”。十八届三中全会更是提出“改革生态环境保护管理体制”，从生态补偿制度等方面入手进行制度强化和能力提升。这些都说明，中国生态文明建设战略已经从理念阶段走向具体实践，生态现代化道路已经铺就，

“五位一体”总体格局已经奠立，国家治理体系进一步健全，国家现代化治理能力必将全面开花结果。十九大提出“乡村振兴战略”，明确加强农村生态环境整治，强化水生态环境保护，实施流域生态补偿。而小流域综合治理、生态补偿是实施乡村振兴战略的重要途径之一。

但是，当前关于小流域生态补偿的机制与政策研究，应用基础理论还不够扎实，操作层面的政策方案还不够全面。特别是市场体系资金管理、法律法规、制度政策建设还相对滞后的现实远远没有改变。考虑到生态补偿的复杂性、长期性情况，本书针对西部地区小流域，基于应用经济的学科特点，建立小流域生态补偿的理论模型和分析框架，并依托于经济学“配置经济资源”“提高市场效率”“实现均衡发展”的角度，采用多种模型、多学科、多视角分析，全面架构了小流域生态补偿的机制与政策框架。并紧紧围绕“理论”“政策”两个维度，从“生态伦理”“生态服务”“利益协调”“产权配置”“管理效率”和“制度分析”六个研究视角，分别借鉴了伦理学、经济博弈论、产权经济学、大数据、制度经济学的理论与方法，参考了国内外生态补偿的制度政策创新做法，深入讨论了小流域生态补偿在应用经济视角下的几个经济问题：产品服务的需求与供给的均衡问题、市场资源配置均衡问题、生产及管理效率问题、利益分配问题、价格均衡问题和宏观制度改革问题。

全书共十一章，各章内容分别概述如下：

第一章　西部地区小流域生态补偿的背景分析。本章重点是提出研究问题，介绍研究内容、思路与方法，成果创新点，为读者阅读带来便利。介绍了西部地区生态环境问题和水资源分布情况，提出了开展小流域生态补偿的必要性和重要性；分析了国内外生态补偿的理论与实践情况，并评价了国内外生态补偿研究现状、实践成效；界定了本课题的研究范围，包括学科范围、视角选择、研究对象、内容与方法等；最后点出了本课题可能的创新点。

第二章　小流域生态补偿的现状与问题。在深入西部12省区市大部分小流域调查的基础上，系统介绍了课题调研的组织情况和调查情况，分析了西部省区市调研样本小流域的投资情况、生态补偿情况及建设效果等，对当前小流域生态补偿的“政府主导型、市场导向型、社会补偿型、自主治理型”等不同模式效果进行比较分析，指出了小流域生态补偿存在的主要问题及可能原因。

第三章　小流域生态补偿机制与政策的分析框架。从应用经济学的框架下分析了小流域生态补偿的学理含义，梳理了生态思想的演进情况及对本课题研究的指导意义，介绍了协调理论、生态理论、制度变迁理论、博弈论及大数据理论在本研究中的重要作用；重点是从经济学的框架下深入界定了小流域生态补偿的理论内涵和经济属性的研究问题，并建立了小流域生态补偿的数学模型，通过经济学的理论分析了小流域生态补偿系统的运行机理，最后指出研究小流域生态补偿的机制与政策课题需要的切入视角：伦理视角、产品视角、关系视角、产权视角、管理视角和制度视角，多学科交叉、多视角切入、多模型研究。全面分析了小流域生态补偿的基础理论和基本实施的政策框架。

第四章　伦理视角下小流域生态补偿参与机制及政策。从本章开始，以下大部分章节都是从不同视角下分析小流域生态补偿不同方面的机制与政策问题。本章是从生态伦理角度研究小流域生态补偿不同参与主体的行为模式。分别研究中央政府、地方政府、市场主体和群众主体四种类型的主体在生态补偿活动中的做法和程序，以及提出了促进各主体参与生态补偿的政策建议。

第五章　产品视角下小流域生态补偿标准与政策。从经济学“商品理论”角度分析了生态补偿的基本前提：生态服务产品的提供问题。本章从生态服务观的介绍、生态补偿效果的宏观评价、生态服务价值的微观测算几个方面，指出了以“生态服务的货币价值”评估为基础，作为生态补偿标准的直接参考依据。但是鉴于生态补偿受经济发展程度、支付意愿、精神水平和环境保护意识等多种因素影响，建议分阶段实施，分步骤推进方案。并提出了2045年前几个阶段的生态补偿标准确定方案及政策建议。

第六章 关系视角下小流域生态补偿的利益协调与政策。采用经济博弈论在理论与方法模型，在界定小流域生态补偿“中央政府、地方政府、市场主体和群众主体”的前提下，分别就“中央政府—地方政府”“东部地区—西部地区”“上游地区—下游”以及市场主体在生态保护方面的态度进行了博弈分析，提出了促进多方合作保护生态环境实施生态补偿的政策建议。

第七章 产权视角下小流域生态补偿水权交易与政策。从产权经济学、制度经济学的理论与方法出发，介绍了国内外水权交易的制度经济和制度模式，特别是美国、哥斯达黎加、日本、瑞士等等欧美发达国家，以及国内浙江、江苏、福建等发达地区的先进做法和制度设计经验，剖析了当前水权交易市场存在的关键问题，最后提出重树西部小流域生态补偿的价值取向、完善现代化视角下小流域生态补偿的治理结构，深化小流域生态补偿的财政支持政策和加强水要制度改革和健全水资源市场的政策建议。

第八章 管理视角下小流域生态补偿大数据建设机制与政策。资源配置效率、生产效率及管理效率是应用经济学研究的主要问题之一。本章借鉴大数据理论，通过建设小流域生态补偿大数据提高管理效率和运行效率，以解决经济问题中的资源配置与运行效率问题、业务管理、资金管理等问题。提出了促进生态补偿大数据的政策建议。

第九章 制度视角下小流域生态补偿经验借鉴：案例与实证。一是本章借鉴制度经济学有关理论与方法，构建生态补偿制度分析框架，研究了小流域生态补偿的制度需求。二是以贵州省清水江流域为案例，通过前面第三章到第八章的理论分析基础，结合清水江流域进行对比研究。案例实证表明，小流域生态补偿提出的理论分析框架具有较正确的实践解释能力。框架中提出的应用经济学理论分析框架在贵州省已经或者正在进行，验证了理论模型的正确性。三是在充分参考国外加拿大、美国、巴西、哥斯达黎加等生态补偿的制度模式；国内如北京密云、黑龙江大小兴安岭、浙江千岛湖、江西鄱阳湖、江苏“河长制”等发达地区生态补偿与管理的制度经验基础上，结合清水江流域的案例验证经验，综合提出了小流域生态补偿的实施路径、加快小流域生态补偿管理、完善河长制流域生态补偿管理配套中的政策改革。

第十章　西部地区小流域生态补偿的综合政策研究。本章在1949年以来生态补偿政策执行效率评价的基础上，指出了当前生态补偿政策执行的几大问题，点明了今后政策改革方向。并深入讨论了前几章未提出的关键政策：分别就财政金融政策改革措施（财权与事权、支付政策、财政奖补专项基金、绿色金融）、产业发展配套措施（环境产业、环境技术、管理办法以及生态产业规划）等方面的政策建议做了分析，提出政策决策参考。

第十一章　西部地区小流域生态补偿的政策建议。本章重点是总结前面十章的研究内容，提炼研究的主要结论，指出研究不足之处并提出未来研究的重点领域。

本书适用于水生态补偿方面的研究生与教师参考，可作为农林经济管理、农村与区域发展、区域经济学、政府治理、社会学、管理学、经济学方面的教学研究参考用书，同时适用于生态补偿、生态环境管理、基层政府管理、农业与农村发展，农村社会治理方面的政府机构和研究机构制定政策参考。

另外，本书得到我的研究生于福波、陈晨、余玉语、任秀、孟晓志、孙小钧、张承艺、张佳伊等人在调研、数据整理、初稿撰写等方面的支持和辛苦付出；也吸收了胡晓登教授、洪名勇教授、王志凌教授、任敏教授、王永平教授等专家的宝贵意见；本书出版得到2017年贵州大学“农林经济管理国内一流学科建设项目”（编号：GNYL[2017]002）资助完成，同时在贵州省教育厅人文社科重点研究基地贵州大学中国喀斯特地区乡村振兴研究院安静、现代和浓郁的学术环境熏陶下，在香港中文大学中国研究服务中心丰富的资料储备、细致周到的学术服务下，查阅、矫正和完善了很多细节内容，使得本书资料丰富程度、文字和语言表达水平均有所提高，在此一并感谢。

伍国勇

2019年11月

目　录

第一章　西部地区小流域生态补偿的背景分析

第一节　研究背景和问题的提出

一、西部生态环境及水资源分布概况

（一）西部地区生态环境概况

西部地区包含了12个省、自治区、直辖市，分别是重庆、云南、贵州、四川、广西、陕西、甘肃、青海、西藏、宁夏、新疆、内蒙古。截至2019年1月1日，西部地区土地面积为678.16万平方公里，占我国总国土面积的70.6%；与14个国家接壤，算上汉族一共有52个民族共同聚居在一起，是我国少数民族聚集最集中的地区；总人口约3.8亿，占我国总人口的27.2%。西部地区幅员辽阔，绝大部分欠开发、欠发达，属于我国经济不够发达地区。西部地区的发展对于我国生态保护、经济发展、气候调节等都发挥着举足轻重的作用。

从地理位置上来看，西部地区是我国一些主要河流的发源地，比如长江、澜沧江、黄河、雅鲁藏布江还有珠江三大水系等发源地都在西部地区。西部地区拥有较大的生态优势，同时是我国重要的生态屏障保护区，对于我国主要的各大江河湖泊的水源保护、水源涵养以及维护我国的生态环境安全都发挥了至关重要的作用。但是，西部地区也是我国自然生态保护的薄弱地区、经济不够发达、贫困问题相对严重的地区。经济的快速发展与生态保护、生态建设、生态补偿三者之间的矛盾日益突出。不完善的经济发展将会导致原有的粗放型资源开发向掠夺转变，这

都加剧了自然生态环境的恶化以及自然灾害的发生频率，进而进一步加剧当地居民的贫困程度，减弱当地人们对于自然资源和生态环境的保持能力，导致生态问题更加严重。

西部地区是我国保障生态环境安全的重要地区，虽然西部地区的生态建设可以产生十分巨大的经济效益、生态效益。但是，在过去较长的一段时间里，国家没有注意到西部地区对于生态建设、生态补偿能够作出的巨大贡献。这导致了两个方面的结果，一是西部地区的经济不够发达，无法承担我国生态建设所需要的巨额投资资金及各种相关成本。生态建设的任务繁重，导致西部地区无力承担，经济发展速度变缓，最终造成与东部地区有越来越明显的差距；二是生态系统功能的改善和恢复会显示出明显的外部性特征，使西部地区的政府机关和当地居民不愿意进行生态建设。缺少生态补偿更加使西部地区人民对生态建设的积极性严重下降，生态建设项目只能通过地方政府的行政手段予以推行。但是，这样的方案不能保证生态建设项目的工作质量，也不能保证生态建设的成果可以长久有效，更不能保证这样的做法会得到最完善的建设成果。当前，西部地区仍然存在比较严重的生态环境问题。

第一，水资源短缺。西部地区年降水量最少的地区是西北地区，在黄土高原、河西走廊和新疆等地区水资源供需矛盾十分尖锐，尤其是庞大的农业灌溉用水、工业用水和生活用水使得水资源严重供不应求，再加之不合理的开发和没有建立相应保护措施，导致了大量的河流湖泊出现断流和萎缩现象。

第二，森林覆盖面积不断减少且林木质量也在不断下降。在过去的二十几年里，整个西部地区的森林覆盖面积锐减，水土保持能力下降，异常天气连连出现，森林覆盖率在“十一五”和“十二五”期间分别为18.96%和25.14%。除此之外，森林的成活率也不断下降，尤其是退耕还林栽种的新树种。

第三，草场退化严重。西部地区有着大量的草原，但是70%左右的草场严重退化，再加之客观方面的脆弱生态基础，导致遭到破坏的生态系统难以在短时间内尽快恢复。

第四，自然灾害和极端天气频发。西南地区自然灾害主要有泥石流、滑坡、崩塌、地震、水土流失、洪涝以及干旱等。西北地区主要有干旱、冰雹、沙尘暴、泥石流和滑坡等。

第五，水土流失和荒漠化、石漠化严重。水土流失最为严重的是黄河中游的黄土高原地区，脆弱的生态系统使得下雨时大量地表水土流失。荒漠化地区主要分布在西北地区，过度放牧和开垦是导致土地荒漠化的主要原因。石漠化现象主要出现在西南的云贵地区。

总之，西部地区是东部地区的重要水源补给区，但本区域内经济社会发展程度较低，而脆弱的生态系统和不断恶化的环境要求进一步加大小流域生态补偿力度。

（二）西部地区降水及资源分布情况

我国各地区自然环境差异较大，水资源分配在时空上不均衡。全国降水量呈"南多北少，东多西少"的特征。就西部而言，西南地区与西北地区的降水量不均衡性也体现得甚为明显。西南地区的云贵川渝等各省市降水量较多，水资源蕴藏量较丰富，但在东部地区，因受海陆季风影响，每年降水分配极度不均衡，同时随着人类对自然环境的破坏，严重的地表水土流失造成了水资源环境极度脆弱。在青藏高原地区，冬季形成冷高压，降雨极少，年平均降水量在 200 到 600 毫米之间。在西北地区，甘肃东部、陕西、宁夏东南部等地年平均降水量在 400—800 毫米，甘肃西部、宁夏回族自治区的西北部地区常年平均降水量都在 400 毫米以下，河西走廊及贺兰山西部地区、新疆地区年平均降水量低于 160 毫米，基本不产生地表径流，新疆的若羌地区年均降水量仅为 15.6mm。而在季节和时间的降雨分配上，西北地区历年来的最小降水深度和最大降水深度相差最大，夏季多雨形成较大洪峰，而冬季少雨（见图 1–1）。

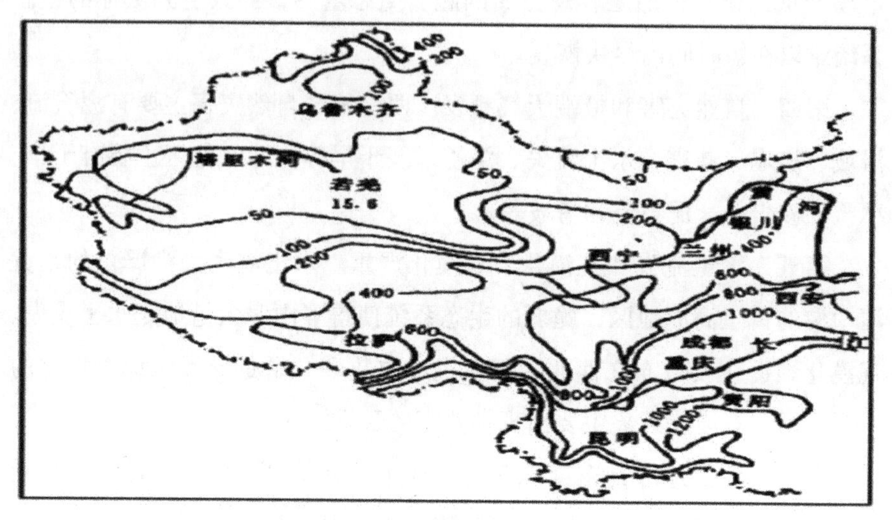

图 1–1　我国西部降水等深值分布

二、小流域生态补偿问题的提出

（一）现实方面看开展西部小流域生态补偿问题研究非常必要

小流域综合治理是生态补偿的基本形式，治理的资金、技术、人才等投入也是生态补偿财政转移支付的主要内容。第一，研究显示，水土流失给我国造成的经济损失约相当于 GDP 总量的 3.5%。实施生态补偿，加强生态建设，是破解日趋强化的资源环境约束、加快转变经济发展方式的战略选择。但是由于小流域治理是以财政投入为主，投入资金长期难以满足加快生态建设的要求；目前仍有近 1/3 的国土面积存在不同程度的水土流失，3.6 亿亩坡耕地和 44.2 万条侵蚀沟亟待治理，且大都分布于西部欠发达地区。第二，新中国成立初期，我国工业主要集中在京、津、沪、东北及南部沿海城市，西部的工业如凤毛麟角；改革开放后，西部为东部和全国的快速发展作出过重要贡献；三峡工程、西气东输、西电东送等一系列国家重点工程开发的是西部资源、影响的是西部人文环境和自然环境，受益的则是全国地区。从发展权公平性角度看，西部是优先实施生态补偿的必然区域。同时，作为长江、黄河上游的重要生态屏障，西部地区在全国生态建设中具有重要的战略地位。而西部地区小流域是长江、黄河的发源地和“毛细血管”，封闭性强、涉及范围小、操作性好的基本特点使得小流域在生态建设、生态补偿中的重要地位和核心作用不可忽视。第三，经过文献查阅与检索，小流域相关研究寥寥无几，且多数研究集中于从理工科角度对大流域的生态补偿问题和其他生态要素的补偿问题，而从社科视角展开研究的较少，深入调研数据的不足也导致政策制度建设滞后。同时历年国家社科人文基金立项资料显示，尚没有关于西部地区小流域尺度生态补偿理论、机制和政策研究的课题。因此，本研究是一个有益的补充，对促进老少边穷地区经济建设、社会建设、政治建设、生态建设和文化建设有较大的现实价值和重要意义。

（二）历史视角看开展西部小流域生态补偿问题研究非常重要

纵观西部地区水资源分布区，除大江大河外，小流域才是水源涵养、生态保护的基础和最后落脚点，生态补偿应该依托小流域开展工作。流域一般分为大、中、小三种流域类型。笔者所提到的小流域指的是二、三级支流下的依据分水岭以及下游河道出口的横截汇水面积不足100平方千米、相对封闭和独立的自然水流汇集地。小流域的面积一般不多于100平方千米，它是由很多个微流域组合而成的，是为了精准划分自然流域边界所形成的组成单元，它是最小的组成部分，是各种流域类型中数量最多的一类。

从历史上看，小流域综合治理成为生态保护、生态补偿的基本形式之一，西部地区各小流域也得到一定的经济补偿，建设了很多的美丽乡村、美丽河流、美丽流域，对西部地区经济社会发展产生了较大的促进作用。

在我国西部山区的农户们很早就开始对小流域进行综合治理，如闸沟垫地、打坝淤地、坡沟兼治。从1949年开始，在水土保持部门的带领之下，我国开始了大规模的流域生态治理工作。在2011年之前，我国已经形成了300多个清洁小流域，重点治理的小流域有3400个。这极大地发挥了保护人类生存、保护自然水源、保护水质安全、保护生态环境的综合治理效果与作用。现在以及之后的几年，是我国全面建成小康社会、加快社会主义现代化国家建设的关键时期，这也是我国防止水土流失、保护生态文明环境、建设生态补偿机制、维护生态文明的重要阶段。党中央明确指出，在2020年之前，我国要达到让重点区域的水土流失问题得到有效治理的总目标，同时必须坚持优先保护环境和主张环境自然恢复，切实落实水土保持和水资源生态保护，从小流域这一根源上扭转水资源持续恶化的趋势。2012年，党的十八大报告提出：生态文明建设是构成中华民族伟大复兴中国梦的一个重要部分，推进生态文明建设，要重点开展生态修复工作，实行水土流失方面的总体治理，增加森林、湖泊、湿地的面积，用以维持生物的多样性，增加城乡防洪抗旱排涝能力。[①]2017年，在党的十九大报告中，习近平总书记提出了实现乡村振兴的战略布局，小流域多存在于乡村，只有将小流域生态环境问题良好地解决，我们才可以更快地实现乡村振兴战略。[②]

西部地区是长江、黄河、珠江、雅鲁藏布江等主要河流的发源地，是生态位势较高的地区，也是全国重要的生态屏障区，承担了我国主要大江大河源头水源保护、水源涵养等重要生态功能，对维护国家生态环境安全发挥了决定性的作用。而西部地区又是我国自然生态脆弱区、社会经济欠发达地区和贫困问题最严重的地区，经济发展与生态保护和建设的矛盾本就十分突出。经济发展不足导致的粗放型经济发展和掠夺式资源开发，加剧了自然生态条件的恶化和自然灾害的发生，在加重贫困的同时，削弱了当地居民保护自然资源和生态文明建设的能力。

作为关键生态功能区和我国生态安全的重要屏障区，西部地区的生

① 《中国共产党第十八次全国代表大会报告》，新华网，见http://www.xinhuanet.com/18cpcnc。

② 《习近平在中国共产党第十九次全国代表大会上的报告》，人民网，2017年10月28日，见http://cpc.people.com.cn/n1/2017/1028/c64094-29613660.html。

态建设和环境治理产生的生态效益将会是巨大的。但是，由于在过去相当长的一段时期内忽视了对生态建设成本及保障国家生态安全和经济社会持续发展所作贡献的补偿，导致一方面经济欠发达的西部地区无力承担生态建设所需的巨额投资和相关成本，繁重的生态建设任务使其不堪重负，与东部地区经济发展水平的差距进一步扩大；另一方面，生态系统功能恢复和改善所具有的显著外部性使西部地区的地方政府和居民不愿进行生态建设。长期以来，使得生态补偿机制的实际作用有限，社会环境组织和公民自愿参与环境保护、生态文明建设倡议的主动性和积极性受到影响，环境治理工作和生态文明建设任务只能靠单向行政部门力量加以实施，生态建设项目质量难以保证，生态建设成果亦难以保存。

鉴于此，西部大开发战略实施以来，中央政府一直在积极探索如何对西部生态建设实施有效的补偿策略，持续加大补偿力度。在退耕还林、退耕还草工程的具体实施过程中，均对参与农户采取资金支持、粮食补贴及税收优惠等多样化的补偿措施，2004年起，中央政府又在全国范围内开展森林生态效益补偿项目，对重点公益林管护予以补偿。而2000—2005年，中央政府对西部地区“退耕还林、退牧还草、天然林保护、防护林体系建设和京津风沙源治理”等五大生态建设工程的投资累计达1220多亿元，对水土流失综合防治、塔达木河综合治理以及三峡库区、滇池流域水污染防治、中心城市污染治理等工程投资450多亿元（王金祥，2006）。具体来看，改革开放以来不论是国家治理战略还是中央政府资金投入，都非常重视环境保护，环保投资总量始终保持在20%及以上，最高达91.9%（图1–2）。

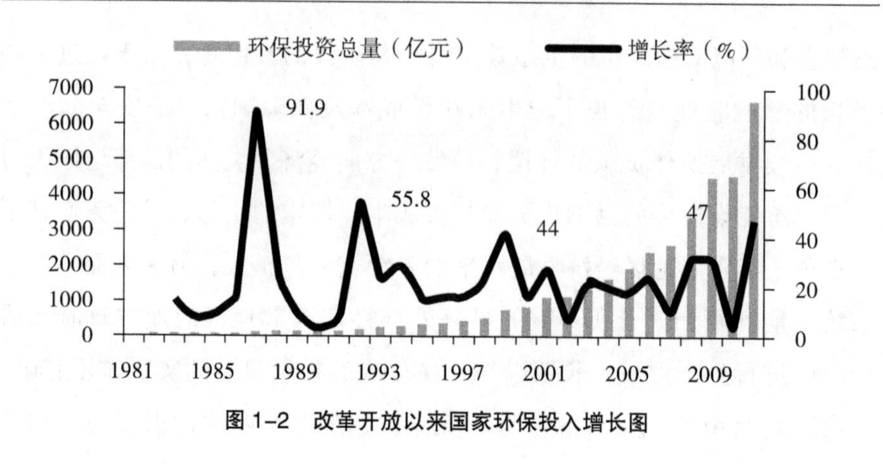

图 1–2 改革开放以来国家环保投入增长图

中央政府通过这些政策和项目的实施较好地调动了西部地区地方政府及居民参与生态文明建设的积极性。对于小流域的生态补偿，浙江、福建、山东、广东、北京、河北等省市围绕水资源保护和水环境治理补偿进行了有益的探索，积累了不少经验。从各地已开展的水涵养地生态补偿实践来看，大致可分为两种类型：一类是政府主导型，以中央和地方财政转移支付为主的补偿；另一类是准市场型，主要是水资源使用权交易和排污交易。而浙江尝试了基于小流域、水源地的“水权交易”“异地开发”“德清模式”等模式，为水源地、湿地、流域生态补偿提供了有益经验。我国在此领域开展研究的时间相对较晚，所以还有几个问题不容忽视：首先在理论上主流生态补偿的框架理论性太强（诸如公共物品、外部性、生态资本、效率与公平理论等），往往导致实践者难以达到主流理论构建的假定运行条件，从而导致实施中面临如“生态服务供给与形成机制认识不清、生态补偿的理论条件难以完全遵守、效率与公平的分离”等诸多困难；其次，研究方法上定量研究仍需要深入，视角上要多从小处着手，多关注源头性补偿问题和补偿机制的区域差异性问题。总体上看，要促进生态补偿从理论走向实践，需要进一步将生态补偿理论与实践思路统一起来；本书选择西部小流域生态补偿，结合水资源的市场建设、配给机制与政策问题进行系统研究。

第二节　国内外生态补偿研究与实践现状综述

一、国外生态补偿研究与实践现状

西部地区小流域生态补偿是一个十分复杂的问题。笔者认为，西部地区的小流域生态补偿问题，一方面是为了持续提升西部地区经济的发展，另一方面是保护西部地区的水资源不被破坏、保证优良的水质与足够的水量、保护居民的用水安全。对于西部地区来说，从小流域的角度来治理生态问题、设计生态补偿的机制，最终要达到的是生态、经济、社会的协调共同发展。在我国西部地区，水源不够充足、水土流失严重、部分地区石漠化问题严重，这都是小流域生态补偿亟待解决的问题。在综合治理西部地区小流域的生态问题时，要把生态问题放在第一位，经济效益、社会效益问题放在后位。

当前小流域的生态补偿问题的研究着眼点较少，涉及的面较窄，还属于初级阶段，没有十分深入的了解，缺乏总体的认识，但是小流域属于流域治理的源头，从小流域着手更有利于生态文明建设。对于西部地区小流域问题的研究更是没有文献可以查阅，但是西部地区是小流域分布最广的地区，水土流失十分严重、生态环境破坏严重、人民生活水平较为落后、社会发展速度较为缓慢，所以对于小流域的综合治理要把目光重点放在西部地区，着重设计西部地区的生态补偿机制。因此，本书选择西部地区小流域生态补偿问题进行研究，从整体把握西部地区小流域的基本情况，研究生态补偿的各种政策及其理论，设计小流域生态补偿的机制，为我国的生态环境制定新的政策措施提供经验。

（一）理论渊源

生态补偿和环境经济的研究在国外已经积累了相当丰富的成果。从理论渊源看，在18世纪到19世纪初，威廉·配第（William Petty）就已经认识到自然条件能够对财富的创造形成限制，[①]亚当·斯密（Adam Smith，1776）研究了宏观经济发展的不同阶段中资源对财富增长和福利分配的影响，马尔萨斯（Malthus，1798）提出了环境经济学经典理论——“绝对稀缺论”，李嘉图（Ricardo，1817）则否认自然资源经济利用的绝对极限，强调技术进步对提高单位劳动产出量的作用，由此形成“相对稀缺论”；[②]穆勒（Mill，1871）则提出建立“静态经济”的概念。人们逐步意识到生态系统的持续性是社会可持续发展的决定性因素，而作为生态系统构成要素的自然条件则影响着人们创造物质财富和推动社会变革的进程。[③]

在20世纪30年代之前，人们对资源环境的认识仅限于有形的、可以直接作为生产对象的自然资源。但是随着市场经济理论的兴起，人们逐步认识到资源的稀缺性是影响市场效率的重要因素，在这一条件下，市场只有通过自由的竞争机制和合理的价格机制才能够最大程度地促进资源的流动性，从而实现资源配置效率的帕累托最优。如亚当·斯密在《国民财富的性质和原因的研究》（1776）一书中所讨论的，一个国家在经济发展的不同阶段，资源对经济增长的影响以及由此带来的收入分配问题一直存在并且是不同的。市场作为“看不见的手”，在资源配置中起着决定性作用，并且他认为资源的稀缺是相对的，市场对资源的调节作用能够通过价格机制得到平衡。

马尔萨斯是第一个关注自然资源稀缺对经济发展产生约束的古典经济学家。他和亚当·斯密的观点迥异，他在《人口原理》（1798）中明确了自己的观点，一个社会中人口数量基本上呈现出几何级数增长，但是

---

① 转引自[美]莱斯特·R.布朗：《生态经济：有利于地球的经济构想》，东方出版社2003年版。

② Wunder S., “Payments for Environmental Services: Some Nuts and Bolts,” CIFOR Occasional Paper 2005,No. 42 : 3-8.

③ Castro E., Costa Rican, “Experience in the Change for Hydro Environmental Services of the Biodiversity to Finance Conservation and Recuperation of Hillside co Systems,” *The International Workshop on Market Creation for Biodiversity Products and Services*, OECD, Paris, 2001.

生活资料却以算数级数的方式增加，在此基础上提出了“绝对稀缺论”。他认为一定时期内资源是绝对稀缺的，不可能通过技术进步和经济发展来改变和逆转。

李嘉图否定了马尔萨斯的“绝对稀缺论”，提出了“相对稀缺论”，否认自然资源经济利用的绝对极限。他也看到了人口对自然资源的压力，在1817年出版的《政治经济学及赋税原理》一书中，他以土地资源为例，分析了技术进步对资源环境的缓解作用。[①]

穆勒在继承李嘉图的资源“相对稀缺论”的基础上，完善了“相对稀缺论”，并提出了“静态经济”的概念。他使用了报酬递减的方法，承认人类知识增长和科学技术发展对于经济物质的生产具有很大的补偿作用。但是他也表示社会经济的发展最终会达到一个稳定点，不过这种稳定状态是物质处于比较高水平的繁荣状态，它与李嘉图所述的稳定状态不同，而是物质资料生产、人口以及资本都处于一种零增长的状态，由于道德和精神文明的不断进步能够尽可能地提高人民的生活质量，所以，在此状态下，人类文明进步不会停止。

（二）理论基础

从理论基础看，萨缪尔森、弗里德曼分别强调了“公共物品”（Public Goods）的非竞争性和非排他性。“搭便车”“公地悲剧”等现象随时可能发生，这就要求客观上建立起一套相应的生态补偿制度以平衡各个主体的活动，但“产权归属”模糊不清又导致生态补偿的实施变得困难；后来，由西奇威克、马歇尔提出，庇古、科斯发展了的“外部性理论”试图避免产权问题，庇古认为污染者应交税赋。[②]科斯认为如果产权明确且交易成本为零或很小时，可以通过市场机制实现资源优化配置（科斯定律），一时成为实施生态补偿的主流基础理论。但是由于假设条件

① 转引自张连国：《广义循环经济学的科学范式》，人民出版社2007年版。

② Haberl H., Erb K. H., Krausmann F., “How to Calculate and Interpret Ecological Footprints for Long Periods of Time: The Case of Austria 1926–1995,” *Ecological Economics*, 2001, 38 : 25–45.

过于苛刻，导致在应用实践中出现各种问题；因此，有学者试图从生态系统服务价值这一视角探索解决方法，但是最大的困难就是难以精准测算出生态服务系统的价值，这样也就无法在市场上实现自由交易。

微观经济学理论认为，社会产品总的来说可以分成两大类，即社会公共物品和私人物品，美国经济学家萨缪尔森最先定义了公共物品的概念并对其进行了理论阐释。纯粹的公共物品是那些部分人群的消费不会给他人的消费带来减少的影响，也就是通常所说的它具有非竞争性和非排他性的特征。弗里德曼的解释更加形象，公共产品生产时生产者没法决定谁有权享用它，谁没权享用它。那么，如果资源不具有排他性，就必然会导致资源的过度使用，从而使成员利益受到损害，也就出现了我们常说的“搭便车”现象。而如果公共产品在消费过程中，不具有竞争性，那么就会出现“公地悲剧”的情况。良好的生态环境正是一种最典型的公共产品，人们随时都可以进入使用，又不需要支付相关的成本，当整个社会对生态环境的消耗超过一定限度时就产生“公地悲剧”的现象。[①] 因此必须建立生态补偿机制约束过度利用生态环境的行为，但“产权归属”模糊不清导致生态补偿的实施变得困难。

外部性理论认为人们在公共物品的消费中会影响他人的消费，可以分为正外部性和负外部性，前者是对公共物品消费带来外部收益而后者带来额外成本。外部性理论是市场失灵的重要表现。外部性理论在最近几年来进行了有效应用，比如碳交易、用者付费、退耕还林的生态补偿制度。

但是对于公共生活中外部性的问题，经济学家科斯认为外部性并不完全是由市场失灵导致的，认为公共产品的外部性问题本质上是双方没有明确的界定产权制度，也导致了权力和利益边界的不清晰。所以，

---

① WuS., WangQ., YeF., “Opinions on Pollution Abatement from the Perspective of the Indieators Relationship between Energy-saving and Pollution Abatement,” *Environ Prot*, 2007, 3B : 26-30.

科斯对庇古的观点进行了批判，并提出了解决外部性的新途径——明确产权，也就是说要确定人们是否拥有使用自己财产且承担其行为所造成的后果的权利。简单讲，在一个自由市场中不存在产权交易成本时，任何形式的资源交易和分配都能实现“帕累托最优”。当然，在市场中交易成本为零的假设是不存在的，那么怎样实现资源配置效果的最优就需要一套精准的制度安排来实现。科斯定理的本质是说明治理外部性问题可以通过市场或其他手段来解决，而不是仅仅依靠政府的行政干预手段。所以很长一段时间以来生态补偿的理论基础即为产权制度和外部性，但是由于假设条件过于苛刻，导致在应用实践中出现各种问题。

（三）国外实践

从实践方面看[①]，美国、法国、澳大利亚、厄瓜多尔、哥斯达黎加、加拿大、德国、墨西哥等许多国家和国际机构建立了基于湿地森林、草原矿区以及植被系统等资源开发生态环境影响的核算框架体系，并进行大量补偿项目的实践探索，取得大量有价值的参考数据。

第一，纽约市的流域管理。自 1989 年起，纽约为保护上游的水供给，在 10 年的时间里投资了 15 亿美元，用以取代水处理工厂的兴建，预计水处理工厂的兴建和 10 年运营的费用总共为 90 亿—110 亿美元。这个计划由美国环保局、纽约市、流域联合会三者签订协议并按协议规定实施。据了解，纽约市大部分的水是由市区西北一个 200 公里的流域提供，计划的实施使上游 Catskills 流域得到了较好的保护，从而为纽约市居民提供了整个美国最优质的饮用水。

第二，厄瓜多尔的生态补偿实践。1998 年厄瓜多尔政府建立了水流域内的保护治理基金。这些资金主要通过向灌溉工程、流域下游农户、温泉开发者、基多市政水务公司、水电公司等收取费用，用于流域内上

① 孙新章、谢高地、张其仔等：《中国生态补偿的实践及其政策取向》，《资源科学》2006 年第 5 期。

游地区的环境治理和生态保护。由市场来运行和操作，操作的主体是一个公司，有完善的内部治理结构，其成员有当地的政府部门、社会组织、水电开发公司等。流域的生态补偿基金是独立于政府部门的，在流域生态补偿中有重要作用。

第三，法国皮埃尔公司为水质付费。法国皮埃尔公司是一家瓶装天然矿泉水的企业，它的水源地是农业比较发达的流域。皮埃尔公司投资了约 900 万美元，用于购买水源区的农业用地，同时又以高价收购土地，并对那些愿意采用先进经营理念和措施的农户进行返还土地所有权的奖励，以期保护水源区的良好水质。该项目实施前后的监测显示，该公司成功地保护了水源，减少了非点源污染。

第四，澳大利亚的灌溉水用户资助上游造林。澳大利亚掠夺式地砍伐森林使墨累河岸盆地（Murray–Darting Basin）的土质严重下降，盐碱化程度日益加剧。所以在 1999 年的时候，新南威尔士州林务局就提出了一项“水分蒸发蒸腾信贷计划”，即下游用水户要向拥有上游土地所有权的州林务局支付“蒸腾作用服务费”，用于林务局植树造林，以有效保护上游水质，从而改善了土壤质量。

第五，哥斯达黎加的生态补偿实践。哥斯达黎加是中美洲的一个小国家，在 20 世纪 50 年代以来由于经济发展和国家建设造成了大量的森林和水源被破坏，环境质量一天比一天差。为了扭转环境退化现象，哥斯达黎加政府展开了积极的生态补偿实践，把公共土地纳入到生态补偿的范畴中。除此之外，公共部门也对私有土地的环境进行生态补偿。哥斯达黎加政府建立了全国性的环境服务付费制度（PES），该制度开始于 1996 年的森林法。哥斯达黎加的森林法规定，来自天然林、树木种植、经济林种植所提供的固碳、水资源保护、生物多样性保护以及观光风景服务可以得到补偿。

在国外的生态补偿实践中，可以看出补偿政策主要有两种：一种是进行政府的直接生态补偿，通过公共财政投入和国有公司的形式对不断恶化的环境进行治理，以激励人们改善生态状况。在上述的生态补偿项目中，澳大利亚的“水分蒸发蒸腾信贷计划”，哥斯达黎加的环境服务付费制度（PES），厄瓜多尔的流域水土保持基金都属于政府主导的生态补偿模式。代表性的形式有“生态标记”“市场贸易”以及“一对一交易”。上述案例中美国纽约与上游的Catskills流域之间的补偿方式属于“一对一交易”、法国皮埃尔矿泉水公司为水质付费属于“市场贸易”。同时，由于国外资产权界定较为明确，生态补偿机制主体权和对象权划分清晰，可以为我国建立清晰的产权制度提供经验借鉴。[①]

二、国内生态补偿研究与实践现状

与国外相比，我国生态建设补偿的相关实践尚处于初始阶段，生态补偿的研究较为滞后。20世纪80年代，我国对于生态补偿问题的研究发端于林业改革中的森林生态效益问题。国内学者如谢高地、俞海、任勇、杜群、毛显强、孔凡斌、国家环境保护总局环境与经济政策研究中心学者团队等都为生态补偿理论研究作出了重要的贡献，[②]对生态补偿起到重要推动作用。从理论研究的角度来看，最典型的主要表现在以下几个方面。

（一）研究实践

第一，生态补偿的内涵。生态补偿最先是出现在自然科学的研究领域，后来逐渐被介绍和引入社会科学研究领域，在经济学、管理学、社会学、政治学和公共管理学科中都有应用和体现。尽管学者们对生态补偿的含义进行了广泛的讨论，但因学科领域、研究范围和角度不同，学者对生态补偿内涵的理解至今仍存在很大分歧。在20世纪80年代末，生态补偿的概念主要是从生态学的意义上来理解。早在1987年，张诚谦

① 陶建格：《生态补偿理论研究现状与进展》，《生态环境学报》2012年第4期。

② 中国环境与发展国际合作委员会生态补偿机制与政策研究课题组：《中国生态补偿机制与政策研究总报告》，中国环境与发展国际合作委员会，2006年。

就对生态补偿的内涵进行了解读，他认为所谓生态补偿是指人们从开发使用自然资源中获得的利益中抽取一部分用来修补对生态的破坏和环境补偿，从而维持对生态系统的开发、能量获取和输出，达到一个动态的平衡。

到了20世纪90年代初期，生态补偿一般被认为是生态环境赔偿的代名词，主要是从生态环境费用方面进行描述。章铮认为，生态补偿的费用本质上是一种提前征收的为破坏环境而补偿的费用，其目的是把外部成本内化。然而庄国泰等人认为，生态环境补偿是为破坏生态环境的行为所承担的一种责任，以达到减少该种损害环境行为目的的一种经济刺激手段。

而在20世纪90年代中后期，生态补偿的概念更多的是从经济学意义上来理解，更加注重生态的效益和价值偿付尤其是重视对生态环境保护的付出者和建设者的经济补偿，比如退田还湖和退耕还林的经济补偿。洪尚群认为，生态补偿是一种机制，本质上是一种利益重新分配和激励协调机制。毛显强认为生态补偿是对破坏环境者提高破坏成本，进而对那些真正为环境保护付出的人们进行激励和鼓舞，从而达到全域生态治理的目的。而李文华在检视和梳理以往文献的基础上，从经济学、环境经济学、生态学等不同学科角度提出生态补偿的定义。一般而言，生态补偿就是在政府公共事务治理过程中，履行环境保护、公共服务等方面的职责，坚持可持续发展理念，通过一系列刚性制度安排和柔性市场机制，以达到解决环境污染和服务生态系统的目的。生态补偿的含义有广义和狭义之分。广义上的生态补偿概念涵盖政府与市场和社会的多中心治理范畴，狭义生态补偿指政府部门基于法律、行政方面的强制型政策工具开展治理行动。广义和狭义范畴上的生态补偿统筹考虑了经济学和生态学两方面的生态补偿，不仅在人与生态关系上鼓励人们对生态环境的维护和保育，而且还在人与人之间的关系上提出了外部性的补偿问题，可以认为是当前认识比较全面的生态补偿概念。

由此可见，对于生态补偿的定义，学者们都明确指出了其目的和主客体，甚至包括了积极的环境影响和消极的环境影响，这些都为我们理解生态补偿的定义提供了参考依据。据此，综合国内专家的研究，并结合我国的实际情况，笔者认为生态补偿是运用行政、法律以及经济手段，调节生态环境破坏者和保护者的关系，将生态环境保护中的外部性内部化，实现生态环境保护、和谐可持续发展的目标。

第二，生态补偿的方式。通过对国外生态补偿实践的调查，发现其生态补偿的方式主要是政府购买生态系统服务，这些方式主要分为政府直接财政投资和市场交易两种，其中后者逐渐占据主流。尽管如此，由于国内外发展情况和文化背景不同，我国始终实行的是以政府为主导来建立和完善生态补偿机制，政府一边充当着生态补偿的出资人的角色，一边扮演着生态补偿市场机制的推动者，即在为生态服务提供者提供直接的资金支持的同时也承担着市场机制建设的必要成本。

第三，生态补偿的理论依据。检视对生态补偿方面的理论研究，国内学术界的研究主要是围绕森林生态效益补偿展开，并且这些理论基础主要包括：外部性理论、公共产品理论、环境资源价值理论。根据环境经济学的理论，整个生态环境系统都是具有价值的，环境资源的稀缺程度决定了价值程度的高低大小。同时生态环境也是一种丰富资产，能向社会提供充分的生态服务。因而使用生态环境也应该支付相应的成本费用，从经济上建立起环保补偿机制。生态补偿可以有效激励人们进行生态投资，使生态资本升值，从而满足投资者追求合理回报的要求。

第四，生态补偿的标准。通过扫描生态补偿的做法，将补偿标准总结如下：其一是补偿应该考虑自然资源和生态环境固有的价值以及投入的劳动所产生的价值；其二是补偿原始投资成本、无风险报酬、机会成本以及土地的价值；其三是补偿主体环境经济行为的生态效益、机会成本；其四是弥补生态系统产生的收益、机会成本、持续保护和发展生态环境所需要的资金投入。但是生态偿付标准中最困难的就是精确测量需要补偿的生态价值，因为生态补偿的价值受到各种因素的影响和制约。

（二）补偿实践[①]

在实践方面，福建、浙江等省生态补偿实践积累较多。其中福建省的三大省内河流基本上已经建立起了比较完善的生态补偿制度体系。

1. 闽江流域

闽江是福建省的母亲河，也是福建的第一大河。福建省政府在2005年出台了《闽江流域水环境保护专项资金管理办法》，明确了闽江流域内生态补偿的形式、手段、内容以及补偿标准等方面的措施。该办法规定在“十一五”期间福州市政府每年增加1000万元用于闽江流域的生态补偿和环境保护的专项综合治理。三明市、南平市在以前专项基金的基础上每年又增加500多万元用于配套治理。对资金设立专门账户，专款专用，建立起了完善的审计和监督管理机制。

2. 九龙江流域

九龙江，福建省第二大河流，其流域经济发展极不平衡，上游龙岩区是革命老区，经济不发达，但是有着丰富的水利水能资源；而下游是经济发达、城镇化水平较高的厦门经济特区，对资源的需求量十分庞大，也面临着环境污染和生态破坏的严重形势。福建省政府为了推动整个流域环境综合治理，经过多部门和多方协调确立了九龙江的生态偿付制度，如下游的厦门市每年出资1000万元的财政专项转移上游地区，以帮助其生态保护。

3. 晋江流域

晋江是福建省的第三大河流，是泉州市生产生活用水的最主要的水源。泉州市政府于2005年1月开始实施晋江、洛阳江上游水资源保护专

① 国家环境保护局自然环境司编：《中国生态环境补偿费的理论与实践》，中国环境科学出版社1995年版。

项资金管理暂行规定，初步确立水资源的生态补偿制度，从2006年以来，每年筹措2000多万元用于上游的晋阳和洛阳地区的水资源保护和综合治理项目。

通过流域生态补偿，该地区上游获得了大量的生态保护基金，加大了投入力度，在很大程度上纾解了上游环境治理的压力，改善了流域内上下游的关系，增强了上游地区环境保护与流域治理的积极性。流域水环境质量得到有效改善，基本上达到了省政府下达的水质指标。虽然流域生态补偿机制成效已初现端倪，但是因福建省闽江、九龙江、晋江等主要流域基本不涉及跨省的问题，所以在跨省的流域补偿机制上还需要不断探索。

浙江省尝试了基于小流域、水源地的“水权交易”“异地开发”“德清模式”等模式，为水源地、湿地、流域生态补偿提供了有益经验。

第一，积极开展水权的市场交易制度。浙江的义乌和东阳早在2001年就签订了水资源交易协议，义乌每年以4元每立方米的价格购买东阳横锦水库的5000万立方米水资源，是国内首次把水资源放到市场进行交易的案例，成为区域内资源市场交易的有益探索，同时也为全国提供了有益经验。

第二，异地开发。以金华市为代表的一些地区（安吉、德清、宁海、临安等），除了有形的货币补偿之外，还探索出了其他有效的合作开发模式。例如金华将金华江上游地区招商引资项目所得收益用于支付经济发展造成的生态损失。这种“异地开发”生态补偿模式将政府和市场结合起来，一方面共同促进了金华江流域的水资源交易和生态补偿；另一方面为其他地区开展类似工作积累了经验。

第三，生态移民。浙江省生态移民最重要的项目是“下山脱贫”“生态移民”等工程，具体措施是把生态功能区的居民都搬迁到功能区之外，减少居民对生态的破坏。截至2007年已将25万人口迁出一些特殊生态功能区和环境敏感区，其目的是保护特殊区域的生态环境。

第四，“德清模式”。德清县西部地区拥有非常丰富的水资源，是小流域和生态公益林集中分布区域，地处筏头乡境内的河口水库是该县的主要饮用水源。为了确保生态建设和环境治理，在2005年1月，德清县政府颁布了《关于建立西部乡镇生态补偿机制的实施意见》，促进全县生态环境治理的顺利实施，曾被环保总局评选为国家级先进生态示范区。德清县生态补偿资金来自全县生态补偿基金和生态公益林补偿基金两个渠道，最重要的是把筹措的资金投入县财政和生态补偿基金管理，主要用于保护生态环境、建设生态工程和发展生态经济，也就是专款专用，专户管理。

浙江生态补偿虽然为水源地、湿地、流域生态补偿提供了有益经验，但是因生态补偿理论基础的模糊性、机制的复杂性、领域的宽泛性以及各地区实际背景不同，决定了我国生态补偿的探索还有很长的路要走。

此外，还有江苏“河长制”水生态治理模式。由各级党政负责人担任河长，负责辖区内河流治理与生态建设，这是无锡市在处理蓝藻事件时的一大创举。这一治理制度执行以来收到较好效果，一时得到其他地方的效仿。2017年3月1日，针对各地全面实施河长制的情况，水利部决定自3月2日至12日开展当年第一次全面推行工作督导检查。2018年1月2日，在2017年全面推行河长制取得重大进展、湖长制全面启动实施的基础上，计划2018年全面完成河长制河长制改革任务。这是我国一段时间以来关于流域治理的创新做法，是小流域治理的重要参考。

除此以外，在广大西部地区也存在着多种生态补偿的地方经验和模式。例如，贵州省开展农村集体林权改革，把农林资产也作为生态补偿的重要内容加以改革；开展土地流转改革，建立专业合作社，实现“三变”，贵州六盘水地区开展“农民变股民、资金变股金、土地变资产”改革，走出一条“合作社+市场+农户”的地方特色农业产业化道路，使得山更绿、水更清、人更富，改变以往该地区“天无三日晴，地无三尺平，人无三两银”的现状。西部地区针对本地区实际，从当地经济社会民族等实际情况出发，开展生态补偿的试点改革工作，产生了较好的反响。目前，贵州的这项改革与福建武林的集体林权改革一起进入国家示范的样板工程，为实现当地百姓脱贫致富，为深入践行“绿水青山就是金山银山”的理念做了充分的探索。

三、当前生态补偿研究与实践评价

在党的十九大上，习近平总书记在报告中明确指出了乡村振兴的重要性，并提出要坚定地实施乡村振兴战略。乡村振兴是我党着眼于全面建成小康社会、全面建设社会主义现代化国家作出的重要战略决策。为了实现乡村振兴，生态文明建设是必不可少的一部分，只有重视了生态文明建设才能实现经济发展与生态环境协调发展，互利共存，全面发展，实现城乡均衡，推动城乡振兴，走好城乡均衡发展之路。

为了实现生态文明建设，我们将重点放在生态补偿的问题上。只有将责任归属明确，确定“谁污染谁治理，明确受益人、责任人”的综合治理模式，从生态补偿的角度出发，才能够将生态问题更快更好地进行综合治理。目前来看，我国对于生态环境补偿问题的研究已经逐步深入。最开始提出是在1998年修订的《森林法》中：“国家设立生态环境补偿基金的目的是为了保护防护林的生态效益和对于特种用途林的森林资源、林木资源的种植、养育、保护和管理”。在2002年，为了保证退耕还林工作的顺利实施，国务院颁布了《退耕还林条例》，其中对于退耕还林的资金流向和对于农户的资金补助等都有明确的指标。2005年，党中央发布了《关于制定国民经济和社会发展第十一个五年规划的建议》，在该文件中第一次提到了“生态补偿”一词。从此之后，我国把生态补偿机制的补充完善作为每一年度的工作重点。2008年，《水污染防治法》进行重新修订，首次以法律的形式，对水环境保护的生态补偿作了明确的规定，比如用财政转移支付的手段，建立对于居民饮用水的水资源保护，保护水资源的水域环境，比如江河、湖泊、水库上游地区的环境。在2010年，第十一届全国人民代表大会常务委员在第十八次会议中一致通过了重新修订的《中华人民共和国水土保持法》，在该项法律中补充提出了国家必须加强各种水资源的保护工作，比如饮用水区域水源、江河的源头地带、水土易流失地区，通过不同方式获取资金，把水土保持这一部分的生态补偿纳入国家的生态效益补偿机制中。在2015年，党中央制定了《关于加快推进生态文明建设的意见》及《生态文明体制改革总体方案》，要求建立多元化的生态补偿机制。截至2019年，最新的法律是在2017年6月第十二次全国人民代表大会中修订的《中华人民共和国水污染防治法》，该项法律对于水污染的防治办法做出了很多修改，制定了更利于实施的办法。

笔者将立足于西部地区小流域来研究生态补偿方面的问题。

第一，小流域综合治理问题属于生态补偿的一种基本方式，治理的资金投入、技术投入、人才投入都属于生态补偿中财政转移支付的一个重要组成部分；土地退化、生态环境恶化的主要表现就是水土流失，这对于经济发展，是全局性的甚至是不可逆转的影响。2005年至2008年水利部的一项调查研究显示，水土流失给我国造成了严重的经济损失，使我国的GDP总量下降了3.5%。保护生态文明建设，不仅仅对我们的粮食安全、生态安全、防洪安全产生直接的影响，而且可以使我国的经济得到更加迅速、稳定的发展，提高我国的可持续发展能力，同时保护了我国的生态环境。但现在的问题是，小流域的治理问题一直都是依靠财政投入，投入的资金长时间处于滞后的状态，这将无法调动起民众对于保护生态环境的积极性。实行小流域生态补偿，增加财政投资，形成适合发展的市场运营机制，这将是加快生态建设的有效途径。

第二，为了实现全面建成小康社会的目标，我们必须努力脱贫，实现乡村振兴。西部地区拥有较多贫困县、贫困村、少数民族地区、革命老区等，这些地方都是经济不发达的地区，也是生态环境破坏较为严重的地区，尤其是水土流失问题较为严重。当地居民十分盼望国家针对西部地区的生态环境问题作出综合治理，以改善生活条件，实现小康生活。这就迫切地需要我们研究西部地区的小流域生态补偿问题。

第三，截至目前，我国的生态环境建设、水土流失的防治问题都没有达到国家生态文明建设的总目标，并且距离该目标还需要长久努力。依据《全国生态环境建设规划》《全国水土保持规划纲要》所提出的要求及奋斗目标，到2050年全面完成流域整体治理的总目标，我们还面临很艰巨的任务。所以，深入研究西部地区小流域生态补偿问题刻不容缓，要结合小流域方面的相关政策，制定设计小流域生态补偿的实施机制，为西部地区的经济发展以及生态建设贡献力量。

近几年，对于西部地区小流域的生态补偿问题政府也有一些相关政策出台。以贵州省为例，在2016年11月24日颁布了全国首部省级的水资源保护条例，该条例于贵州省第十二届人大常委会决议通过。在2013年，贵州省委提出了必须坚持“既要金山银山也要绿水青山，绿水青山就是金山银山”[①]的生态观念，创建新型环境保护机制，建立健全自然资源的产权制度，保护生态环境，对小流域进行综合保护。对赤水河、南明河等重要的流域进行综合治理，实行生态补偿，以此治理贵州省的各个小流域，来保证整个流域的环境治理达到应有的要求与目标。贵州省在进行小流域的生态补偿时，注重全面规划，重点保护小流域的水质水量、保证居民的用水安全，对于保护者进行合理奖励、对于破坏生态者进行惩罚，预防小流域的污染问题，以期保证生态文明建设的顺利开展，促进贵州省的经济增长与生态环境协调发展，力求实现乡村振兴，努力为全面建成小康社会作出一份贡献。

① 《绿水青山就是金山银山在浙江的探索和实践》，新华网，2015年8月20日。

第三节 课题研究内容、思路与方法

一、研究范围界定

本研究题目限定为“西部地区小流域生态补偿的机制与政策研究”，重点聚焦于“理论”和“政策”两个维度的深入分析，进行理论探讨和政策建议，原则上不对西部地区小流域生态补偿的具体实施方案和实施机制进行研究。因此，本书研究的范围限定如下：

（一）研究对象

西部地区小流域，特别是以县为单位的各小流域近 10 年的建设数据为参考。重点研究小流域生态补偿的经济规律、管理理论、人本理论及市场理论，以及财政政策、资金政策、产业政策等实施政策，以促进小流域分布地区综合发展和乡村振兴为主要目标。通过创新提出理论依据、政策方案是本书研究的重点内容。

（二）研究前提

本书将小流域综合治理视为生态补偿的基本形式，不单独针对以小流域为单位的“水质类补偿”“工程类补偿”“水量类补偿”“一体化补偿”“额度类补偿”等某一类具体的补偿形式做研究和设计方案。一是仅研究综合治理这类长时间开展的，有大额度资金投入的，影响范围广泛的，意义重大而深远的类型，如小流域综合治理工程或者政府倡导的影响较大的补偿案例。二是不对具体小流域在各种生态补偿资金的来源与使用、效果与评估等做具体研究，但是会间接评估小流域生态补偿的效果（流域生态安全评价）；也不对西部地区全部小流域的生态补偿标准做测算、生态补偿方式做设计、生态补偿的实施方案做研究，但是会通过实证案例提出西部小流域生态补偿标准确定的理论创新框架和政策建议。例如，小流域生态补偿的效果评价可能会以生态服务功能评估、流域深水土保持状况、土地生态安全等间接评价为主进行综合体现；小流域生态补偿标准的定价，也基于“生态服务功能价值”评估为标准进行设计，并且根据经济发展、群众意愿、社会进步水平等外部因素和政策因素确定分阶段实施建议。三是对小流域生态补偿的有关要素做分析，如对补偿对象、补偿主体、补偿标准、补偿方式、资金使用、财政支持等提出建议，但不涉及具体操作方案。

（三）研究视角

小流域综合治理（生态补偿）是一个复杂的系统性问题，不仅仅是提出补偿的方案那么简单。本书的研究从多视角切入，包括生态思想及伦理、环境经济和生态服务、博弈论、制度经济学、大数据等若干方面，对小流域生态补偿这一问题的某方面开展研究，提出合理的政策建议。

（四）依托学科

本书是在应用经济学科领域申请的课题，依托应用经济学科的理论与方法开展研究以及该学科下的环境经济学、农业经济学、经济博弈论、制度经济学、产权理论等，包括一些交叉学科如生态学、管理学和大数据方面的思想理论与方法为依托。

二、研究主要内容

本书主要内容如下：包括五个核心部分，共十一章四十节。

第一部分　西部地区小流域生态补偿的理论分析框架。基于对经典经济理论、生态理论和系统理论的再理解和再认识，结合生态经济学、环境经济学、经济地理学、行为经济学、经济博弈论、制度经济学有关理论与方法，充分界定小流域生态补偿的基本概念，合理界定研究范围和研究问题，系统分析和总结小流域生态补偿的有关理论，构建小流域生态补偿的理论分析框架。

第二部分　西部地区小流域生态补偿的现状调查与问题梳理。一是面上调查与分析：以西部重庆、贵州、云南、陕西、甘肃、青海等省份典型小流域为对象，发放2000份问卷并选择性进行实地考察，从管理层

（政府）、技术层（治理施工方、企业）和受益层（农户、企业）三个层面，全面了解小流域生态治理与补偿情况、生态补偿制约因素和存在问题；从纵向的历史发展的维度，全面剖析小流域生态补偿的概貌；从横向的区域维度，比较研究西部各区（按水利部水土保持法分区标准）小流域生态补偿的特征、问题、模式。二是典型调查与分析：选择10个小流域；通过走访、座谈、实地调查等方式获取小流域生态补偿的一手资料，对资料进行实证分析。

第三部分 西部地区小流域生态补偿的政策评价研究。一是系统总结1949年特别是2000年以来小流域生态补偿（小流域综合治理视为生态补偿的形式）的基本经验和主要做法；二是测评有关支持政策对小流域生态补偿和生态文明建设的影响效果；三是系统研究支持政策与相关配套制度改革的动力、路径和着手点。

第四部分 西部地区小流域生态补偿的实施机制研究。一是深入剖析生态补偿的关键问题：小流域生态服务形成与供给机制；生态补偿的融资机制与支付机制；效率与公平问题；补偿标准、方式的评价与选择；补偿效果的评价机制等。二是从纵向角度设计财政资金转移支付进行生态补偿的科学机制；从横向角度设计包括小流域生态环境建设保护者、使用者在内的上游、下游利益相关者横向生态补偿机制。

第五部分 西部地区小流域生态补偿的组合政策创新研究。从财政、金融、产业、技术、市场等方面系统提出西部地区小流域生态补偿的组合式政策措施。

本书认为，生态补偿是建设生态文明、维持人类持续发展的必然要求，小流域尺度的生态补偿是整个生态补偿的核心区，是建设美丽中国的着力点，不同区域、不同对象的生态补偿机制与政策设计应有特殊性、持续性和可操作性，以小流域为单位实施生态补偿，操作性强，改革实践意义大，是建设生态文明的战略路径，通过分析小流域生态补偿中的理论、机制（标准、方式、融资、用途、评估）、政策效率等核心问题，从生态理念、生态服务、利益调适、产权配置和系统管理与制度创新等多角度研究，才能提出适合西部地区小流域生态补偿的组合式政策措施和解决方案。

三、基本研究思路

本书以西部的重庆、贵州、云南、陕西、甘肃、青海等省份的典型小流域为对象，设计并发放调查问卷2000份，从管理层（政府）、技术层（治理施工方、企业）和受益层（农户、企业）三个层面，采用抽样调查方法，结合小流域发展基本情况、生态补偿情况、影响因素、存在问题及发展趋势等问题进行调查；利用SPSS 20.0作为数据处理工具，在成熟的统计数据处理模型（回归模型、DEA模型、AHP等）的基础上，提炼有用信息，系统评价新中国成立以来小流域生态补偿的政策效率；进一步对西部小流域生态补偿面临的机遇、威胁、优势与劣势进行梳理，设计西部小流域生态补偿的组合式政策措施，全面促进西部地区包括生态文明在内的“五位一体”建设。技术路线见图1–3：

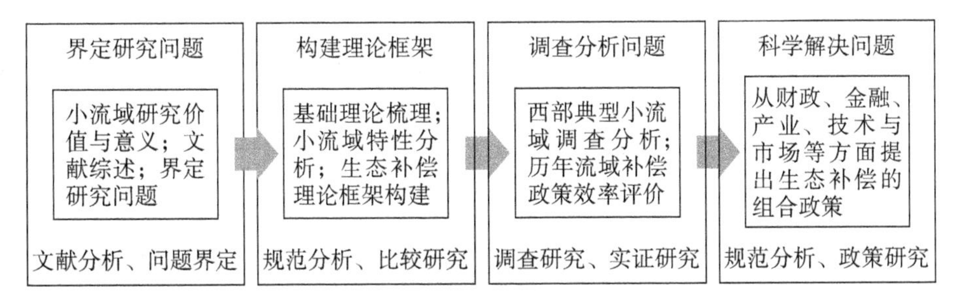

图1–3　研究逻辑思路图

四、主要研究方法

（一）统计描述、计量经济分析法

计量经济学是现代经济学与统计学的结合，已被广泛运用于经济学、生态学、环境经济学、政治学乃至社会学等领域的理论和实证研究。本项目现状基本情况描述、政策效率评价的分析将主要运用计量经济分析方法。

（二）比较政治学、经济学与社会学研究方法

在本研究中，小流域生态补偿的理论、政策与现状评价部分将主要采用比较研究的方法进行分析。我们将在总结美国、日本等主要发达国家流域治理与生态补偿相关政策、经验与教训并对我国的情况进行比较政治、经济与社会学分析，同时根据西部地区小流域生态补偿现有改革实践和政策创新的比较分析、小流域有关发展环境趋势的比较研究，为我国进一步推进有中国特色流域生态补偿过程中的制度框架设计和具体改革政策制定提供经验和启示。

（三）行为经济学选择性实验方法

行为经济学是经济学新发展出来的一个分支。在所研究的对象本身不存在一个市场，并且连替代市场都无法找到的情况下，行为经济学发展出了一套“选择性实验”（Choice Experiment）的方法来考察人们对于非市场产品的支付意愿。在本项目的补偿机制研究研究中，我们将运用这一方法来研究小流域生态补偿机制改革利益相关者对改革方案的评价和反应。改革方案和政策组合能否顺利实施相当大程度上取决于政策设计对利益相关者的激励问题，政策利益相关者的预期接受行为取决于他们对政策带来收益及造成成本的权衡。研究将采用结合运用行为经济学分析中的选择性实验方法来研究不同相关利益者，特别是小流域地区农民、管理者、企业组织对不同补偿方案（机制）的预期接受行为和反应。

（四）成本收益分析法

研究将采用成本收益分析法来研究小流域生态补偿改革方案和政策组合的成本效益情况。一个科学可行的政策和改革方案不仅需要在财政上、资金投入渠道上具备可行性，从而保证各级政府能够将该政策持续执行下去；而且政策也应该具有很高的成本收益率，从而保证财政政策的高效率和积极的社会影响。

第二章　西部地区小流域生态补偿现状与问题

第一节　课题调研组织的基本情况

一、课题调研样本地区分布概况

该课题调查了中国西部地区包括重庆、四川、贵州、云南、广西、陕西、甘肃、青海、宁夏、西藏、新疆、内蒙古等十二个省、自治区和直辖市。土地面积广达681万平方公里，占全国总面积的71%；人口约3.5亿，占全国总人口的28%。西部地区疆域辽阔，但是大部分地区是我国经济欠发达、需要加强开发的地区。而且小流域大多存在于较为边远贫困偏僻的地区和少数民族地区。西部是我国重要的生态功能区，开展生态补偿有着天然的重要性和战略性。本调研对西部地区的十二个省份的小流域进行了调查，了解了两百多个小流域治理和生态补偿的相关信息，对近一百个西部小流域的治理和生态补偿的现状进行深入了解和分析，包括贵州省的47个、青海省的5个、甘肃省3个、西藏10个、广西3个、陕西省3个、四川省2个、重庆市5个、宁夏1个、云南省17个、新疆2个、内蒙古2个的小流域进行案例分析。

为了了解西部地区小流域生态补偿的情况，研究团队运用访谈法实地对西部地区的小流域治理情况、生态补偿情况进行调查，运用资料法拿到小流域治理的第一手资料进行分析研究。小流域生态补偿调查首先要了解小流域的基本状况，水文、气候、植被等地理情况和人口、经济、土地利用等社会经济状况；要对水土流失及防治现状进行了解，对小流域防治的工程建设设计也要进行了解，对小流域基本农田、经果林、水土保持林的设计布局也有大致的了解；对小流域治理的防治措施设计内容包括小流域措施进度、施工安排等进行了解；对小流域治理方案的资金概算和各方面的资金筹算进行了解，同时对治理带来的经济效益、生态效益、社会效益进行分析，对实施小流域治理的项目管理监督机构及组织体系也进行相关了解，以进行深入分析得出西部小流域生态补偿的现状。

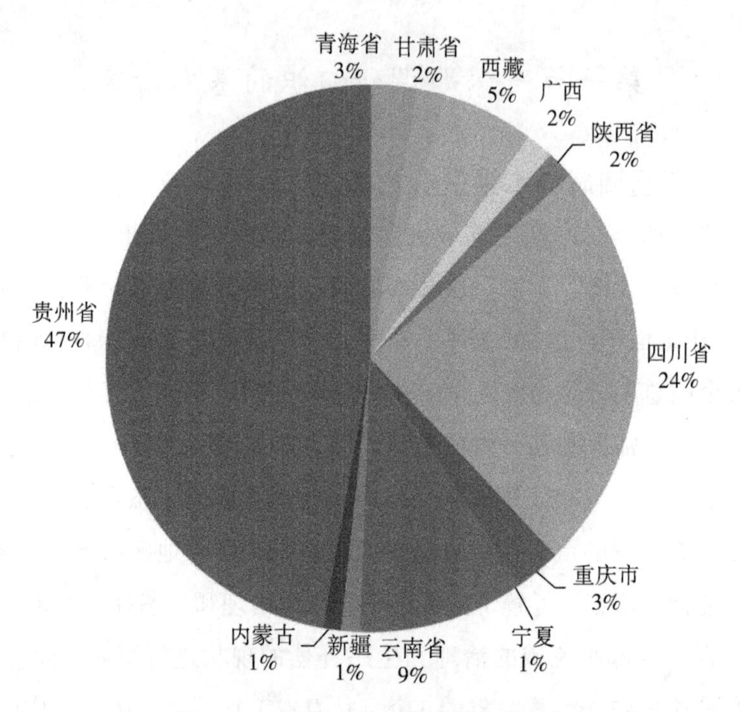

图 2–1　西部各省份小流域调查占比图

在图 2–1 中可以看到，贵州的案例占了所有案例的 47%，比例接近一半，其次就是四川省占了所有案例的 24%，云南省占 9%，西藏地区占 6%，所以在这个调查中是以贵州省的小流域生态补偿的案例资料为主，以贵州省向周围的省份辐射，涵盖所有西部地区。本次调查涵盖了所有西部地区的小流域生态补偿案例，虽然有些省份的案例较多，但是在进行小流域生态补偿的分析时认真对西部地区的每一个省份进行了分析。

分析数据案例的选取主要是先选择较为成熟的、做得较好的典型案例和随机选取的深入了解后的案例材料，在吸取好的经验机制的同时也了解西部小流域生态补偿存在的问题。

在案例数据分析占比图中，主要是在所有案例的基础上选择较为典型的、数据清晰的案例进行研究，图 2–2 西部各省份小流域数据分析占比图清晰地显示，有 47% 的案例数据来源于贵州省，云南次之。本来西南地区多山多水，所以小流域也存在很多，对于西南地区的小流域调查基本全面。其他西部省份小流域案例也包含其中，使调查研究涵盖西部地区的小流域，研究结果能作为西部地区小流域生态补偿的代表。

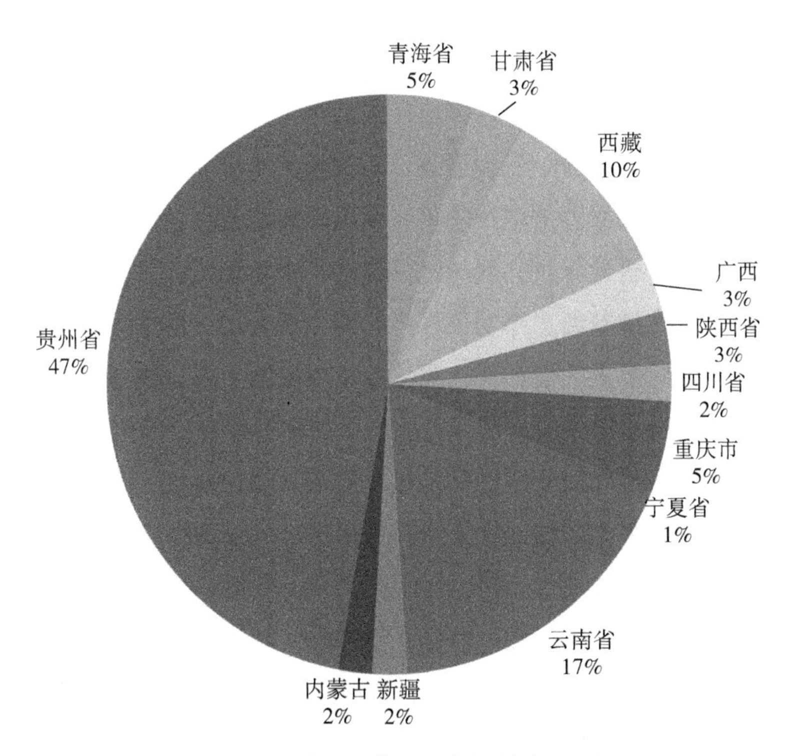

图 2–2　西部各省份小流域数据分析占比图

在调查中发现，小流域多存在于西部地区老少边穷地带，各种地理环境都存在，是地理环境不好保护，石漠化、沙漠化、水土流失较为严重的地带。

二、西部地区生态补偿调研样本总体情况

（一）西部生态功能区分布

按照2010年国务院对国家重点生态功能区的类型和发展方向的划分[①]，西部地区生态功能区主要有水源涵养、水土保持、防风固沙、生物多样性维护等四大类型（见表2-1和图2-3）。西部小流域生态补偿是西部地区整个生态功能区生态补偿的主要组成部分。事实上，从生态系统理论和区域经济发展的视角来综合考察西部地区小流域生态补偿实践，它是集多项生态功能于一体的一个系统性工程，同时又是西部欠发达地区实现脱贫致富、人与自然全面协调可持续发展、全面建成小康社会的战略举措。一方面，通过对西部地区十二个省份的小流域生态补偿实践的系统考察和梳理比较，我们发现，小流域（小流域、湿地、水源涵养林）不仅承担水源涵养的重要功能，而且还有水土保持、防风固沙、生物多样性维护、耕地保护、区域气候调节、水流调节的多重功能。比如甘南黄河重要水源补给生态功能区承担着水源补给、防风固沙、保持水土、保护湿地的多重功能；三江源草原草甸湿地生态功能区承担着西部地区三大河流的水源供给、调节气候、生物多样性保护等生态保护功能；桂黔滇喀斯特石漠化防止生态功能区承担着石漠化防治、生态保护、生物多样性保护等多重功能。事实上，西部多个省份的生态补偿实践从退耕还林（还草、还湿地）、退鱼塘还林、“三北”防护林工程等方面实现了生态补偿的多项功能。另一方面，西部小流域生态补偿与西部地区经济转型发展、民族地区社会协调发展有密切的联系，是推进区域治理体系和治理能力现代化的重要战略工程，是实现西部地区人与自然和谐发

① 《国务院关于印发全国主体功能区规划的通知》（国发[2014]46号），2011年6月8日，见 http://www.gov.cn/zwgk/2011-06/08/content_1879180.htm。

展、生态文明建设的重要制度保障。西部地区土地面积 678.16 万平方公里，占全国总面积的 70.6%，人口约 3.8 亿，占全国总人口的 27.2%，其中少数民族有 44 个。西部地区同时也是我国资源富集区，矿产、土地、水能、农业资源等十分丰富，旅游资源相当丰富，而且开发潜力大，这是西部形成特色经济和优势产业的重要基础和有利条件。但是，由于国家一度“重东部、轻西部”“重工业、轻农业”“重城市、轻农村”的经济社会发展格局，造成严重的东西差异、工农差异、城乡差异。在此基础上，西部地区经济社会发展最大的矛盾是人口增长以及改变落后生活的需求与生态环境不断恶化之间的矛盾。生态恶化、环境污染、水土流失、过度砍伐等问题一直困扰着西部地区。生态补偿制度是以受益者补偿、受损者受偿、受益者享受的生态系统服务价值和受损失者贡献、失去的生态系统服务价值为参考，通过利益相关方的博弈过程，由受益方向受损方提供货币、实物、政策等方式的补偿，以确保生态补偿过程中的效率和公平，实现生态系统服务可持续利用的一种制度安排。

西部地区小流域生态补偿是规范水资源开发、供给和利用的主要制度安排。通过对十二个省份相关制度安排的实践考察，我们首先需要对西部小流域生态补偿进行逻辑梳理，其次是总结归纳出小流域生态补偿的经验模式。

（二）西部地区生态补偿的实践考察

人类生产活动、生态环境与传统文化是共处于一种互动的关系之中。20 世纪初期，莫斯、福德、埃文斯等人先后涉入这一领域的研究并取得了一定的成绩。到了 20 世纪五六十年代，随着此方面研究的增多与扩展，生态人类学逐渐成为一门“显学”。与此同时，人们也开始不约而同地关注环境保护和生态补偿。西部地区小流域的生态保护是确保水资源安全的重要措施，直接关系到人类健康与经济社会的可持续发展。生态补偿作为一种水源地保护的经济手段，其目的是调动水源地生态建设与保护者的积极性。

综合国家生态功能区划和发展方向，我们考察西部小流域主要包括水源涵养林、小流域和湿地。其中有甘肃玛曲县草原湿地系统、云南大理洱海流域、岷江上游水源涵养林、甘肃民勤石羊河流域、云南松华坝小流域、贵州威宁草海湿地、广西湿地、甘南湿地、青海三江源小流域、祁连山水源涵养林、云南滇池流域、阿尔泰山地森林草原小流域等 13 个生态系统（见表 2–1）。

表 2–1 西部地区 8 个典型小流域生态补偿实践一览表

生态功能区	生态类型	生态、社会、经济现状	治理措施及生态补偿实践	补偿主体	受偿客体	补偿标准或方式及补偿思路的创新
案例 1 甘肃玛曲县黄河上游水源补给区	草原湿地	被誉为“黄河首曲”，流域面积达到 9590 平方千米，形成 300 多条支流和 10 个湖泊。总人口 3.82 万，其中牧民人口为 3.08 万，游牧藏民占总人数的 89%。但面临着湿地、河流萎缩干涸，水土流失，生物多样性危机以及严重的畜牧业危机。	1. 两阶段生态移民计划，分别为 2007 年到 2010 年以湿地保护为主；2010 年到 2020 年以水源涵养和补给区为重点，省政府投资 66 亿元。2. 退耕还林还草工程。3. 县级政府对农牧民的实际补偿。4. 当地金矿的股权和货币补偿。5. 中央政府的补偿。	中央政府、省政府、县级政府、当地金矿公司	玛曲县政府、当地农牧民、当地企业	1.2010 年中央政府安排 134 亿元资金在西部八个主要省区建立草原生态保护扶助奖励机制。2. 玛曲县政府禁牧草场每亩补偿 20 元、草畜平衡草场每亩每年补贴 2.18 元、人工种草每亩每年发放 10 元、每户牧户每年发放生产资料补贴 500 元，连续补贴 5 年。
案例 2 贵州威宁草海湿地	湿地	草海湿地保护区面积约 120 平方千米，其地势西南东面高，形成向北泄水的草海盆地。保护区内蕴藏丰富的动植物资源和矿产资源。但随着县域面积的扩展造成了草海湿地污染，主要来源于城市生活废水、固体垃圾、周边农业活动和旅游的污染。	1958 年威宁县政府制定了综合治理草海计划。1980 年贵州省政府决定恢复草海水域。1981 年动工蓄水工程。1985 年成立自然保护区。近几年来，形成“草海治理模式”，即实施湖面清淤即富营养化治理工程；草海周边湿地退化植被恢复工程；环湖村庄整治即周边环境治理工程。	中央政府、省政府、县政府、环保组织、旅游开发企业	县政府、当地居民	通过发展社区治理主体、培育公民精神的方式参与草海治理；进行劳动力技能扶持，转变产业结构；对失地农民予以社保补偿、教育政策倾斜等措施。

续表

生态功能区	生态类型	生态、社会、经济现状	治理措施及生态补偿实践	补偿主体	受偿客体	补偿标准或方式及补偿思路的创新
案例3广西湿地	湿地	广西于1985年开始建立第一个红树林湿地保护区，到2012年，已建成3个国家级自然保护区、6个区级湿地自然保护区、两个国际重要湿地和4个国家重要湿地。	1.1992年，自治区开始对乡镇集体和个体煤矿征收煤炭环境补偿费。2.2006年启动自治区级森林生态效益补偿基金制度，并对补偿金用途做了说明。3.华坪国家级自然保护区编制了森林生态效益补助资金试点实施方案。	中央政府、自治区政府、乡镇集体企业等	保护区政府、居民、湿地保护管理人员	煤炭补偿费按销售额的6%征收，其中75%用于矿山环境治理补助资金、25%用于管理、科研、纠纷解决等。2.区级补偿基金委每年每亩5元（4.5元用于补偿性支出，0.5元用于公共管护支出）。
案例4岷江上游水源涵养林区	水源涵养林	岷江上游属于都江堰以上流域，上游流域主要有松潘、乐山两县。其地理地貌是一个高山峡谷区，是阿坝藏族羌族自治州的一部分，被称为成都平原和长江中下游平原的“绿色调节水库”“水能资源库”“生物物种基因库”和“天然生态屏障”。	1998年实施天然林禁伐、天然林保护和退耕还林还草工程。中央政府以直接资金投入的方式禁伐天然林、森林管护、造林和转产项目建设，大幅度调整减少商品林木柴产量，有计划地安置因木材减少形成的贫困人员、将其纳入社会养老保险范畴等。还将坡度在25度及25度以上的陡坡退出农作物耕作，采取植树、种草、造林等措施。	中央政府、当地政府、林权的开发者、岷江下游县区	当地政府、天然林的管理者林权的所有者农民	岷江上游退耕还林的补偿标准为粮食300斤/亩或210元/亩，种苗费50元/亩，管理费20元/亩，经济补助林年限5年，还原生态林补助8年。其中补偿方式有项目补偿、政策补偿、实物补偿和现金补偿等方式。
案例5松华坝饮用水供给区	小流域、人工水坝	松华坝水库始建于1958年，是昆明市重要的优质水源区，日供水量在45万立方米左右，占城市供水量的70%以上。该水源保护区面积为629.8平方千米，常住人口为8.4万人左右。水源保护区由于大量的人为活动，造成了垃圾、废水污染水体、生态破坏等现象，水资源保护与经济发展矛盾十分突出。	2005年昆明市政府通过了《关于进一步加强松华坝保护区管理和保护工作意见的通知》和《关于印发〈昆明市松华坝水源保护区生产生活补助办法（试行）〉的通知》。2006年，省人大制定了《昆明市松华水坝水库保护条例》。昆明市政府从2006年6月确立了“因地制宜，植被永久性水源保护林地，适度保留城市绿化苗木培育地，满足创园指标要求”的松华坝库区治理和保护模式。	省政府、昆明市政府、供水企业、供水受益区、居民	市政府、供水公司、水坝区管理者市民、农民、乡镇	1.生产补助：对种植优质水稻和杂交水稻的补助（20元/亩·年）、退耕还林补助（320元/亩·年）、平衡施肥补助（50元/亩·年）。2.生活补助：能源补助（96元/人·年）、新农合补助（8元/人·年）、高中学生补助（300元/人·年）、外出务工补助（300元/人·年）。3：管理补助护林员补助（200元/人·年）、保洁员补助（300元/人·年）、乡镇工作经费补贴（22万元/年）

续表

生态功能区	生态类型	生态、社会、经济现状	治理措施及生态补偿实践	补偿主体	受偿客体	补偿标准或方式及补偿思路的创新
案例6甘肃民勤县石羊河流域补给区	小流域	石羊河流域发源于祁连山，位于甘肃省河西走廊东部，流域面积为4.16万平方千米，自西向东，是封闭性的内陆河流域。该流域下游民勤县下辖6镇12乡，人口为24.12万人，是一个农业大县，其中第一产业占全县GDP的36%。东西北面被沙漠包围，属于典型的温带大陆性气候。生产生活很大程度上依赖石羊河。	为了不让民勤成为第二个罗布泊，2006年国家启动专项资金3亿元，先期启动石羊河流域重点治理应急项目；2007年国务院批复总额投资47.49亿元的《石羊河流域重点治理规划》。同时，甘肃省政府出台了《甘肃省石羊河流域水资源管理条例》《石羊河流域防沙治沙及生态恢复规划》《石羊河流域地表水量调度管理办法》等政策法规。	中央政府、省政府、武威市政府、民勤县政府、水资源使用者	当地政府、农民、水源管理者、流域上游利益相关者	1. 各级政府对农户进行政策扶持，发展节水灌溉农业、绿洲农业。2. 规划流域水权配给，到2020年流域用水结构调整为6.6（生活）：6.9（生态）：16.4（工业）：70.1（农业）。地域用水为凉州区7.30亿立方米，民勤2.96亿立方米，古浪县0.7亿立方米，金昌市4.35亿立方米。3. 设立分层水权交易体系。
案例7大理苍山洱海小流域	苍山小流域、湖泊	洱海位于大理白族自治州境内，湖面积为252.91平方千米，被大理民众誉为“母亲湖”。主要居住人口为白族、汉族、彝族等23个民族，约82.3万人。其污染一方面来源于封闭的水域环境，1996年爆发严重的“水华”事件。另一方面来源苍山两地（十八溪）的农业生产活动（独蒜种植、奶牛养殖和旅游垃圾等）。	2003年，大理市洱海县打破行政区划，将洱海县最富庶的江尾、双关两镇并入大理市，解决了洱海流域区划分割问题，统一了洱海周边行政管理体制。1998年和2004年两次修订《洱海管理条例》，形成了洱海保护治理的法规体系。大理市在“九五”期间提出了“一个目标、两个结合、三个转变、四个转变、五个创新、六大工程”的治理目标、“三退三还”和“三禁”政策措施。	中央政府、省政府、市政府、州政府、相关企业	当地政府、农民、保护者	1. 不断培育洱海居民的环境主体意识和壮大洱海流域社区环保组织。 2. 成功引入洱海环湖截污PPP模式。 3. 加强宣教，全民参与，从2009年始将每年第一月定为“洱海保护月”。

续表

生态功能区	生态类型	生态、社会、经济现状	治理措施及生态补偿实践	补偿主体	受偿客体	补偿标准或方式及补偿思路的创新
案例8昆明市滇池小流域	小流域、湖泊、湿地	滇池处在长江、珠江、红河三大水系分水岭地带，其南北长39千米、东西宽7.65千米、湖面积为309平方千米，为典型的高原断陷湖泊湿地。滇池滨海湿地是环境变化的缓冲场、重要物种的栖息地，对调节区域气候、维持生物多样性、降解污染物、蓄水泄洪等有显著的作用，是滇池流域生态安全和水资源平衡的重要屏障，也是滇池流域经济社会可持续发展的保障。	1988年制定《滇池保护条例》；1998年制定《滇池流域水污染防治"九五"计划及2010年规划》；2002年制定《滇池流域水污染防治"十五"计划》；2006年制定《滇池流域水污染防治规划》；2007年制定《昆明市松华水源区群众生活补助办法》；2008年制定《昆明市关于"一湖两江"禁止禽畜养殖的规定》；2009年制定《滇池湖滨"四退三还一护"生态建设工作指导意见》；2010年制定《滇池流域农业产业结构调整的实施意见》。	各级政府、工业园区、企业、饮用水居民、农业用水单位、矿区企业	地方政府、滇池保护主体农民和城市居民	对滇池滨海湿地进行功能区重划，不同的功能区实施不同的补偿机制和治理方案。其中滇池滨海功能区主要有：1.内源生态补偿区；2.工业区生态补偿类型区；3.生活区生态补偿区；4.农业区生态补偿区；5.矿区生态补偿区；6.水源区生态补偿区。

资料来源：笔者根据相关文献自行整理，其主要来源有以下几方面：1)《宪法》及相关法律。2)中共中央、国务院及相关部门的会议精神及其相关的政策文件。3)小流域省、市、县、乡（镇）等地方性政府文件（行政规章、发展规划、办法、意见、通知、会议纪要、领导讲话等）。4)相关统计年鉴。5)新闻报道。6)硕博论文及其他学术论文。

第二节　小流域生态补偿现状的样本分析

一、小流域治理的基本情况

西部小流域从北到南因气候、地理位置的差异，小流域所在的地理环境也是不同的，有草原地区、沙漠地区、高原地区、丘陵平原、山区，所以小流域的破坏程度，招致破坏的原因、影响也不同。但是西部地区的小流域都有一个共同点，因为小流域没有进行综合治理或者治理程度不高，生态补偿不平衡没有做到位就会导致小流域水土的流失，以至于造成北方土地的沙漠化、南方土地的石漠化。水土流失在地类上主要分布在坡耕地范围、郁闭度较低和林草覆盖度较低的疏幼林地、灌木林、草地以及半石质化的荒山荒坡上。小流域的水土流失，每年使表层肥沃土壤流失约 5.71 万吨，造成土层破坏，土地肥力下降，坡面切割破碎，可耕地减少，因为土层的变薄逐渐走向石漠化。流失泥沙淤积沟河道，降低泄洪能力，两岸一遇暴雨，导致山洪成灾。特别是向下游河流输送的泥沙，既减小了小流域的库容，又带来了小流域下游水体的富营养化问题，对小流域生态环境带来巨大的负面影响。而水土流失严重的坡耕地，由于大量表土的流失，土地保水保肥性能下降，抗旱能力减弱，导致粮食产量低而不稳，长期以来群众生活水平难以提高。

从调查数据来看，近年来，西部小流域水土流失面积占小流域总面积的比例高达 65.98%，由此看来，西部小流域水土流失面积严重。进行综合治理的面积占小流域面积的比例平均是 66.34%，对于小流域综合治理的面积比例还是很高的，但是综合治理面积占水土流失面积的比例平均是 97.40%，也就是说，无论小流域如何进行综合治理，都不能恢复到原样，与最初都是有区别的。在西部小流域综合治理中，平均每一平方千米的投资为 34.99 万元。

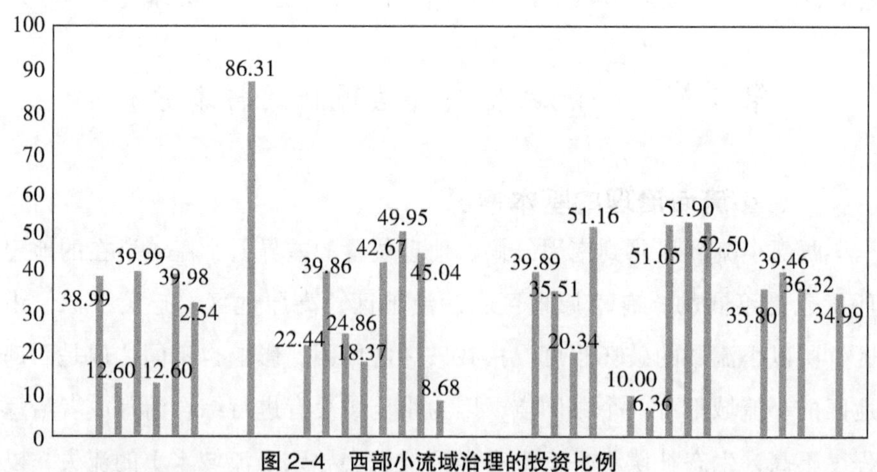

图 2-4　西部小流域治理的投资比例

所以从图 2–3 西部小流域治理的投资比例中可以看到，鲜少有一些投资较高和较低的情况，大部分的投资比在 30 万元 / 平方千米到 50 万元 / 平方千米之间。而事实上，小流域发生的污染、水土流失、沙漠化以及石漠化的产生都是各个方面综合导致的结果，人与自然的关系没有协调好所导致的。生态补偿是人类社会与生态环境有不和谐的关系导致了不可逆的结果，为了使其恢复到之前的状态而进行的生态修复，生态修复是人与自然之间不断协调的过程，以寻求到一个均衡点使得人类社会在适度消耗生态资源的基础上谋求双方的发展，达到双赢的局面，但是在修复生态的过程中，因为生态修复的多元性，所以在小流域生态补偿中的影响元素较多，生态补偿是各个影响因素综合作用的结果，不是哪一部分可以单独决定的，但是资金的投入是最重要的一部分，能起到相当的决定作用。但是在西部小流域生态补偿的调查中发现，在对小流域的生态破坏进行补偿时，大多数都只提到了资金投入进行的补偿，且大部分是政府投资，很少是有群众自筹的，群众投工的也只有一小部分，所以目前在进行生态补偿时大多数考虑的都是投入资金，其他方面考虑得较少。

二、小流域生态补偿的方法

小流域生态补偿是社会经济和自然环境相互作用的必然结果，一般的生态补偿可分四个层面，第一个层面是在流域的塬面修筑梯田，实施保土保水保肥耕作措施；第二个层面是在陡坡地上种植各类适宜的林草，控制水土流失；第三个层面是在沟川修筑顺水河坝和格坝，拦蓄泥沙，淤滩种田；第四个层面是在沟底有条件的地方修筑谷坊或淤地坝，这是最后一道防线，应提高质量，高标准控制沟道洪水。为了实现水保效果的加强，增强抗洪涝灾害的能力，调整土地结构，提高土地利用率，西部各地小流域主要通过三个措施来进行治理，第一是工程措施，这个主要是修建蓄水池、沉沙池，截、排水沟，耕作便道，梯田等工程使水旱灾害能得到有效控制或减轻；第二是林草措施，主要通过种植经济林，便道旁栽植行道树、植物绿篱等，使得在土壤侵蚀的坡耕地上，利用改变坡面微地形，增加地面糙率，增加植物覆被、地面覆盖或增加土壤抗蚀力等办法，保持水土，改良土壤，以提高抗蚀能力；第三是封育治理，主要对要保护的面积通过封育治理，通过立封育碑等来使小流域恢复其生态环境和生态功能。还有其他一些做法，主要分为工程措施和生物措施，工程措施主要是结合清淤、农村生活污水及面源污染雨污分离等，生物措施是封山育林、土地认种、荒山荒坡种树及经果林种植、村寨绿化、护岸绿化、人工湿地等。其实这只是分类方法的不同，实质上做法一致。最终目的都是对西部小流域的生态修复区、生态治理区、生态保护区进行综合治理。

对小流域综合治理的方法有坡改梯建设、大型水利水保工程、植物防护工程、封禁治理设计、封禁治理设计、保土耕作、监测措施等。坡改梯就是按照合理利用土地资源和因地制宜的原则，合理布设梯坎及坡面水系、田间道路等田间综合配套措施。水系、道路的配置形式和数量，根据坡改梯面积大小，结合降雨和水源条件，考虑方便利用等因素确定。坡面的纵向布设排水沟和道路。蓄水池沿排水沟布设，蓄水池的进水口前配置沉沙池，纵向沟坡度大或转弯处修建消力设施。大型水利水保工程就是在沟道比降较大、沟底下切剧烈的沟段修建，目的是抬高河床，控制沟底下切，稳定沟坡，制止沟岸扩张，保护下游农田。坝址选择要求沟道断面狭窄、口小肚大、基础稳定、沟底覆盖层薄、下游抗冲刷能力较强并有较好砌筑材料及施工、运输条件。植物防护工程主要有水土保持林、经果林的建立。封禁治理设计、保土耕作、监测措施是对上述措施的补充。

三、小流域生态补偿的过程

西部小流域生态补偿过程主要体现在小流域综合治理方面，现在西部地区小流域治理的生态补偿都是小流域经过不可逆的破坏后进行的生态治理和生态补偿，所以西部小流域生态补偿的过程是在小流域的生态环境被破坏后完成的。西部小流域生态补偿的过程是：了解小流域的基本情况，面积、范围、长度、自然条件、气候、地貌等，了解小流域的社会经济状况，包括周围人口、收入等，小流域的土地利用现状，耕地、林地、草地、其他用地的面积，对水土保持现状进行了解及分析；然后对该小流域进行整改的措施设计，提出方案，并算出要投入的资金，把该方案提交到上一级部门进行审批同意，资金批准下来后按照实施方案进行施工和改进，投入资金分几种，第一种是全部由政府批准的资金，即中央、省级、地级共同配资，第二种配资方法是除了政府批下来的资金外还有一部分是群众自筹，第三种是除政府出资以外，群众没有资金进行自筹所以群众自己进行投工投劳，把群众投工投劳量化为资金投入项目。

从总体上来看，小流域治理的规划基本上达到规划目标，但是在小流域生态补偿体系完成上没有明确的体现。小流域治理的情况，主要是对已经破坏的小流域进行工程措施、林草措施和封育治理等对西部小流域进行治理，蓄水池、沉沙池，截、排水沟，机耕道，田间便道，宣传碑以及结合清淤、农村生活污水及面源污染雨污分离等工程措施更能体现对小流域进行的治理。

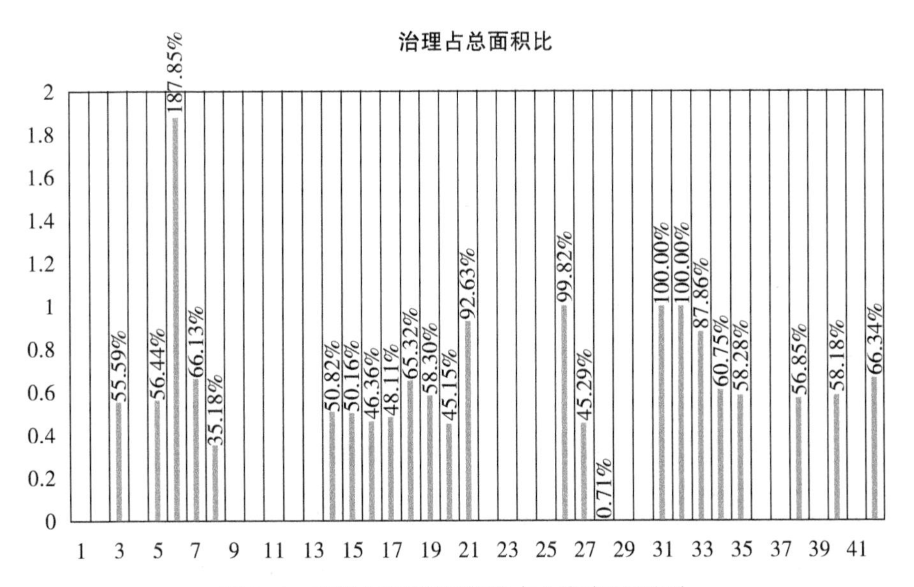

图 2-4　西部小流域治理面积占小流域总面积比

在图 2–4 中可以看到西部小流域治理面积占总面积的比基本上都达到 50% 以上，西部小流域治理面积占小流域面积的比的平均值是 66.34%，也就是占了一半以上，由此可看出对于小流域治理的观念还是很强的，经调研，无论是政府还是群众对小流域治理的必要性都很认同，同时也很关心小流域治理的情况。小流域生态补偿的情况除了从小流域治理的情况来看，还要对小流域已经实现治理的情况进行分析。

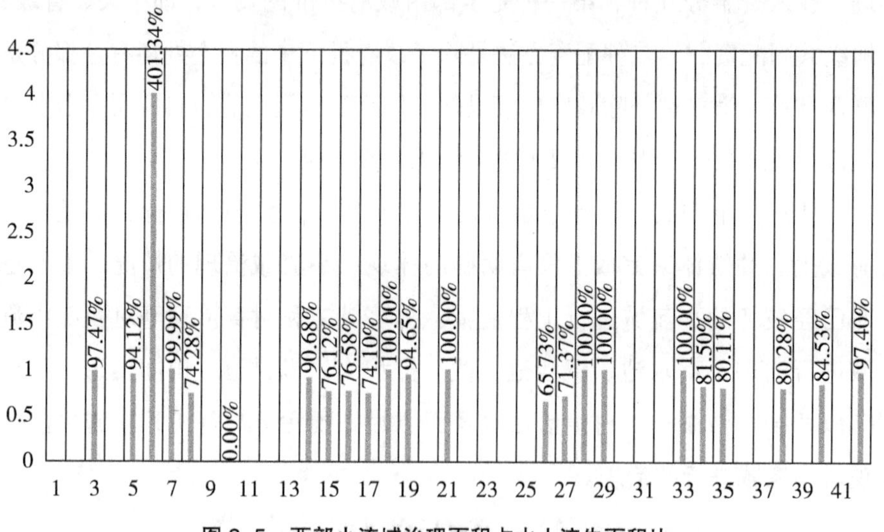

图 2–5　西部小流域治理面积占水土流失面积比

从图 2–5 中可看到小流域治理面积占水土流失面积的比接近于 1，也就是说治理面积是接近水土流失面积的，甚至还有治理面积超过水土流失面积的，西部小流域治理面积占水土流失面积的比重达 97.40%，可看出各单位各部门对小流域水土流失还是重视的，并且在重视的基础上积极对流失面积进行治理，但是在治理中也不可能百分之百地对小流域遭到破坏的面积进行补偿。

小流域生态补偿的情况包括小流域治理的基本情况，还包括其他的动态性的、预防性的生态补偿的情况，从调研数据来看，因为近年来，小流域水土流失或污染造成的乡村生态环境的破坏让大家对小流域治理有了长足的重视，但是对于小流域的保护和预防方面的准备是不充分的，在图 2–4 和图 2–5 中可以看出西部小流域中只有一个小流域的治理面积是超过水土流失面积和治理的总面积的，所以可看出对于小流域生态补偿的动态性补偿和预防性补偿还是有很多的缺乏。其次小流域生态补偿因为其特殊性也没有形成补偿机制，甚至有些地方还没有明确的生态补偿观念。西部小流域多分布在农村，因为其地域的特殊性，小流域生态补偿是新时期做好农村生态文明建设的重点建设对象，小流域生态补偿也是我国防止水土流失、保护生态文明环境、建设生态补偿机制、维护生态文明和实现乡村振兴战略的一个重要途径，所以小流域生态补偿机制、措施、观念的不足以及小流域生态补偿的不成熟使得一些乡村被拦在乡村振兴的门槛之外。

四、小流域生态补偿的要素

小流域生态补偿既涉及资源权属的界定、占有和利用，又涉及生态系统服务功能的价值补偿，还应包括小流域生态建设的成本和制度投入等。对资源权属的界定、占有和利用涉及生态补偿的补偿客体和受偿主体；生态系统服务的价值补偿涉及生态功能、补偿方式和补偿标准。通过对西部地区 11 个小流域生态补偿的实践考察，我们归纳出了以下几点要素：（1）资源要素；（2）生态区功能；（3）补偿主体；（4）受偿客体；（5）补偿方式；（6）补偿标准；（7）制度供给及其创新。

（1）资源要素：如前所述，不同区域的资源禀赋有所差异，在生态补偿的制度建构中，资源类型和差异是补偿的基础。第一，就水源涵养林而言。我国《森林法》将森林分为防护林、用材林、经济林、薪炭林和特种用途林五大林种，水源涵养林是位于河川、水库、湖泊的周围和上游集水区，是具有特殊意义和特殊用途的防护林种。水源涵养林主要包括祁连山北坡水源涵养林、阿尔泰山地草地森林区、岷江上游水源涵养林。第二，草地湿地被誉为“地球之肾”，对水源涵养有重要的作用，湖泊及其湖滨湿地同样具有水源涵养、水源补给、调水净水作用。其中的案例有甘肃玛曲草原湿地、威宁草海湿地、广西湿地、云南滇池湖滨湿地、松华坝区、三江源区、苍山洱海区等。第三，小流域是二、三级支流以下分水岭和下游河道出口断面为界集水面积在 50 平方千米以下相对独立和封闭的自然水区域。案例中主要涉及的是苍山洱海区、三江源区和甘肃石羊河流域。但是，每个案例所涉及的资源要素不是独立的，有的案例中可能涉及多种资源，比如三江源水源区包括草地湿地、湖泊和小流域，阿尔泰水源区包括水源涵养林、草甸草地、湿地和小流域等。

（2）生态区功能：生态区功能可以直观地分为两个方面，即自然生态功能和人文社会功能，这两者构成了小流域的自然价值和人文价值。首先，小流域自然价值表现为水源涵养、调节区域气候、饮水供给、保持水土、防风固沙、生物多样性保护和碳储汇等生态功能和价值。人文社会价值主要表现为：一是为本区域和下游区域工业、农业和生产生活提供相应的水资源、气候资源、土壤资源、生物资源等。二是提供丰富的旅游休闲资源，并具有科研价值。三是保护并发扬少数民族传统文化、发展相应的民族风情产业。如甘肃玛曲草地湿地生态系统不仅具有江河水源供给、锁水养水、调水净水以及提供丰富的旅游资源，而且对于藏区传统文化保护和藏区信仰传统具有至关重要的作用。西部小流域区的自然、人文价值应该成为生态补偿的基础。

（3）补偿主体：在小流域生态补偿中，在担当公共利益的代表与协调者角色的同时，中央政府是小流域生态补偿的主体，地方各级政府［省、市、县、乡（镇）］则是中央政府进行生态补偿的代行者和具体计划制定者。生态环境具有明显的公共物品属性，政府在提供公共物品中应该扮演重要角色。从以上案例中，中央政府一方面是战略政策的供给者，即生态补偿制度的供给者，如 2003 年将青海省三江源规划为国家级自然保护区，2007 年国务院批复《石羊河流域重点治理规划》。另一方面是配合制度供给的财政资金供给者，2015 年 8 月 7 日，国家发展改革委连同财政、林业、农业等部门在贵州毕节召开退耕还林还草工作经验交流会议，会议充分肯定了第一轮退耕还林工程取得的成就，自1999年来，在三年试点的基础上，退耕还林工程在 25 个省（区、市）及新疆生产建设兵团全面实施。到目前为止，第一轮的退耕还林工程中，中央累计投入 4065.5 亿元，完成退耕造林 1.39 亿亩、配套荒山荒地造林育林 3.09 亿亩，涉及 3200 万农户 1.24 亿农民。

同时，资源的开发者、下游资源受益者以及社会受益团体、个人也应给予一定的补偿。在玛曲草地湿地的实地调查中，我们发现玛曲县格尔柯金矿有限责任公司是当地生态资源最大的开采者和破坏者，公司目前采矿约 30 万吨，年生产黄金约 2300 千克，但无限制的资源开采给当地生态系统和农牧民生活造成了极大的危害，1997 年，在县政府的斡旋协调下，公司最后拿出 80 万元和 2% 的股份作为生态补偿。松华坝区作为昆明市的主要供水区，其补偿主要来源于自来水使用的单位和个人。除此之外，社会组织作为介于国家和市场之外的社会力量，本身具有自愿性、志愿性、组织性、社会性的优势，它们在小流域进行环境保护、生态补偿有天然的优势。但遗憾的是，由于西部经济社会发展不充分，社会组织发育不良，它们的作用并不显著。

（4）补偿客体：小流域的功能定位决定了生态补偿的权利和义务，同时明确小流域的生态补偿方向，遵循生态保护者受益原则，“谁开发，谁补偿；谁保护，谁受益”，开发区域基于保护型区域进行横向（水平）生态补偿，同时由中央政府和省级政府向保护型区域进行纵向（垂直）生态补偿。小流域生态补偿客体分为两个层面：第一是宏观上保护型区域所隶属的行政单位，具体为县、市、乡镇等基层政府和相关部门。在考察西部小流域时，所有的基层政府都面临一个共同的问题，即本身财政收入严重匮乏，很大程度上依赖于中央政府和上级政府的财政转移，难以进行实地农户的补偿。但他们在保护当地生态环境和地方公共服务提供中充当了具体制度执行者和监督者角色。只有通过财政转移支付和费用补充才能实现基本公共服务的均等化，包括维护地方政府基本运行的能力以及提供公共服务的能力。微观上为保护区域内生态环境改善做出贡献的管理人员和失去靠资源发展机会的农户。明确生态补偿主体、受偿客体，是建立在生态资源所有权和使用权为特征的基础上，给予产生外部经济效益生态系统服务功能提供者相应的直接经济补偿，将生态保护成果转化为经济效益，明确受偿者生态保护的责任，将权利与义务统一起来，鼓励人们更好地保护生态环境。

（5）补偿方式、途径：生态补偿的方式和途径是实施生态补偿的核心内容之一，是解决“怎么办”的问题所在。西部小流域生态补偿方式的途径可以分为资金补助、实物补助、政策补助、项目补助和技术补偿等方式。经济补偿主要通过一定的实物和资金的方式实现，集中体现为中央政府和各级政府的财政补助。实物补助通过对农民的粮食补贴、化肥补贴等实现。项目补偿主要通过扶持移民旅游开发、种植业和养殖业产业的发展，如大理市在治理洱海环境时引进新型产业，成功引进洱海环湖截污 PPP 模式和“六大项目”。政策补偿主要是通过国家相关政策而非实物或资金予以补偿，在资源（医疗、教育、养老）补贴、税收方面进行补偿。如云南松华坝区进行每人每年 8 元的新农村合作医疗补助；高中（含中专、技校）学生每人每月 300 元的学生补助。资金补偿方式的明显好处在于贫困的西部农民可以拥有更多的现金，他们可以自由支配，有利于移民短时间内安置和稳定；而政策补偿可以统筹社会资源，为移民生活的各个方面提供保障，也是必不可少的手段。可以说，经济性补偿是移民生活的基础，政策性补偿是移民发展的根本保证。

（6）补偿标准：对于补偿标准，我们分别从受偿客体和补偿主体两个方面考察。首先，对受偿者而言，受偿标准主要取决于宏观因素和微观因素。微观因素为预期、收入、直接成本和机会成本等，预期、收入、直接成本可以用受偿意愿值（WTA）的方式加总体现，机会成本（opportunity cost）可以单独作为确定标准的依据；宏观层面主要表现为区域经济发展状况，可以用人均GDP表示。其次，对于补偿主体而言，补偿者标准同样取决于宏观因素和微观因素。其微观因素主要包括收入、预期及其偏好等，这些因素可以通过提供者的意愿（willing）体现。影响补偿者标准的宏观因素，主要是在长期趋势下补偿者标准的变动趋势。随着经济社会的进一步发展和生态文明建设步伐的加快，开发区对生态补偿服务的需求逐步增加，补偿标准也会要求相应地增加。一个良性的公平的生态补偿框架应该是受偿客体付出的生态保护成本和补偿主体得到的生态收益相平衡。可西部大多数小流域，补偿标准有失公平。如岷江上游地区松潘县、乐山市为保护当地天然林和水源涵养林以及水源保护作出了巨大的贡献，当地许多伐木工为此失去赖以生存的伐木工作。四川盆地和长江中下游平原获得了上游生态保护的正外部价值，却并没有对岷江上游地区予以生态补偿。

（7）制度供给及其创新：生态保护作为一项公共物品或准公共物品，它具有外部性。集体行动理论和“公地悲剧”理论告诉我们，任何一个行动者“只要不被排除在分享由他人努力所带来的利益之外，就没有动力为共同的利益做贡献，而是选择做一个搭便车者”（E.奥斯特罗姆，1980）。也即，由于生态保护具有外部性，理性的行动者衡量自己行动和未来收益时，会很容易采取“搭便车”行为。同样，在生态补偿制度供给方面存在着“二阶搭便车”现象。所以，西部小流域生态补偿机制的供给很大程度上来源于国家层面的强制安排。当然，也不排除少量的市场制度安排和准市场制度安排。值得一提的是，甘肃玛曲县草地湿地生态补偿中出现制度性的自组织供给机制。

表 2-2 小流域生态补偿的要素类型表

序号	要素	类型或分类结果
1	资源要素	水源涵养林、草地湿地、胡泊湿地、小流域水资源
2	生态区功能	水源涵养、饮水供给、净化水质、水土保持、旅游资源开发、民族文化保存与发展
3	补偿主体	中央、省、市、县、乡（镇）等政府，资源开发企业，下游资源受益者，社会受益主体或个人，资源的受托者，个人，社会组织（NGO、NPO 组织），国际组织
4	受偿客体	各级政府、当地民众、保护者
5	补偿方式、途径	财政补偿、实物补偿、政策补偿、技术补偿、项目补偿
6	补偿标准	补偿主体标准、受偿客体标准
7	制度供给及其创新	政府供给、市场供给、准市场供给、自组织供给

第三节 小流域生态补偿模式与效率比较

一、政府主导型生态补偿模式

自环境污染带来的后果越来越明显，水土流失对土地破坏程度越来越大，小流域的破坏直接影响到整个流域生态的破坏，增强了人们小流域生态补偿的意识。西部小流域地区水资源的污染、水土流失造成的水土环境的破坏以及其他的自然灾害，不仅对西部小流域的生态系统自然发展造成了严重的危害，还严重制约了小流域片区生态发展、经济发展和社会发展，同时成为乡村振兴战略实现乡风文明、生态宜居、乡村治理的限制性因素。鉴于此，地方呼吁政府介入开始对小流域污染、水土流失及其他引发的流域灾害进行治理等，包括治理前后一系列活动的生态补偿，至今已颇有成效。且因为小流域生态补偿的多次实践，我国对小流域生态补偿的经验已较为丰富。

小流域生态补偿的分类不同，其生态补偿模式也各有千秋。国内学者对小流域分类研究颇多，郑海霞将国内的流域生态补偿模式归纳为五种：基于大型项目的国家补偿、地方政府为主导的补偿方式、小流域自发的交易模式、水权交易和水资源量的用水补偿；葛颜祥等对国际流域的实践案例进行了总结，并根据案例总结了流域生态补偿的模式有两类，分别是政府主导和市场交易；一些学者把小流域生态补偿模式总结归纳为资金补偿模式、政策补偿模式、实物补偿模式和智力补偿模式等。一般常见的分类方法有几种，根据小流域用水的差异性可分为饮用水补偿模式、经营水体补偿模式、生态保护水体补偿模式、生产用水补偿模式，但是这类分类方法通常限制了水体用途而忽略了小流域生态服务等，所以还有更进一步细化总结的空间；根据正外部性和负外部性对小流域生态补偿的影响，又分为损益性补偿模式和增益性补偿模式，损益性补偿模式是对小流域生态补偿的支付主体而言的，也就是小流域生态环境的破坏者和小流域水体的污染者对小流域的治理和受其影响的利益主体进行支付赔偿，增益性补偿是对小流域生态环境的保护者而言的，是小流域生态服务的受益者向其保护者给予补偿的模式；从生态补偿资金的来源分，又可以将小流域生态补偿模式分为，上下游政府间协商交易的小流域生态补偿模式、上下游政府共同出资的小流域生态补偿模式、政府间财政转移支付的小流域生态补偿模式及基于出境水质的政府强制性缴扣的生态补偿模式。在结合学者研究成果的基础上，我们对西部小流域的生态补偿实践案例进行综合研究，并总结西部小流域生态补偿的主要模式，主要有以政府为主导的生态补偿模式、以市场为导向的生态补偿模式、以社会补偿为主的生态补偿模式。

（一）中央政府主导的大型生态补偿工程

由政府提供对西部小流域生态补偿与环境服务是目前中国西部小流域生态补偿的主要内容之一。这种补偿思路是通过政府的大型项目工程建设予以落实的，如六大林业重点工程，即天然林资源保护项目、重点地区速生丰产用材林基地建设工程、退耕还林还草工程、京津风沙源治理项目、野生动植物保护及自然保护区建设项目、“三北”及长江中下游地区等重点防护林项目。1998 颁布的《森林法》第 8 条明确规定：“国家建立了森林生态效益补偿基金”，通过森林生态补偿项目实施生态公益林政府补偿。

退耕还林工程是对农民进行退耕还林还草管理补贴，是到目前为止我国政策性最强、投资量最大、涉及面最广、群众参与程度最高的一项生态建设工程。退耕还林旨在以补助方式激励农民改变土地利用方式，减少水土流失等自然灾害的数量，在改善生态环境的同时，增加农户收入和调整农村土地利用结构，是迄今世界范围内涉及面最广、补偿额最大以及个人参与程度最高的生态补偿（PES）项目之一。退耕还林自 1999 年开始在四川、陕西、甘肃试点之后，于 2002 年全面启动，对西部小流域森林、草地、湿地总量持续增长作出最大的贡献。在取得巨大生态效益的同时，实践过程中是以国家为主导的单一政策补偿、“一刀切”等行政手段。2014 年 8 月，国家发改委、财政部、林业局、农业部、国土资源部联合发出通知，出台了《新一轮退耕还林还草总体方案》，正式下达退耕还林任务 483 万亩，标志着新一轮退耕还林工程正式启动。2015 年 8 月 7 日，在贵州毕节召开退耕还林还草工作经验交流会议，宣布到目前为止，第一轮的退耕还林工程中，中央累计投入 4065.5 亿元，完成退耕造林 1.39 亿亩、配套荒山荒地造林育林 3.09 亿亩，涉及 3200 万农户 1.24 亿农民。事实上，新一轮的退耕还林的补助标准依然是国家主导的，它不区分南方地区和北方地区，实行统一的补助标准。

同样，国家级自然保护区同样是政府主导的生态服务项目，它是“对于自然生态系统、稀有濒危野生物种自然分布区、具有特殊意义的自然遗迹，在一定区域内进行保护和管理”。截至 2008 年 1 月，国家级自然保护区总共有 307 个。其中西部地区总共有 154 个，广西 15 个、重庆 6 个、四川 25 个、贵州 9 个 、云南 17 个、青海 5 个、西藏 9 个、陕西 14 个、甘肃 13 个、宁夏 6 个、新疆 9 个、内蒙古 23 个。

（二）地方政府为主导的小型生态补偿

由于中央政府资金有限，只能参与重点水源地、自然保护区、生态功能区和生态脆弱区的补偿。地方政府为了实现水环境的改善，以达到所需的环境管理目标，提供清洁水源和规定水量，通过上游和下游的协商、谈判和环境协议等形式实现上游和下游的补偿，这种补偿方法是由地方政府主导的在水源保护区进行生态补偿的主要方式。根据生态补偿的主体和受偿客体划分，地方政府为主导的生态补偿划分为三个类型：跨区域的政府间补偿（受益区政府对保护区政府的补偿）、区内政府的纵向补偿（上级政府对下级政府的补偿）、保护区内政府面向环境保护主体的直接补偿。

首先，跨区域的政府间补偿理论基础是公共物品的不可分割属性和区域经济发展理论。毫无疑问，环境保护作为一项重要的公共物品，对环境保护付出代价的保护者无法排除未对环境保护做出贡献者的使用权，简言之，在流域范围内，上游地区的保护者对河流保护付出了巨大的投入，下游地区居民在上游地区居民保护环境的基础上享有一定的利益，这一现象又称"搭便车"。解决这一问题最有效的办法是要求下游地区给上游地区一定的支付和补偿。从区域经济协调发展的视角来看，区域内各种资源形成一个开发的系统，尤其是生态环境保护。石羊河流域位于河西走廊东段，乌鞘岭以西，祁连山北麓，流经武威、金昌、张掖、白银等4市9县，2006年出台的《石羊河流域重点治理规划》不仅对各个县区的用水进行了明确的结构性分配，而且规定了下游政府对上游政府的补偿，主要有资金补偿、技术服务、市场扩展等方式。

其次，保护区内政府的直接补偿。保护区内政府既是生态补偿的补偿主体，又是受偿客体。就补偿主体而言，地方政府是地方公共物品的主要供给者，政策的制定者、监督者，同时又是上级政府生态补偿政策的执行者和落实者。地方政府的补偿手段和供给形式以资金供给和制度供给为主，考察西部小流域生态补偿时，我们发现大多数地方政府补偿集中在这两个方面，但由于资金匮乏和政策面狭窄，一直阻碍着补偿标准、受偿客体等方面的确定。

（三）政府主导型补偿模式的运行机制

政府主导是政府通过非市场渠道以国家和政府相关部门为实施和补偿的主体，对下级政府和小流域的农牧民等客体进行补偿，力求实现小流域生态平衡、协调发展、经济稳定增长、乡村文明治理的目标。政府主导的模式主要是政府通过对政策的调控、小流域补偿资金的协调来控制小流域生态补偿的情况。政府主导的补偿模式是通过财政转移支付、政策补偿、生态保护项目及环境税费项目来实现的。

第一，财政转移支付。这是小流域生态补偿的重要方式，是由于不同地区经济发展水平不同，所以会存在财政收入和支付购买能力的差距，为了实现每个地区公共服务的公平性而建立的国家或政府上级之间和下级之间的政府支付和政府下级和下级之间的平级政府支付。一般来说，上级对下级的支付通常是中央对地方的政府转移支付，因为小流域所在的地级较小，所以还表现为省级对市级、省级对县级、市级对县级的政府转移支付，平级的政府转移支付主要是涉及同一个小流域的上下游的政府间的支付，通常有省级对省级、市级对市级、县级对县级的地方平级政府之间的转移支付。西部小流域生态补偿的财政转移支付，从财政预算方面又可分为纵向财政转移支付和横向财政转移支付。转移支付从形式上来看，则可分为一般性转移支付和专项性转移支付。目前来说财政转移支付是小流域生态补偿资金最主要的来源，其一是因为所有的财政收入都属于国家，国家也是在追求实现流域最大社会效益、经济效益的目标之上而建立的；其二，国家是我国生态效益和社会效益的利益代理人，有强烈的动机对环境进行保护，所以在这两种动机和责任感之下国家积极地对小流域进行治理和生态补偿。与中央政府相比较，地方政府并没有那么强的责任感和动机，但是地方政府都会倾向于追求地方利益最大化，它对下级的生态补偿是积极的，但是涉及平级之间的小流域生态补偿时则可能去忽视，所以制约了横向生态补偿模式的发展。

第二，政策补偿。这是政府通过对政策进行倾斜，对小流域生态补偿的主体和客体行为进行引导，以实现小流域地区走向自我补偿自我发展的道路。政策补偿是小流域生态补偿长期动态性改进的主要模式，财政转移支付是对小流域进行输血式的生态补偿活动，对于财政资金不足或急需资金的地区基于一定程度的补贴，从生产要素的角度来说，注入资金就给了生产动力，但是长期以注入资金的形式不采取其他措施的话，首先在一定程度上会造成资金的浪费，其次也会造成生产后续动力的不足，所以财政转移支付对于小流域生态补偿来说能够在短期内达到很好的效果，而且短时间内能提高大家对于小流域生态补偿的积极性，但是长期来说政府一味进行财政补偿会导致后面资金注入的疲软，导致群众工作或生态补偿意识的弱化。所以政府的政策补偿是在财政补贴注入提高动力后，维持这一动力并不断提升群众意识，使小流域生态补偿朝着生态补偿过程完善、生态补偿机制完整、生态补偿效果提高的方向发展，所以若想使小流域动态有序地发展，并建立小流域生态补偿机制，标准化、规范化对小流域进行生态补偿，政策补偿的方式必不可少。虽然利用政策性的倾斜方式对小流域生态补偿不失为一种行之有效的办法，但是政策补偿也会存在政策失灵的时候，所以政策补偿中提出的政策一定要符合小流域的实际情况，根据实际提出对策。

第三，生态保护项目。这是政府主导补偿模式之一，是利用相关资金支持发展生态环境保护项目，以发展新型无污染的产业为主，同时也一边进行新型无污染的产业替代旧的对小流域有污染产业的改革，通常来说这些生态项目是促进小流域上下游产业结构的优化，调整适合的产业更好地发展，不适合的产业进行转移，在产业调整中促进小流域剩余劳动力的就业，劳动人口素质的提高。生态保护项目还有些是一条流域上下游的发达地区对贫困落后地区的对口援助，发达地区对落后地区提供人才、资金、技术等进行小流域生态补偿，使得落后地区获得生态效益和经济效益的同时，发达地区的生态效益得以增益。一般来说小流域生态补偿项目所涉及范围广、资金投入要求较高、所要涉及的利益部门较多，所以由掌握权力较大、财政资金较多的中央政府主导，也适用于生态环境保护观念强、财政收入较多的地方政府。但是就目前来说现在生态项目的投资渠道是较为单一的，虽然现有的生态保护项目很多，但是由于一些条件的限制，生态项目的门槛过高，整个项目是悬在空中的，很难落地与实际相结合，基本上不能实现生态保护项目与其他资源的融合与联系，创造更大的价值，实现更多的社会、生态、经济效益。

第四，环境税费项目。这是政府主导的生态环境消耗者对其行为上税的过程，以遏制人们对小流域生态环境进行污染和破坏的行为。由于在改革前期我国采用粗放方式对环境进行管理，导致自然资源过度消耗，所以出台了一系列关于环境污染上税的政策和制度。就目前来说对于大众的普遍的环境保护税是很少的，只是对污染较为严重的产业和与之相关的一些特殊产业进行排污管理收费，并且这些费用也归到小流域生态补偿资金中来。对污染者和消耗者要求上税固然能增加其保护环境的积极性，但是现在收环境税费的领域较窄，费用也不高，所以造成部分企业和商家不以为然、不以为意，所以环境税费项目内容还有待完善。

二、市场导向型生态补偿模式

政府主导的市场交易补偿模式。政府主导的补偿模式受资金来源、管理和地区差异等诸多限制因素的影响，因此在一些西部小流域自发形成了多种形式的市场交易模式。区域内市场交易的生态补偿是区域内部的政府、企业及受益主体直接对从事生态建设的个人和组织进行补偿。交易的实质是在一个生态权益的交易市场内，供给方提供优质的生态产品和生态服务，需求方和供给方经过一系列的价格协商后达成交易。

第一，小流域排污交易。小流域排污权的交易最初引进国外的做法，它对于排污权交易的企业来说是具有损益性质的，所以在小流域生态补偿的小流域排污权交易的模式中，主要是政府将污染的总量通过量化分配给企业或是让企业来购买排污的份额，对于参与的企业来说这是损益性生态补偿，但是它体现了污染就要找到源头治理，谁进行生态破坏谁负责的理念，虽然对于购买排污权的企业来说是略微有损益的，但是对于享受小流域生态环境的群众来说，这样才是公平的。排污权交易是指在污染物排放总量控制指标确定的条件下，利用市场机制调节对小流域进行污染的污染企业或污染者之间排污权力的交易，这是一种低成本对小流域治理的生态补偿方式。但是由于排污权交易的成本较低，有些企业并没有认真地看待这件事，维护小流域生态的积极性不高，这就需要政府对这一类企业进行强制性交易。

第二，水权交易。水资源是一种资源。水权交易是水资源在经济社会发展过程中面临着供需矛盾不断突出的背景下诞生的，这是进行水资源跨区域调配和提高水资源利用效率的重要手段。怎样通过水权交易市场对区域内水资源进行重新调配，以及如何通过水权交易市场提高效率，不断地引起人们的重视。水权交易的主体是水权的拥有者和使用者。涉及水权交易的主体有水源区民众、使用团体、供水企业、非政府组织、公民等，他们都有资格进入水权交易市场。水权交易市场使水资源的价值充分流动，通过价格调节促使各方节约用水，把部分水权出让给那些使用水资源边际效率大的群体，使其他用水人有机会使用所需的水资源，从而促使整体使用效率的提升。

小流域水权交易与小流域排污权有实质的不同，首先针对的对象就是不同的，排污权交易是对排放的污水进行量化来说的，所以对象是污染的个人和企业；小流域水权交易是对于小流域的所有水体而言的，所以只要使用小流域水体的人就可以进行交易，所以进行交易的可以是水使用者协会、水区、自来水公司、地方自治团体、个人等，凡是水权人均有资格进行水权的买卖。水权交易使得水权成为一项能够在市场上流动并且具有很多价值的资源，通过市场调节，潜移默化地改变人们使用水的方式，使用水多且效率低的人逐渐改善用水效率，节约用水，并把节约出来的水量转给那些需要用水或用水效率高的人，增加用水人次，提高社会的用水总效率。但是从西部小流域生态补偿的情况来看，一般上游地区节约用水能让下游地区有更充足的水使用，或是上游地区保护水源在使用中不污染流域，使得下游地区有更优质的水体使用的情况较为常见。

第三，碳汇交易。碳汇交易是相关缔约国家在缔约的制度框架内，经济发达的国家地区通过全球范围内碳汇交易平台向欠发达国家购买碳汇指标的行为，其本质上是通过市场交易机制来实现生态平衡。中国的碳汇交易实践起步于2010年9月，国务院通过了《关于开展低碳省区和低碳城市试点工作的通知》，将丝绸之路上的几个省份列为制度试点地，于2010年设立了绿色碳汇基金会。在此机遇下，西部地区拥有丰富的碳汇资源，建立碳汇交易制度有利于进一步完善生态补偿制度。

绿色生态产品品牌模式是通过对产品进行绿色标记，把带有绿色标记的产品投入市场，使绿色标记产品价格比其他产品价格稍高一些，人们愿意以更高一些的价格来购买带有绿色标记的产品，相当于把小流域生态补偿的费用间接转移给绿色产品的消费者，他们购买绿色标记的产品就相当于他们使用了产品生产者提供的生态服务，同时也间接支付了生态补偿的费用。而对于现在的消费者来说，绿色生态产品品牌是环境友好型产品的代称，生态环境被如此破坏的背景之下，他们也会更倾向于购买有绿色标记的生态产品，虽然价格相对会更高一些，但是也能让他们消费得更安心。所以绿色产品品牌不仅产品质量较高，其销量也会增加，在一定程度上增加了附加利润，减少了小流域所在地区生态补偿的成本，也体现了对于生态环境共同保护、共同治理的原则。

三、社会补偿型生态补偿模式

NGO和NPO参与的社会补偿模式。NGO的全称是Non-Governmental Organizations，即非政府组织，从字面意思了解就是没有政府参与的组织；NPO的全称是Non-Profit Organization，翻译过来是非营利组织，也就是不以营利为目的的组织。随着社会经济的发展，越来越多非政府组织和非营利组织出现，并在社会上得到了更多的认可，它们是公共管理领域越来越重要的新型组织形式，它们最主要的一个特点就是所进行的行为活动都是以公益为目的的，不掺杂其他私人企图和营利目的在其中。它们进行的公益性活动对政府和市场调控是一个很好的补充，而且在其进行公益性活动的过程中也在努力寻找和提供更多的公共产品使社会所有的公众都可以使用和享用。所以对于小流域生态补偿来说，当政府进行主导的补偿模式失灵时可以用市场进行调控，但是政府和市场都不是万能的，当政府和市场都失灵时，非政府组织和非营利组织刚好能够进行补充，小流域生态补偿也能有序进行。

生态责任保险。生态责任保险也就是环境责任保险，以社会保险的形式保障小流域生态不被破坏和污染，一旦被破坏和被污染，由社会责任保险的赔偿承担方进行理赔和负责治理，但是由于小流域所在的地理位置偏僻，经济发展和社会发展都有所欠缺，所以生态责任险的发展和普及在西部小流域地区较少，应用在西部小流域生态治理上也极少。

四、自主治理型生态补偿模式

埃莉诺·奥斯特罗姆在《公共事务的治理之道》一书中系统地总结人们在公共事务活动中的困境，如“集体行动逻辑”“公地悲剧”和“囚徒困境”。这说明了公共事务得不到关怀的情况下总会造成悲剧性的结果。她在这本书中认为，传统的利维坦方案或是私有化的手段都不能有效地解决公共事务有效供给，她在研究大量的经验型个案基础上提出了在国家和市场之外解决“公地悲剧”的另一种制度方案，即公共事务的自主治理框架。她在成功的治理实践中总结出了 8 条原则：

（1）明确界定边界。公共资源本身的边界必须明确界定，公共资源获取所涉及的单位数量也必须明确界定。

（2）占用和共享规则符合当地条件。人们对公共资源的占有时间、地点、技术、数量和相关的协同规则必须加以明晰，同时也要考虑必须和当地经济社会发展水平相一致。

（3）集体选择的安排。就是相当一部分受到制度影响的个体能够参与到对制度修改和完善中。

（4）相互监督。公共资源的治理主体应该成为相互的监督者，相互负责。

（5）分级制裁。触犯操作规则的占用者很可能要受到其他占用者、有关官员或这两者的分级制裁（制裁的程度取决于违规的内容和严重性）。

（6）冲突解决机制。利益相关主体和地方官员应该成立一个“公共论坛”，在政策制定过程中吸收民意，有效解决各方冲突。

（7）对组织权的最低限度的认可。公共资源区的人们设计的制度不受到外部政府权威的压力和挑战。

（8）分权制企业（nested enterprises）。在一个多层次的分权制开发公共物品企业中，组织占用、供应、监督、强制执行、冲突解决和治理等活动。[①]

西部小流域生态补偿实践中存在着零星的自组织治理模式，有昆明市松华坝区社区治理模式、石羊河流域上下游之间的协同治理等。其中，自主治理最成功的实践当属甘肃玛曲县湿地草地补偿。

玛曲县总共有三个矿区，总面积约为2.4平方千米，在20世纪90年代的时候探明黄金储量为30吨左右，经过几年的初探又增加20吨左右。面对着如此丰富的黄金资源，玛曲县成立了格尔柯黄金矿业有限公司进行开采，当时的公司注册资本为5500万元左右。矿区开发给环境发展带来了极大的灾难。事实上，处于青藏高原东部的玛曲县生态脆弱、自然条件恶劣、环境对经济发展的承载能力低下。金矿开采和过度放牧、开

① ［美］埃莉诺·奥斯特罗姆：《公共事务的治理之道》余逊达、陈旭东译，上海译文出版社2012年版。

垦给本来脆弱的生态系统带来了严重的生态灾难，引发了大片区的草地退化、水土流失、植被破坏、水源污染等。藏区金矿开采和草原经济（游牧民的生活方式、农业、牧业、生态）发展的矛盾注定了游牧民进行反复的抗争并设计出自主治理的“公共事务的治理之道”。

藏区牧民们对于矿区草原生态破坏的情况直接表达自己的呼吁与不满。1996年，尼玛镇的40个农牧民反对开发矿区，当然，在持续的对抗过程中，4月26日双方达成协议。1996年，玛曲开始了草场承包的过程，其中尼玛镇的1万亩草地被规划到了金矿，但牧民们并没有得到任何收益。最后县政府出面进行调停，金矿方面向当地民众赔偿人民币80万元左右，为了保证农牧民的收益，金矿方面也转让了2%的股份。此后随着矿区开采的深入尤其是2005年以来草场严重退化、水土流失严重等生态矛盾突出，牧民又进行抗议要求停止开发金矿，经过几年的努力，2012年金矿方面以股份的形式向牧民生态补偿1500万元左右。

在藏民们抗争的同时，他们成立了自己的组织——尼玛商贸旅游有限责任公司。在公司成立之初，公司资本以金矿补偿金和股份作为收益注册资本，四个大队是公司最大的股东，四个大队长和四个书记负责行使股东的权力，同时，他们又要对所有农牧民负责。在这个过程中，乡镇政府的职责定位也十分清楚，那就是只能起到监督监管作用，决不能对公司运行过程进行干涉。有限责任公司的实收资本是当地农牧民的共有资产，其法定代表人是尼玛县外香寺的僧人扎西加木措。公司资本主要用于投资旅游宾馆（一个是卓格岭地宾馆，一个是宝马宾馆）、股东分红、管理人员的工资开支、不同群体的福利安排、寺院活动支持等。

玛曲县小流域草地湿地生态补偿的实践，基本符合奥斯特罗姆所提出的自主治理的几个原则。第一，明确的产权界定。虽然在前期的矿产资源开发过程中，存在着多个资源权力争夺主体（游牧民、地方政府、金矿企业等），由于刚开始产权界定并不明确，从而引起了各种纠纷，但最终通过承包转让等方式划定了明晰的产权，从而在此基础上确定了生态补偿的主客体。第二，资源的占用和使用规则在经过二十几年的制度变迁中，趋于和当地的自然、历史、人文条件相一致，尤其是和藏区佛教文化、草原文明相一致。第三，合理的集体选择安排和制度化的冲突解决机制。四个大队的游牧民通过静坐、谈判等方式争取获得相应的补偿，当然县政府和当地“论坛”在冲突协调解决中发挥了重要作用。第四，建立分权制企业。尼玛商贸旅游有限责任公司不仅是当地游牧民投资生态补偿和矿产股权的企业单位，更是当地村民和政府、金矿协调的重要自组织，能够对资源占用、政策执行、互相监督、冲突解决、公司治理、制度供给等方面加以协调和组织。

五、主要模式的运行效率比较

在西部小流域生态补偿中，根据小流域地理位置的特殊性，以及西部地区经济发展情况和社会发展的成熟度来对小流域生态进行补偿，又由于西部地区小流域的情况大体相似，所以西部小流域生态补偿的模式主要有以下几种，政府主导的财政转移支付、政府主导的生态补偿项目、政府主导的环境税费模式，其他的生态补偿模式在西部小流域中也存在，只是案例鲜少，没有代表性。

（一）政府主导模式、市场主导模式、社会（自主）补偿模式比较

政府主导的补偿模式对于西部小流域实际情况来说是比较容易上手的模式，也是短期内生态补偿实现效果较好的方式。对于西部小流域所在的老少边穷地带来说，这种模式相较于市场补偿模式和社会补偿模式来说更容易启动。其优势在于生态补偿资金来源稳定，对于财政资金不足的小流域地区来说是极大的优势；政策的目标性强，对于经验不足的小流域生态发展是很重要的。但是政府主导也不可能面面俱到，也存在劣势，小流域生态补偿的体制不够灵活，对于所有的小流域来说，各有各的特点，不能一概而论；其次，在小流域生态补偿中，政府是站在宏观角度来看整个的生态补偿情况，但是政府相关人员在进行补偿的规划

时没有经过充分调研，所以和小流域实际信息的不对称造成了补偿标准难以确定；政府在进行小流域生态补偿的管理运作时，因为政府在宏观层面，而实际的运作在微观层面，层次维度的不同让政府在管理运作中产生了很高的成本。虽然政府主导补偿对小流域生态补偿有着很多的制约，但是小流域在补偿中政府发挥的作用有公共物品的特点，所以在一般的小流域生态补偿中，政府主导占主体地位。

市场主导的模式灵活性强，同时市场的参与使得管理和运行的成本较低，在以市场形式进行补偿时可以使更多市场的主体参与到小流域生态补偿的过程中来；可以使政府管理费用降低的同时提高企业治理的积极性，实现真正意义上的公平性，落实"谁污染，谁治理"的原则；市场补偿在小流域补偿上还有一个优势，因为小流域与大中型流域相比生态环境服务交易方明确，交易费用较低，所以排污权、水权等市场化交易补偿在小流域周围更容易被建立起来。但是市场机制也存在制约其发展的因素。要实现市场来补偿，首先其所在地方的经济发展和社会发展要达到一定程度以适合市场的发展；市场机制存在的交易盲目性和局限性在小流域治理的过程中难以克服；多方利益难以平衡使得市场交易失败，在市场中的买卖双方都倾向于达到自身利益最大化，但是在小流域生态补偿中要实现双方利益最大化很难达到双方满意的均衡点；无论是排污权交易还是水权交易，首先要明确主体的产权，但是在小流域生态补偿中，排污权和水权的量化和明晰是较为困难的，还要建立一系列的规章制度保护市场交易的形成，这更为不易。

社会补偿模式最大的优点，是能够调动全社会参与流域生态补偿的积极性，减轻政府负担，减少政府的任务量，实现小流域生态补偿资金的社会化，让全社会对生态治理和生态维护的资金进行分担。如 NGO 与 NPO 参与型补偿模式中，NGO 与 NPO 通过与政府合作，让小流域的农民与政府之间更能了解对方所需。但是，社会补偿不是那么容易的，社会组织机构的资金和规模有限，难以承担独自进行生态补偿的重任，所以只是对于政府主导模式和市场主导模式的补充，不单独进行。

所以在这三种模式中，从西部小流域的现状来看，政府主导的补偿模式对于西部小流域生态补偿来说效率是最高的；因为其自身发展的程度不高，所以西部小流域如果由市场主导的效率相对较低；而效率低的应该是社会补偿模式，因为社会组织的能力有限，所以只由社会补偿的模式来实现小流域生态补偿是不太现实的。

（二）财政转移支付、生态补偿项目、环境税费的实例比较分析

财政转移支付有资金稳定的优点，例如清镇市麦格小流域在进行生态补偿时就用了财政转移支付的模式。范围：清镇市麦格小流域水土流失重点治理工程项目区面积为10.38平方公里，其中水土流失面积5.92平方公里，本次治理水土流失面积5.77平方公里，涉及清镇市麦格乡麦格村和小冲村。建设内容及规模：治理水土流失面积577公顷。治理措施如下：工程措施，蓄水池14口，沉沙池14座，截、排水沟0.28千米，机耕道1.64千米，田间便道1.74千米，宣传碑1块；林草措施，经济林22.78公顷；便道旁栽植行道树（桂花）434株，植物绿篱（小叶女贞）1.74千米；封育治理，封育治理554.64公顷，封育碑2块。工程总投资：总投资为225万元，其中中央补助180万元，省级配套23万元，市级配套22万元。建设工期：八个月。从这个案例中可看到所有资金都是由政府出资的，都是以财政转移支付的模式进行补偿。时间长、见效快，能很快实现生态补偿基础设施的修建。但是这样的模式也存在很多不足，一是因为政府统一的财政转移支付的标准不一定适合每个地方的生态补偿；二是如果监管不力可能会存在权力寻租等问题，导致管理运营成本的上升。

西部小流域生态补偿的实例中，生态补偿项目的模式是比较常见的，例如在龙里县三元镇小流域的生态补偿中，是由政府主导的，将要对小流域生态补偿的通知发出去，由相关政府或企业来接这个项目，并完成这个生态项目。该项目组织管理机构：成立以分管县长任组长，水利局

局长、项目区所在乡镇的乡镇长任副组长的工程治理领导小组，具体实施工作由水利局组织实施，龙里县水利局负责管理，主要负责对项目施工及维护管理，并负责监督、监测水土保持情况。建设期的管理、管护：由龙里县水利局派专人进行技术指导和物资发放，并负责施工放样，使之达到设计要求。建立健全项目责任负责制，技术人员要分片包干，明确责任，搞好施工中的各项技术环节，保证施工质量。项目建成后：在项目区安排一名管理人员负责对项目实施管理，使之充分发挥应有的效益，达到预期效果。这是以生态项目形式进行的补偿。本案例融合了财政支付的模式，生态项目由企业竞标来做，政府把财政转移支付给企业，是财政转移支付和生态项目补偿的融合。

就调研的实例来看，环境税费一般是与以上两者之一结合在一起进行生态补偿的，而没有单独的环境税费，因为单独的环境税费是不够的，在威宁县吕家和小流域就是财政转移支付和环境税费相结合的案例，吕家河小流域生态补偿工程总投资 205.23 万元，其中中央财政投资 125 万元，地方配套 50 万元（地方匹配中省 25 万元、地 12.5 万元、县 12.5 万元），群众自筹 30.23 万元。一般来说群众自筹是间接的税费的征收，因为群众对小流域的生态环境进行了污染，在生产生活中消耗了生态资源，所以需要对其行为负责，对小流域造成的污染要进行治理，吕家河小流域治理前水土流失面积 16.87 立千方米，总侵蚀量 5.71 万吨，侵蚀模数 $3382t/km^2 \cdot a$。治理后年保土 4.68 万吨，侵蚀模数降低为 $396t/km^2 \cdot a$，减沙率达 82.0%；年保水能力提高 26.01 万立方米，植被覆盖率由 23.92% 增加到 33.80%，增强了林草植被涵养水源的能力，对调节气候，保护野生动物生存环境，净化大气以及减轻旱洪冰霜等自然灾害，维护生态平衡，促进经济发展将起到至关重要的作用。所以用这种模式让群众也参与进来，激发大家保护小流域的积极性。

在这三个主要的模式中，财政转移支付的效率是最高的，因为它在每一个项目中都起着至关重要的作用，在西部小流域治理中都离不开财政，但是财政转移支付可以与其他模式结合，生态项目补偿的效率次于财政项目补偿，因为这是在财政的基础上提出来的，环境税费单独使用的效率是较低的，比不上前两个模式的效率，其实每一个模式单独使用都有局限，如果根据实际情况将各模式取长补短，可能会达到更好的小流域生态补偿效果。

第四节　小流域生态补偿存在的问题及原因

一、忽视土地利用生态污染

从整个西部地区小流域治理情况来看，水土流失和石漠化问题突出，基本上所有的西部小流域进行综合治理都是以解决水土流失和缓解石漠化为目标的。但是小流域生态问题包括水土流失、土地荒漠化、草场退化、森林资源危机、水资源短缺、生物多样性退减，从西部小流域生态补偿和治理的情况来看，所有补偿的案例都是以水土流失和石漠化治理为主，虽然其他的问题也被提及，但是西部地区小流域生态存在以上的所有问题，因为只要生态系统出现其中一个问题时，其他的问题也会接踵而来，即在一个生态系统中一旦出现了一个漏洞，整个生态系统都会被破坏，系统的保护和自身恢复的能力便不攻自破，所有的生态问题都会出现，但是在实际调查中发现，所有小流域治理中水土流失和石漠化治理的投入和关注度是最高的，在所有的小流域生态补偿的水土保持综合治理工程实施方案中皆只提到了水土流失和石漠化的治理实施方案。

然而在小流域的生态补偿中除了土地问题还有生态污染的问题，但是现在的案例中只提到大部分生态问题的补偿方案和补偿措施，例如水土流失和石漠化这种自然形成的自然灾害造成小流域生态的破坏，对于人为形成的生态污染对小流域造成的生态破坏并没有相关生态补偿的机制和实施方案。生态污染指生物与受污染的环境间的相互作用，以及污染物在生态系统中迁移、转化和积累的规律。生态污染有人为造成的，也有某些自然现象（如火山爆发）造成的，但多为人类活动造成的。在西部小流域的生态污染中，多是人为进行的工业污水的排放或是人类生活污水的排放造成的小流域破坏，而且就目前来说，西部地区小流域污染是较为严重的，因为小流域所在的地区都是比较偏远、比较贫穷的地区，所以在排污管理方面不是很严格，而且因为当地人对于小流域生态环境保护的意识是较弱的，加上有些排污不合格的工厂受发达地区排污条件的限制就会钻小流域地区管理的空子，把厂址移到小流域边上，污水也直接排到小流域中去，久而久之，小流域的水体发黑发臭，对周围的生态环境和居民的身体造成了严重的危害。

对小流域生态补偿的情况和政府小流域治理方案实施的情况进行调查发现，政府在治理小流域的方案中生态污染的治理较为缺乏，而且在调研中发现现在还没有污染问题的生态补偿相关办法，这样就给农村生态治理促进乡风文明、生态宜居、最后实现乡村振兴出了一个难题。例如织金县的茶店乡安乐小流域，该流域地处织金县北部中山、坡地强度流失类型区，作为典型小流域，该流域地处深切割中山地貌类型，地形起伏大，流水切割强烈，并有山高坡陡之特征，属洪家渡水库库区，该小流域土地利用的特点是垦殖指数过高，坡耕地面积大，土地石漠化严重，土地贫瘠。该小流域在进行生态补偿时的一些做法主要是巩固退耕还林成果、基本口粮田建设、石漠化综合治理等项目的实施。西部很多小流域与安乐小流域的情况相似，都没有考虑到小流域补偿的生态问题，只着重考虑小流域的保持水土和防治石漠化等水土防治方面的土地问题。在毕节市田冲小流域生态补偿最终实现小流域林草覆盖率由治理前的13.1%提高到45.6%，年拦蓄泥沙量3.07万吨，年蓄水能力25.78万方，农民人均可增收1000元以上，生产生活条件得到极大改善，流域区内取得了明显的生态、社会、经济效益。然而该小流域在毕节地区生态污染较为严重，生态补偿却并没有提到生态污染的实际问题。

二、只着重治理，预防不足

从西部地区整体的小流域生态治理情况来看，都是对环境被破坏的小流域进行综合治理和生态补偿，从小流域生态补偿的相关数据来看，小流域治理面积占小流域总体面积的66%左右，小流域治理面积占小流域流失面积的97%左右，小流域的生态补偿只是对破坏的面积进行补偿，而且破坏的面积只是基本上得到了补偿，不能完全恢复到原样，在西部地区四十几个小流域的调研数据中发现，只有一个小流域是治理面积超过了小流域破坏面积，也超过了小流域总的面积。如此看来，小流域被破坏的面积不是全部都可以治理的，有些破坏是不可逆的，破坏了就无法再挽回，但是对于不可逆的破坏在西部地区小流域生态补偿中也没有得到预防和提前准备防治措施。对于小流域预防和防治主要是对更大面积进行治理和生态补偿，小流域生态补偿的预防和防治措施能够对未被破坏的小流域生态环境起到一个很好的保护作用，并且相对于未来小流域的生态补偿可节约不少成本。

例如在织金县的大陌河小流域中要实现的目标是治理水土流失、保护土地资源、防止土地石漠化，以改善农村生产生活条件和生态环境为切入点，以解决“三农”问题为核心，工程措施与生物措施相结合，工程治理与提高人民生活水平相结合，从而达到生态效益、经济效益、社会效益的协调发展，为项目区大面积治理水土流失、遏制土地石漠化提供样板和经验。但是与此同时，提出的小流域生态补偿的做法方法中并没有将预防和防治生态污染的问题解决，目标中提出的任务并没有落到实处，大多的小流域与大陌河小流域一样只对破坏进行了治理，却忽视了预防的重要性。

三、生态补偿机制不完善

在西部小流域的生态补偿中，补偿机制还没有完善，就资金补偿机制来讲，没有形成完备的资金补偿机制，从资金筹集方面来说，渠道是非常单一的，就补偿机制的实施方法来说，其方法大体一致且是较为片面的，表 2-3 是在西部小流域中随机选出来的几个小流域的资金筹集情况与具体的做法。

表 2-3 西部地区样本小流域综合治理（生态补偿）情况一览表

小流域名称	补偿资金来源	补偿做法
麦格小流域	中央补助 180 万元、省级配套 23 万元、市级配套 22 万元	工程措施：修建蓄水池，沉沙池，截、排水沟，机耕道，田间便道，宣传碑 1 块 林草措施：种植经济林，便道旁栽植行道树、植物绿篱 封育治理 :554.64 公顷，封育碑 2 块
青龙河小流域	中央补助 240 万元、省级配套 30 万元、市级配套 30 万元	工程措施：修建蓄水池，沉沙池，截、排水沟、耕作便道 林草措施：种植经果林、水保林 封育治理：封育治理面积 6674 公顷，封禁碑 2 块
栗木河小流域	中央补助 200 万元、省级配套 26 万元、市级配套 226 万元	生态修复区：种植松树、杨梅；修建截水沟、沉沙池 生态治理区：种植樱桃、竹林，土地认种，人工湿地，种植景观树，草皮绿化，房前屋后花坛绿化，修建健身场地、集污管、雨污分离排水沟、绿篱 生态保护区：种植柳树、睡莲、芦苇；建设石板路、栈道、摩崖石刻
牙舟镇白沙小流域	中央补助 180 万元、省级配套 23 万元、市级配套 22 万元	种植经济林 26.66hm^2，封育治理 538.57hm^2；修建蓄水池 9 座，耕作便道 800m，机耕道 2000m，封禁标牌 5 块

（一）资金渠道单一，多方治理困难

从表 2-3 中可见，小流域生态补偿的资金来源主要是政府筹资，且从中央到地级配资金额是越来越小的，所以就调查的情况而言，中央配资是最多的，占小流域生态补偿资金的一半以上，其次地级和省级配资在小流域生态补偿中金额相差不多，所占的比例也很小。所以在小流域生态补偿的过程中，主要是以政府为主导的方式进行小流域生态补偿，在政府主导的模式中，又以政府主导的从纵向来进行小流域生态补偿为主，纵向补偿的主体单一化和行政化的特征较为突出。目前看来政府是小流域生态补偿实施的主要主体，但是主体的单一化和行政化容易造成封闭的生态补偿主体体系，补偿项目的实施会显得机械化。政府主导的小流域生态补偿模式中的资金由政府提供，是由中央和地方政府出资，再者大部分的小流域生态项目补偿的资金都是以输血式的补偿方式提供，若长期使用这种方式，会造成地方小流域生态补偿资金造血能力的萎缩。除此之外，水源涵养开发型功能区生态补偿主体缺位。若这种类型的补偿仅依靠中央财政的转移支付而撇除了真正的生态资源受益方的补偿作用，这样会导致水源涵养开发型功能区生态补偿不能稳定发展。在小流域生态补偿中社会的参与度不高，主要体现在以下两个方面，一个是补偿对象、补偿标准、补偿方式的认定上，没有考虑各地区的差异，存在“一刀切”的现象；二是补偿标准确定上更多体现的是中央政府的意志，忽略了农民、市民、企业、经济组织、非政府组织、当地地方政府等利益相关者的意愿。

（二）补偿机制缺位，补偿实施困难

从表2-3中可以看到从补偿机制上来说，西部小流域生态补偿的主要做法差异性不大，都是通过工程措施、林草措施、封育治理三种补偿方式或是工程措施和生物措施来对小流域的生态治理进行补偿，从补偿机制来看在西部小流域生态补偿中没有固定补偿治理机制的提出，相关部门人员在进行生态补偿时也没有根据相关补偿机制的流程进行补偿。所以由此看来在小流域生态补偿中还存在补偿机制不完善的情况。通常对小流域进行生态补偿仅仅靠经验和借鉴其他地方经验来进行，而没有结合自己地方实际情况。首先，小流域的生态补偿是借鉴中大型流域生态补偿的经验来完成的，没有与小流域自身的特点相结合来进行补偿；其次，西部小流域的补偿机制没有与其所属的地理位置等因素相结合，没有根据实际情况来对西部小流域进行生态补偿；最后，从小流域生态补偿机制的形成来看，补偿机制要根据地区的经济发展状况和社会发展状况来定，以更贴近地方的发展，但是西部小流域的生态补偿机制结合地方发展来考虑的因素不是很多，所以在西部地区小流域生态补偿中，补偿机制目前来说是不完善的，所以在进行生态补偿时，其推进过程也会比较艰难。

（三）机制识别困境，主客体不清晰

在小流域生态补偿的机制中对识别主客体责任与主要和次要受益群体上存在障碍。其一是主客体责任识别不清，在西部地区小流域生态补偿中，补偿责任的主体和客体是不明晰的，大多数是以中央政府为主导的生态补偿。在小流域生态补偿中应该是以市场为主体来进行补偿的，政府为主导应该是带动各方的机构来对小流域进行生态补偿，而不是以输血式的资金补贴为主，所以政府的主导作用发挥得不好。而且市场补偿在小流域生态补偿中的地位是不明朗的，在所调查的小流域的生态补偿机制中，市场及社会补偿的作用并没有在西部小流域的生态补偿中体现出来。

在小流域生态补偿机制中还存在一个主客体识别不清的状况，那就是主客体受益人群难以鉴别，对于受益群体来说，生态补偿没有一个受益人群的识别机制，所以对于生态补偿的受益群体不能甄别，可能会导致生态补偿目标的偏离。生态补偿各方机制对各种情况的破坏难以精准识别并进行补偿，在小流域生态补偿中，会对多方因素导致的破坏进行补偿，但是事实上在生态补偿的机制中，并没有对小流域进行识别分类治理与补偿，所进行的生态补偿都是含糊不清用一样的补偿方式进行生态补偿，而没有清楚的识别机制并补偿。例如表 2–3 中的四个小流域在进行生态补偿时，并没有在补偿机制和方案中对补偿的主体和客体及受益的主体和客体有明确的界定，更多的小流域生态补偿中也没有提及这方面的内容，说明小流域补偿机制是不完善的，至少在主客体的界定上是缺乏的。

四、补偿项目模式简单化

（一）参与主体少，涉及层面小

在西部小流域的生态补偿过程中，政府主导的生态补偿模式应用较多，但是从总体的生态补偿项目来看，都是千篇一律的生态补偿项目，都是以工程措施、林草措施、封育治理的形式来完成的，以政府主导，水利电勘设计院设计，市场主体竞标承建，所以在补偿项目中参与主体组成部分少，主要是由政府和一些工程企业来完成整个小流域补偿的生态补偿项目，群众在生态补偿中的所处地位也不明显，也是为此，群众参与小流域生态补偿的意识没到位，使得参与小流域生态补偿的主体少。

从小流域生态补偿的宏观方面来看，小流域生态补偿涉及的层面小。因为西部小流域的生态补偿涉及农村相关的环境治理、农民脱贫、产业优化等与乡村振兴相关的问题，但是在生态补偿时只有一个生态环境相关的部门对此进行补偿和治理，在进行小流域生态补偿和治理时往往是从市里或县里的大规划直接到小流域，常常忽略了小流域当地农业相关部门的配合。同时也忽略了其他部门的参与和其他部门相关资源的整合，使得小流域生态补偿的系统性较差，难以协调各方资源，对实现乡村振兴也造成障碍。例如在福泉市陡河生态补偿的面上治理项目中，组织和管理由福泉市水利局负责；技术服务由市水利局水保站牵头并组织实施，落实专人给予技术指导；工程实施的质量由技术负责人负责，以各项治理措施设计为依据，按设计要求监督各项治理措施的施工质量与标准。在小流域补偿项目中大多是如陡河治理项目一般，由政府包给施工单位，所涉及的主体层面少，仅有政府和承包的施工单位，其他的社会主体和市场主体几乎没有涉及。

（二）治理区域窄，补偿范围小

表 2–4　小流域水土流失和治理情况一览表

小流域名称	治理占总面积比	治理面积占流失面积比	投资比（万元 / 平方公里）
麦格小流域	55.59%	97.47%	38.99
青龙河小流域	56.44%	94.12%	39.99
阿哈湖	66.13%	99.99%	39.58
驮煤河小流域	35.18%	74.28%	32.54
大陌河小流域	50.82%	90.68%	22.44
嘎利小流域	50.16%	76.12%	39.86
草海项目区	46.36%	76.58%	24.86
吕家河小流域	48.11%	74.10%	18.37
瓜拉小流域	65.32%	100.00%	42.67
新坪小流域	58.30%	94.65%	49.95
三元镇西联小流域	92.63%	100.00%	8.68
通州镇翁岗小流域	45.29%	71.37%	35.51
河堡小流域	87.86%	100.00%	51.05
红星小流域	60.75%	81.50%	51.90
拢岸小流域	58.28%	80.11%	52.50
大塘堡小流域	56.85%	80.28%	35.80
杨家田小流域	58.18%	84.53%	36.32

表 2–4 是在调研的案例中随机抽选十七个样本，在其中可以看到水土流失治理的比例及小流域治理的整体比例，在表中可以看到对小流域大面积治理的程度不高。在西部小流域补偿项目中整体小流域的治理面积和生态补偿的范围小，整体小流域的治理只是对小流域的河道的蓄水池、排沙池、截排水沟等基础设施进行建设，对小流域河道边进行经果林种植、村寨绿化、护岸绿化等，其他的就是对小流域的荒山进行封山育林、退耕还草等的封育治理。所以在整个治理项目中，治理的都是与小流域有直接密切关系的各个有机和无机的部分，但是在整个小流域流

动及物质循环的过程中有一个以小流域为主的生态系统存在，在这个系统中各部分因素的变动都会影响到整个生态系统，所以在小流域的生态补偿中，间接影响小流域的部分也要进行治理和补偿。然而整个小流域生态补偿只注重对小流域有直接影响的方面，忽略了对小流域有间接影响的方面，从补偿的区域上来说是不足的。

从小流域生态项目补偿的范围上看，小流域在进行生态补偿时范围过于狭窄了，从整个项目的执行情况来看，所有补偿项目都是由政府主导，相关企业单位承建，现有的生态补偿项目的受益主体是小流域周围的农户。从可持续发展的生态补偿项目来说，项目的参与者应该是所有的使用小流域水体及附加价值的人群，小流域补偿项目的受益者也应该是所有的群众。但是在西部小流域生态补偿项目中的项目补偿主体范围过于狭窄，仅仅是政府主体和部分企业主体，鲜少有群众的参与；而受益主体中只有少部分的群众，而没有实现整体群众受益，所以西部小流域的生态补偿项目的补偿主体和受益主体的范围太小。

（三）治理项目少，补偿方式单一

西部小流域生态补偿项目的内容相似，都是对小流域生态进行三个措施的治理。从对四十几个小流域案例的分析来看，生态补偿项目的内容有以下几种，一是分为工程措施、林草措施和封育治理三种；二是分为工程措施和生物措施来进行的；第三种是分为生态修复区、生态治理区、生态保护区来实现生态补偿的。补偿项目中用第一种模式的最多，一半以上的小流域生态补偿项目都用了这种模式，第二种方式的较少，只有小部分，第三种就寥寥无几了，虽然还有些只是讲了内容没有归纳方式，但是总体上三种模式和没有归纳模式的做法是一样的，只是归纳称呼的区别。

例如贵州省威宁县的吕家河小流域虽然没有归纳模式但其治理措施是坡改梯 24.63hm^2，水保林 210.01hm^2，经济果木林 46.76hm^2，封禁 423.63hm^2，保土耕作 146.41hm^2。小型小利水保工程排灌沟渠 1.34 km，蓄水池 4 口，沉沙池 4 口，田间耕作道路 2.14km，机耕道 1.24 km，修建谷坊 3 座，辅助措施建设沼气池 20 口等，这和归纳的三种模式的补偿方式基本一致。所以西部小流域生态补偿项目创新少，补偿做法一致，识别度低。

五、相关问题的原因分析

（一）基层政府影响力弱

政府的牵引力是政府对于人民群众的号召力、引导能力等表面的或潜在的对群众产生影响的能力，但是在小流域生态补偿中政府对群众有效的影响能力的不足或是在某方面的懈怠忽视会导致很多问题的出现，包括生态补偿项目单一、补偿模式的特色不够等都是政府在某些方面牵引力不足造成的。基层政府的影响力弱体现在以下三个方面。

第一，地方小流域自己进行补偿的力度小。在西部小流域地区的生态补偿都是相似性较高的，没有特异性可言。从一方面来说这与群众自身的重视程度和创新能力有关，但是从另一方面来说是与政府的引导能力和领导能力息息相关的，政府怎样领导会对群众的自我意识与思维能力的发挥产生重要的影响，在政府领导下的人民群众更倾向于听政府的号召，政府的强制性也会让群众完全依赖政府。所以在小流域生态补偿中，政府对于小流域治理补偿的牵引都是借助于做得好的地方的经验，政府相关部门觉得哪一个地方的做法好就会借用其优势做法对所在地区的小流域进行治理和补偿，忽略了地区人民群众思维的能动性，没有根据实际情况改进和创新。同时也使得小流域生态补偿的效果受到了制约，政府的牵引不仅影响整体战略的走向，也决定了个体战术的走法，所以牵引力度过小会影响地方进行补偿的创新点和瞄准点，会形成自己补偿时各部分团体的合力小，所以政府对人民群众牵引力度的不足会造成西部小流域生态补偿时众多问题的产生。

第二，地方政府引进多种模式进行治理的力度小。在小流域治理中，多种模式共同作用进行生态补偿会带来资源配置的最优化和实现效益的最大化，最好的就是政府主导模式、市场主导模式、社会自发模式都一同运行。但是在案例中发现政府主导的模式占据了整个西部地区的小流域生态补偿的主流。然而我们在进行生态补偿时，政府的作用不应该是主导整个小流域的生态补偿，而是牵引各方势力，号召各方资源来形成有序的模式进行治理。所以可以看到出现问题时不是政府不够努力，只是偏离了方向，如果只是一方努力会花费更多的人、财、物，却达不到很好的效果，但是若是把力气使在号召各方资源来形成合力，在省力的同时会带来好的效果。

第三，对人民群众进行引导的意识弱体现在两个方面，一个是群众自身参与小流域生态补偿的思想意识不够，另一个就是政府对群众思想意思引导不到位。从管理学的角度来说，政府是有这个义务来进行号召影响的，然而很明显地方政府忽略了每个人的能动作用，也忽视了自身的引领作用，强化了自身的能动作用的发挥是政府对于群众参与小流域生态补偿的思想意识牵引力更重视一些，会带来意想不到的惊喜。

（二）小流域生态补偿规划的缺陷

小流域生态补偿中遇到的现实问题及与原计划相悖的偏差，无不体现着小流域生态补偿规划存在着缺陷，无论是长、中期还是短期的规划，一旦有缺陷或是规划不完整，都会对整个项目整个大局造成影响，无论是小流域补偿机制建立的不成熟还是资金补偿和主体的不确定性，或是补偿效果管理的缺乏，抑或是小流域生态补偿的条件与其他资源的脱节，都是小流域生态补偿规划的缺陷，亦是造成现存问题的原因之一。

第一，小流域补偿机制不成熟。在西部小流域生态补偿中，各方的补偿机制都不是很成熟，制度机制也有待完善。包括各方的参与机制、实施过程、受益机制都存在一些问题，存在问题的原因有两个，首先是补偿视角面窄，也就是在补偿时无论是政府政策补偿、政府资金补偿还是生态项目补偿，都是具有片面性而不具有全局性，所以更多地要求在生态补偿之前补偿模式和补偿机制规划的全局性；其次，因为规划具有一定的局限性，使得在实施过程中出现“度”难以掌握，也就是在进行补偿时，涉及各方利益主体时，之前并没有界定好各方利益，也就是机制不完善导致了各方利益难以均衡。

第二，资金补偿和参与主体的不确定性。资金是小流域生态补偿最重要的补偿资源，一旦生态补偿的资金出现了问题，小流域在进行生态补偿时会有很多问题出现，现在西部小流域在进行生态补偿时出现的很多问题都与资金的使用效率有关，主要体现在资金来源的动力不足、杠杆式撬动资金率低两个方面。资金来源动力不足主要是在生态补偿中资金来源都是由中央与地方政府配资，偶有群众用劳力配资，这样的情况也是很少的，市场和社会进行配资的情况在西部小流域生态补偿中基本是没有的；杠杆式撬动资金率低主要是指政府在投入资金时撬动金融资金、市场资金、社会资金的投入量少，西部小流域生态补偿中政府资金的杠杆作用太小，政府投入资金很多但是能撬动来为小流域生态补偿服务的其他资金寥寥无几。参与主体的不确定性主要是生态补偿参与主体没有经过提前规划，有多少主体参与也是不确定的，主要是共同参与度低才导致参与主体和补偿主体的不确定性，除了政府相关部门外，其他市场主体和社会主体的参与都是不确定性的，所以如果前期规划不完善可能会造成参与主体的混乱。

第三，补偿过程和效果缺乏管理。对小流域进行生态补偿，生态补偿所实现的效益和最终的结果是尤为重要的。但是小流域生态补偿要达到更高的目标，要使生态补偿对小流域产生更高的生态效益、社会效益、经济效益，就要求对生态补偿的过程进行监控，对小流域补偿中的方式方法进行管理。然而西部小流域生态补偿一定程度上存在缺乏管理的问题，如进行补偿活动时没有相关的人员进行专门的管理，在生态补偿中没有设立管理机构，所以在生态补偿进行后是否恢复了生态，生态恢复的程度也没有相关人员来管理。缺乏管理，目标的实现情况也有待考究。

第四，生态补偿和其他资源的脱节。小流域生态补偿存在于整个生态系统中，小流域的生态是一个整体，但是在整个系统中的各个部分都是相互作用、相辅相成的，所以一个部分与其他部分脱节会导致很多问题的产生，小流域生态补偿存在问题的其中一个原因就是小流域生态补偿资源与其他资源的脱节，小流域进行生态补偿的资金、人力、政策资源与其他部分的脱节，本来小流域大多属于乡村，但是与乡村治理的相关资源都是没有关系的；同时，小流域生态补偿也是符合乡村振兴战略的，但是因为之前的规划没有将两者关联起来，若是将乡村振兴、大扶贫的资源与小流域生态补偿相结合，会产生事半功倍的效果。如果将小流域生态补偿与其他整体一同协调规划，会产生更多的综合效益。

（三）西部生态补偿机制的缺陷

第一，西部地区生态补偿主体确立机制的缺陷。生态补偿的支付主体过于单一化并有严重的行政色彩。生态补偿的唯一主体曾一度被认为是政府，虽然生态保护是一种公共物品，政府参与生态补偿体现了公共性和福利性的特征，但是这种生态补偿模式体系把政府作为唯一主体，使得体系在具体运行操作时会显得僵化和封闭。补偿的行政部门色彩强烈，由于权利义务的界定模糊，西部地区生态补偿的相关部门只关注与之相关的绩效，大部分生态补偿项目只是粗放简单的“输血式”资金投入。公共部门主导下的生态补偿活动无法有效解决地方性的生态问题。多数小流域的生态补偿主体缺位，利益关系不明确，产权界限划分模糊，其补偿资金最主要的是来源于中央财政的支持，但那些真正享用生态环境获得巨大收益的人们却并没有进行付出。社会参与生态补偿的参与度不高。主要体现在下面两方面：一方面在补偿方式、标准和对象方面没有考虑差异和动态因素，“一刀切”现象十分明显；另一方面在政策的制定上更多的是依赖于中央政府意图，忽视了农户、资源开发企业、社会组织、村委会和地方政府的参与。

第二，受偿客体的甄别缺陷。受偿客体界限模糊。受偿客体的界限模糊最重要的原因是产权界定不清，加之农户权利意识淡薄，在权利受损时，不能通过正常渠道表达自身诉求。另一方面来源于基层行政执法人员的官僚主义思想，会出现补偿资金的贪污挪用现象。受偿客体错位。严格意义上来讲，受偿客体是向社会提供生态服务和生态产品、从事环境建设和使用绿色环保技术或因参与环保建设而丧失发展机会的群体，对他们应该依据合同约定的标准进行补偿。但由于现存制度设计的原因，相当一部分人员没有享受到应有的补偿，造成了不公平现象的存在。

第三，生态补偿缺乏标准量化机制。补偿标准偏低。西部地区生态补偿标准普遍偏低，补偿标准的制定应该立足于西部小流域区的发展情况，但是多方利益参与主体的缺失导致无法协商出一个共同满意的生态补偿结果。补偿标准自上而下制定。在西部地区生态补偿中，一个合理科学有效的生态补偿政策应该积极引导为生态保护付出代价的人们参与其中，这样有利于补偿费用合理公平。但西部水源涵养区的补偿标准是政策制定者自己制定的，没有科学的补偿数额和标准，使生态补偿政策不落地，陷入两难困境。

第四，生态补偿监督约束机制的缺陷。法治监督机制缺失。没有专门的或相关的转移支付法律作为支撑，这降低了公共财政转移支付和生态补偿政策实施中的公开民主性。在生态补偿专项基金的使用过程中，没有公开资金使用的渠道，使得民众无法有效掌握信息，没有建立起一套科学有效的财政审计机制，未能有效对资金使用过程中不作为乱作为现象进行惩罚。缺乏相应的制度设计对西部地区真正作出环保贡献的组织和个人进行激励，从而导致了环境建设质量偏低。县域生态环境质量考核组织管理差，生态补偿资金管理方面存在问题。很大程度上表现为资金的使用效率低下，保值增值空间狭窄。

第三章　小流域生态补偿机制与政策的分析框架

第一节　小流域生态补偿的学理含义

一、小流域生态补偿相关概念

（一）小流域

流域一般分为大、中、小三种类型。笔者所提到的小流域指的是二、三级支流下的依据分水岭以及下游河道出口的横截面的汇水面积不足100平方千米的相对封闭和独立的自然水流汇集地。在水利标准下指的是流域面积小于100平方千米或者是河道的所属范围基本都在一个县级单位内。小流域的面积一般不多于100平方千米，它是由很多个微流域组合而成的，是为了精准划分自然流域边界所形成的组成单元，它是最小的组成部分，小流域是各种流域类型中数量最多的一类，二、三级流域一般不超过州的范围（最大不超过省的范围）。

在我国地方山区的农户们很早就开始对小流域进行综合治理，闸沟垫地、打坝淤地、坡沟兼治。从1949年开始，在水土保持部门的带领之下，我国开始了大规模的流域生态治理工作。在2011年之前，我国已经形成了300多个的清洁小流域，重点治理的小流域有3400个。这极大地发挥了保护人类生存、保护自然水源、保护水质安全、保护生态环境的综合治理效果与作用。现在以及之后的几年，是我国全面建成小康社会、加快社会主义现代化国家建设的关键时期，这也是我国防止水土流失、保护生态文明环境、建设生态补偿机制、维护生态文明的重要阶段。党中央明确指出，在2020年之前，我国要达到让重点区域的水土流失问题得到有效治理的总目标，同时必须坚持优先保护环境和主张环境自然恢复，切实落实水土保持和水资源生态保护，从小流域这一根源上扭转水资源持续恶化的趋势。2012年，党的十八大报告中提出：推进生态文明建设，要重点开展生态修复工作，实行水土流失方面的总体治理，增加森林、湖泊、湿地的面积，用以维持生物的多样性，增加城乡防洪抗旱排涝能力。2017年，在党的十九大报告中，习近平总书记提出了实现乡村振兴的战略布局，小流域多存在于乡村，只有将小流域生态环境问题良好解决，那么我们才可以更快地实现乡村振兴战略。

（二）生态补偿

我国的生态补偿实施还处于初始阶段，相关的研究也相对缺乏。国外对于生态补偿问题已经有了大量的研究数据与研究资料，早在18世纪初到19世纪初的时候，William Petty已经发现了自然资源会对劳动创造财富产生限制；亚当·斯密论述了在经济发展的不同阶段自然条件对于经济增长的不同影响以及相对应的收入问题；马尔萨斯提出了“绝对稀缺论”；Ricardo提出了技术进步所起到的重要作用，提出了“相对稀缺论”；Mill提出了“静态经济”。学术界对生态补偿的含义进行了广泛的讨论，但因学科领域、研究范围和角度不同，学者对生态补偿内涵的理解至今仍存在很大分歧。在20世纪80年代末，生态补偿的概念主要是从生态学的意义上来理解；到了90年代初期，生态补偿一般被认为是生态环境赔偿的代名词，主要是从生态环境补偿费的角度进行定义；90年代中后期，生态补偿的概念更多的是从经济学意义上来理解，更加注重生态效益补偿，特别是对生态环境保护、建设者的财政转移补偿机制，例如国家对实施退耕还林的补偿等。李文华院士的定义较为符合本书研究的学科范畴，他在检视和梳理以往文献的基础上，从经济学、环境经济学、生态学等不同学科角度提出生态补偿的定义，他认为：“生态补偿是以保护和可持续利用生态系统服务为目的，以经济手段为主调节相关者利益关系的制度安排。广义的生态补偿应该包括环境污染和生态服务功能两个方面的内容，也就是说不仅包括由生态系统服务受益者向生态服务提供者提供因保护生态环境所造成损失的补偿，还包括由生态环境破坏者向生态环境破坏受害者的赔偿。”这一概念统筹考虑了经济学和生态学两方面的生态补偿，不仅在人与生态关系上鼓励人们对生态环境的维护和保育，而且还在人与人之间的关系上提出了外部性的补偿问题，可以认为是当前比较全面的生态补偿概念。

由此可见，对于生态补偿的定义，学者们都明确指出了其目的和主客体，甚至包括了积极的环境影响和消极的环境影响，这些都为我们理解生态补偿的定义提供了参考依据。据此，综合国内专家的研究，并结合我国的实际情况，我们认为生态补偿是运用行政、法律以及经济手段，调节生态环境破坏者和保护者的关系，将生态环境保护中的外部性内部化，以达到保护生态环境、促进人类与生态环境和谐发展的目的。

二、生态补偿与区域发展的逻辑

（一）小流域生态补偿对经济发展的影响途径

第一，影响途径和影响方式的概念。影响，本质上是通过或直接或间接的方式作用于人、事物，是一种改变承受者的作用。而影响途径就是这种作用传导的路径，影响方式则是这种作用的规律。影响途径和影响方式在很大程度上取决于影响的施加者，了解影响施加者的基本特点有助于梳理其影响途径。

小流域生态补偿项目作为一项跨时间、跨多流域的生态治理工程，最明显的特点便是“复杂”。首先，西部地区小流域生态补偿项目涉及范围广、流域多，而且与之相关的保护和治理的综合程度要求较高。西部地区小流域仅典型小流域便有12个，跨云南、贵州、甘肃、新疆、青海等多省份，包括三江源、洱海、岷江、阿尔泰山地流域等重要水系。其次，西部地区小流域生态补偿不仅仅是单纯的水资源的保护和治理工程，更是一个系统的生态文明建设过程。这项工程不仅涉及流域生态保护和治理，还涉及社会层面的产业结构布局、保护文化多样性、扶贫工作等。最后，小流域生态补偿项目实施中具体的生态保护技术要求高，补偿标准需要灵活多样。

具体的，补偿标准在一定程度上决定了小流域生态补偿项目对生态保护、经济发展影响的特点。小流域生态补偿项目对经济发展的影响具有复杂性；同时，具有不确定性，含有许多不确定因素；生态补偿项目对经济发展的影响还具有长期性。生态补偿项目不仅在实施过程中，更在今后长期发挥作用、体现价值，且这种影响会随着时间的推移愈加明显。

第二，对经济发展的影响途径和影响方式。小流域生态补偿项目对经济发展的影响途径是指西部地区小流域生态补偿项目实施过程中及落地后的一段时间内，作用于流域范围内的城镇、农村经济影响因素的路径。由内涵可知：一方面，西部小流域生态补偿项目的内部影响因素（影响施加者），可视为生态补偿项目内部参与对流域内经济发展作用的要素；另一方面，流域内生态经济内部影响因素（影响承受者）能受到生态补偿项目内部要素的作用，且属于流域内生态经济系统范围的要素。因此，本书将西部小流域生态补偿对经济发展的影响分为项目实施时期和后期维护时期讨论。

西部小流域生态补偿项目对经济发展的影响方式既体现了生态补偿工程系统对生态经济系统影响的本质、反映出两者间的必然联系，也体现了两者内在联系的表现形式。本书所研究的生态经济系统可划分为农业子系统、人口子系统和环境子系统，生态补偿项目在影响其中一个子系统的同时，也会影响其他的子系统。这种生态补偿项目凭借其他媒介而对经济发展产生的影响是直接影响。与此同时，西部小流域生态补偿项目在影响某一个子系统的同时，该子系统会对其他子系统产生影响。这种相对而言“有媒介”的影响方式是间接影响。本书在分析西部地区小流域生态补偿项目对经济发展的影响途径时，会讨论直接影响和间接影响。

（二）小流域生态补偿对经济发展的促进价值

第一，对农业的促进价值。西部小流域地区的气候和地理位置虽差异较大，但其共同点是综合治理程度不高，生态补偿不到位引起北方土地沙漠化，南方土地石漠化。小流域地区的水土流失问题严重，每天约5.7亿吨表层土壤的流失对土层造成极大破坏，使得土地肥力下降、耕地减少、石漠化沙漠化加剧。由调查数据可知，西部小流域水土流失面积占小流域总面积比例超过六成。对小流域水土进行综合治理虽难以完全恢复原貌，但能大限度地恢复原有农业功能的土地，缓解水土流失问题对区域农业发展的制约作用，有助于以土地为基础资源的区域农业发展。

小流域地区水土流失不可避免地会造成人口迁移和移民安置问题，而迁出的人口中大部分是农业人口。而在其或主动或被动搬迁开始前，农田就会被闲置，各类农业活动也式微；迁出的农民在新的环境下可能需要改变生活方式，尤其是农业生产方式。如果不能有效、稳定重新投入农业生产活动中，这部分受小流域水土流失影响的农业劳动力便被荒废了。加强小流域地区生态补偿项目的实施，可以很大程度上减少农业劳动力的流失，保护农业生产所必需的劳动力。这不仅有助于小流域地区农业生产所需的生态环境的恢复，更将直接促进小流域地区农业的发展。土壤作为农业生产基本要素，其肥沃程度是农作物生长的决定性条件。小流域生态补偿项目的实施，有助于加强对土壤有污染、破坏等行为的监管，减少不利影响，缓解土壤肥力的下降，保护农作物生产所需土地条件。

就项目实施后的长期情况而言，对水资源需求量较大的农业必会因流域综合治理及完善的生态补偿而受益。一方面，伴随着水土流失治理、小流域保护等一系列综合治理措施推行，小流域地区的水体总量将恢复、增加；另一方面，生态补偿项目的完善落实，将逐步提升小流域地区水体质量。可使用水量的增加、水质好转都会促进小流域地区农业生产的恢复和发展，尤其是污染减少后区域生态环境整体向良性发展，也可带动种植业、林业、淡水养殖等产业的发展，促进农业增收。作为接受了小流域生态补偿的区域和产业，农业供水价格的调整也在情理之中。生态补偿项目的水资源费、工程维护费、工程管理费、贷款利息支出及其他各项费用会分散到项目受益的用水农户。值得注意的是，虽然用水绝对成本会增加，但随着水质改善、整体生态环境的转变，小流域区域内农业本身的发展会得到提升。且随之带来的资金投入和水利设施建设、维护项目，都会进一步促进该地区的经济发展，并形成良性循环。

第二，对人口子系统的积极影响。小流域生态环境的综合治理不仅惠及农业，区域内人口的衣食住行都会受到直接影响。一方面，对于受环境约束被迫离开的人口而言，流域综合治理改善或恢复生存环境后，会吸引人口重回该地区；另一方面，为配合综合治理而迁出的人口虽会离开原住地，面临适应新环境的问题，但迁出后不仅有利于小流域的生态补偿项目实施，也便于解决相关人口对流域“持续破坏”的局面，且相应的配套补偿措施会确保迁出人口的生产生活，不失为改善生活质量的契机。

小流域生态补偿的办法包括工程措施、林草措施等。这些项目在实施过程中也会为当地提供工作机会，吸纳数量可观的劳动力，并带动相关材料、产业的需求。尤其是持续实施的过程可将劳动力资源和资本资源相结合，推进生态补偿项目的实施。在流域内生态补偿项目实施过程中，为了区域内人口更好地配合生态治理工作，政府往往会对项目涉及的人口展开培训，包括环境保护和职业技能培训，这也间接提高了当地居民的素质。水是生命之源。生态治理中对水源地的综合治理可保证水质和水量，有效保护当地居民的生活用水安全。

第三，对环境的促进作用。西部地区小流域生态补偿项目对流域内生态环境的促进作用是长期性的。小流域综合质量可恢复小流域总体水量，增加土壤含水量。土壤含水量的增加，使得水热交换作用加强，输送到近地大气的水汽增加了空气湿度，可以有效恢复或改善区域内小气候。从长期趋势分析，地表水环境的改善利于维护水源地的稳定；促进流域内多种生物的生长和栖息等；由此可带来的包括航运通行和旅游观光的发展，对经济发展具有重要意义。对于小流域的综合治理也会加强监管流域内地下水源的开采和使用情况，避免超采造成地面沉降等问题，为经济建设提供用地安全保障。

（三）经济发展与生态补偿的辩证关系

通过对西部小流域翔实的资料考察和要素归纳，我们可以从以下几方面进行理论—实践线索的检省和逻辑梳理。

第一，生态资本理论和生态服务功能价值理论促使人们对近几十年来人类活动的不断反思，并寻求一种新型的人与自然和谐发展之路。以新疆地区主体功能区生态补偿为例。自 20 世纪 90 年代以来，新疆主体功能区环境总体上呈继续恶化态势，其主要表现在以下几方面：森林衰退、草场退化、水土流失、冰川萎缩、水环境恶化、病虫鼠害严重、生物多样性锐减。究其原因，这主要是不合理的人类活动（超载过牧、粗放的矿业开采、乱砍滥伐等）引起的。不断恶化的环境首先促使人们不断地对自身行为进行反思。

如退耕还林还草工程。为改善生态环境，减少水土流失和风沙危害，1999 年国家率先在川、陕、甘三省进行了退耕还林试点工作。2000 年新疆奇台、博乐、伊宁、库尔勒、乌什、叶城、皮山七个县（市）被列为退耕还林试点单位，2001 年，国家又将和田地区的和田县、策勒县和于田县列入试点工程建设范围，2002 年退耕还林工程在自治区全面启动。从 2000 年至 2011 年，国家共安排自治区退耕还林工程建设任务 1292.7 万亩，其中退耕还林 325.8 万亩，荒山荒地造林 762.9 万亩，封育任务 204 万亩。工程建设涉及全区 90 个县市区，795 个乡镇，5834 个村，有

34.16万农户150.35万人享受到国家退耕还林政策的直接补助。为进一步巩固退耕还林成果，解决退耕农户当前生活困难，2007年8月9日，国务院下发了《关于完善退耕还林政策的通知》（国发〔2007〕25号），明确提出中央对退耕农户的政策补助将再延长一个补助周期，达到合格标准的退耕地还林继续按生态林补助8年、经济林补助5年的期限，每年每亩地补助90元。

第二，生态环境产品的外部性和公共池塘资源理论促使政府成为西部小流域生态补偿的制度供给者和资金提供者。以昆明市松华坝饮水区“十一五”期间生态保护投资项目供给为例（见表3—1）。在明确界定资源权利的基础上引入市场机制，初步建立资源权交易市场。就石羊河流域治理，初步建立了以政府为主导的水权交易机制。2006年10月，甘肃省水利厅和甘肃省发改委出台的《石羊河流域重点整治规划》对石羊河流域内各县市区的水量进行了合理的分配，明确石羊河流域内水资源的初始产权。初始产权的界定，是石羊河流域水权交易的先决条件。在此基础上，还进行积极探索符合当地实际的交易模式。石羊河流域采取政府参与的交易模式，分层次进行。第一，对于基层交易，在完善水票制供水工作的基础上，鼓励用户将节约的水量有偿出售，可在政府的指导，村组、农民用水者协会等的协调下，在村集体经济内交易。交易中的剩余水量，由基层政府水主管部门以超过供水价格的优惠价格回购。第二，对于拥有取水许可证的组织和单位的结余用水通过税收减免、生态补偿资金的方式平衡。第三，对于流域内各级政府间的交易以共同的上级主管部门为监督对象，严格执行本区域内流量控制，并符合《水利部关于水权转让的若干意见》中对水权转让的限制。第四，各级政府通过技术支持、资金鼓励等方式节约的水量，逐级由上级水主管部门回购，直至石羊河流域管理机构，最终达到减少使用和保护水资源的目的。

表 3-1　松华坝饮水区"十一五"期间生态保护投资项目供给表

序号	类型	项目供给	投资(万元)	备注
1	林业	林业生产、退耕还林等	2250	防火线、抚育，低效山林改造，退耕还林、封山育林，防火设施建设
2	水利	松华坝区水土保持	3000	水土流失综合治理面积137.4平方千米
		松华坝冷水河牧羊河主要污物减污工程	3000	主要污染物减污治理
		谷昌坝区清淤工程150万平方米	3500	—
		建设坡改梯水平梯田20000亩	1000	补助
		划界立标	250	定标、界标制作即埋设
3	环保	水质在线监测设备工作经费	200	—
		编制生态保护规划	60	—
4	农业	农村能源建设	400	沼气池建设
			125	节柴灶建设
			250	太阳能安装
		平衡施肥	500	5000亩/年
		发展无害蔬菜基地10000亩	1000	补助
5	面源污染控制	建设家庭卫生旱厕9868个	760	—
		建设公共卫生旱厕195个	390	—
		垃圾回收站建设	830	—
		垃圾填埋场建设	1500	—
		取缔农家乐、石料开采厂、鱼塘等工作经费	150	—
6	其他	立法及宣传经费	50	—
		科技培训费用补助	75	—
		责任单位年度保护目标责任奖	100	—

第三，生态补偿与经济发展的协调演进。小流域生态补偿和西部地区经济社会发展、扶贫开发、民生事业的改善以及全面建成小康社会的目标紧密联系在一起。以西南喀斯特地区石漠化最为严重的贵州省为例。贵州小流域治理将生态补偿、生态移民、扶贫开发和地方社会治理结合

起来。贵州多数贫困县处于深山区、石山区和石漠化严重的地区，受到山高沟深、资源匮乏、土地贫瘠、交通不便等多重因素的制约，生产、生活环境极其恶劣。贵州省委、省政府于2012年5月26日在贵阳市正式启动扶贫生态移民工程，总投资超过18亿元。贵州扶贫生态移民工程和生态补偿工程正是将生活在环境恶劣贫困地区的民众进行生态移民，通过建设移民新村、小村并大村、分散迁移和城镇安置等方式，减少脆弱生态环境的压力并较好实现反贫困目标。生态补偿扶贫和生态移民扶贫是一项庞大的社会系统工程，从贵州省的实践经验来看，较好地处理了中央与地方、国家与社会、经济发展与生态文明建设、迁出地与迁入地的复杂关系。

通过以上对西部小流域12个典型案例的考察以及在此基础上对补偿要素的归纳和深刻的理论—实践要素检索，我们尝试着梳理出小流域生态补偿的与经济发展的逻辑框架（见图3-1）。西部小流域作为环境保护的付出者，为受益区提供自然资源和人文资源，获得生态产品的受益区要为生态开发区和保护区给予相应的补偿。

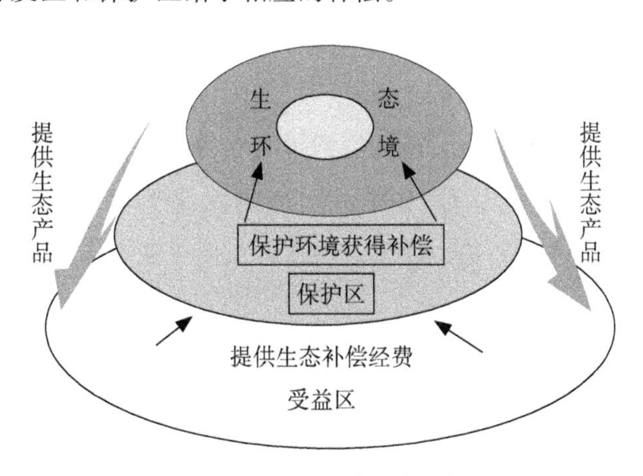

图3-1　小流域生态补偿示意图

第二节 生态补偿的思想与基础理论

一、生态思想演进及其价值

（一）生态思想产生的背景

第一，历史背景。生态理论的产生、形成、完善经历了长期的发展历程，对于传统的理论进行了批判、重新审视，最终形成新的理论思想。最开始形成的生态理论是马克思生态理论，它改善了传统理论中的各种不足，重新思考了人与自然的关系，为我们人与自然相处的应有模式提出了明确的理论模式。

无论什么理论的发生总会有它的产生背景与产生条件，马克思生态理论亦不例外。在西方的哲学历史中，关于自然观有两次质的发展。在原始社会中，人类的大脑尚未完全开化，思维模式也属于一种完全混沌的状态。当时的人们不能正确地区分很多相近但不同的物质，不能准确地理解它们，比如人与物的区别、精神与物质的区别、主体与客体的区别。在原始人们心中，他们认为一切物质都是神秘的，一切现象都是不可探测的，都是十分神秘的。那些神秘的力量不仅来源于大自然中，而且来源于生活中的人本身。他们混淆了人本身的精神与物质的区别，把肉体与灵魂混为一谈，这种“人物不分”的自然观理论飞跃到古希腊的“自然整体论”是自然观的第一次发展，这种质的飞跃是人类历史关于自我意识的进一步发展的重要一步。

关于自然观的第二次质的飞跃是近代自然科学观的产生，古希腊的“自然整体观”被机械二元论所替代。这第二次的飞跃使我们加深了对于人主体性的进一步了解，这在人类发展史上对于人的深层次认识有历史性的意义。但是与此同时，人类的生产能力在机械二元论的作用下得到进一步发展，将会导致人类生存危机的发生，那就是现代社会由于不断地发展经济而忽视了保护生态环境、没有重视生态文明的建设。

这就是马克思生态理论形成的背景。现在，自然观要努力实现第三次飞跃性的发展，就是从机械二元论发展到自然生态论。这次的飞跃不是把古代的自然观进行简单的加深、改善，而是对古代的自然观进行完全的颠覆。关于生态论的自然观发展仍旧处于初级阶段，在理论上还有待加强，而且，由于生态论的自然观理论过于理想化，有很多是真正生活中无法达到的。但是，不得不提的是，生态论自然观实现可持续发展的重要一步。第三次飞跃形成的自然观将会对人类的生活实践做出理论性的指导，对于人类社会的经济、政治发展带来积极影响，同时对于人们的思维模式、价值理念带来全新的观念，实现全面的生态化社会。

第二，时代背景。生态理论的起源是马克思生态理论。马克思生活在资本主义时代，当时是自由竞争的年代，也是科学技术飞速提高、生产力迅速提升的年代，人类对于自然界的了解越来越深入、也越来越想要征服自然、社会财富也是增速很快。在《共产党宣言》中写道，资本主义有它自身的合理之处，在资本主义时期的生产力比其他各个时期所创造的总和还要多。在马克思时期，人类生活的主要矛盾是生产生活资料不充足，这时，马克思提出只有在共产主义中“社会财富的极大丰富”这样人类才会得到自由与解放。在马克思生活的年代，资本主义对于生态环境造成的破坏还没有被世界人民所关注，因为还没有威胁到人类的健康生活。但是，当时马克思已经开始对于生态问题进行关注。由于历史唯物主义和辩证唯物主义的观点，马克思不仅仅关注人与人之间相处关系的和谐程度，而且十分关注人与自然的和谐发展。

第三，形成过程。关于生态理论的产生，马克思没有提到过“生态理论”这一确定的概念。但是在他的各种言论、著作中，我们可以清晰地发现关于生态理论的发展历程，由此构成了生态理论的初始阶段：“马克思生态理论”。

马克思认为，人类与动物有着本质上的区别，人可以能动地改变世界，可以征服自然界。人类不断地得到发展的依据就是依靠不停地征服自然、改造自然，这就是马克思生态理论的出发点，同时也是生态理论的初始观念。后来，马克思慢慢地认识到了人与自然是相互制约的关系，但是他依旧认为在这其中人占据主导地位。之后，在马克思读博士时期，他写出的论文中体现了他对于人与自然之间的辩证关系做出了深入思考。马克思始终认为实践是检验问题的唯一真理。所以，必须通过实践，才会对人与自然的关系有更深入的理解。在他出版的《资本论》《人类学笔记》这些著作中，我们不难发现马克思已经展开了人与人之间、人与自然之间、人与社会之间的关系的思索。在威廉·配第的启示下，马克思了解到自然环境的好坏对于生产力起着不可小觑的作用。在马克思的生态理论中，包含着两个十分重要的理论，那就是“可持续发展理论”和“循环经济”。马克思的理论中提出，人与自然的交换关系在社会生活中将占据重要地位。同时他认为，生态文明需要自己独有的历史条件与发展环境，这就是说，自然环境对于生态文明的兴起和发展都会产生积极或消极的作用。

（二）马克思生态思想

马克思对于生态理论有着十分深入的了解，所以有很多相关的理论阐述。马克思的生态理论中，把实践作为基础，奉行唯物主义观念。理论主要指出了在人与自然的关系中，人是能动的，具有主体性；自然也会对人类的发展产生影响。把历史唯物主义与自然唯物主义相联系，这将对我国特色社会主义建设生态文明产生积极作用。

第一，自然界是人类生存与社会发展的前提与基础。马克思提出，人类是在自然界中产生的。只有在自然界的环境下，人类才能得以生存、才能够延续生命、才能够不断地发展。自然界拥有各种各样的物质，这些物质用以维持人类的基本生活需求、满足人类的生产生活所需条件，这就证明人与自然界是紧密联系的，不可单独存在。同时，马克思也认为人是由有机与无机共同组成的，是具有双重性质的。这也就是说，自然界是维持人类生命的基本条件，属于人的一部分，并且密不可分，自然界虽然不是人身体的真正一部分，但是也属于人的无机身体。马克思提出自然界是人类生存与社会发展的前提与基础，如果没有了自然界，那么人类无法生存，就更不会有劳动的能力了，一切都是不存在的。

第二，人与自然是和谐统一的。马克思提出，人与自然是统一的。人与自然是有着密不可分的关系的，人类可以能动地改造世界，但是同时也要承担自然发生变化时所带来的影响。人类在实践的过程中，可以能动地改造外部世界，也可以改变自身的行为。同时，如果没有了自然界，那么也不会有人类的存在；人是具有自己的意识的生物，意识可以反映客观世界的事物，但如果没有自然界，也就不会谈及意识的存在了。人类虽然可以发挥主观能动性，但是也要被自然界的外在条件所约束，不能够随心所欲，要尊重大自然的客观规律，不能不计后果地改造自然，人类终究是要依靠大自然生活的。这就印证了马克思所说的，自然与人是统一的，两者相反相成，缺一不可。人类不能把自然放在自己的对立面，要学会与之共处。人类生活需要从自然界中获取各种资源，在获取资源时要注意合理取用、不要盲目乱用，注重可持续发展、资源的循环利用，一定要尊重客观规律，不能违反规律。只有这样，才能保证自然对人类不会产生消极影响。一定要努力达到人与自然和谐统一，这样两者才会互相促进。所以，人类在与自然界进行物质交换时，也要注重对自然的保护。

第三，实践是人与自然关系的统一。马克思指出，实践是人与自然关系的统一。人与自然进行物质交换必须通过实践的形式，马克思将实践的观念引入生态理论，使生态理论的思想得到全新升华。马克思认为，人类的实践存在于人与自然的所有行为之中。所以，人与自然的和谐统一就必须要在实践的前提下才能完成。人类的实践就是一个认识自然界的过程，也是人类生存的必要条件。任何事情离开了实践都是空谈，如果没有实践，人类无法继续得到生存的条件，也不可能继续认识自然界。马克思认为自然界是十分重要的，因为整个人类实践所需的全部要素都在自然界中可以找到。所以说，人类的实践活动保证了人与自然的和谐统一。

（三）毛泽东生态思想

毛泽东的生态思想理论，给我国的生态文明建设提供了重要的理论基础，为我们之后的生态补偿提供了参考。毛泽东所提出的关于生态思想的措施，有很多都值得我们现在借鉴。毛泽东坚持生态与群众路线相结合，在生态建设中，要努力激发群众热情，鼓励公民参与生态建设，发挥主观能动性。

第一，用科学的手段发展林业，保护森林资源。森林是自然界不可缺少的一部分，它可以起到防风固沙、保护水资源、过滤空气、调节气温的作用；森林也是一个国家发展经济的重要资源之一。毛泽东的生态思想对于林业的发展，提出“没有林业，就不会形成这个世界”的观点。林业是我国保持稳定发展的基础，只有重视林业，我们才能发展农业，才会有后续的畜牧业、渔业等等。所以我们必须用科学的手段发展林业，保护森林，保护森林中的各种资源，这对我们工业、农业的发展都有十分重要的作用。作为我国居民，也必须提高对于森林的保护意识，只有意识加强，林业才能更好地发展，我国的生态才能更好地被保护。

第二，治理水患问题，推动生产力发展。关于水资源引发的各种问题，尤其是最严重的水患，在我国的历朝历代都属于严重的问题，只有大力整治水患，我们的国家才能够更好地发展。治理水患是每个时期都十分重视的问题，因为水患将会引起自然灾害的频发，比如洪涝灾害等。毛泽东同志作为新中国的领头人，他十分注重总结以往经验，在历史中吸取教训、总结经验。在治理水患的问题上，毛泽东提出要兴修水利、改造自然，防止自然灾害的发生，保护居民的用水、生活安全、身体健康，然后推动生产。毛泽东生态思想的重要内容之一就是要：保证农业的命脉就是水利问题。我国在新中国成立之初，采取兴修水利的办法综合治理，以减少水患引发的自然灾害，推动农业的发展。兴修水利，是毛泽东思想的主要内容，也是马克思思想中国化的体现，让人民客观地认识自然、改造自然，用实践的方法探索自然。

第三，养成勤俭节约的好习惯。在新中国成立初期，人民生活十分困难，因为响应了毛泽东提出的勤俭节约号召，我党带领人民度过了困难时期，实现了民族独立的伟大目标。在社会主义建设的初级阶段，毛泽东认为我们依旧不能丢失勤俭节约这一优良特质，对于资源的利用必须坚持开源节流、避免浪费、充分利用，努力做到对于资源的高效利用，落实对于资源的保护，实现可持续发展，保证人与自然的和谐统一发展。

（四）邓小平生态思想

邓小平的生态思想理论有着十分丰富的理论内容。主要包括了人与自然之间的和谐发展，还要保证资源利用与环境保护并行。关于经济问题，必须注重经济发展的速度、质量、转变方式，在经济迅猛发展的同时，也必须注意经济发展对于环境带来的负面影响。对于环境破坏的问题，需要加强法制建设，可以设立关于环境保护的法律法规。

第一，通过科学技术的方式，建设生态文明。在建设生态文明的时候，必须通过科学技术作为手段。生态文明建设包含了资源的循环利用、资源的可持续发展、生态农业发展、水土流失、流域综合治理等等不同方面的内容，这些内容都必须通过科学作为后盾来支撑。邓小平生态思想认为，科学技术是第一生产力。面对当时我国人口数众多，自然资源相对短缺的国情，邓小平指出我国不能跟随西方国家走资本主义道路，为了经济发展而随意消耗资源、破坏生态的行为不适合我国。我国必须走绿色发展的正确道路，用科学技术的手段来建设生态文明环境，保护我国的生态环境，提高资源利用率，同时发展经济。

第二，实现有机统一的和谐发展。生态文明建设的核心是人与自然之间的关系。只有正确处理人与自然的关系，那么才会实现建成和谐社会的目标。邓小平在思考如何进行我国的改革开放以及如何建设社会主义现代化的同时，已经把人与自然的关系考虑进去，并且把这种关系放到社会经济发展的背景下来进行思索。我国人口众多、资源相对短缺的现实情况都会影响到对于生态文明的建设，而且会改变中国的未来发展道路。在这种现实条件下，邓小平提出要实行计划生育政策，以此来限制我国人口的增长速度；还要通过发展我国的教育行业，努力提升国民的受教育水平，提升国民整体素质。总之，要想建设好生态文明，必须努力实现人与自然的和谐统一。

（五）江泽民生态思想

江泽民生态思想理论基本涵括在“三个代表”重要思想中。生态问题严重影响生产力的生产效率、生产水平等生产因素。只有发展生产力才能得到经济发展，同时也才能有保护环境的条件，这为生态文明建设提供了理论基础。

第一，保护环境是我国发展的持久性问题。环境保护是我国在建设中国特色社会主义时所必须关注的一个重要而且迫切的问题。从我国改革开放以来，中国一直处于经济飞速发展的情形，但同时也产生了一些负面的影响。在发展经济的同时，有部分地方政府仅仅关注经济增长的发展结果，却没有考虑到经济一味增长给环境带来的破坏。如果环境遭到破坏，并且没有得到重视，那么将会引发一系列严重的生态问题，生态发生了问题，将会导致经济也无法稳定发展，最终导致国家不能平稳快速地发展。江泽民十分重视环境保护问题，对于保护环境这一重要工作，他作出了很多相关的指示。他认为只有保证了生态环境的良好建设，那么才有可能实现经济社会可持续发展这一目标。如果环境保护工作无法顺利开展，那么人们的生活、生产都会受到极大的影响，会使人们丧失工作积极性，所以环境保护将是我国发展中不可忽视的问题，也是持久性的问题。

第二，使经济利益与生态建设和谐共同发展。江泽民提出在制定各种不同的政策时要把生态环境保护的问题考虑进去，不能一味地只顾发展经济，不考虑对于环境的污染、破坏问题。在各级政府制定相关的政策时，一定要做到多方面考虑、顾全大局，努力做到经济利益与生态利益和谐统一、共同发展。当时我国面临着很多自然环境方面的问题，比如：人口老龄化严重、自然资源分配不均、河流污染严重、空气污染严重、土地贫瘠等问题。对此，江泽民提出了应对这些问题的一系列办法：一是关于人口老龄化问题，我们要持续落实计划生育国策，继续发展教育事业、提升国民受教育年限、提升国民素质。二是针对土地问题，要积极推进耕地的基本农田保护、提升土地复垦率。三是关于污染这类问题，要调整产业结构，大力推广清洁能源，减少污染的排放，改善现在的环境质量。四是保护海洋环境、提升对于湿地的保护强度。五是合理开发水资源，节约水资源，避免浪费。

（六）胡锦涛生态思想

胡锦涛生态思想理论对于前人的生态理论进行了进一步的改进与完善，并对中国以前的生态理论进行了归纳概括，这其中有着对于传统观念理论的扬弃，也吸收了传统理论的精华。总之，对于我国的生态文明建设起到了积极作用。

第一，建设环境友好型与资源节约型的社会。构建环境友好型与资源节约型社会的前提是拥有良好的生态环境，这也是建成环境友好型与节约型社会的发展目标。我国是一个工业化国家，尤其是在第一产业、第二产业的发展中，需要消耗大量的资源。这些消耗的资源中有些是可以再生的，也有很多是不可再生资源。在发展工业的时候，我们过于注重了经济的发展结果，却忽视了发展时对环境造成的破坏。针对这些对于生态造成的破坏，胡锦涛采取了一系列措施以应对这些问题。在建设资源节约型与环境友好型社会的同时，必须把保护生态环境放在首位。在保护生态环境的同时，也要提升人们对于环境保护的生态意识，并且注重优化产业结构，转变以大量消耗资源为代价换来经济发展的方式。在该时期，必须努力做到生态保护与经济增长同步发展，正确看待生态与经济这两者的相处形式，让它们相互激励、和谐共处。

第二，推进生态文明，达到人与自然和谐相处。推进生态文明，努力达成人与自然和谐共处，这就是说我们一定要正确认识人与自然这两者的关系。人类可以适度改变自然，但是不能无所顾忌地改造自然，一定要受自然的约束。如果对于自然过度改造、随意浪费，那么人类会被自然抛弃。在人与自然的关系中，一定要注重和谐相处，这样才会实现可持续发展、有更长久的未来。在争取发展时，一定要注意统筹兼顾、适度摄取、科学发展，这样我们的社会才会成为真正和谐发展的文明社会。

（七）习近平生态文明思想

党的十八大提出要把生态建设放在重要位置，形成“五位一体”的和谐社会。这一观点的提出，表明我党对于生态文明建设的决心与信心。我们必须从中国特色社会主义发展的角度，全面理解生态文明建设的必要性。党的十九大再次强调了生态文明建设的重要性，同时提出了乡村振兴的战略，只有实现了生态环境保护，才能建设更加完善的社会主义社会。

第一，把生态文明建设放在突出地位。根据马克思主义基本原理，我们可以了解到问题会因为实践的不断深入而产生新的问题，所以问题出现并不可怕，重要的是问题出现了要有清醒的头脑去解决问题。党的十九大报告中明确提出了“十四条坚持”，它组成了新时代坚持和发展中国特色社会主义的基本方针，该项基本方略是在以往实践的基础上提出的。“十四条坚持”中明确指出“坚持人与自然和谐共生”的论点。在报告中提到生态文明建设的重要性时，习近平总书记提出了之前从未提到的“实行最严格的生态环境保护制度”“像对待生命一样对待生态环境”“人与自然是生命共同体，人类必须尊重自然、顺应自然、保护自然”等观点，报告中习近平总书记着重提出了要重点解决环境问题，这些所有的观点都显示了以习近平同志为核心的党中央在生态环境建设方面具有清醒和深刻的认识。

第二，将生态文明建设融入我国现代化建设发展的全过程。党的十九大报告中明确指出中国特色社会主义进入了新时代，我国的社会主要矛盾已经转化。党的十九大报告中对于社会主要矛盾的阐述，表示中国共产党在执政方面有了更深刻的认识、对于治理生态问题有了新的思路。现在，我国已经解决了十几亿人民的温饱问题，人民对于生活的需求已经不仅仅是温饱，而是对于美好生活有了更多元、更广泛的向往。这就是说，我党在物质上要满足人民群众不断提出的各种要求，并且在政治、安全、法治、公平、环境等方面也要致力于满足人民群众越来越高、各有所需的要求。生态环境的建设和治理是新时代我国的一项重要历史使命。由于我国的社会主要矛盾已经转变，形成了新的结构框架，党的十九大的报告在生态文明建设方面不仅仅提出了如何解决生态文明问题的主要路线，而且还指出了解决我国生态文明问题的具体做法。基于整体的指导思想来说，党的十九大报告明确提出了“需要创造更多的物质和精神财富用以满足人民日益增长的美好生活需求，还要提供更多的优质生态产品来满足人民日益增长的优美生态环境需要”。实际上，这就是把生态文明建设问题直接列入到中国共产党“不忘初心、牢记使命”的伟大目标中。最重要的是，党的十九大报告中，习近平总书记提出了十分详细的关于生态文明建设的全新举措，比如：划定生态保护红线、健全环保信用评价、提高污染排放标准等。

第三，在世界面前做出关于建设生态文明的庄严宣誓。生态问题已经是全球化的问题。世界人民曾经对于自然界只是不断地索取，只为达到自己的生活需求。这导致了全球环境问题变得严重，全球变暖、温室效应、水资源被污染、臭氧层遭到破坏等等，这些生态问题严重影响了我们的正常生活，如果持续下去，将会凸显出更多的不可逆转的问题。现在，我党在生态文明建设方面不断地努力，努力弥补生态问题，积极努力地促成了各种合约与协定，比如《联合国气候变化框架公约》《巴黎协定》等。在党的十九大报告中，习近平总书记提出了“积极参与全球环境治理，落实减排承诺”“为全球生态做出贡献”，这就是关于生态文明建设我国在全世界面前做出的庄严宣誓。我国不会把发展经济、解决贫困问题与保护生态环境对立，而是要保护生态环境、发展经济建设两手抓。并且，我国作为世界最大的发展中国家，要努力在生态问题上有所贡献。

（八）生态思想的指导价值

生态理论在我国的生态文明建设发展历程中起着十分重要的作用，实现了科学上的指导还有智力上的支撑，对于我国设立生态补偿机制也有着很重要的借鉴意义，在西部地区小流域的生态补偿问题上也有着借鉴作用。

第一，对生态补偿的认识有更加理性的思想。生态理论在不同的阶段不断地得到发展，并且得到完善。在生态理论中，现阶段相对完善的观点就是：人与自然之间要和谐共存、经济与生态协调发展，生态文明建设现在已经处于我国发展的突出地位。为了建设生态文明环境，我们重点要对于环境保护实施奖励保护者、惩罚破坏者、提前保护环境这样的防治机制。在我国，经济要想得到持续不断的发展，就必须注重生态环境的保护，保证可持续发展。现在，生态环境已经面临被破坏的情况，所以必须实行生态补偿措施。因为有了生态理论的借鉴，所以在设计生态补偿机制问题的时候，就不会盲目地设计不切实际的措施。而是在现有的生态问题基础上，结合我国国情，考虑西部地区小流域现在存在的各种问题，更加切合实际地、用更加理性的思想来思考现在如何进行西部地区小流域的生态补偿。

第二，为生态补偿机制的设计提供行动指南。生态理论中可以发现我国现在生态方面所面临的问题。为了实现我国全面建成小康社会的目标，经济需要共同发展，现在东西部地区发展严重不协调，为了实现均衡发展，所以西部地区的发展成为重要的问题。现在，水资源的保护是生态环境保护的重中之重，需要从流域出发，保护生态；想要治理流域问题，就需要从源头出发，即小流域的治理问题。与之相结合不难发现，西部地区小流域的治理是目前我国生态问题的重中之重。有了生态理论的基础，笔者对于西部地区小流域生态补偿机制的设计也有了一份行动指南，这样可以更好理解生态补偿所需要解决的现有问题。

二、协调理论及其应用

区域协调发展这一理论是在党的十六届五中全会上首次提出的，由于不同区域的环境的资源承载能力不同、自然资源不同、发展水平不同、发展速度不同、发展潜力不同，应该根据不同区域所拥有的不同特点来发挥长处、回避劣势，在弱势方面努力加强、优势方面持续保持。在我国，各个区域都应定位自己的主体性优势，中部、东部、西部各个地区实行协调型发展，优势互补，良好互动，不断地缩小区域间的差距，最终达成区域协调发展的目的。有关区域协调发展有以下几项重要的战略决策。

（1）推进西部大开发。西部地区必须加速实行改革、加快改革的脚步。现在国家大力支持西部开发、西部地区自己也要努力发展、尽快赶上中部、东部地区的发展速度。西部地区应该在发展中坚持以点带面、以中心城市和主要交通干线为基础，重点针对优势项目进行开发。还要开展基础设施建设，构建跨境、跨区的铁路和西煤东运的新通道，形成"五纵七横"西部道路以及八条省级公路，开展西电东送的工程。保护西部地区的生态环境，继续西部地区的生态文明建设，继续开展退耕还林、退牧还草的工程项目，保护天然林，防治水土流失，治理石漠化问题，改善水污染问题等。在西部地区要转变产业结构，让产业形成自己的独有优势，不再过度依赖资源，优先发展绿色产业，使用清洁能源，避免对于自然资源的浪费，极力推进制造业、技术产业等产业的发展，完善公共服务，积极发展教育业与教育机构，完善农村医疗合作项目，引进高技术、高水平人才。努力加强与周边的交流，多多与周边国家进行经济交易合作，发展西部地区的经济。只有落实了西部大开发这一战略，西部地区的经济有了极大的提升、同时保护了西部地区的生态环境，这样我国的区域协调发展才会实现。

（2）振兴东北地区等老工业基地。东北地区应该实行产业结构改革，国有企业进行重新改造，在改革的过程中使东北地区重新振兴。在农业方面，要实行现代化农业，加强建设粮食种植区域，使农业经营更具规模化、自动化、标准化，使粮食的产量提高，提升粮食的产出率和附加值。在新型产业方面，要不断探索新的产业模式，发展高科技的产业，引入先进设备，建立各种行业、各种类型的产业加工基地。在东北地区的交通方面，建设东北地区东部的铁路干线和跨省的交通运输路线等基础的交通通道。在市场方面，加强市场体系建设，努力形成区域一体化，积极与相邻国家形成经济交易合作，促进经济发展。在生态方面，注重水土流失以及荒漠化问题，加强生态环境的保护。

（3）推进中部地区崛起。中部地区要加快崛起速度，依靠现在的产业基础，找准道路，转变产业结构，形成适合中部地区发展的产业形式，探索工业化和城镇化发展模式，在西部地区和东部地区之间突起，形成自己特有的产业优势。在农业方面，要实行现代化农业，加强建设粮食种植区域，使农业经营更具规模化、自动化、标准化，使粮食的产量提高，加快农产品转型。积极推进安徽等地的大型煤炭基地建设，努力发展汽车、机车等装备制造业和软件、新材料等高科技产业，尽快开始建成铁路、公路、机场等交通主干线，重点建设各种便于发展、利于生活的基础设施，促进中部地区崛起。

（4）率先实现东部地区优化发展。要积极推进东部地区发展，让东部地区率先发展，在全国作出表率。东部地区应该提升创新能力，经济上实现结构优化、产业升级、转变增长方式，加快产业结构改造，完善社会主义市场经济，这一系列措施都是为了东部地区可以在全国率先发展，然后帮助其他地区共同发展。在东部地区，努力形成一批自主品牌，拥有核心技术、拥有自己独立的知识产权，这样才能形成具有核心竞争力的知名品牌。在东部地区，要注重高端产业的发展，不仅仅是加工行业，而是涉及高技术、高素质、高人才的行业，这样可以提升东部地区产业的核心竞争力，也就是提升国际竞争力，促进经济发展。在东部地区，也要实行现代农业，提高土地、资源的利用率，增加耕地使用率，注重生态保护与可持续发展，加快生态文明建设。继续保持经济特区发展的活力，带动其他区域的发展。

（5）促进革命老区、民族地区、边疆地区的发展。要促进革命老区、民族地区、边疆地区的发展，就要加快财政转移支付速度，加大政府财政投资力度。为了促进这些地区的发展，首先要做到的就是保护生态，建设生态文明社会，完善基础设施建设。然后要加强素质教育，普及现有的义务教育、加强少数民族学校建设，推进少数民族的高等教育。建设少数民族的语言培训班，推行少数民族的出版业，建设双语教育示范区。加强少数民族人才建设。积极发展少数民族特色产业，推广少数民族特有物品、特殊性质的药材，等等。对于少数民族、边疆地区的贫困问题，要重点关注，投入大量精力解决贫困问题，最终促进革命老区、民族地区、边疆地区的发展。

（6）建立健全区域协调互动机制。建立健全区域协调互动机制，也就是说，在建立市场机制的同时，必须要注重与各个区域相互交流，而不是单独的考虑建立自己区域的机制。要让生产的各个要素在不同区域间自由流转，促进产业转移。建立区域协调互动机制，就是鼓励各个不同的区域在经济、技术、人才各种方面进行合作，取长补短，优势取代劣势，相互促进、共同发展。

（7）区域协调发展理论对于西部地区小流域生态补偿的借鉴。

第一，明确了西部地区在我国的现状。区域协调发展在我国明确提出后，它的总体战略中十分重要的一条就是西部大开发战略。这证明西部大开发在我国的经济、政治等一系列发展中占据着不可撼动的地位。在我国，西部地区的发展水平远远落后于中东部地区，所以要重点发展西部地区，才能努力赶上其他区域的发展，实现区域协调发展。为了实现区域协调发展，就要首先推进西部大开发战略。要提升西部地区的经济发展水平，就要努力维护生态环境，保证资源的可持续利用，从而获得产业优势，以提升经济优势。目前，西部地区在我国属于相对落后的区域，为了协调发展，需要扬长避短地发挥自身价值，不在全国的发展中产生负面作用。

第二，明确了生态补偿的重要性。推动区域协调发展需要一定的先决条件，就是说必须要在生态环境良好的情况下，才能谈及经济的发展，才会有区域间的协调发展。在推动区域间的共同协调发展时，必须要注意对于资源开发的合理性，节约资源，不要盲目地浪费资源。从过去的经验中可以知道，如果不顾生态环境的承受能力，只顾经济发展的速度，那么一定会受到自然的报复，无法获得长久性的经济发展。现在国家对于生态问题已经十分重视，必须兼顾区域发展与环境保护，这样国家才会协调发展。在建设生态文明时，不可缺少的就是建设生态补偿机制，只有对于生态环境保护问题提出一系列措施，比如奖励保护者、惩罚破坏者等，这样才能有效地控制生态恶化，才会继续发展经济，才能实现区域协调发展。

第三，明确了西部地区小流域生态补偿对我国的意义。通过区域协调发展理论，笔者认识到如果想要国家进步，就必须让全国各个区域协调发展，让相对落后的地区努力追赶、相对进步的地区率先发展。在我国，西部地区属于相对落后的地区，需要让该区域努力发展，尽快提升经济实力，努力赶上中东部地区。西部地区小流域分布较广、生态环境相对脆弱，贫困问题相对严重。在经过了西部大开发之后，经济问题相对有所好转，但是由于只顾着追求经济增长速度，忽略了生态环境的保护，这使得生态环境遭到严重破坏。只有对于西部地区的小流域进行生态补偿，综合治理西部地区小流域，保护西部地区的水资源、治理饮水水源、江河源头等区域。设立适合西部地区小流域的生态补偿机制，治理西部地区的水源问题，从而缓解西部地区生态问题的严重性，同时发展西部地区的经济，追赶其他区域的经济水平，最终形成区域协调发展。

三、生态理论及其应用

（一）生态理论的形成

生态系统理论的起源是来自于英国的坦斯利，他提出生态系统不只是含有复杂的有机体，而且还包含由很多种复杂的物理因素而形成的生物因子，在生态系统中包含了不同的种类，还有不同的规模。在经过了漫长的半个世纪的不断探索后，生态系统这一理论终于有了基本的概念界定，生态系统理论就是说在某一界定的时间或空间环境下，在各种生物之间或者是生物与自然环境之间，通过物质交换或者能量流动的形式，经过相互作用而形成的生态系统。一个完整的生态系统包括环境部分（即不属于生物的物质和能量）、生产者、消费者和分解者。生态系统可以通过自我本身的调节维持其自身的生态稳定，调节的强度由不同方面的不同因素共同决定。基于一般的情况而言，组成成分越多、能量流动越快、物质循环越复杂的生态系统的自我调节能力相对较优，同理，组成成分相对单一、能量流动慢、循环简单的生态系统的自我调节能力就会较弱。

学者们对于生态系统做出了深入的研究，尤其是在食物链方面关注生态系统的研究相对较多。生态系统由环境部分和生物部分共同组合而成，它们在一定的时间、空间上经过合理的组合，形成生态系统的基本组合形式，实现基本功能，比如物质交换、能量流动等。生态系统的起源是生态系统的生物生产的过程，其中包含初级生产和次级生产。初级生产是最为初始、也是起到最大作用一种生产形式，次级生产是初级生产演化而来的。初级生产依靠植物的光合作用把太阳中的能量转化到生物的有机体中形成生物能，这就确定了生态系统的能量转化还有物质基础。次级生产是把动物、微生物在初级生产中获得的能量进行再次生产，形成更加庞大的关系系统，形成生态系统中的稳定发展。生态系统中的能量流动就是在不同种物质之间进行能量转化，在一个物质中分解能量，然后再转化其中的一部分能量到另一物质中，这其中物质的转化率仅仅在 10%—20%，这就证明了在能量流动过程中，会有一定量的能量损失。[①]生态系统中的物质循环与能量流动并不相同，物质通过改变自身的形态，可以在生态系统中不断更新，进入生态系统的循环过程中，由此可以让生态系统的循环速度提升，物质循环是从简单的循环到复杂的循环一步步变化的，有可能之后还会经历简单的循环过程。物质循环依靠的是生物，如果没有了生物，就是说生物消失以后，那么物质循环可能就会中断，物质循环被破坏，那么生态系统中的良好循环被打破，自我调节机制开始启动；如果破坏十分严重，那自我调节已经无法发挥作用，那么生态系统也不复存在了。生态系统还具有信息传递的功能，信息传递是双向的，不像能量流动是不能逆转的。在生态系统中，由信息传递、物质循环、能量流动三者共同组成，三者密不可分，不可分离。[②]

（二）生态系统理论的主要功能

生态系统理论源自于自然生态系统理论，属于生物学的范畴。生态系统的含义是，在自然界特有的空间与时间内，由生物和环境两者共同组成。在这一整体中，生物与环境相互作用，并在一定的调节能力下形成动态平衡。生态系统是生态学领域中十分重要的一个部分，属于生态学的最高的一个阶层。生态系统理论的主要功能有三大部分，分别是能量流动、物质循环、信息传递。[③]

第一，能量流动。能量流动指的是在生态系统中能量的传入、传输、转化、消失的过程。能量流动是生态系统的重要功能之一，在生态系统中，在各种生物之间或者是生物与自然环境之间的各种传递都可以通过能量流动来达成。能量流动的过程包括能量的传入和能量的传递与消失。一是能量的传入：在一开始，生态系统的能量都是从太阳能那里得到的，生产者从太阳能中以光能的形式获取能量，然后生产者将获得到的光能转换为化

① R. U. Ayres, L. W. *Ayres, A Handbook of Industrial Ecology*，Cheltenham, U. K : Edward Elgar Publishiers, 2002.

② 任正晓：《农业循环经济概论》，中国经济出版社 2007 年版。

③ 李鹏梅、齐宇：《产业生态化理论综述及若干思辨》，《未来与发展》2012 年第 6 期。

学能，在生态系统中开始传导，并且一直以化学能的形式传递下去。二是能量的传递与消失：能量在生态系统中的传递是不能反向传输的，而且在每次传输的时候能量只会越来越少，这其中能量的转化率仅仅在10%—20%。能量传递的主要是通过食物链与食物网，这构成不同营养级。

第二，物质循环。生态系统的能量流动带动了系统中的各种物质开始进行循环。这种循环一般是发生在生物与环境之间。物质循环有不同的途径，包含气态循环、水循环、沉积型循环三种主要途径。气态循环：物质元素以气态的形式在生态系统中进行循环，气态循环把海洋和大气相联系，使全球都紧密联系起来。水循环：在生态系统中，自然界的水通过降水、下渗、地表径流、蒸腾等不同形式，在生物圈、大气圈、水圈持续运作，形成水循环的过程，水循环是各种物质在循环时一定包含的循环。沉积型循环：沉积型循环一般存在于岩石圈，物质元素作为一种沉淀物的形式经过岩石风化还有沉积物自身的分解变成对生态系统有利的物质，沉积型循环的速度是十分缓慢的，而且不是全球性的循环。

第三，信息传递。在生态系统中，信息传递包含物理信息、化学信息、行为信息这三大类信息传递方式。信息传递在生态系统中的作用主要体现在几个方面：一是保证生命活动的正常进行：很多植物的种子在生长过程中都必须接受各种信息，才能茁壮地成长，离开了信息的作用，就不能正常地生活，比如捕食需要气味信息、生长需要光信息等等。二是种群的繁衍：在种群繁衍后代时，信息也起着十分重要的作用。比如花在传种、开花时需要光的信息；动物在繁殖的时候要考虑季节，这时性外激素就起决定性作用。三是调节生物之间的关系，维持生态系统的平衡：在绿色的草地上，这种颜色信息给食草动物提供信息，告诉它可以吃草，以养活自己；在森林，食肉动物可以闻到猎物的味道，这种气味信息可以让食肉动物得到猎物的信息，从而捕获猎物，维持生态的平衡。[①]

① 黄贤金等：《循环经济：产业模式与政策体系》，南京大学出版社2004年版。

（三）生态系统理论对于西部地区小流域生态补偿的借鉴

生态系统在很多方面都可以对于我国西部地区小流域生态补偿提供借鉴。生态补偿需要对于现有的生态问题进行补偿，设立各种补偿机制。通过生态系统理论可以从中得到理论借鉴，尤其是关于机制的设定方面。

良好的生态系统可以为人类提供诸多便利：净化生态环境里的水与空气；减少旱灾与洪水灾害的发生；保持土壤的肥沃程度与土壤的再一次重生；维持生物的多样性；稳定气候；等等。这些都是生态补偿所要努力做到的，借鉴生态系统的物质循环、能量流动、信息交流的模式，从生态系统中得到灵感，将它运用在西部地区小流域生态补偿的机制设计中，把小流域治理得更加合理与完美，改善水资源问题，让西部地区的经济与生态同时发展。

生态系统对于人类的好处并不是表现在易于发现的地方，但它可以不断地给人类带来好处，它给人类带来无价的生活财富，它也保证了人类在社会上可以安全地生活，保证了社会的发展。同样地，生态补偿也是十分必要的，在悄悄地保护着我们的生活，如果我们不重视生态补偿，对于生态环境一味破坏，必将会受到自然的报复，所以要注重生态补偿问题。[①]

四、制度变迁理论及其应用

（1）制度变迁的定义。参考诺斯的思想，“制度是一系列被制定出来的规则、守法程序和行为的道德伦理规范，提供了人类相互影响的框架，建立了构成一个社会，或更确切地说一种经济秩序的合作与竞争关系”。他在《制度、制度变迁与经济绩效》[②]一书中指出：“制度变迁一般是对构成制度框架的规则、准则和实施组合的边际调整”，制度变迁包括制度创新在内的制度矛盾运动。

---

① 严立冬:《绿色经济发展论》，中国财政经济出版社 2002 年版。

② [1][美]道格拉斯·C.诺斯:《制度、制度变迁与经济绩效》，上海三联书店。
[2][美]道格拉斯·诺思、罗伯斯·托马斯:《西方世界的兴起》，华夏出版社。

（2）制度变迁的三大理论："描述一个体制中激励个人和集团的产权理论；界定实施产权的国家理论；影响人们对客观存在变化的不同反映的意识形态理论，这种理论解释为何人们对现实有不同的解释。"这里重点就产权理论和意识形态理论展开讨论。

第一，产权理论。产权是指"个人对资产的权利是消费这些资产，从这个资产中取得的收入和让渡这些资产的权利或利益"（巴泽尔）。根据这个定义，个人产权包括占有权、使用权、收益权和处置权，各种权利是可以相对分割开来，独立使用的，因此从这个角度看，产权不能完全被占有。在现实市场中，经济交易实际上都可归结为产权交易，"有效率的产权应是竞争性的或排他性的，为此，必须对产权进行明确的界定，这有助于减少未来的不确定性因素并从而降低产生机会主义行为的可能性，否则，将导致交易或契约安排的减少。"如果产权界定不清，经济当事人不能从交易中使自己的利益增值，导致交易动力不足、交易规模下降。"市场无效率的根本原因是产权结构无效率，因此制度创新的一个重要内容就是产权结构的创新。技术的变化、更有效率的市场的拓展等最终又会引致与原有产权结构的矛盾，于是形成相对无效率的产权结构。"而技术的变革又是缓慢的，"一套鼓励技术变革、提高创新的私人收益率使之接近于社会收益率的激励机制就是明晰创新的产权"。[①] 推动产权明晰将是经济快速发展的重要动力和源泉。

第二，意识形态理论。新古典理论不能解释两种行为：一是包括"搭便车"（freeride）在内的机会主义行为；二是对自我利益的计较并不构成动机因素的行为，即利他主义行为。诺斯明确指出成本核算无法克服"外部性"和"搭便车"行为，"变迁与稳定需要一个意识形态理论，并以此来解释新古典理论的个人主义理性计算所产生的这些偏差"。意识形态是由互相关联的、包罗万象的世界观构成，包括道德和伦理法则。"社会强

① ［美］曼昆著：《经济学原理（上册）》，梁小民译，北京大学出版社 2005 年版。

有力的道德和伦理法则是使经济体制可行的社会稳定的要素”；意识形态是降低交易成本的一种制度安排。“在社会成员相信这个制度是公平的时候，由于个人不违反规则和侵犯产权，那么规则和产权的执行费用就会大量减少”；意识形态是一种行为方式。如果成员意识形态存在分歧，“搭便车”现象就不可避免，要么限制成员数量，要么精确地制定选择性激励和惩罚机制，才能有效解决“搭便车”问题。①

（3）制度变迁理论在本书中的应用。制度变迁理论的影响是深远的，适用性是很广泛的，在本书中的应用将体现在如下方面：一是分析小流域水资源在产权界定、产权交易上的问题；二是分析生态补偿制度设计的历史、经验和改革方向；三是分析小流域生态补偿政策设计、制度改革的创新要求。

五、博弈论②及其应用

（一）博弈论概念与发展

“世事如棋”，经济活动中的每个参与者也正如棋手。棋手间的一举一动，相互牵制、揣测构成了变化多端的棋局。博弈是衍生于此的概念，它是指一定环境中的参与者，在规则约束下，依据相关信息进行策略选择，并承担结果的过程。而博弈论作为经济学中非常重要的理论概念，主要研究公式化的激励结构间的相互作用，研究如何在错综复杂的相互影响中得出最优策略。实际上，博弈论正是衍生自古老的棋牌游戏。两千多年前我国的“田忌赛马”的典故，一千五百年前巴比伦犹太教法典中关于婚姻合同问题的表述都属于博弈问题。而对这种策略依存特点的策略问题的研究可追溯至18世纪初甚至更早。总体而言，博弈论仍是一门发展中的理论，其真正的发展始于20世纪。

① 《新制度经济学》，互联网文档资源（http://wenku.baidu.c）2017年。
② ［美］道格拉斯·C.诺斯：《制度、制度变迁与经济绩效》，上海三联书店。

现代博弈论由冯·诺依曼开创，初步形成的标志是1944年他与经济学家奥斯卡·摩根斯特恩合作出版的巨著《博弈论与经济行为》。在这本著作中，“博弈论之父”正式提出了博弈论一般理论，并给出了博弈论研究的一般框架和表述方法。现代博弈论发展中的第一个高潮时期出现20世纪50年代。最具代表性的事件是1950年纳什提出的“纳什均衡”（Nash equilibrium）发展了非合作博弈理论。经济学家、诺贝尔经济学奖得主奥曼称这一时期“是博弈论发展历史上令人振奋的时期，原理已经破茧而出，活跃着一批巨人”。直到70年代末，这一阶段的博弈论虽体系混乱，方法、概念不统一，但研究的繁荣和发展有目共睹，成为了博弈论发展的重要阶段。也因此有了之后80、90年代的成熟和博弈论革命。①

（二）博弈论要素间的关系

博弈论分析了参与者应对不同利益机会时采取的选择，通过分析得出个体的理性选择有时会导致机体的非理性结果，因此需要“制度”对参与者的选择进行约束。当然，这种分析的前提是基于理性的经济人假设——而现实中也有不少利他倾向的人或非自利行为。这会受到文化、宗教等因素的影响，也需要视具体环境而定。人的行为极其复杂，简单的设定往往难以与现实相符。但即便如此，仍需要通过制度规范尽可能避免个体的自利行为对集体的损害；也正是因为个体间的差异性决定了制度存在的必要性。

制度的建立有利于限制个体选择的集合，将其行为结构化。这里的制度包括正式制度和非正式制度。制度的制定若不能付诸实践便不复存在。因此，制度的实施也很重要。但囿于不同主体间谈判能力的差异导致了制度的不公平，使得制度可能会偏向于强势的主体，因此“制度”自身不能成为公正的第三方对博弈参与者进行约束。

制度实施第三方的角色最适于国家来承担。但官僚机构也有自身的效

① 张维迎：《博弈论与信息经济学》，上海人民出版社2004年版。

用期望，因此可能利用实施制度之便谋取私利——这也是制度实施难以达到最优的原因所在。依赖于参与者的“自我实施”一方面会因人际关系等对其他参与者形成约束，另一方面，“自我实施”在非人际化或跨领域的交易活动中不能实现——这也是需要建立司法体系，通过法治保证制度有效实施的原因。政治领域同样需要对官僚机构的自利行为进行有效约束。[①]

需补充说明的是，正式制度很大程度上源自非正式制度，或是由非正式制度合法化得来。非正式制度能让正式制度的实施更加有效，是对正式制度的补充。但当正式制度产生变革时，非正式制度可能仍保留原样，这时会因二者的不均衡状态爆发冲突。冲突结果取决于两种制度的力量。因此，非正式制度融于文化中，有着深层的、自然的历史积淀，对博弈参与者有深刻的影响。实施制度若要达到均衡，务必达到正式制度同非正式制度的匹配。

（三）博弈的类型与案例

博弈有多种类型，根据不同的标准有多种分类。一般而言，博弈主要分为合作博弈与非合作博弈。其界定标准是当相互作用的双方之间有无具体有约束力的协议：若有，便是“合作博弈”；反之，便是“非合作博弈”。博弈依据时间序列性又可分为静态博弈和动态博弈。静态博弈是指，参与者同时做出选择或行动虽有先后但对此并不知情（不知道先参与者的具体选择）。与之相反的，参与者行为有先后，且后行动者能观察前者选择时，称为动态博弈。

按照参与者对彼此的了解程度，有完全信息博弈和不完全信息博弈。完全信息博弈是每一个参与者对他人的特征、策略、收益等都有准确信息。如果这些信息不是非常准确，或并非每一位参与者都了解这些信息，那么这时的博弈是不完全信息博弈。此外，还有一些博弈类型，例如，

① 嘉蓉梅：《产业结构生态化的有效实现途径——基于一个博弈模型》，《生态经济（学术版）》2012年第5期。

按照博弈的持续时长或频率可分为无限博弈和有限博弈；按照表现形式又可划分为战略型博弈和展开型博弈。

由于合作博弈更加复杂，理论成熟度也不及非合作博弈论，因此，当前谈论的博弈论一般都是指非合作博弈论。非合作博弈论又分为：完全信息静态博弈，完全信息动态博弈，不完全信息静态博弈，不完全信息动态博弈。作为博弈论核心的非合作博弈论又包括个体理性决策理论、表示理论和解理论三部分。

六、大数据理论及其应用[①]

（一）大数据理论产生背景及研究意义

随着云计算、物联网技术的兴起，数据的规模有了爆炸式的增长，覆盖程度也达到了前所未有的水平。这一现象引起了社会各界的广泛关注。其实"大数据"一词首先于1980年在美国提出。学术界对大数据的关注可追溯至数据密集型科学的发现。《Nature》于2008年开辟的大数据专刊，研究讨论大数据理论的技术问题及发展挑战。在互联网领域，数据的收集、分析、挖掘更深的价值使得大数据的应用达到新高度。2012年美国奥巴马政府启动的"大数据研究和发展计划"对之后的大数据产业发展影响深远。我国各级政府和学界同样对大数据发展高度重视。2014年，贵州省委、省政府将大数据作为该省的战略产业，批准建立贵阳大数据交易所。一批国家自然科学基金、"863"等研究计划都有大数据的课题。

目前，大数据已涉及社会生活多重领域，以后更将对日常生活及学术活动带来积极影响：提高决策水平、整合资源能力；增强多学科交叉引用研究；预测市场发展、规划生产等。总而言之，大数据理论的发展研究势不可当，其必将对各行各业、多种主体产生积极贡献。但同时，随大数据时代而来的数据安全、数据隐私、数据挖掘等挑战也成为政府

① 涂子沛：《大数据》，广西师范大学出版社2012年版。

和学界需要积极面对的重要任务。

（二）大数据概念

"大数据"字面含义有"海量数据"，但实际上大数据的概念和海量数据、数据库等本质上是不同的。目前学界对于大数据也没有统一的定义。传统数据库等是数据工程的处理方式，大数据的概念可通过对其特点的阐述给出。当下公认的大数据的特点可概括为"5V"：Volume——数据体量庞大；Variety——种类和来源多样化；Value——有价值的数据占总数据比例较低；Velocity——具有一定的时效性，会随着时间的推移而失效；Veracity——数据的真实性。同时，大数据概念的关键不仅是数据处理的对象，还强调需要采取新的数据思考方式来处理问题。借助于合适的工具，进行大多数异构数据源的提取和集成，并按照一定的存储标准，通过相应的数据分析技术对存储数据进行分析，从中得到有价值的信息，并通过一定的方式将结果呈现给终端用户。大数据技术的应用范围很广，遍及制造业、农业、生态建设等方面。[①]

（三）相关理论简介

大数据理论包括关于大数据处理流程不同阶段采用的理论。数据采集后的"数据预处理"和"数据分析挖掘"是最重要的两个环节。为避免收集来的数据之间的冲突矛盾等，需要在获取数据后预处理得到高质量的数据；预处理数据也保证了下一流程分析挖掘的准确高效。数据分析挖掘是大数据流程最重要的环节，因为数据的深层价值需要被分析、寻觅。不同算法进行数据挖掘也会取得不一样的效果；数据分析挖掘作为一个过程唯有在与业务需求紧密结合并不断练习、磨合中，才能发挥更大效用。

主要的大数据理论包括：数据预处理的理论方法，如数据清洗、数据变化、数据规约；数据分析挖掘领域的机器学习算法，如集成学习派

---

① 《大数据是什么？一文让你读懂大数据》，见 http://www.thebigdata.cn/YeJieDongTai/7180.html。

系、随机森林算法、解决分类问题的支持向量机，以及人工神经网络。

大数据技术在本书中的应用。大数据技术在本文的生态环境保护、小流域生态补偿领域的作用主要体现在其结构性功能，具体有如下几种作用：一是加强了小流域生态环境治理所需数据的收集、整合及共享的能力；二是提高了西部地区小流域生态补偿决策的科学能力；三是创新生态补偿监管模式，推行生态补偿的测评统一监管、加强检测预警能力等；四是完善生态补偿公共服务，建立生态文明建设所需的大数据平台。

第三节　小流域生态补偿的经济学理论分析框架

一、经济学框架下小流域生态补偿的理论阐释

（一）小流域生态补偿的理论内涵

经济学研究产品服务需求与供给的均衡问题、市场资源配置均衡问题、生产管理效率问题、利益分配问题、价格均衡问题和宏观制度改革问题。经济学框架下的小流域生态补偿是一个复杂的系统性问题，涉及生态补偿方方面面的要素在上述问题中的均衡，至少包括六个要素：理念（N）、服务（F）、关系（B）、市场（S）、管理（M）和制度（G）。各要素之间有着紧密的联系和影响。那么，如此多的要素作为解释变量，集中于小流域生态补偿系统效率这一被解释变量上，至少需要研究所有上述经济学基本问题。

第一，生态服务的供给需求问题。这个问题重点解释“为什么开展生态补偿？谁来补偿？补偿给谁？”这几个基本问题。生态服务自然是流域生态补偿的逻辑起点，是上游地区因为良好的生态保护行为，使得生态效益得到有效发挥、高效运行，生态效益的外部性扩展到下游地区。经济理论要求“使用者”付费。必然在服务供给与需求之间形成一种经济函数关系。后续章节（第四章）会研究在生态服务理念下，各生态补偿服务主体如何行为，如何参与到生态补偿的过程中，社会组织和政府

组织，正式组织与非正式组织，个人及市场主体，应该在生态补偿中发挥什么作用？怎么发挥作用？

第二，生态服务的定价问题。价格问题是经济学研究的基本问题，任何经济活动原则上需要有合理的“定格”，才能正常开展市场交易和调节。生态服务的定价是生态补偿最基本的环节，没有合理的定价，生态服务产品不能正常化、规范化和持续化，也不能形成健康良好的市场行为。后续章节（第五章）将在生态服务供给与需求中研究生态服务供给定价问题，特别是依托生态服务价值评估，作为生态补偿的基本价格参考。以形成生态补偿最基本的定价策略和定价标准，不能形成单一的买方市场。

第三，经济利益均衡问题。均衡一词贯穿整个经济学的始终，是经济学研究的基本问题之一。福利均衡、价格均衡、供需均衡等，最根本的是经济利益的“均衡”研究。前面提到，为合理定价，我们研究了生态服务的价值，作为生态补偿的基本定价标准，但是什么程度的服务价值可作为定价呢，什么价格是生态补偿服务提供者、受益者都可接受的呢？也就是什么样的利益均衡关系，才能让上游地区、下游地区，服务提供者，服务接受者都满意，从而实现经济学概念上的制度化均衡关系。后续专门有一章（第六章）安排此项问题相关内容研究。即通过经济博弈论相关模型研究生态补偿各利益相关者的经济关系调适问题。

第四，效率问题，即生态补偿市场资源配置均衡问题。这一问题一是重点解决生态补偿中如何通过市场机制的调节，实现经济资源在市场的作用下达到最优配置效率。我们也会讨论如何通过产权配置方式，调节水资源在小流域分布区上游和下游之间的产权安排，用市场“看不见的手”调节资源配置，形成在生态补偿前提下的市场化运行模式。后续章节（第七章）会专门研究此问题。二是重点解决生态补偿的管理效率问题，研究如何通过现代化管理手段，促进小流域生态补偿的管理效率提高。特别是研究大数据背景下如何管理小流域生态补偿相关经济资源分配及流动、相关责任主体行为调节、相关生态补偿信息发布和生态补偿的项目管理与利益实现模式。在现代化管理模式下提高小流域生态补偿管理效率。后续章节（第八章）会研究此问题。

第五，制度与政策改革问题。制度变迁总是随着时间、实践推移而发生。生态补偿是一个长期的历史过程。生态补偿的基本经济规律也是一个不断认识不断更新不断改革的过程。此问题依托制度经济学有关理论与方法，深入研究生态补偿问题的政策制订、政策调适、政策实施与政策改革问题，特别是研究当前生态补偿方面新的实践经验和制度经验。通过理论与实践的研究，找到小流域生态补偿的政策改革依据。后续章节（第九章）会重点讨论当前国内外制度设计经验，重点分析河长制的执行与问题，以及它对小流域生态补偿的重要意义，更多的是讨论这一个制度安排下各流域生态补偿的责任主体和主体责任。以及当前国内外流域往生态补偿的典型做法和西部地区在小流域生态补偿中的经验案例（附录一提供了西部各省区小流域生态补偿的做法和案例，但限于篇幅和重要性在此不列入正文）。提炼出指导小流域生态补偿的启示和教训，以期在政策改革中发挥指导效用，制订科学生态补偿政策方案（见图 3-2）。

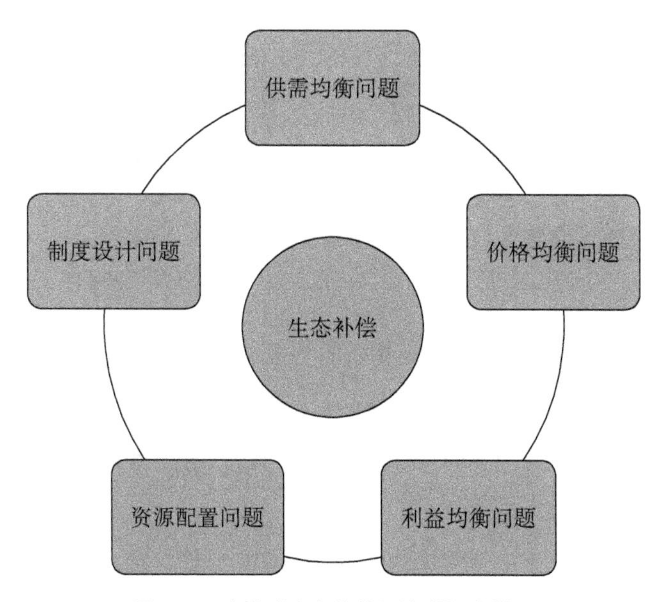

图 3-2　小流域生态补偿经济学概念模型

（二）小流域生态补偿的逻辑模型

根据小流域生态补偿的经济学概念模型，我们要分析和研究小流域生态补偿有关经济学问题，必须要建立小流域生态补偿系统要素构成关系模型，进而为后续建立数学模型和规律性问题研究与分析打下坚实基础。

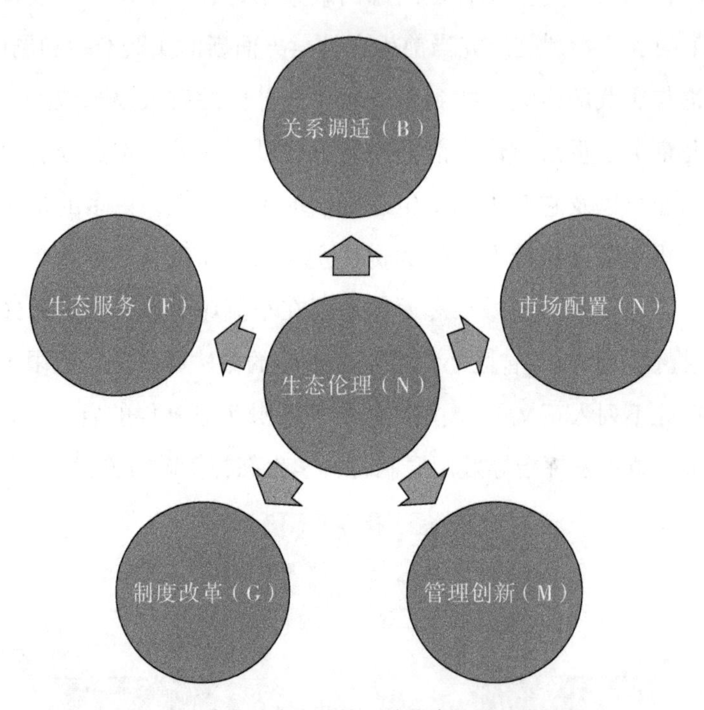

图 3-3 小流域生态补偿系统要素构成关系模型

（三）小流域生态补偿分析要素构成及制衡关系

小流域生态补偿系统至少包括六个要素：理念（N）、服务（F）、关系（B）、市场（S）、管理（M）和制度（G）。各要素之间有着紧密的联系和影响。

第一，各要素之间的层次关系。第一层关系：博弈均衡关系。稳定博弈均衡关系是小流域生态补偿形成的前提和基础条件。在现有利益格局、制度格局、技术格局、生态格局和社会格局下中央政府、地方政府、小流域分布区人民、社会组织等各方利益相关者博弈的结果，是小流域生态补偿形成的基本条件。第二层关系：交易均衡关系。在博弈均衡的前提下，各方利益相关者都能在现有交易格局中实现自己的利益最大化。对中央政府来说，通过政策安排，让地方政府在实施政策过程中实现公共政策治理效果最大化，实现生态、社会和经济协调发展；对地方政府来说，通过利用中央政府政策，与小流域分布区上下游政府和人民合作，实现区域生态建设与经济发展协调，社会发展进步，取得落实政策、生态良好、人民安康、经济增长的多维效果。对人民来说，其生态保护行为提供了下游人民良好的环境享受和健康资源，应该取得的劳动报酬和机会收益，也实现了个人层面的交易均衡关系和良好格局。第三层关系：基础均衡关系。可以说，前两个层面的均衡是在基础关系均衡的前提下实现的表象均衡，管理、技术、政策的配套和均衡才是小流域生态补偿实施的基础均衡关系。均衡的直接含义是，政策、制度及管理条件能够满足当前小流域生态补偿各方利益诉求，能够在一定程度上满足实施小流域生态补偿的政策支持、管理支持、平台支持和技术支持。

第二，各要素之间的影响关系。各要素之间的关系存在一个核心关系、五对主要关系、五对次要关系。分别是伦理对其他五个要素的影响下构成的关系，即伦理—服务、利益、市场、管理和制度。还有利益—制度关系、利益—管理关系、服务—市场关系、服务—管理关系、制度—市场关系等五对主要关系。以及利益—服务关系、利益—市场关系、制度—服务关系、制度—管理关系、管理—市场关系五对次要关系。“一五五”关系网是小流域生态补偿面临的系统性要素，必须充分协调各要素及各利益相关者在系统中的位置、功能及角色，才能把小领域生态补偿做好。为方便和更为深刻体现个要素之间的关系，我们通过系统理论和数学模型来分析运行机理。

二、经济学框架下小流域生态补偿的分析框架

（一）小流域生态补偿的基本要素

经济学范畴下小流域生态补偿基本问题包括多个要素，根据上面理论阐释的内涵分析，小流域生态补偿是解决经济方面几个经济学均衡问题的。要素包括六个要素：理念（N）、服务（F）、关系（B）、市场（S）、管理（M）和制度（G）。那么，如何把这些要素作为变量嵌入经济学模型呢。这得从生态补偿的问题着手。

（二）小流域生态补偿的链接机制

从六个要素如何嵌入生态补偿的过程，开展生态补偿实施。我们可考虑这样的场景：一个生态补偿过程包括“主体”“载体”“客体”“标准”和“过程”五个基本对象的定位和分析。那么，六个要素如何结合？

第一个链接对象：主体。即是说，生态补偿中谁参与此活动的问题。毫无疑问，小流域生态补偿主体有政府主体、市场主体和群从主体（个人），还可定位为中央政府、地方政府；上游主体、下游主体；东部地区主体、西部地区主体；以及管理主体、生产主体、监督主体和消费主体，这些主体定位都是从不同属性分类的，最基本的是第一种。第二个链接对象：载体。也就是生态补偿的“对象”，就小流域生态补偿活动来说，载体多种多样，一方面包括水资源、土地资源、产业资源、湿地、水域和农业、林业产业、草地等直接自然属性的对象；另一方面就是保护活动，即小流域生态环境保护的具体活动和项目，也可认为是生态服务价值。

第三个链接对象：客体。即是生态补偿的具体支付对象，主要包括补偿的直接单位主体或个人主体，即社会属性方面的对象。

第四个链接对象：标准。即主体、载体和客体实现链接的关键问题。什么样的标准是主客体认为合适，至少体现在“标准”与“载体”的价值匹配上。

第五个链接对象：过程。即六要素与五对象如何对接，形成生态补偿的过程性分析逻辑框架。

（三）小流域生态补偿的分析框架

根据生态补偿的特点，六要素、五对象的具体内涵，结合应用经济学在建立经济模型的思路，我们可以构建一个基本分析框架。即对象主体，重点解决生态伦理、生态意识的树立，以及相互利益关系的协调；客体重点解决市场交易机制的建立，体制机制和政策保障问题；载体重点解决管理效率和服务质量服务价值问题（图 3-4），这也是本书的分析框架和切入视角与着手点。

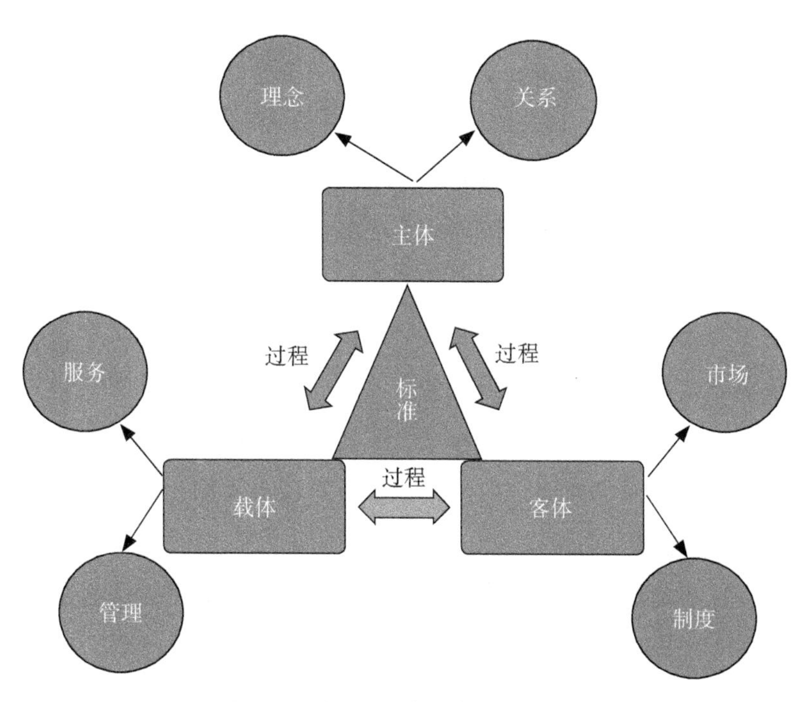

图 3-4　小流域生态补偿的分析框架

三、小流域生态补偿的经济理论模型及系统机理[①]

（一）生态补偿系统的数学模型

基于以上理论分析：生态补偿综合体包含伦理、服务、关系、市场、管理和制度六个层面，六个层面相对独立又相互联系，进而形成整个生态补偿系统螺旋式循环发展。以伦理系统（N）、服务系统（F）、关系系统（B）、市场系统（S）、管理系统（M）和制度系统（G）形成的多维复合系统（简称STB系统），表示为：

$$V=f(N, B, F, S, G, Z) \tag{1}$$

其中：$N=N(x, y, z)$，$B=B(x, y, z)$，$F=F(x, y, z)$，

$S=S(x, y, z)$，$G=G(x, y, z)$，$Z=Z(x, y, z)$

$N \geqslant Nmin$，$B \geqslant Bmin$，$F \geqslant Fmin$，$S \geqslant Smin$，$G \geqslant Gmin$，$Z \geqslant Zmin$

N、B、F、S、G、Z分别表示小流域生态补偿伦理、服务、关系、市场、管理和制度子系统，x、y、z表示物质流、信息流和经济投入价值，表示各系统保证经济正常发展的最低水平。[②]

（二）生态补偿各系统共生制衡逻辑

共生是系统的基本特性，是客观规律，也可以作为系统调控的主要指导原则，小流域生态补偿系统是综合了伦理、服务、关系、市场、管理和制度六个子系统的复合巨系统，其中各子系统又有各自相应的位置，就是说子系统与总系统是包含的关系：各系统及其因子之间在总系统中是并列的关系。

第一，小流域生态补偿各子系统之间存在紧密联系性。生态补偿系统中，各子系统相互独立，又有机地联系在一起，用集合概念表示为：

---

* 本部分是根据笔者曾发表的学术论文《生态农业“三维”复合系统内部机理分析》、笔者博士论文《农业生态化发展路径研究——基于超循环经济的视角》模型部分的思想扩充、模型重新构建而来，所以表达思路基本一致，部分文字也表述一致。

① 伍国勇：《农业生态化发展路径研究——基于超循环经济的视角》，西南大学博士学位论文，2014年。

② 伍国勇：《生态农业“三维”复合系统内部机理分析》，《湖北社会科学》2005年12月25日。

$$V=N\cup B\cup F\cup S\cup G\cup Z$$

而在子系统层面上，可这样描述：$V=x\cup y\cup z$ 表示各子系统及其内部因子是种并列的关系。

第二，小流域生态补偿各子系统存在边界。STB 各子系统都有自己明显的活动和作用边界，但相互之间又有联系重叠的地方，一个子系统的因子可能又同时是另一个系统的因子，产生边界的重叠性。说明各子系统不是单独存在的，而是紧密联系又相互独立的有机系统，因此系统调控中必须考虑到这种关系的存在。用集合概念表示为：$V=N\cap B\cap F\cap S\cup G\cup Z$

第三，各因素对系统的制衡关系。在考虑各变量因素对总系统产生的影时，必须说明，x、y、z 分别通过 N=N（x,y,z），B=B（x,y,z），S=S（x,y,z），G=G（x,y,z），Z=Z（x,y,z）来对总系统 V 产生影响的，而各系统又是相互独立的，则：

$$\left.\begin{array}{l}V=f(N(x,y,z),B,F,S,G,Z)\text{，固定}B,F,S,G,Z\\V=f(N,B(x,y,z),F,S,G,Z)\text{，固定}N,F,S,G,Z\\V=f(N,B,F(x,y,z),S,G,Z)\text{，固定}N,B,S,G,Z\\V=f(N,B,F,S(x,y,z),G,Z)\text{，固定}N,B,F,G,Z\\V=f(N,B,F,S,G(x,y,z),Z)\text{，固定}N,B,F,S,Z\\V=f(N,B,F,S,G,Z(x,y,z))\text{，固定}N,B,F,S,G\end{array}\right\}\quad(2)$$

对上六式分别求 x、y、z 的偏导数，在优化状态即偏导数为零时变化得：

$$\left.\begin{array}{l}\frac{\frac{\partial N}{\partial x}}{\frac{\partial B}{\partial x}}=\frac{\frac{\partial f}{\partial B}}{\frac{\partial f}{\partial N}},\ \frac{\frac{\partial N}{\partial x}}{\frac{\partial F}{\partial x}}=\frac{\frac{\partial f}{\partial F}}{\frac{\partial f}{\partial N}},\ \frac{\frac{\partial N}{\partial x}}{\frac{\partial S}{\partial x}}=\frac{\frac{\partial f}{\partial S}}{\frac{\partial f}{\partial N}},\ \frac{\frac{\partial N}{\partial x}}{\frac{\partial G}{\partial x}}=\frac{\frac{\partial f}{\partial G}}{\frac{\partial f}{\partial N}},\ \frac{\frac{\partial N}{\partial x}}{\frac{\partial Z}{\partial x}}=\frac{\frac{\partial f}{\partial Z}}{\frac{\partial f}{\partial N}}\\\frac{\frac{\partial N}{\partial y}}{\frac{\partial B}{\partial y}}=\frac{\frac{\partial f}{\partial B}}{\frac{\partial f}{\partial N}},\ \frac{\frac{\partial N}{\partial y}}{\frac{\partial F}{\partial y}}=\frac{\frac{\partial f}{\partial F}}{\frac{\partial f}{\partial N}},\ \frac{\frac{\partial N}{\partial y}}{\frac{\partial S}{\partial y}}=\frac{\frac{\partial f}{\partial S}}{\frac{\partial f}{\partial N}},\ \frac{\frac{\partial N}{\partial y}}{\frac{\partial G}{\partial y}}=\frac{\frac{\partial f}{\partial G}}{\frac{\partial f}{\partial N}},\ \frac{\frac{\partial N}{\partial y}}{\frac{\partial Z}{\partial y}}=\frac{\frac{\partial f}{\partial Z}}{\frac{\partial f}{\partial N}}\\\frac{\frac{\partial N}{\partial z}}{\frac{\partial B}{\partial z}}=\frac{\frac{\partial f}{\partial B}}{\frac{\partial f}{\partial N}},\ \frac{\frac{\partial N}{\partial z}}{\frac{\partial F}{\partial z}}=\frac{\frac{\partial f}{\partial F}}{\frac{\partial f}{\partial N}},\ \frac{\frac{\partial N}{\partial z}}{\frac{\partial S}{\partial z}}=\frac{\frac{\partial f}{\partial S}}{\frac{\partial f}{\partial N}},\ \frac{\frac{\partial N}{\partial z}}{\frac{\partial G}{\partial z}}=\frac{\frac{\partial f}{\partial G}}{\frac{\partial f}{\partial N}},\ \frac{\frac{\partial N}{\partial z}}{\frac{\partial Z}{\partial z}}=\frac{\frac{\partial f}{\partial Z}}{\frac{\partial f}{\partial N}}\end{array}\right\}\quad(3)$$

式（3）表明：变量组对于的“伦理”子系统的边际影响与对于“服务”子系统的边际影响之比等于“服务”子系统对小流域生态补偿总系统的边际贡献率与各“伦理”子系统对小流域生态补偿总系统的边际贡献率之比；同理，变量组对于“服务、关系、市场、管理和制度”的边际影响之比，也等于各子系统与小领域生态补偿总系统的边际影响之比；说明各因素之间与总系统之间存在制衡、协同共生的关系。

即，指标变量的边际改变对“伦理”子系统的改善与对“服务、关系、市场、管理和制度”子系统的改善之比，等于“服务、关系、市场、管理和制度”子系统效率的改善对于小领域生态补偿总系统的贡献率和“伦理”子系统效率改善对于小领域生态补偿总系统的贡献率之比（协同共生的关系），则：如果$\partial N/\partial x$上升，则$\partial f/\partial N$必然下降，说明子系统及因子之间的制衡协调机制，即如果某种指标变量的增量对于子系统的产出有明显影响的话，则子系统对于总系统的影响将趋于弱化，使得总系统不至于因某指标变量组的大幅改变而产生强烈动荡。

（三）生态补偿总系统的协同逻辑

指在各子系统远离其边界条件下的优化协同的微调反应，如前所述，变量指标 x、y、z 对各系统的贡献率子不同地区不同条件下一般是不会相等的。即：

$$\left.\begin{array}{l}\frac{\partial N}{\partial x}\neq\frac{\partial B}{\partial x}\neq\frac{\partial F}{\partial x}\neq\frac{\partial S}{\partial x}\neq\frac{\partial G}{\partial x}\neq\frac{\partial Z}{\partial x}\\ \frac{\partial N}{\partial y}\neq\frac{\partial B}{\partial y}\neq\frac{\partial F}{\partial y}\neq\frac{\partial S}{\partial y}\neq\frac{\partial G}{\partial y}\neq\frac{\partial Z}{\partial y}\\ \frac{\partial N}{\partial z}\neq\frac{\partial B}{\partial z}\neq\frac{\partial F}{\partial z}\neq\frac{\partial S}{\partial z}\neq\frac{\partial G}{\partial z}\neq\frac{\partial Z}{\partial z}\end{array}\right\}\qquad(4)$$

则必有：

$$\frac{\partial V}{\partial N}\neq\frac{\partial V}{\partial B}\neq\frac{\partial V}{\partial F}\neq\frac{\partial V}{\partial S}\neq\frac{\partial V}{\partial G}\neq\frac{\partial V}{\partial Z}\qquad(5)$$

式（5）说明各子系统对小流域生态补偿总系统的贡献率是不一样的，各指标变量组的边际变化对各子系统的影响也是有差异。在经济相对欠发达的地区，先进的“伦理”子系统的边际改变对生态补偿总系统的影响就会比“服务、关系、市场、管理和制度”子系统更明显。因为生产主体“伦理”创新的效果在欠发达经济系统中的影响表现得更直接、迅速和深远，方向一旦错误，影响将是彻底的，欠发达地区的经济系统自我恢复能力比发达地区更为“脆弱”。

即

$$\frac{\partial V}{\partial N}>\frac{\partial V}{\partial B},\quad \frac{\partial V}{\partial N}>\frac{\partial V}{\partial F},\quad \frac{\partial V}{\partial N}>\frac{\partial V}{\partial S},\quad \frac{\partial V}{\partial N}>\frac{\partial V}{\partial G},\quad \frac{\partial V}{\partial N}>\frac{\partial V}{\partial Z} \tag{6}$$

又因为有

$$\frac{\partial f}{\partial N}\bullet\frac{\partial E}{\partial x}=\frac{\partial f}{\partial B}\bullet\frac{\partial I}{\partial x}=\frac{\partial f}{\partial F}\bullet\frac{\partial G}{\partial x}=\frac{\partial f}{\partial S}\bullet\frac{\partial G}{\partial x}=\frac{\partial f}{\partial G}\bullet\frac{\partial G}{\partial x}=\frac{\partial f}{\partial Z}\bullet\frac{\partial G}{\partial x}$$

则必有：

$$\frac{\partial N}{\partial x}<\frac{\partial B}{\partial x},\quad \frac{\partial N}{\partial x}<\frac{\partial F}{\partial x},\quad \frac{\partial N}{\partial x}<\frac{\partial S}{\partial x},\quad \frac{\partial N}{\partial x}<\frac{\partial G}{\partial x},\quad \frac{\partial N}{\partial x}<\frac{\partial Z}{\partial x} \tag{7}$$

表明，当“伦理”子系统效率的改善对生态补偿总系统的贡献率大于“服务、关系、市场、管理和制度”子系统效率的贡献率时，指标变量组对“伦理”子系统的边际影响反而小于它对于“服务、关系、市场、管理和制度”子系统的边际影响，说明系统中能量流、信息流、资金流等要素与各子系统之间的制衡约束原理，系统具有约束功能。

任何系统都有约束功能，生态补偿复合系统也不例外，它是开放的又是封闭的系统，其开放性表现在，任何区域和地区都必须与外界进行物质流和信息流的交换。因此，这种开放性意味着，STG 系统发展受外部条件的约束；说它是封闭系统，是因为系统各元素乃至系统本身在一定发展阶段存在一定的可行区域，其发展是相当缓慢的，在一定社会历史阶段其活动有阈值区间，只是无法用数学符号将之表现出来而已，所以，STG 系统同时又是封闭的系统，任何封闭的系统都存在边际约束，即边际性反应。也就是说，对该系统在一定阶段（阈值区间内），物质流、信息流及经济投入价值的投入，其产出是符合边际收益递减规律的，经济调控生态补偿实践中应该考虑到这种约束性的存在。[①] 转化循环机制指某种指标变量组的改变对于总系统的影响是在各子系统中循环作用，直到对各系统都产生边际性反应，（借用语，表示边际改变的影响）为此现在我们考察各指标变量组对总系统产生的影响，必然要考察它们的全导数：[②]

$$\left.\begin{aligned}\frac{\partial V_1}{\partial x}&=\frac{\partial f}{\partial N}\cdot\frac{\partial N}{\partial x}+\frac{\partial f}{\partial B}\cdot\frac{\partial B}{\partial x}+\frac{\partial f}{\partial F}\cdot\frac{\partial F}{\partial x}+\frac{\partial f}{\partial S}\cdot\frac{\partial S}{\partial x}+\frac{\partial f}{\partial G}\cdot\frac{\partial G}{\partial x}+\frac{\partial f}{\partial Z}\cdot\frac{\partial G}{\partial x}\\ \frac{\partial V_2}{\partial y}&=\frac{\partial f}{\partial N}\cdot\frac{\partial N}{\partial y}+\frac{\partial f}{\partial B}\cdot\frac{\partial B}{\partial y}+\frac{\partial f}{\partial F}\cdot\frac{\partial F}{\partial y}+\frac{\partial f}{\partial S}\cdot\frac{\partial S}{\partial y}+\frac{\partial f}{\partial G}\cdot\frac{\partial G}{\partial y}+\frac{\partial f}{\partial Z}\cdot\frac{\partial G}{\partial y}\\ \frac{\partial V_3}{\partial z}&=\frac{\partial f}{\partial N}\cdot\frac{\partial N}{\partial z}+\frac{\partial f}{\partial B}\cdot\frac{\partial B}{\partial z}+\frac{\partial f}{\partial F}\cdot\frac{\partial F}{\partial z}+\frac{\partial f}{\partial S}\cdot\frac{\partial S}{\partial z}+\frac{\partial f}{\partial G}\cdot\frac{\partial G}{\partial z}+\frac{\partial f}{\partial Z}\cdot\frac{\partial G}{\partial z}\end{aligned}\right\}\quad(8)$$

式（8）这表明生态补偿总系统是 x、y、z 的隐函数，各指标变量组的边际改变对于生态补偿总系统产生影响，就等于各系统对于总系统的贡献率与该指标变量组对各子系统的边际影响的乘积之和，表明了指标变量组对总系统产生影响是通过各子系统来实现的。

如果有 x、y 不变，则经济投入的增加循环着用于总系统，则表示边际改变量或资源存量的增加，这对于各系统来说是有利的：

$$\frac{\partial N}{\partial z}>0,\frac{\partial F}{\partial z}>0,\frac{\partial B}{\partial z}>0,\frac{\partial F}{\partial z}>0,\frac{\partial S}{\partial z}>0,\frac{\partial G}{\partial z}>0,\frac{\partial G}{\partial z}>0$$

则有 $\frac{\partial v}{\partial z}>0$ （9）

---

① 伍国勇：《农业生态化发展路径研究——基于超循环经济的视角》，西南大学博士学位论文，2014 年。

② 伍国勇：《生态农业“三维”复合系统内部机理分析》，《湖北社会科学》2005 年 12 月 25 日。

同理，若 $\frac{\partial N}{\partial z}<0$，$\frac{\partial F}{\partial z}<0$，$\frac{\partial B}{\partial z}<0$，$\frac{\partial F}{\partial z}<0$，$\frac{\partial S}{\partial z}<0$，$\frac{\partial G}{\partial z}<0$，$\frac{\partial G}{\partial z}<0$

则有 $\frac{\partial V}{\partial z}<0$（对于 x、y 来说是同样的道理） （10）

从热力学定律我们知道，能量既不能被产生，也不能被消灭，只能是从一种形态转化为别的形态。熵作为人类所消耗了的不能再做功的能量总和，其值的大小，直接反映了人类消耗的能量大小和社会组织能力的变化程度。STG 系统最基本的功能就是循环利用物质，使能量能有效利用，延缓总熵的增加过程，能量流、物质流、信息流都是循环流动的（见图 3–5）。[1]

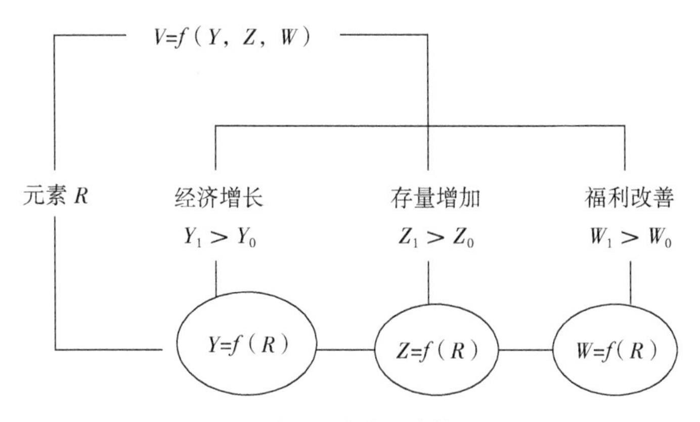

图 3–5 生态补偿复合系统循环流程图

R：资源利用指标，V：总系统，Y：农业经济系统，W：农村社会系统，Z：农业生态系统（自然）；资源 R 进入复合系统，产生如下反应：在经济系统中循环：包括原料与废物之间的循环利用，使系统负熵增加，出现经济增长；在生态系统循环：使环境净化、生物生长，将废物转化为能量或矿物，增加资源存量；在社会系统中循环：又表现为社会消费与废物回收利用之间的循环，增加社会福利。而各系统的循环又同时作用于总系统 V，使总体功能强化，总能量增加 $V_1>V_0$，系统运行有序、进

① 伍国勇：《农业生态化发展路径研究——基于超循环经济的视角》，西南大学博士学位论文，2014 年。

化，可持续发展。[①]

STG系统的约束原理使得各系统的发展受到制约，但一定条件下，转化原理则可使系统总量得以扩张，其边际条件的上限是资源的不可逆边界，下限是保持生态系统完整性的发展水平，生态补偿系统的调控应利用有条件的转化原理来使之达到和谐发展的目的，在不可逆边界线内保持生态系统最低发育水平，而在边界线外时，则必须采用强制保护和社会优化配置的原则，以确保经济增长、社会进步和生态安全。

（四）生态补偿系统的稳定机制

耗散结构理论是系统科学领域中最重要的研究成果和研究方法，生态补偿复合系统是一个开放的系统，为了判定其稳定性，首先必须定义其熵函数。

$$S(\varphi)=F(Q+X+Y+Z+L+T)$$

式中：Q为系统能量，吸能为正，释能为负。X为物质流，Y为系统信息流，Z为系统经济价值投入。L为空间状态变量，表示不同地区，T为时间状态变量，是系统演化的不同阶段，如果在特定的地区，则L、T为常数。生态补偿复合系统是伦理、服务、关系、市场、管理和制度复合而成的巨系统，因此系统总能量可表示为：

$$V=pE+qI+rG\ (p+q+r=1,\ p>0,\ q>0,\ r>0)$$

其中：

$$\left.\begin{aligned} N &= -(Q_n+X_n+Y_n+Z_n) = -\sum_i (Q_i+X_i+Y_i+Z_i) \\ B &= -(Q_b+X_b+Y_b+Z_b) = -\sum_j (Q_j+X_j+Y_j+Z_j) \\ F &= -(Q_f+X_f+Y_f+Z_f) = -\sum_k (Q_k+X_k+Y_k+Z_k) \\ S &= -(Q_s+X_s+Y_s+Z_s) = -\sum_i (Q_l+X_l+Y_l+Z_l) \end{aligned}\right\} \quad (11)$$

① 王秀峰、伍国勇：《生态农业“三维”复合系统内部机理分析》，《湖北社会科学》2005年12月25日。

$$\left.\begin{aligned} G &= -(Q_g + X_g + Y_g + Z_g) = -\sum_j (Q_m + X_m + Y_m + Z_m) \\ Z &= -(Q_z + X_z + Y_z + Z_z) = -\sum_k (Q_n + X_n + Y_n + Z_n) \end{aligned}\right\} \quad (11)$$

式（11）中：N、B、F、S、G、Z 为“伦理、服务、关系、市场、管理和制度”子系统的能量变化，Q、X、Y、Z 意义同上，n、b、f、s、g、z 表示“伦理、服务、关系、市场、管理和制度”子系统。由于系统输入的物质（水，石油等）、能量（太阳能、风能等）、信息（科学技术等）、n，b，f，s，g，z、资金等都可转化为相应的经济价值，同理，经济价值也会换算成能量，则：

$$Q=y_1(Z),\ X=y_2(Z),\ Z=y_3(Z)$$

反之：

$$X=y_2[y_1^{-1}(Q)],\ Y=y_3[y_1^{-1}(Q)],\ Z=y_1^{-1}(Q)$$

令 $y_2[y_1^{-1}(Q)]=f_1(Q)$，$y_3[y_1^{-1}(Q)]=f_2(Q)$，$y_1^{-1}(Q)=f_3(Q)$

有：$X=f_1(Q)$，$Y=f_2(Q)$，$Z=f_3(Q)$

于是，根据熵的基本性质，定义生态补偿系统的熵（表示熵函数）为：

$$V(R)=N(R)+B(R)+F(R)+S(R)+G(R)+Z(R)$$

$$=-\sum(Qe,\ g,\ f,\ m+Xe,\ g,\ f,\ m+Ze,\ g,\ f,\ m),\ i=(1,\cdots,n) \quad (12)$$

两边对时间 t 求导，得：

$$\begin{aligned} \frac{\partial V(R)}{\partial t} &= \frac{\partial N(R)}{\partial t} + \frac{\partial B(R)}{\partial t} + \frac{\partial F(R)}{\partial t} + \frac{\partial S(R)}{\partial t} + \frac{\partial G(R)}{\partial t} + \frac{\partial Z(R)}{\partial t} \\ &= -\frac{\partial Q}{\partial t} + \frac{\partial X}{\partial t} + \frac{\partial Y}{\partial t} + \frac{\partial Z}{\partial t} \\ &= -\frac{\partial Q}{\partial t} - [f_1'(Q) + f_2'(Q) + f_3'(Q)]\frac{\partial Q}{\partial t} \end{aligned}$$

改写为差分形式：

$$\begin{aligned} \partial V(S) &= -(Q_n - Q_0) - [f_1'(Q) + f_2'(Q) + f_3'(Q)](Q_n - Q_0) \\ &= -\Delta Q - [f_1'(Q) + f_2'(Q) + f_3'(Q)]\Delta Q \end{aligned}$$

令 $E(R)_i = -\Delta Q$，$E(R)_e = -[f_1'(Q) + f_2'(Q) + f_3'(Q)]\Delta Q$

则 $\Delta V(R)= E(R)_i+E(R)_e$

式子中：Q_n、Q_0 分别表示超循环经济系统的终态能量与初始能量，其差就为系统内部产生的熵$E(R)_i$、$E(R)_e$为终始时间间隔内系统与外界交换的熵流，而 ΔQ 则为系统终始时间间隔内能量的增量。因此有以下结论：[①]

①当$\Delta V(R)>0$时，系统总熵增加，无序度加大，系统恶性循环；

②当$\Delta V(R)<0$时，系统总熵减少，有序度加大，系统良性循环；

③当$\Delta V(R)=0$时，系统在一定时间内熵无变化，系统状态无变化。

因此，超循环经济系统内部结构的稳定程度，主要是由系统的阻尼系数 Fc 来决定的：

当 $|\partial V(R)/\partial t|<Fc$ 时，系统结构稳定；

当 $|\partial V(R)/\partial t|\geqslant Fc$ 时，系统结构是不稳定的，向新的耗散结构变化。[②]

四、小流域生态补偿机制与政策研究多视角切入

（一）伦理视角：生态伦理与小流域生态补偿

生态补偿伦理是存在于补偿主体意识间，被广泛接受用于处理生态补偿的一个概念集合。生态伦理视角下的生态补偿机制便建立在这种思想下，是一种以保护生态环境为前提，获取生态效益的机制。生态补偿作为一种契合发展潮流、主动选择的行为，在生态理论思想的影响下逐渐发展完善。

自党的十七大全面建设小康社会目标的提出，至十九大报告提出乡村振兴战略对“生态宜居”的构想，我国在经济社会发展的同时愈加强

① 王秀峰、伍国勇：《生态农业“三维”复合系统内部机理分析》，《湖北社会科学》2005年12月25日。

② 伍国勇：《农业生态化发展路径研究——基于超循环经济的视角》，西南大学博士学位论文，2014年。

调生态文明的保护与建设。我国关于生态伦理的思想可追溯至春秋战国时期儒家的生态伦理观，但我国真正的生态伦理研究起步较晚，始于20世纪80年代，且受西方生态学影响。近些年，依赖西方生态伦理的研究范式已难以应对国内的生态文明建设需要，结合实际问题探索发展生态伦理思想指导实践成为趋势。

生态文明关注社会发展和自然环境的相互关系，生态伦理的意义在于对人们处理生态效益和经济效益时进行伦理约束。生态文明建设作为人们在生态理论价值指导下的实践，理应与生态伦理的价值追求保持一致。而以生态伦理视角分析西部地区小流域生态补偿，有以下几方面的价值准则。一是以人为本：生态伦理思想指导下的小流域生态补偿需要充分考虑流域内人民群众的利益，并且要维护好、实现好、发展好生态利益；二是注重民族性和地域性：伦理道德的存续本身就具有道德传统的延续性，西部小流域跨越众多省份的少数民族聚居区，与之配套的生态补偿机制必须考虑地区差异、尊重各民族传统，保护好其固有价值；三是合乎道德性：蕴含道德性的生态伦理有助于提升小流域开发和治理行为的道德自觉，利于生态补偿制度的完善和执行——这也是小流域生态补偿实施中的核心问题。因此，对于生态伦理的考量应贯穿生态补偿规范的始终。

（二）服务视角：生态服务与小流域生态补偿标准研究

生态服务是指生态系统提供可提升人类生活品质的产品或服务。流域生态系统便是一类常见的生态服务，例如提供水源、水土保持、经济开发等多种产品或服务。通过生态服务的视角考虑西部地区小流域生态补偿制度的建立，可以在实现生态价值商品化的同时，为生态文明建设相关标准的设立提供理论依据和参考标准。

西部地区小流域提供了丰富多样的生态服务系统，包括水资源、水产品等产品，还有水土保持、水源涵养、生物多样性等生态服务。也正是因为生态服务系统纷繁多样，小流域地区生态补偿标准制定的复杂性提高了。对跨多流域、多行政区的西部小流域生态补偿项目而言，流域生态系统内的生态产品和生态服务作为公共物品难以直接参与市场交换；以往的流域补偿标准难以平衡好流域上下游利益相关方的收益问题，从而无法形成有效的流域生态保护的激励机制。由此可见，小流域生态补偿制度在建立时不能仅测算西部地区小流域生态服务的价值，更应当注重从整体流域的生态服务价值角度探讨补偿机制的确立。

解决这一问题的基本思路是在生态系统服务视角下开展生态补偿相关工作。西部各小流域省份可运用生态服务价值评估方法对域内的小流域生态系统进行全面评估，了解生态治理项目开展前后的生态系统服务价值变化情况，并据此确立相应的小流域生态补偿标准，为西部地区流域生态环境保护机制提供理论支撑。

（三）利益视角：博弈论与小流域生态补偿

依据微观经济学理论，社会产品包括公共产品和私人产品。西部地区小流域生态资源因其非竞争性和非排他性属于公共产品的范畴。正因如此，小流域生态资源在消费中的非排他性易滋生“搭便车”现象。博弈视角下的小流域生态补偿，就是思考通过制度设计激励这类公共产品足额提供，以更加有效地避免“公地悲剧”的发生。

西部小流域地区是我国诸多流域中跨省流域综合治理和生态补偿的典型案例。小流域生态补偿机制的实施不仅涉及不同群体即流域上下游间的博弈，和不同政府主体即中央和地方的博弈，还涉及不同地区包括从北至南各省份的博弈。以流域上下游间的博弈为例，一般作为流域保护排头先锋的上游地区会要求下游政府对其进行补偿；下游地区往往以“流域资源为国家所有”“上缴的财政资金已包含生态保护和环境治理”为由，拒绝补偿。长此以往小流域上下游涉及的地区政府间便形成了“非合作博弈”，这种局面往往会令上下游流域生态保护同时面临压力。

博弈论视角下这种非合作博弈的根源在于博弈双方中的任意一方的理性都没有集体价值观的约束：分散的个体缺少合作意愿，博弈双方陷入矛盾。在小流域生态补偿博弈中，博弈双方的理性是传统行政模式下，受行政区划刚性约束，狭隘地追求地方利益；博弈的矛盾在于博弈参与者都置西部小流域的公共利益于不顾，欠缺对整体利益的考虑，且有矛盾时很少通过政府间协商解决，仅依赖“科层制”的结构规则处理。跨越西部多省份的西部小流域生态补偿项目不能仍遵循常规方式，完全寄希望于中央政府。在中央政府给予财政和政策法规支持、引导的背景下，西部小流域多方从博弈角度出发，应加强合作，争取多赢。

（四）产权视角：水权配给与小流域生态补偿

制度建构的优化设计可以使西部地区小流域生态补偿逐渐制度化、规范化，但市场经济时代的生态补偿项目也不能忽略市场化的积极作用。小流域生态补偿项目的良性发展必须走市场化道路。

生态补偿的市场化运作重点在于通过建立生态补偿的市场机制，让小流域的补偿机制更加公正、有效率，主要形式是西部地区小流域的水权配给。一般地，水权配给的实施有水权交易、排污权交易等代表性做法。排污权交易最早由美国应用于大气及水污染治理，后逐渐扩大应用范围，并取得了理想的经济效益和社会效益。

国内外的实践表明，排污权交易制度是一种有效的进行流域生态补偿的市场化措施。首先，完全的行政模式易导致水权配给发生问题，市场的调节作用能有效平衡西部地区不同主体间的利益。其次，西部地区小流域生态补偿项目不仅涉及西部众多省份利益，还关乎中央同地方及第三方的利益。流域生态项目的推进需要考虑生态效益，也要兼顾经济发展，更要统筹好中长期可持续发展。市场视角下的小流域水权配给可以将包括排污量在内的多种流域使用权益分配给上下游或不同地区，一方面通过市场化的交易机制让权益有“剩余”的地区转让一定水权获得补偿性收益；另一方面，通过购买相应流域水权的地区可能平衡好经济发展同生态文明建设的关系，并通过经济收益弥补流域生态建设所需。

由此可知，以排污权交易为代表的水权配给制度在小流域生态补偿市场化过程中有巨大的优越性。目前我国的流域生态治理仍处在探索阶段，如何借鉴国际上对流域生态补偿的研究和实践项目，结合我国西部地区小流域生态补偿的实际问题，以尽快完善我国小流域综合治理和生态补偿工作是市场化过程中值得思考的问题。

（五）管理视角：大数据与小流域生态补偿

随着互联网、云计算等技术的发展与普及，大数据在社会生活的方方面面开始发挥越来越重要的作用。大数据时代发生的这场技术革命不仅对个人和社会，甚至对整个国家层面都将产生深刻影响。而作为我国新时期重要议题的生态文明建设工作，应当顺应时代发展潮流，根据实际情况将大数据同西部地区小流域生态建设工作结合，借助技术手段制定更加科学、公正的生态补偿系统。

大数据技术可为生态环境保护提供重要的科学管理方法，对西部小流域地区的相关数据进行收集、清洗、挖掘，制定规范化的数据库工作流程，提高小流域生态补偿工作的科学性、管理效率。西部小流域生态治理涉及的问题较多，不同主体来源的数据难以直观反映出深层问题。相比传统的不易统一监管标准的测评方式，大数据技术处理后的扁平化和网络化的数据能够更好地辅助相关职能部门加强协调、灵活处理小流域治理及生态补偿系统的建立。

除了流域内的各级政府外，大数据技术也为其他主体参与生态补偿提供了渠道。大数据技术支持下的西部地区小流域生态补偿管理系统拥有的完整、动态的生态环境相关的数据，同西部地区小流域生态利益相关的主体、同生态补偿系统经济利益相关的主体都可以凭借这一渠道贡献力量，发现价值。多元主体的参与也能更好地激发生态补偿系统的活力。

西部地区小流域生态补偿体系的建立，本身是一个长期性、系统性的工程。而生态文明领域的工作一定要兼顾可持续性。大数据技术的广泛应用在提高工作精准程度、增加决策公正性的基础上，还可以较大程度保障这一持久工作的不走形。

（六）制度视角：流域生态补偿的制度经验与政策启示

制度创新是促进产业发展的关键因素，本章计划构建小流域生态补偿制度分析框架，借鉴国内外流域生态补偿的制度经验，为小流域生态补偿政策创新提供指导，并提出政策改革建议。特别对“河长制”这一率先诞生在无锡市、后推广至全国的制度指出：水环境问题的治理不仅要在本地区内实施，更要统筹好上下游、左右岸；要靠水利、城建等多部门联动，这种新型水域生态环境治理制度为政策视角下西部地区小流域治理提供了新思路。

政策视角下的“河长制”强调对西部地区小流域的生态环境治理实行责任制，通过明确责任主体人增强流域生态治理的成效。“绿水青山就是金山银山”，推行“河长制”有助于推进生态文明建设，落实新发展理念，强化小流域内经济社会的可持续发展。作为生态环境安全的制度创新，“河长制”为政策执行提供了新视角。西部地区小流域生态补偿系统的建立和发展需要协调好区域内不同流域、不同行政主体，结合中长期利益，避免各自为政、治标不治本的局面；最重要的是通过明确责任主体，统筹协调，形成生态补偿机制的合力。

第四章　伦理视角下小流域生态补偿参与机制及政策

当今时代，随着人类的社会经济活动逐渐加快，对生态系统和自然资源的破坏与对环境造成的污染也在逐渐加深。有序发展的生态系统及循环能力的破坏造成了自然资源不断减少乃至于不能满足经济社会发展的需要，生态环境不断恶化。

宏观上讲，对遭到破坏和污染的地区进行整理、恢复、补偿、综合治理是对于生态环境保护的必经之路。微观上需要从以下几方面进行分析，对于发展区域因为环境保护丧失发展机会涉及的居民提供资金、技术、实物上的补偿、政策上的优惠，以及为增进居民环境保护意识，提高环境保护水平进行的科研、教育费用支出，这些具体化方面考虑环境保护的生态效益、经济利益相关的保护者与受益者、破坏者与受害者的公平分配问题。我国西部地区共 12 个省份，占全国土地面积的 71.4%，是长江、黄河、珠江三大水系和雅鲁藏布江等主要河流的发源地，是生态位势较高重要生态屏障区域，肩负着我国主要大江大河上游水源保护、水源涵养等生态功能，其生态环境的保护和恢复提供的水资源不仅被东部地区人民生活和经济发展利用，还平衡着东部地区生态大环境，减少自然灾害的侵袭，对维护国家生态环境安全起着重要作用。西部地区生态保护和补偿不仅关系到西部地区农、林、牧、渔等各方面的发展，也关系到西部地区扶贫开发、乡村振兴等各项工作的开展。研究发现，我国流域生态补偿实践相比国外，存在补偿方式机械化、补偿主客体不清楚、补偿标准制定不明晰等较多问题，并且我国学者多将研究视野集中在大、中尺度流域，对小流域的生态补偿研究课题急需补充。

本章通过研究分析生态伦理与生态补偿的关系以及生态补偿的参与机制，立足我国西部地区小流域范围，为平衡生态资源的核心利益相关者、次利益相关者、边缘利益相关者的权利与义务，从补偿主体分类研究生态补偿主体行为模式。探索在生态伦理视角下我国西部小流域生态补偿的行为策略，实现生态保护外部性的内部化，从根本上改变西部生态效益长期无偿使用的不合理状况，保障西部生态建设的可持续性、可复制性、可操作性，协调中西部发展。重点讨论政府主体、市场主体、群众主体在生态补偿中应该做什么（参与机制）和应该怎么做的基本问题（实施类型及模式）。

第一节　生态伦理的科学内涵及参与主体界定

生态伦理是存在于生态补偿过程中补偿主体意识之中并且被广泛接受和认可的用于处理生态补偿各利益主体间的权利和义务关系的一个概念集合。生态伦理视角下的补偿行为即是在这一概念集合下采取的行为、作为。生态补偿是人类在保护生态环境的前提下尽可能地获取生态效益的过程中逐渐形成的，补偿行为是由人有意识地进行作为，发生在人类社会的选择性行为。这种顺应发展、能动的补偿也就逐渐形成了生态补偿伦理的各方面问题。

一、关于生态伦理的科学内涵

生态伦理的发展是随着经济社会的发展造成生态危机的迫切需要，简单地讲生态伦理是谋求自然学科与伦理学融合，涉及自然价值、自然权利理论、生态伦理学的基本原则、道德标准和行为规范以及生态伦理学实践等多方面内容。叶平在《哲学研究》发表的文章中将生态伦理的具体含义界定为人类仿效生物与自然协同进化的规律指导人与自然的伦理关系所概括出来的伟大的生存智慧、相互依存的伦理定位、共存共荣的生态基点和平等交流的方法论，指导着我们正确定位道德价值和路径选择。生态伦理是生态文明的一个重要组成部分，可将生态伦理看作一门新的伦理学，它是我们从理论和实践两部分建设生态文明的助力。在余谋昌的《环境伦理与生态文明》一文中，表明生态文明作为新型文明正在兴起，将成为人类新文明，作为人类的我们能够正确认识和理解我们所属时代的生态文明会是我们所有工作的基石。如此关注生态环境的伦理问题即是实现生态文明不可或缺的一部分。

过去对于生态伦理的理解容易从人类自身的价值观出发，形成人类中心主义和自然中心主义（非人类中心主义）的分立，这两种观点在学术界受到诸多学者不同的定义。最初，学者笼统地将自然中心主义定义为否定人类利益或不顾人类利益，自然之物的价值不是人类赋予的，是它们本身所固有的，就如同自然之物不是因为人类存在而存在的，它们先于人类存在；再者，自然之物间的相互依存的价值关系是由于自然选择、制约和强制作用形成的，与人类的评价无关。人类中心理论被定义为考虑人类的价值不顾具体情况对其他自然生命肆意毁灭和环境任意破坏的生存方式，这种观点贴合于人的评价，认为没有评价者，自然生物就不具有价值。这些过于偏颇的观点慢慢地被学者扬弃，突破原有的价值框架逐渐走向整合的道路。什么是生态伦理问题，叶平在《生态伦理的价值定位及方法研究》中写到当生态问题在“人为酿成的自然偏离”并且“对人类和其他生物生存造成伤害”的情况下，才能形成伦理意义，最后成为生态伦理问题。走出人类中心主义和非人类中心主义的生态伦理应统筹兼顾，将生态和人的因素纳入考虑范围，即是从自然价值出发，最终落到人的行为上。

我国的生态伦理研究开始于西方生态伦理学，余谋昌翻译发表了布拉克斯顿的《生态学与伦理学》，第一次引进了西方生态伦理学观念。国内关于生态伦理的研究在中国传统文化的基础上，利用优秀的思想资源，结合当下实际开展理论探讨。虽然成果颇丰，但是存在以下两方面的问题，一方面我国学者关于生态理论的研究过于追求西式，存在一定的路径依赖，另一方面是我国儒家生态伦理思想没有得到全面而系统的研究学习，使得儒家思想中关于生态伦理的核心没有得到发扬，儒家生态伦理思想无法走向通往国际化的道路。我国的生态伦理思想是儒家思想的重要内容，要使我国古代的儒家思想为我国当今的生态伦理做出贡献。余为国在《儒家生态理论思想的核心价值和出场路径》中认为国内学者要全面整理和系统地研究儒家生态理论思想的资料，并将其思想的延伸与以人为本的科学发展观结合，制定出一条符合我国生态发展现实的科学路径，最后有的放矢学习和借鉴外部生态伦理思想，为我国的儒家生态伦理提供更高的发扬平台。我国生态文明建设从党的十七大全面建设小康社会提出建设生态文明至党的十九大报告提出的乡村振兴战略中的生态宜居，可见我国在注重经济社会建设的同时注重生态文明的同步进步，正所谓绿水青山就是金山银山。

余谋昌在《从生态伦理到生态文明》中特别强调生态伦理需要关注的几个问题，如生态公正原则和机制，具体原则是利益共享、风险分摊，平等地分配利益；公平地承担责任和履行义务；受益者回馈受害者，回馈弱势群体、自然。其实就是在实施生态补偿过程中需要区分受害者与受益者、直接受害者与间接受害者、直接受益者与间接受益者、施害者与受害者的多方利益牵扯，从而实行受益者补偿受害者的原则。在生态保护领域生态补偿的原则主要是“污染者付费原则”或“污染者负担原则”和“环境受益者付费原则”或“环境受益者承担原则”。

生态伦理的构建关系到我国发展的多方问题，比如生态伦理与我国不同领域的哲学构建问题，生态伦理与我国科学合理的经济发展问题，与实现建设美丽中国问题，与少数民族文化发展延续问题等。我国学者应当加大对生态伦理的研究力度，尽早构建中国特色的生态伦理话语体系。

二、国内外生态伦理的发展沿革

（一）国外生态伦理的发展沿革

1923年，美国早期自然保护运动的积极活动者莱奥波尔德在《沙郡年鉴》一书确立了大地有机体的观念，书中，他写道："至少把土壤、高山、河流、大气圈等地球的各个组成部分，看成地球的各个器官、器官的零部件或动作协调的器官整体，其中每一部分都具有确定的功能"。地球是一个有着生命的星球，可是由于人类目光的狭小，往往只看到自己或者与自己有关系的事物，管中窥豹。1933年，莱奥波尔德发表在《林业杂志》上的《自然保护伦理》表明了伦理学革命的思想纲领，大地伦理贯穿其中。1947年，莱奥波尔德复审了大地伦理学文章，对《沙郡年鉴》进行修订，明确指出大地伦理学成立的可能性和充足条件。当代著名的生态伦理学家J.B.考利特认为，大地伦理是第一个在西方现代文明中保持并有系统地企图发展伦理学理论的一种在道德观意义上包括非人类自然实体和自然整体在内的理论的自我良知。可见西方的生态伦理早在20世纪30年代开始萌芽发展，莱奥波尔德的大地伦理为后面的生态伦理发展提供了一个坚实的科学基础。1962年，蕾切尔·卡逊在《寂静的春天》中向人们描绘了一个没有鸟、蜜蜂和蝴蝶的世界，这本书引起了世界范围内人们对于环境的问题意识。卡逊在学习和吸收前人的人与自然关系的思想的基础上，提出了自己关于"共生"的生态伦理思想，即一切生物看来与周围环境可以生活得很和谐。在卡逊看来自然是一个复杂精密、高度统一的系统，内部不存在不可调和的矛盾，自然本身具有内在的调节平衡的功能。卡逊的生态伦理思想以一种通俗化、大众化的方式向我们展示了人与自然、生物与生物体之间不存在完全不可调和的矛盾。

随着经济社会的不断发展，生态环境问题逐渐受到重视，西方诞生了"罗马俱乐部"，俱乐部中对于生态危机的看法，分为两种，一种是生态危机是文化危机，不是不可改变的人的生物学的进化；另一种是以俱乐部主席贝切伊博士为代表，提出用道德手段去解决、缓解生态危机，生态危机是与人类相关的一种伦理道德问题。当代最有影响的生态伦理学家、美国罗拉多州立大学教授罗尔斯顿撰写多篇论文，提出许多生态伦理思想，比如建立生态伦理学的契机和出路在中国传统的哲学思想中。诸多关于生态伦理思想的论述丰富和完善了生态伦理学学科。如果将西方生态伦理学的孕育阶段基调定义为人类中心主义，那么其创立阶段基调是自然中心主义，到了现今，西方生态伦理学分化出各具特色甚至是相互对立的理论学派，从不同的方面推动西方生态伦理学的繁荣和发展。

（二）国内生态伦理的发展沿革

从党的十七大全面建设小康社会至党的十九大报告提出的乡村振兴战略中的生态宜居，可见我国在注重经济社会建设的同时注重生态文明的同步进步，正所谓绿水青山就是金山银山。

中国的生态伦理研究开始于西方生态伦理学，但是我国关于生态伦理的道德思想可追溯到春秋战国时期儒家生态伦理观，具体内容下文着重说明。我国关于生态伦理的研究起步较晚，开始于20世纪八九十年代。1980年，余谋昌翻译了希腊哲学家布拉克斯顿的《生态学与伦理学》一文，第一次引进西方生态伦理学观念，这是我国生态伦理学（生态伦理学在西方又称环境伦理学）研究介绍西方生态伦理学的开始。1981年，余谋昌发表《环境的整体性》，提出当代我们面临的环境问题：物种资源损失、自然环境破坏和环境污染三方面，产生的重要原因是人们对环境的整体认识，这种整体认识是以人类为中心，为了不损害人的利益，随意对待生态环境，结果自然受到大自然的“回馈”。对环境的整体认识，使中国人认识到环境与人类的关系是互存共荣的，我们对于环境的过度消费，必然会导致与我们直接相关的事物的破坏。同年，蔡守秋在《应该提倡环境道德》一文中提出我们应该保护环境、消除污染，更重要的是提倡环境道德，培养良好的环境道德风气。环境道德已逐渐被人们所关注，并且重视。1989年，杨通进发表《论生态伦理学的人观》一文，杨通进将人置入生态系统进行考察，这不仅改变了伦理学对人的某些传统看法，也拓宽当代人整个伦理思考的视域。生态伦理学是人审视自身提出的伦理学与生态学结合的产物，伦理即是人们自身对于道德标准的寻求，而道德标准本身又是人类自身定义的。余谋昌同年发表《生态伦理学是新时代的潮流》，阐述生态伦理学研究是人们对环境退化的一种哲学反思，是生态危机时代的产物，具有回答时代新问题，使伦理学适应新时代的特征。当今世界面临着生态环境遭到破坏，生态失衡的严重形势，人们希望应用伦理学思想和新的道德规范调节人与自然的关系，生态伦理学成为世界性潮流，可见生态伦理的研究于我国得到长远发展。后面杨克俭发表《生态伦理学的理论基础研究述评》，论述三个具有代表性的理论观点："人类中心论"作为生态伦理学的理论基础、"生态中心论"作为生态伦理学的理论基础、"生态和谐论"，这三种观点都存在严重的理论缺陷，不能帮助我们构建科学的生态伦理学，通过马克思主义哲学唯物主义辩证地解决人与自然的相互关系。这个理论的提出表明我国学者通过不断的学习，正在探究最佳的生态伦理观。2007 年，李承宗在《马克思生态伦理思想的当代价值》中简述马克思生态伦理思想是以辩证法方式理解人与自然的关系，弥补了当代生态伦理思想的短板。马克思生态伦理思想的基本原则对于理解当代中国社会提出的科学发展观内涵有着重要的现实指导意义。国内学者对于生态伦理的研究已逐渐发展为适应国内发展的生态伦理。2012 年，《生态伦理的价值定位及其方法论研究》发表在《哲学研究》上，作者叶平认为近十年来，虽然国内对于生态伦理的研究涉及出发点、立论的基础等多方面，并且形成各种学说，但是对于生态伦理的非人类中心主义和人类中心主义概念，仍有讨论的必要。文中详尽地论述了生态伦理各方面的价值定位。2016 年，余卫国在《西南学报》上发表了《儒家生态伦理思想的核心价值和出场路径》，作者解释虽然我国学术界关于生态伦理成果颇丰，但存在过度"以西释中"，泯灭了我国古老而独特的儒家生态伦理思想，同时儒家生态伦理思想没有得到全面系统的认识。

对比近年来我国学术界关于生态伦理的研究走向发现，虽然我国关于生态伦理的研究开始于西方生态伦理思想，我国学者在研究生态伦理时基本上以西方的思想为研究基础，但是随着时间的变迁，我国学者逐渐认识到过度依赖西方的生态伦理研究范式并不适用于中国的生态环境问题，进而在深入研究西方生态伦理的基础上，结合我国古代关于生态伦理的思想，探索出适合中国发展，适用于国人的生态伦理思想。

三、生态补偿参与主体界定

小流域生态补偿的组织行为在这里界定为小流域生态补偿中的补偿主体，即是将补偿主体看成补偿组织，从补偿主体相关者的利益角度出发，分析他们对于生态补偿这一行为造成的内源性或外源性刺激做出的反应。一个严谨、完善的生态补偿组织行为能够通过互惠互利的方式协调组织内外部各主体的利益关系，形成良性互补的组织行为，显著提升生态补偿实施效率，实现生态补偿政策逐步推进。本书以生态补偿利益主体为组织成员，将其分为政府主体、市场主体、群众主体三大主要研究部分。

（一）政府主体（中央政府和地方政府）

小流域生态补偿中政府起主导作用，补偿的行为依赖于政府下发政策。政府参与主导生态补偿的程度也是区分生态补偿组织行为的依据。小流域生态补偿的政府主体行为方式是在确定的流域范围内涉及的行政组织对该区域生态补偿做出的反应，涉及生态补偿的政策更新、政府在生态补偿制度变迁中的动机、政府在生态补偿制度变迁中的作用和政府行为在生态补偿实施中的缺陷。政府在小流域生态补偿的组织行为中处于领导地位，以一只“看得见的手”组织生态补偿流域的行为选择，规定流域补偿的各项标准和要求，协调流域相关者的利益问题。小流域生态补偿市场行为不同于政府组织，是流域生态补偿涉及的社会企业或者社会公益性组织或机构，它们在充分考虑市场对于流域内各主要构成自然因素的供求关系和其他利益相关主体的基础上，采取各种决策行为以适应市场的要求。通过市场行为的选择，以一只“看不见的手”调整生态补偿行为，从而追求生态利润的最优化。如同农地进入市场进行流转一样，生态补偿同样可以进入市场调整补偿行为。

（二）市场主体

市场主体是小流域生态补偿的实施者之一，在生态补偿过程中发挥着至关重要的作用。他们是否参与生态保护决定于在市场活动中、生态保护活动中的利益。因此，该主体的行为方式对于是否能实施生态补偿活动、实施效果都有较大影响。市场主体主要包括地方企业、合作社及其他经济组织。一方面，企业的生态保护行为取决于他们受到的惩罚力度大小，也取决于得到的补偿数量大小，还取决于监督力量的大小。另一方面，如果制度、市场、伦理等外部条件合适，企业主体的生产行为将会以生态保护为基本道德底线。

（三）群众主体

小流域生态补偿的群众主体是相对于政府、市场中的企业组织这些群体而言的，是小流域生态补偿涉及的参与者或者被影响者，他们具有自己的思想认识、情感和信念，对于生态补偿采取自己独有的可能符合或不符合规范的行为，进而对整个生态补偿行为产生影响。这种个体易受到其他个体行为的影响，具有善变、自发性等特性。

根据小流域生态补偿利益相关者的利益分析，组织行为中政府、市场、个人的行为选择取决于这三者之间进行的“利益博弈”过程，比如上级政府和下级政府在补偿资金的安排、使用等环节进行博弈，政府和个人之间发生的政策执行和补偿效果的博弈。当然，这些博弈行为在组织行为中又是互为补充，形成一个稳定的三角形结构，寻求共同的利益，化解在补偿行为实施中出现的矛盾。比如在政策实施中，为让流域范围的农民享受政策实惠，流域内的生态环境可持续发展是双方共同的利益。

第二节　小流域生态补偿中央政府参与机制

一、中央政府生态补偿参与机制的基本框架

目前，生态补偿发展受到政府、学者们的密切关注，具备区域范围小、县域政策强、补偿项目易操作的小流域生态补偿，应在总结国内外生态补偿的相关理论与实践状况的经验基础上制定完备的生态资源价值补偿体系。设计的各要素（图 4–1）间的相辅相成才能使小流域生

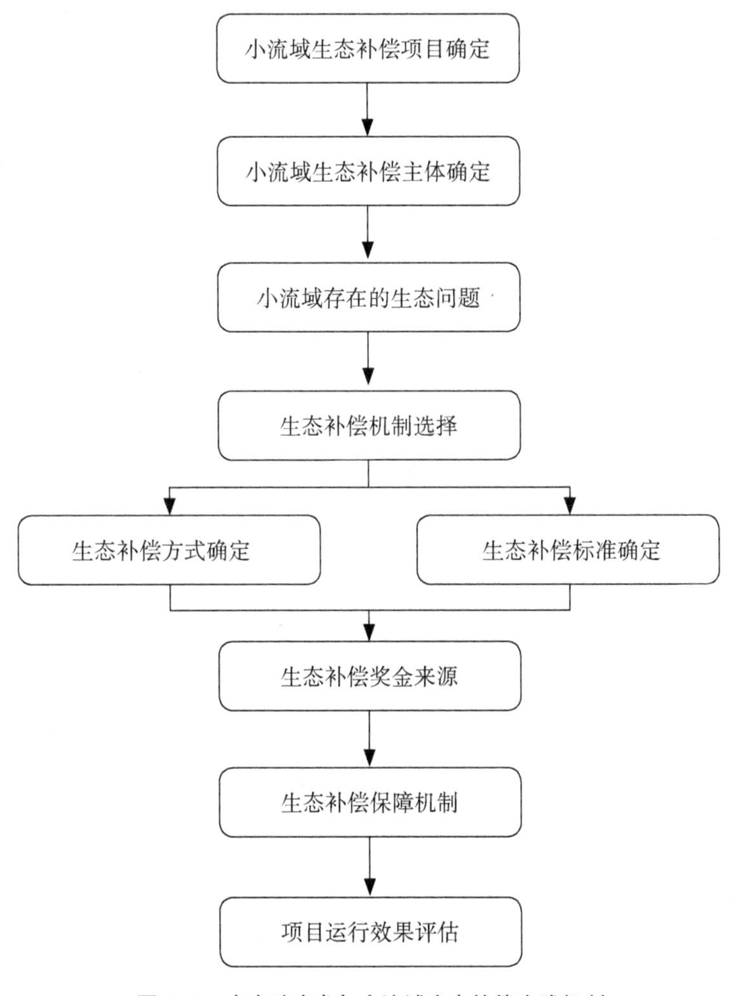

图 4–2　中央政府参与小流域生态补偿实践机制

态补偿工作顺利进行，达到事半功倍的效果，促进各区域之间的和谐发展。

由于不同地区存在不同的状况，不同的小流域生态补偿区域的基本现状存在一定差异，在制定小流域生态补偿方案时应当充分考虑造成小流域差异化的因素，根据地域资源的特点、小流域发展的规划目标，设计出最切合自然循环发展、经济利益提高及有利于未来可持续发展的生态补偿机制，从而保证达到最优的生态补偿效益。

（一）生态补偿项目确定

行政区域在进行生态补偿时，首先明确管理区域内要保护和补偿的小流域范围，将小流域生态补偿项目以项目打包的形式发包给负责该小流域生态补偿的承包方，发包方负责协调与生态补偿相关的农业、林业、水利等政府部门，以及牵涉的农民、市民、非政府组织、产业部门等；统筹各方利益，调动生态补偿利益相关者的积极性，以“谁开发谁保护，谁破坏谁恢复，谁受益谁补偿，谁排污谁负责”的原则享有应有的权利，承担应有的义务。以往实施生态补偿的相关管理者、保护者、受益者和补偿者各自为政，权利和义务很难统一，导致生态补偿的实施效果难以达到理想状态。

例如：对于清镇市麦格小流域生态补偿来说，该流域治理水土流失面积 5.77 平方公里，涉及清镇市麦格乡麦格村和小冲村。作为麦格小流域生态环境的保护者和受益者的村民，生态和经济利益的重要性相比其他政府部门和边缘利益者来说较高，但是这些村民的权利较小，属于弱势群体，对于政策执行和项目实施过程中出现的问题和不公平现象没有改善的权利和能力，导致他们倾向于追寻经济利益而不是流域的生态保护与补偿，这些现象造成了小流域在生态补偿过程中利益和权力的错位。本书避开以往的生态补偿模式，在具备流域范围小，补偿工程易操作的小流域内，全方位调动生态补偿各方相关人员，以资金流通的方式连接相关部门整合各利益相关者，达到综合治理和保护的目的。

（二）生态补偿主体确定

在明确补偿项目对象后，补偿主体有从小流域生态效益从事生产经营活动中受益的单位和个人，为保护小流域生态效益可持续发展做出贡献的政府和非政府组织，追寻短期经济利益破坏和污染小流域生态环境的单位和个人。从流域生态补偿中的权利、利益关系角度出发，这些政府组织、经济部门和社会成员以其对小流域保护和补偿的影响及被影响程度为核心，可以分为核心利益相关者、利益相关者、边缘利益相关者。核心利益相关者可以是上下游农民、市民，水资源利用相关公司；利益相关者可以是小流域林业部门、小流域环保部门、小流域国土部门；边缘利益相关者可以是社会环保组织、上级政府部门。分析利益相关者对于自身区域生态补偿的影响程度，参与生态补偿和保护的积极性、参与性，行使生态补偿权力的大小，评价这些因素与生态补偿成效的综合相关度，建立可促使小流域生态和经济发展得更为公平、公正、开放的生态补偿实施机制和多层反馈互动渠道。

（三）确定小流域生态问题（补偿标准和范围）

小流域现存的生态问题主要是围绕流域范围内生态小循环的环境破坏污染状况与水质和水量的破坏污染状况。由于地质地貌、气候海拔、人文政治、人类活动、水源自身特点等因素的差异造成的每个小流域有着自身独有的生态特点。生态补偿方案要在充分了解小流域存在的各方面生态问题后制定，这种因地制宜的方式体现了小流域治理中“小”字独有的精准性、针对性。

例如，贵州省织金县大陌河小流域地处织金县东南角，属中山地貌类型区，是乌江水系三岔河支流，呈不规则长方形状，涉及5个行政村。该流域是水力侵蚀为主的水土流失类型，河、沟两岸一旦遭遇暴雨天气极易形成山洪灾害，后续流失的泥沙易淤积沟道、大陌河坝子，严重时下游的东风湖水电站工程库区也会受到影响。小流域的治理目标是改变水土流失现状，最大限度遏制水土流失，减少河沙淤积，改善周围群众的生产生活条件。

还有，宁夏彭阳县小流域位于宁夏东南部，地处六盘山东麓，全县土地流失面积 2333 平方千米，制约该流域的主要因素是干旱多灾，降水在时空上分布不均。干旱严重时，蒸发强烈，水资源极度匮乏；暴雨集中时，水流带走大量泥沙，加剧水土流失。所以宁夏地区小流域综合治理遵循“就地拦蓄，流而不失”理论，彭阳县以“水不下山，泥不出沟”为治理目标。

（四）生态补偿机制选择

生态补偿机制的建立和完善，得益于政府生态资源补偿调控机制和市场调节机制的相互配合。经总结，现今在生态补偿条件成熟的区域形成多种形式的流域生态服务贸易：国家项目补偿、地方政府为主导的补偿方式、小流域自发的交易模式、水权交易、水资源量的用水费补偿。

一是国家项目补偿。由中央政府、部分省政府补贴，由中央政府提供专项基金，对特定的省区进行直接补贴。这种模式是中央政府直接支付补偿金，由政府直接进行政策调控，市场不参与调控。

二是地方政府为主导的补偿。补偿资金来自省、市地方政府的财政转移或补贴，大多是下游经济发展区对上游水源区或库区进行生态补偿。这种方式是省级、市级或者县级政府支付补偿资金，市场同样不参与调控。

三是小流域自发的交易模式。由政府、农户和公司等经济实体这三者对小流域生态进行补偿和保护形成的。该模式多是在乡镇层次上自发参与，但是存在缺乏补偿依据、支付能力较低等问题，模式很难持久。这种交易模式由村镇级达成协议，用水户直接支付水费，市场在其中起着一定的调控作用。

四是水权交易。是以市场为主导，地方政府和流域管理机构作为中介机构进行谈判，制定相应的规则进行交易。在公共资源国有化的条件下实施该交易模式，地方政府参与谈判和协调，政府进入水资源市场进行价格补偿。

五是水资源量的用水费补偿。比较直接地基于水资源量的收费标准，多发生在水电公司和流域水土流失关系密切的地区，尤其在流域收益区和补偿区划分清晰的地区。该方式地方政府依据水资源市场价格和支付能力制定补偿标准，政府和市场共同参与。政府和市场在生态补偿中的参与程度主要取决于生态补偿的方式。近年来小流域发展逐渐受到政府和市场的密切关注，西部小流域生态发展不仅关系着西部地区环境保护，更关系着西部脱贫攻坚。

依据补偿主体和政府市场参与度的不同可以将西部小流域生态服务补偿进行分类：以地方政府为主导的补偿方式、自发的交易模式、用水费用补偿和水权交易。针对不同的流域补偿方式协调政府和市场关系，根据生态发展选择侧重度不同的补偿机制。小流域生态补偿方式、补偿标准确定，小流域生态补偿的方式的确定是实施生态补偿项目的核心内容，是解决如何进行补偿的关键，补偿的方式有很多种，依据不同的标准进行分类，如表 4–1 所示。

表 4–1　小流域生态补偿要素表

补偿框架	补偿要素
1. 补偿模式	横向补偿、纵向补偿
2. 补偿对象	生态环境要素补偿、小流域整体补偿
3. 补偿形式	资金补偿、实物补偿、政策补偿、技术补偿、人才补偿、项目补偿、生态移民
4. 运作机制	政府补偿、市场补偿。政府补偿下分：政策补偿、资金补偿、实物补偿、项目补偿、技术补偿、人才补偿、生态移民；市场补偿下分：一对一交易、市场贸易、生态标记等

（五）小流域生态补偿标准的确定

首先要明确小流域生态补偿的对象和范围，再结合流域生态发展的供给与需求计算流域内涉及主体的支付能力。总结出现过的生态补偿实践研究，经常使用的生态流域生态补偿标准确定方法可分为以下两类，一类是水源地保护补偿方法（费用分析法、机会成本法、支付意愿法、水资源价值法和生态系统服务价值法等），另一类是跨界断面补偿计算方法（基于水污染经济损失函数核算方法、基于跨界断面水质目标核算方法和基于超标污染物通量核算方法等）。在确定补偿方法的过程中需要考虑生态补偿这些方面，机会成本、生态服务价值的增加量、最大支付意愿、水资源价值、支付能力。也可以从保护上游流域付出的成本、下游水资源需求的成本、最大支付意愿和水资源交易价格四方面估算小流域生态服务补偿数额，接着通过多种补偿资金的对比，分析研究区域生态补偿过程中具有决定性的因素和形成的保护机制，最主要的是将会面临的问题，同时结合当地社会文化发展水平、居民支付能力，确定出合理公平的补偿标准。

（六）生态补偿资金来源

从流域生态补偿实践来看，合理的补偿资金来源在流域生态补偿机制中发挥重中之重的作用。从前的流域生态补偿实践中存在资金来源单一的问题，主要靠政府财政补贴，但是由于政府财政体制的限制，补偿资金在筹集、调配、运作方面存在缺陷，并且也不利于统一管理，因而难以实现高效益的小流域生态补偿。因此，对于我国水土资源所有权公有化，要构建以政府为主导、市场共同参与的多元融资渠道。流域生态补偿资金来源根据我国现有实践，可以通过筹措资金、财政转移支付（征收流域生态补偿税）、合作出资设立专项资金、财政转移支付设立专项资金、信贷优惠、引进国外资金或国外项目等多渠道多途径获得。针对某一小流域，第一要确定补偿责任，区域政府、流域涉及的企业、个体工商户之间的权利和义务。比如对于公共受益的生态服务由政府承担补偿责任；下游村镇的饮用水厂等可以模仿国外流域生态补偿中的水电公司补偿支付方式，从居民缴纳的水费中抽取定额作为生态补偿资金来源；对于下游的个体工商户，比如水产养殖人员，可以将其缴纳的税费作为生态补偿资金。流域保护涉及的企业、个体工商户可以按照经营情况，再依据确定的小流域生态补偿标准，确定生态补偿资金分摊比例。在补偿资金管理中心可设立小流域生态补偿专项资金，利用网络通过官方宣传，举办慈善晚会，发行生态补偿彩票等多形式，吸引大型企业家、慈善机构、社会团体以及社会公众积极主动参与生态补偿保护事业。对于区域政府提供的各项补偿资金，将其列入生态补偿基金范畴，由补偿资金管理中心进行统一管理，从而抵减生态补偿数额。

（七）生态补偿保障机制

以国家层面的法律、法规为准则，各地区结合自身实际情况，通过协商制定相应的制度与协议。构建小流域生态补偿法律保障机制，保护环境发展，维护生态平衡，促进小流域生态资源合理利用。

（八）小流域项目运行效果评估

生态补偿项目的不断开展，使得人们逐渐了解生态补偿对于经济社会发展的重要性，逐渐意识到生态补偿项目实施的好坏及程度会导致生态补偿的效益高低。小流域项目运行效果评估正是对小流域生态补偿的评价。评价的具体内容包括：经济效益、社会效益、环境效益。

例如，在贵州省毕节市威宁县吕家河小流域补偿项目评估中，经济效益主要评估了坡改梯、经果林、水土保持林、封禁治理、保土耕作直接产生经济效益 2160.77 万元，经济内部效益率 12.4%，本项目可行。生态效益方面，增强了林草植被涵养水源的能力，调节气候，保护野生动物生存环境，净化大气及减轻旱洪冰霜等自然灾害，维护了生态平衡，对促进经济发展起着重要作用。社会效益方面，农民生产生活条件得到改善，土地生产力得到提高，土地利用结构趋于合理，农村产业结构调整的步伐加快；适用技术的推广应用，干部群众科技意识增强，农民收入大幅增长，群众生活水平迅速提升，纷纷摆脱贫困奔向小康，人民群众更加安居乐业，迈向人口—环境—经济良性发展的可持续道路。

二、中央政府生态补偿的实施类型及模式

（一）基本补偿类型及实施流程

对小流域进行生态补偿是对流域生态环境和流域自然资源的认识以及社会公平理念的体现，考虑小流域在管理保护活动和受限制的生产活动中付出了劳动力和机会成本，采取政策、经济与工程措施调节小流域涉及的利益关系，激励有利于流域生态保护的行为，从而促进生态环境的保护和发展。分析小流域的各级利益相关者，小流域生态补偿包括5个方面的内容：小流域内原始村民的经济损失、环保机构和个人为流域保护付出的人力和物力、恢复流域生态效益、开发利用流域资源代价的补偿和利用流域资源的消费者的补偿。参照有关文献，对这几项内容进行分类，大体可以分为增益性生态补偿和抑损性生态补偿。

第一，增益性生态补偿模式。这是一种从外部保护“公共物品”价值且防止“搭便车”现象，而对付出努力或者遭受损失的人、物进行补偿的行为。补偿内容主要是：对流域保护付出人力和物力的环保机构和个人的补偿、对自身利益遭受损失的个人的补偿和对流域生态效益的补偿。根据这三方面对应的客体分别是：参与生态保护和补偿的环保机构和个人，客观评价他们投入的人力、物力和财力，进行作价赔偿；流域内个人权益受损的村民，补偿依据可以是土地权益的损害、个人资产的减少、机会成本的丧失和个人权利等各方面受到的损害；将流域生态环境作为一个独立的对象，为了维护流域生态系统健康、可持续的功能，维持流域内动植物正常繁衍的生活需求，对流域保护与发展的财力投入需求。在增益性生态补偿中，国家及地方政府是生态补偿的主要客体，这是流域的自然属性决定的。参照国外湿地生态保护区生态补偿的实践中，政府也是补偿的主导者和主要支付者。

第二，抑损性生态补偿模式。在外部不经济内部化的情况下，使造成外部不经济结果的行为人承担责任。这种情况多发生在小流域内自然资源进行开发利用时，比如，发展小流域生态旅游资源、开发生物遗传

资源、利用水资源等多种情况。与之对应的客体则是开发利用小流域自然资源获取经济利润的企业或者组织与个人。消费者界定为购买或使用小流域自然资源生产的最终产品，比如消费者购买的果品、游客进入小流域消费旅游资源。这些消费行为会对流域环境产生直接的影响。该行为模式下可以按照“谁受益、谁付费”的原则，分配生态补偿的责任。在抑损性生态补偿中，国家和地方政府作为生态资源权益的所有者，有权对开发利用生态资源的企业、组织和个人征收税费，作为生态补偿资金的来源。

（二）小流域生态补偿中央政府的实施政策

第一，生态补偿支付政策。从我国已有的小流域生态补偿实践看，补偿资金来源单一，主要靠政府财政，但是地方财政能力有限，仅仅依靠财政支付难以实现生态补偿目标。最新的《环境保护法》中可以看出我国在生态补偿方面的政策有了改进和发展，第31条规定：“落实生态保护补偿资金，确保其用于生态保护补偿”，国家指导受益地区和生态保护地区人民政府通过协商或者按照市场规则进行生态保护补偿。市场支付机制可以借鉴欧盟农业生态补偿拍卖机制，用市场的手段选定补偿主客体、补偿标准、补偿范围。政府支付机制中应当分清纵向、横向转移支付的分工：即纵向转移支付作为矫正外部性的主要方式，统一支付流域保护的各项费用；横向转移支付则作为补充性手段，由上、下游地区政府针对水资源使用权的转移进行补偿，就是由富裕地区直接向贫困地区转移支付。二者各自分工、相辅相成、互相配合，以达到缩小地区间差距、实现财力均等化和保护流域生态环境的目的。

第二，补偿资金管理办法。从小流域生态补偿资金管理的角度出发，建立小流域生态补偿资金管理机制。通过整合流域生态保护资金渠道，多元化筹集资金，在以政府为主导的政策体系下，对流域内各地区的经济、社会与生态交互系统中的各种要素资源进行合理配置，采取约束和激励的手段进行流域内的生态补偿，是推进流域保护治理、促进生态恢复的一项重要手段。利用生态补偿资金管理机制可以充分调动社会力量进行生态补偿、提高生态补偿资金的使用效率，有利于统筹和协调全流域的生态管理工作。建立生态补偿资金管理机制，在解决面临的各种问题的情况下建立完善的小流域生态补偿资金专门管理机构，行政单位运用行政权力进行相应的处罚和补偿。再者从筹集补偿资金（源头）到使用补偿资金（实施），再到评估补偿效果（监督），一整套工作流程可以更完整有效地保障生态补偿的有效实施。

第三节　小流域生态补偿地方政府参与机制

一、地方政府生态补偿参与机制的基本框架

地方政府行为——基于小流域生态补偿，起着主导作用，因为仅依靠市场或个人无法完成小流域生态补偿的整个实施过程。在小流域生态补偿中政府行为决策选择如图 4-2 所示，财政分权和政治集权是中国

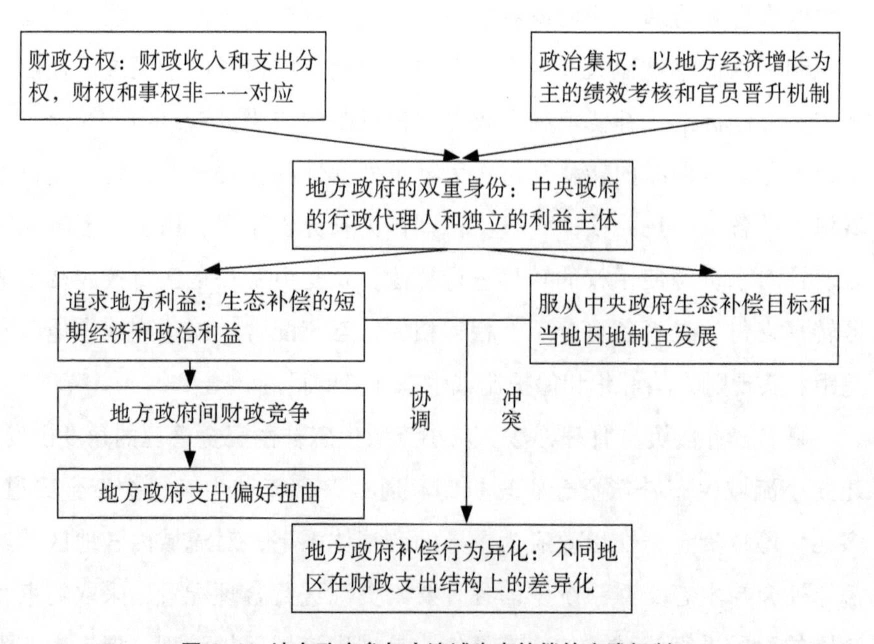

图 4-2　地方政府参与小流域生态补偿的实践机制

式分权的体现，在小流域生态补偿中的地方政府一方面作为中央政府的代理人，一方面作为地方的受益主体，在追求地方短期经济利益的同时服从中央生态目标和顺应当地自然发展。协调地方政府内部摩擦和地方政府与外部冲突，实现当地小流域生态经济因地制宜发展，生态环境得到保护。

二、地方政府生态补偿的实施类型及模式

上述对于小流域生态补偿的政府行为界定是在划定的需要进行生态补偿的流域范围内履行政府职能，承担社会责任，推进小流域的生态补偿的顺利进行。具体内容是在法律和法规要求的可行范围内，地方政府对生态补偿的实施进行组织和管理。这种政府行为一般是通过政策来推进，并且涉及多个部门和组织。通过强制性的行政命令、指导性政策和颁布生态补偿相关法规规范参与补偿行为的个人、企业等组织和团体的行为。小流域生态补偿政府行为的施展影响深远，在很大程度上规范、引导和推动着生态补偿的有序发展。依托查阅的文献资料，分析小流域生态补偿的政府行为，划分为“生态补偿发展型政府”和“生态补偿企业家型”政府。

（一）生态补偿发展型政府参与机制

中央将生态补偿的一些重要的行政和财政管理权限下放到地方，由地方政府自主实施生态补偿发展计划，允许地方政府自主支配当地财政收入，并以此为地方政府官员的政绩考核提供参考依据，逆向换取地方对中央权威的认可和政策的执行。这种机制称之为“生态补偿发展型政府”。

这种模式是以小流域生态发展为政策导向，识别小流域境内生态环境问题，提供相应的补偿政策支持并辅以战略性的基础设施建设。但是地方政府不会直接参与生态补偿实施，而是允许个人和市场中的企业或组织保持自己对小流域生态补偿的决策自主权。这种模式参考地方经济

发展的“地方发展型政府理论”，主要制度诱因，一方面是地方财政收入最大化，另一方面是基于地方政府官员以经济发展指标作为他们晋升的标准。

例如，洱海是云南省仅次于滇池的第二大淡水湖，具有供水、农灌、发电、调节气候、渔业、航运、旅游七大主要功能，被大理人民誉为“母亲湖”。洱海的保护始终是大理市经济社会发展好又快的前提和基础，其中一个重点项目是大理市投资3.2亿元，注册资本金3000万元组建大理市洱海保护投资建设有限公司及注册资本不低于5000万元下设喜洲、上关、双廊、挖色分公司，搭建洱海保护、建设筹融资平台，全面实施洱海北部生态经济示范镇建设。当地政府不直接参与生态保护，通过资金支持搭建生态保护企业，发挥地方企业在市场中的自主选择和自主决策作用。

（二）生态补偿企业家型政府参与机制

国家财政和税收体制改革与政府—企业关系具有很大的相关性，特别是显著影响到当地政府和当地企业的关系，地方政府在生态补偿中为了使地方财政收入最大化，可能直接介入企业运作或者是通过地方政府政策间接支持企业发展，比如小流域境内的政府介入乡镇企业生态补偿中，这种机制称之为“生态补偿企业家型政府”。

这种模式取决于当地政府是否具有一定的创新能力，在政府直接介入到市场竞争环境中的生态补偿时，要经受得住企业的盈利机制的考验。地方政府呈现出明显的企业家特性，直接组织或参与生态补偿活动，这种模式参考地方经济发展的“地方企业家型政府理论”，具有地方集体资产和生态补偿更加有效的监督，并且能对生态补偿给予更多的投入的特点。

例如，贵州省遵义市务川县开展的大塘堡小流域水土流失重点治理工程，是由中央提供100万元，地方投资12万元，委派贵州省水土保持科技示范园管理处制定实施方案。大塘堡小流域位于务川县砚山镇砚山村，流域总面积550.22公顷，其中水土流失面积389.66公顷，每年水土流失量1.04万吨，主要是由于当地不合理种植方式，发生较为严重水土流失而导致耕地荒废。为了防治流域水土流失和保护当地基本农田、居民点的安全，让百姓充分享受水土保持工作成果，根据项目区产业结构，合理安排措施，利用有限资源，创造更高价值，实施小流域水土流失治理，同时对项目区周边起到更大辐射效应。地方政府直接参与到小流域治理中，主要资金来自政府投资，使得流域保护资金分配更为多样、最优化。

（三）小流域生态补偿自然保护区管理模式

自然保护区管理模式是自然保护区管理机构为实现自然保护区可持续发展，根据自然保护区的自然人文状况而形成的管理体系。简单来讲自然保护区管理的基本理念是可持续发展，这是毋庸置疑的，这种思想贯穿于整个自然保护区的管理。自然保护区的管理结构和框架应明晰产权分配、明晰利益相关主体、明晰各主客体的责任和权利，最终实现自然保护区保护和开发的平衡。自然保护区的管理方法要充分运用现代科学技术，多方面地了解自然保护区的自然状况和经济发展潜在能力，检测管理效果，从而维护生物多样性和保持生态环境。

《中华人民共和国自然保护区条例》（2017年10月7日国务院令第二次修订）第四条规定："国家采取有利于发展自然保护区的经济、技术政策和措施，将自然保护区的发展规划纳入国民经济和社会发展计划"，第五条规定："建设和管理自然保护区，应当妥善处理与当地经济建设和居民生产、生活的关系"，第八条规定："国家对自然保护区实行综合管理与分部门管理相结合的管理体制。国务院环境保护行政主管部门负责全国自然保护区的综合管理。国务院林业、农业、地质矿产、水利、海洋等有关行政主管部门在各自的职责范围内，主管有关的自然保护区"。由此可以看出，对于自然保护区的管理拥有最高权限的是我国的环境保护行政主管部门，同时其他相关部门在职责范围内也享有管理权。但是我国很多的自然保护区由于同时分属不同的主管部门，存在多头管理又多头不管的现象。我国现行的自然保护区管理模式存在诸多问题：法律依据不充分、管理机制不健全、缺乏有效的经济支撑、缺乏协调机制。针对我国自然保护区现状，参考国内外管理经验，我国的管理模式应该在保护与开发兼顾的管理理念下，通过调整自然保护区的分类、分区方式，在中央授予自然保护区完全的管理权的基础上，由自然保护区所在区域地方政府设立独立的管理机构，针对每个保护区独有的情况进行分别管理，充分发挥地方优势，发扬地方保护环境的思想和优良传统，在“一区一法”的指导下，通过平衡各方利益，促进自然保护区的可持续发展。

（四）小流域生态补偿社会治理模式

我国的生态补偿属于自然保护区分类中的自然生态系统类，所以生态补偿的管理模式应当遵循自然保护区管理模式的思想和方式。目前生态补偿也是国内外的研究热点，但是我国的生态补偿制度十分不健全，政府和社会各界呼吁建立完善的生态补偿机制，完善有效的管理机制和运行机制是生态补偿顺利进行的重要保证，现今有关生态补偿管理的研究多从政府、市场、角度分析，但是缺乏从社会和群众的角度出发考虑。公众参与式的治理是国家、群众、社会三者的一种新颖关系，是二者协调的最佳状态，是国家政治权力向公民社会的回归，也是使公共利益最大化的社会管理。构建一个由利益相关者构成的社会治理结构，是平衡每个利益相关者的权力和责任，着力点在于公共事务的参与者不应仅限于政府，要构建多元社会参与者组织；政府、市场、社会的界限不应太过分明，对于公共事务，除政府外其他相关者可积极参与；政府与社会组织、社会个人之间存在着相互依赖和彼此互动的伙伴关系；治理要具备参与性、透明性和责任性，充分调动社会各界力量，增强管理决策的透明度和民主性。对于体制完备的生态补偿管理模式应当具备政府、市场、社会三者力量的融合。

（五）小流域生态补偿综合管理模式

小流域属于自然生态系统中的内陆湿地和水域生态系统之列，小流域生态补偿在自然保护区分类中属于保护 + 利用类，是保护与开发目标并存的保护区类别，注重保护自然环境的原生态可以为区域各项发展开发利用。我国以小流域为单元水土治理历史悠久，历经30多年的探索和实践总结出的小流域综合治理模式是在满足人们生产生活需要和区域经济社会发展的基础上，根据小流域自然资源状况、生态环境特点，以小流域的水土流失的防治、环境破坏的保护、资源浪费的整合，达到提高区域内生态、经济和社会效益的目的。我国水土资源相比其他国家十分贫乏，水土流失较为严重，这种有别于其他国家的国情决定了我国对于水土流失的治理不能简单地照搬国外模式，应在借鉴经验的基础上根据本国情况取其精华地发展我国的资源保护、补偿的治理方式。

我国西部地区从北向南由于空间跨越较大，导致气候环境、地理地质要素等差异较大。比如从北向南的地形类型分别是：草原地区、沙漠地区、高原地区、丘陵地区、平原地区。小流域生态破坏的原因、破坏的程度、造成的影响也千差万别，就如水土流失造成北方土地的沙漠化，南方土地的石漠化。近年来，西部小流域水土流失面积占小流域总面积的比例高达66%，小流域生态环境遭到严重破坏。西部小流域生态环境具备区域面积小、地理特征单一、分布偏远、辐射利益主体较单薄等特点，本书在总结国内外管理模式、自然保护区生态补偿模式的基础上，量体裁衣地提出针对小流域特征的生态补偿保护管理模式。体制健全的小流域生态补偿管理模式应当具备党、政、军、民、学多领域、全方位力量的投入融合。

管理模式采取小流域生态综合补偿治理模式，基本思想是可持续发展宏观理念下的协调发展，具体是指以协调发展为指导思想，以乡村振兴为发展目标，以小流域生态环境、生态资源为支点，借党政军民学多方群体力量撬动区域社会生态经济三方面循环高效协调发展的综合治理战略模式。该模式下党组织、政府、军队、社会群众、学术界人士共同参与小流域生态补偿项目的实施，构建一个平衡、协调多元利益相关者的生态补偿结构。小流域区域涉及的党组织、政府机构、军队对于保护区域拥有直接管制权，制定出一对一具有“地域性”性的管理规章制度，提出所属区域生态补偿如何管理的实施办法。社会公众（对于小流域而言基本上是流域上、中、下游影响的民众）参与小流域生态补偿是公共事务中涉及的当事人应当承担的责任，相比其他群体，公众参与补偿项目能够更为直接地发现补偿项目实施的问题并及时反馈给管理机构进行调节，再者生活在流域范围内的群众拥有本土化保护环境的方式，能够提出更适宜更完善的小流域生态补偿措施。相关学术界专家的参与，探析小流域生态补偿存在的问题，研究解决可行的办法，向政府提出理论指导意见，避免利益相关主体追求短期利益，忽视社会经济生态长远发展。这种模式打破了党政军民学之间的界限，使得在小流域生态补偿中皆能行使自己的权利，承担自己的义务，调动各界力量，协调各方利益。乡村振兴战略的目标是解决农业农村农民问题，促进农村一二三产业融合发展，构建现代农业产业体系、生产体系、经营体系。小流域生态补偿涉及流域范围内经营企业的发展，涉及上中下游群众的生产生活，有利于优化社会经济生态各方面效益。西部小流域地区基本上分布在地理位置偏远、经济落后、农民贫困的地域，健全完备的生态管理模式有利于解决当地农业农村农民问题，从而实现乡村振兴的目标。

第四节　小流域生态补偿市场主体参与机制

一、市场主体生态补偿参与机制的基本框架

小流域生态补偿是一个复杂的系统工程，涉及范围广、资金需求量大、投资时限长，风险系数高，补偿机制的运行实施不仅影响区域地区间关系的变化，而且在更大程度上决定着整个国家经济社会健康持续发

展。仅依靠政府引导，流域生态补偿无法有效完成，市场行为是对于政府行为科学合理的补充。小流域生态补偿市场行为是指参与生态补偿的企业充分考虑生态补偿的市场供求条件和其他企业间的关系，针对生态补偿出现的问题采用各种决策办法。但是研究发现中国企业虽然积极参与公益事业，却只能做“无名英雄”，他们的义举并没有被媒体、政府和社会公众关注。原因是企业家们在参与公益事业时，可能只考虑了企业的社会责任，很少考虑到公益事业可以同竞争市场行为整合产生多赢的结果。

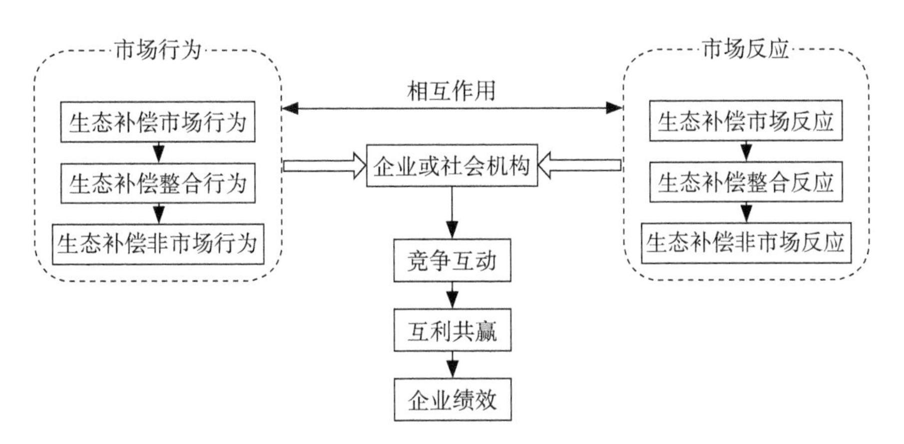

图 4-3　市场主体参与小流域生态补偿的实践机制

二、市场主体生态补偿的实施类型及模式

党的十九大报告中提出“要建立市场化、多元化生态补偿机制”，那么，如何使得生态补偿具有市场化、多元化的特征？要知道，我国目前生态补偿项目多是由生态保护流域的管辖政府牵头，通过行政的手段推动生态补偿的开展。这种单一的补偿行为模式会造成小流域生态补偿存在补偿标准低于平均水平的问题，补偿流域也无法得到切实的保护，并且人们对于生态保护的积极性会在一定程度上被削弱。市场参与、调节的小流域生态补偿弥补政府行为的不足，赋予流域利益相关者独立、平等的市场地位，通过市场机制调节生态补偿的交易方式和行为，极大调

动人们参与生态补偿的积极性，真正做到完善生态补偿机制，去除行政化，突出市场化、多元化的特征。

查阅相关资料了解市场行为的价格行为和非价格行为两方面，以美国湿地银行为例，对我国小流域生态补偿的市场化进行分析，大体可以将小流域生态补偿的市场行为分为生态补偿价格行为和生态补偿非价格行为。生态补偿价格行为是指企业参与生态补偿进行的定价行为，生态补偿非价格行为是企业在生态补偿中实行的整合行为。

（一）市场主体生态补偿定价行为参与机制

生态补偿定价行为是在市场体系下，生态补偿的受偿方和受益方通过市场供需调节生态补偿标准，此时的补偿标准是均衡补偿标准，反映了小流域破坏和保护的价值。生态资源是一种特殊的商品，虽然从社会稳定和环境保护的角度出发，生态资源并非完全由市场决定，而是实行政府管制的价格，但是就目前我国生态补偿机制而言，生态补偿标准基本上是单纯地从生态破坏的损失、从生态中收益的金额以及生态保护成本这几方面考虑。再加上无论是政策定价的制度还是学术界对生态补偿标准界定尚且存在多重干扰，使得生态补偿标准的调整在一定程度上遇到阻力，这就导致了小流域生态补偿标准偏低，无法反映生态资源的稀缺性、重要性对价格的影响，价格杠杆很难调节生态资源的分配和保护，最终造成生态保护力度微弱和生态资源浪费严重的局面。借鉴水源地生态补偿各主体博弈及其行为选择，市场体系下，生态补偿定价行为是以生态资源的受益方作为补偿主体，参与生态环境保护的群体和流域下游被影响的村民作为受偿客体，补偿主体和受偿客体在市场的供求机制下对生态补偿的标准，如流域下游村民的损失费用、生态修复整理的项目金额、保护者的劳工费用等等，这些方面进行价格博弈，通过市场上的讨价还价即补偿双方的博弈最终得到一种纳什均衡。如此，通过市场调控生态补偿的价格，能够提高生态保护的积极性，最重要的是市场的补偿价格的变动可作为生态补偿效果对比的参考。

（二）市场主体生态补偿非价格行为参与机制

生态补偿的整合行为是企业将生态补偿作为公益行为同商业活动结合使得企业获取持续性竞争优势。在我国，企业虽然积极参与公益事业，自觉承担社会责任。但是由于企业大多将生态补偿单一地看成责任，未考虑到生态补偿行为可以同商业活动结合，并且多企业可以同台竞争产生多赢的局面。就如外国企业参与公益性活动时，它们会用 10 万元作为公益投资，用 100 万元作为后期公关和宣传，提升公司的公信力和公司的形象，最后可能为公司带来 1000 万元的经济收益。截然不同的是，我国企业多是“无名英雄”，实行的义举很少被媒体、公众关注。如果小流域生态补偿的影响力未能得到扩散，其他企业将不会有效地参与到生态补偿中去，考虑到企业经营活动是为了获取利润，那么设想大多企业参与小流域生态补偿的积极性会大大降低。企业参与小流域生态补偿的整合行为、在内部效益方面，企业参与生态补偿的行为同自己的商业活动相结合（如提升企业形象），生态恢复良好，生产资料与生态资源有直接关系的企业可以获取更多的生态—经济利润；在外部效益方面，参与生态补偿的企业间通过竞争、联合组成最有效的生产经营模式，获取最优的经济利润。

（三）小流域生态补偿市场主体投资融资参与机制

生态补偿的资本单依靠财政资金投入是杯水车薪，吸引社会资本的投入需要运用市场化机制。但是生态补偿的公益性与社会资本的逐利性，是生态补偿投融资需要解决的矛盾。生态补偿投融资市场化机制强调市场在生态补偿中的作用，通过市场产权交易和金融工具运用，促进生态资源合理流动，达到生态资源优化配置和吸引社会资本投入生态补偿的目的。理论研究方面，科斯的产权理论在国外生态补偿领域得到了广泛应用。例如，排污收费制度、生态公益林补助等征税补贴手段的推行，绿色偿付、配额交易、生态标签、碳汇交易及排污权、水权交易等市场化交易模式的崛起，形成了产权理论在生态补偿领域的外部效应理论。

近年来，国内学者的研究主要集中在生态补偿的市场化模式、生态资源产权交易制度、生态服务市场化及生态补偿投融资手段及政策等方面。生态补偿融资的方式是多样的，借款、贷款、集资、债券、租赁、绿色保险、BOT、TOT、PFI 投资基金等，同时要积极推动非政府组织和公众补偿。

第五节 小流域生态补偿群众主体参与机制

一、群众主体生态补偿参与的基本框架

人类的行为尤以人类的经济行为会对自然生态系统产生或正或负的外部性影响。正如参与式民主理论强调的是参与主体本身的价值，是个人参与公共事务进行自我发展自我完善的必须。但是我国对于这些主体在法律上的界定是模糊不清的，不同学者有多重定义。本书采用惯常标准，将个人、公众或者流域的民众的行为都视为个体行为。

虽然我国生态补偿遵循的保护理论是“污染者付费原则”和“环境受益者付费原则”。但是，在现代生活中，环境保护的费用通常是由社会支付，环境保护带来的好处却由所谓的上层阶层享用，他们生活在干净、舒适和美好的环境，成为环境保护的主要受益者，环境保护的支出费用和环境污染损害的费用却由社会抑或被生态环境影响的公众承担。即环境受益者无须付费，环境受害者得不到补偿，更甚者环境受益者持续向环境受害者输出污染。这种不公正的情况不符合生态补偿伦理的逻辑。我国是一个国家或政府主导型的国家，国家行政权力支配社会，客观存在着强国家弱社会的现象，所以公众参与生态补偿的程度取决于国家或政府愿意与公众分享多大权力，参照美国学者阿斯汀提出的“公众参与阶梯”（如表 4–2）。

表 4-2　公众参与阶梯的八个梯度

参与行为	参与程度
1. 操纵	假参与
2. 训导	假参与
3. 告知	表面参与
4. 咨询	表面参与
5. 展示	高层次表面参与
6. 合作	深度参与
7. 授权	深度参与
8. 公众控制	深度参与

本书中的小流域生态补偿个体行为是区别于政府、企业这些群体而言的，采取个体行为的对象主要是流域直接影响者（上下游村民、靠打鱼为生的渔民等）、参与生态保护的实施者和区域社会的个人。根据小流域生态补偿的个体行为对小流域生态环境的影响，设计个体行为模式。

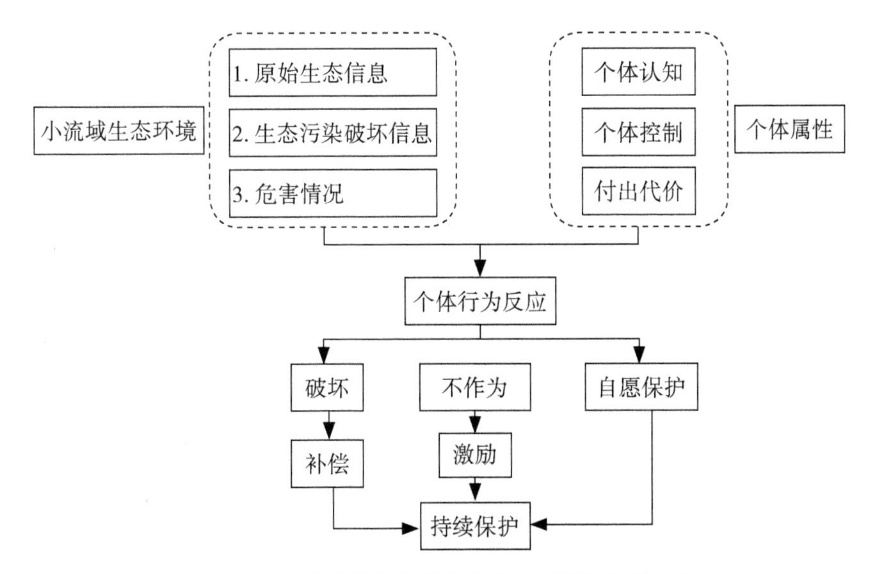

图 4-4　群众主体参与小流域生态补偿的实践机制

二、群众主体生态补偿的实施类型及模式

（一）制度调节的主动参与机制

基于理性人的假设，参与小流域生态补偿的个体均为理性人，以追求自身利益最大化为行为目标，期望以最小的成本获取最大的经济利益。参照生态补偿主体，可以对个体进行分类。一类是以破坏流域生态环境为代价获取经济利益的个体，一类是仅仅享受生态环境保护带来的好处的人群，一类是因保护流域环境丧失发展机会的个人。通过小流域周边参与补偿的居民间的博弈，理解个体与个体之间的互动作用和个体与生态环境的互动。在生态补偿中，博弈双方为生态资源的保护者和受益者，参与补偿的双方会朝着自身利益最大化的方向做出自己的选择。在彼此间独立的情况下，最后的结果就是双方实现了个体理性的纳什均衡。参照有关文献将小流域生态补偿的个体行为分为治理、不治理和补偿、不补偿。

假定一个小流域涉及两个个体，上游者采取治理和不治理的行为，下游者采取补偿和不补偿的行为，建立模型如图 4—5 所示。

	治理	不治理
补偿	X_{11}，X_{12}	X_{13}，X_{14}
不补偿	X_{21}，X_{22}	X_{23}，X_{24}

图 4-5　群众主体是否参与生态补偿的补偿博弈模型

X_{11}、X_{12}、X_{13}、X_{14} 是治理或不治理行为获取的收益，X_{21}、X_{22}、X_{23}、X_{24} 是下游者采取补偿或不补偿行为获取的收益，在现实生活中，可以就此比较不同行为的不同收益的大小，得出上游者和下游者采取的最优行为，这个行为组合即是纳什均衡。但是，在一定的条件下，该矩阵很容易陷入 X_{23}、X_{24} 不治理、不补偿阶段，尽管这会是个人最优的选择，却背离了集体主义，终会导致环境问题的恶化。这就是一个典型的囚徒困境，证明两个个体间无法信任对方，需要通过政策（比如奖励和补贴）转变这种囚徒困境。如果政府增加对（治理、补偿）的奖励和支持，或

者加大对生态破坏行为（不治理、不补偿）的惩罚措施力度，那么生态环境状况将会朝着有利于生态文明的方向发展。

（二）强力作用下的被动参与机制

当前我国个体参与小流域生态补偿的程度取决于政府愿意给予个体多大权力，个体参与生态补偿时多是在政府的指导下，被动地依照政府规划工作实施生态补偿。

例如，贵州省毕节市威宁县吕家河小流域治理中，群众以个人劳动参与生态治理项目，折合人民币30.23万元。工程实施中，群众自筹资金和投入劳动力。最后项目在政府、群众和社会各界的积极参与下圆满完成，达到通过综合性治理，快速调整土地利用和产业结构，使严重的水土流失得到控制，逐步改善流域内生态及生产环境条件，增加区内人民群众的经济收入，改善群众的生产生活条件，使当地经济社会发展步入良性发展的可持续之路的目标。工程治理的目标虽然实现，但是个体行为间的博弈或者参与生态治理的主动权基本上没有体现。从个体与生态环境互动关系的视角，个体参与行为处于第一阶段"操纵"，参与程度是表面参与，实施效果远不及自动参与式。

第六节　小流域生态补偿的管理模式与政策建议

一、合理界定小流域生态补偿政策要素

（一）利益相关者

小流域生态利益相关者即责任主体的确定，按照"谁保护，谁受益"原则，确定补偿主体；许晨阳通过排污权和水权的初始分配来界定责任主体；张惠远等将利益主体界定为责任主体；王金南等提出生态补偿主体应根据利益相关者在特定生态保护或破坏事件中的责任和地位加以确定；徐大伟等提出区域行政政府应承担河流流经该地区的流域生态保护责任，按照"谁保护，谁受益"的原则，确定补偿主体。

上述通过利益关系确定的责任主体，不一定是有效的。若要确立生态补偿主体，不仅要考虑相关的利益关系，还要考虑在生态补偿实施过程中所花费的外部成本，例如在补偿费用收取过程中如果存在受益者相对分散的情况，那么就会存在成本过高的问题等。王青云根据生态保护受益者的受益程度，提出了主要受益者分担补偿模式和政府全部承担补偿模式。他认为若是受益主体过于分散，对于补偿费用的提出是极其不利的，为了减少“税收成本”，部分的补偿费用可以由主要受益者分担，政府承担其他分散受益者的责任，对于补偿费用进行补偿。

笔者认为：小流域的受偿主体就是生态保护的主体，而小流域补偿主体则定位为生态服务的受益主体，与此同时，我们考虑到很多因素，比如小流域的受益主体大多数是农民且具有分散性的特点，更不利于对于小流域生态补偿资金的收取。另一方面，从成本—收益角度考虑这个问题，界定小流域内政府为补偿支付主体，承担部分责任，目的是为了减少“税收成本”。

（二）补偿方式

在建立小流域的生态补偿制度的过程中，应该遵循一定的流程。不同的区域实施补偿策略具体上可能会存在差异，但大体的实施模式应该是确定的。当前有经济补偿、政策补偿、项目补偿、人才补偿、技术补偿和生态移民六种补偿方式，实践和理论都有介绍。

（三）支付方式

如果要对于小流域的补偿的支付方式进行分析，就必须对于资金的来源进行分析，补偿资金来源于以下三个方面：

第一，流域所在省的财政转移支付。有些省份的体制机制内就包括对于小流域的转移支付，这是小流域资金来源的很大一部分。

第二，自然保护区内的经济收入。主要包括发展旅游业的一些门票收入等，这一部分收入就可能作为了生态保护的专项资金。

第三，国家补偿。国家对于一些需要生态保护的地域都会有专门的款项进行拨付，例如小流域综合治理基金、封山育林项目基金等等。

有了资金来源，小流域就对资金进行筹划管理。小流域生态补偿的支付方式大致分为两种，包括直接的资金支付和间接的项目收益的方式。

（四）补偿标准

小流域生态服务补偿作为小流域内开展水资源交易的一种方式，生态补偿标准的确定需要根据情况而定，我们首先要做的是明确流域内的生态服务的对象和范围，并且结合流域内的生态服务在供给和需求两个方面进行综合分析。补偿的标准可以在下述几个方面进行考虑：机会成本，生态服务价值的增加量，最大支付意愿，水资源价值，支付能力。因此，小流域生态补偿是一项复杂的系统工程项目，不能仅仅从理论和科学的角度去看，还要考虑地区经济社会发展水平，考虑群众意识水平和实际需求。

二、科学规范小流域生态补偿管理模式

对于目前的小流域的生态管理模式，主要分为三种：政府管制、社会参与和市场调节，以发挥政府市场和公众的共同作用。

第一，政府管制。政府管制是指政府相关的机构或其他的公共机构凭借其所具备的权力制定一些法律、法规、政策等权威性的规则，并付出实际行动，对社会主体的行为进行约束规范管制，控制其行为。政府管制的具体形态多种多样，大体包括经济、政治和社会管制三个方面的内容。生态补偿由于具有一定的特殊性，不可能完全依靠市场机制建立，所以就得通过政府方面进行组织协调。政府进行管制的方式可以通过制定生态补偿法律法规等行政手段，也可以运用财政机制来发挥作用。

第二，市场调节。市场调节是指充分运用市场的手段，最大地发挥市场的作用。市场具有灵活性好、效率高的特点，在某些方面可以弥补政府大包大揽的管理弊端。引入市场机制，提高生态补偿管理的效率和效益。在生态补偿中引入市场调节手段包括市场化的融资、生态服务市场化交易手段以及引入市场管理组织的积极因素，提高政府的管理效率

等。市场化融资方式主要包括发行生态补偿的债券、基金、股票等多种方式进行筹资，以打破政府单方面提供财政补偿资金的局面。通过把市场引入生态补偿建设中及区域内进行市场化的交易和谈判，实现收益区域对建设区域的点对点的补偿。在管理的过程中也可以引入市场管理的高效因素，吸收市场管理例如公司运行机制和激励约束的积极因素，提高政府的管理水平。

第三，社会参与。社会参与是指采取一切有效的措施积极地引导推动社会公众参与生态补偿的管理，推动公众在确保政府和市场在生态补偿举措顺利实行方面起到积极的作用。社会参与方式有社会群众监督、群众支持等方式。引入社会的力量对于生态补偿管理的实施过程进行监督，如利用媒体进行监督、社会舆论进行监督等；社会群体对于小流域的支持包括技术支持、政策支持等，例如社会公众可以为生态补偿标准的制定等生态补偿政策提出建议，以及通过宣传等的方式提高大部分公众的意识来促进生态政策更好地执行。

第五章　产品视角下小流域生态补偿合理标准及政策

第一节　生态服务观及其对生态补偿的影响

一、生态服务观的起源与发展

（一）古代生态服务观

从古代起，中国思想中就孕育着浓郁的生态服务的哲学，尤其是其中精华的部分至今一直沿用，这就丰富了我国当代的生态哲学理论，也大大地增加了我国生态文明的内涵。

早在远古时代，人们就表现出了对于动物图腾的崇拜，这也正体现了人们的生态思想观。在远古，人们既崇拜大自然，又对大自然充满了畏惧之情。崇敬之情源于大自然为人们的生存提供食物和住所；敬畏之情源于大自然天气的变化（雷电风雨）带来的威胁和凶猛野兽的伤害。在漫长的历史长河中，人们渐渐形成了一种共同的认知——顺应自然规律，这也正是天人合一思想的萌动。

农耕时代人类产生了原始的天人合一的思想观。在农耕时代，农业文明开启，人们从最初的蒙昧时期过渡到了中国古代文明期，这个时期的体现生态文化的著作主要有《庄子》《黄帝内经》等等。《庄子》强调：人要介入生态，成为与自然共语、相互交流的单元。中国古代生态观在《黄帝内经》中也得到了很好的体现，“人之所以参天地而应阴阳也，不可不察……凡此五脏六腑十二经水者，外有源泉，而内有所禀，此节内外相贯，如环无端，人经亦然，所以人与天地相参也。”从上述可见，生命有机体和大自然是同构而生的，万物与大自然都是协调存在的，而生命体与自然也是协调存在的。

（二）近代生态服务观

在西方，随着资本主义不断成长、资产阶级日趋成熟和科学技术的日益进步，人文历史的发展也在逐渐地完善起来。在资本主义的背景下，人与自然都是资本主义发展的质料，必须适应资本主义的发展。资本主义社会中，所有的活动都是把获得利益作为前提的，使得人们过分追求从自然中获取异化的价值，在这种情形下，人们的欲望膨胀得越来越大，使得世界变成了一个为了获取价值而制造的机器。人们对于权利和欲望的追求是不可遏制的，最终的结果就是对于自然的严重剥削。在早期，人们就对大自然有着或多或少的破坏与影响，资本主义的出现，加重了这种影响与破坏的程度。全世界范围内，人类为了获得更多的利益，都以牺牲自然环境为代价。

近代以来，随着马克思主义的发展，马克思主义生态自然观也随之形成，分析马克思的许多经典著作，很容易总结出马克思论述的人与自然之间的关系和马克思对于人类与大自然这种异化关系的批判，从此处可以看出马克思对于生态问题的关心。

《1844年经济学哲学手稿》的写作，是马克思主义生态观的起点和诞生的地方。首先，马克思从哲学角度开始入手，再到政治经济学，对于资本主义进行了深刻的批判，与此同时，马克思以哲学和政治经济学为基础，提出了马克思主义的生态服务观思想，把人与自然的异化归因于资本主义制度，提出了共产主义能够达到人和自然和谐统一的观点。与以前思想存在不同，马克思加入了一个前提——人和自然的关系和人的实践活动，马克思认为自然是和人的实际劳动分不开的现实的自然界。马克思还认为自然界是人化的自然，如果没有人类，自然界就没有了自然的意义。区别于其他动物，人类能够通过实践劳动来对于自然进行改变，以便使自然向更有益于人的方向发展，科学技术及工业水平的进步加强了人类改造世界的能力。马克思特别明确地说明了人产生于自然界，作为自然界的一部分，人类在具有生存劳动能力的天赋的同时，也受限制于自然，他把自然界比作为人的无机的身体，人类严重地依赖于大自然。从另一角度说，自然界是人类不得不选择的交往的对象，人类难以躲避的客观实在。我们所说的人的物质生活与精神生活都是与自然界不可分割的。

在《1844年经济学哲学手稿》中，马克思还提出了辩证的自然观，在这里，马克思指出环境创造人类同时人也创造了环境，这种唯物主义的自然观批判了黑格尔的自然和人类的关系——自然与人都是与现实脱离，并且自然与人之间也是相互脱离的。马克思与恩格斯共同编著的《神圣家族》中，他们主张人类的一切的活动实践要尊重客观的自然规律，它并没有创造新的物质，只是改变了物质的存在形态而已。《德意志意识形态》概括了更广泛的唯物史观，马克思与恩格斯指出任何人类历史发生的前提都是源于生命的存在。人类通过自然界而获取生存与发展的生产资料，自然与人之间的关系决定着人与人之间的关系。实践活动是人类最基本的活动，也是人类历史得以发展的根本。

（三）近代马克思主义生态服务观

第一，毛泽东的绿化造林和建设水利的思想。毛泽东对于生态也十分关注，尤其是重视绿化工作，这方面可以追溯到新中国成立之前，在那时毛泽东就把绿化祖国，建设适合人类生存的家园作为人生的一大理想。1932年，作为中华苏维埃政府主席的毛泽东就曾经发出了绿化造林的号召。新中国成立之后，毛泽东提出对于国家的自然资源，例如森林、矿产等都必须加以保护，进行合理的利用。此外，毛泽东认为做好中国的绿化工作是我们不得不面临的问题，按照制定的标准，荒山土地必须被植被所覆盖，逐渐使得我国的广大土地被绿色所覆盖。对于生态环境的保护，必须完善水利设施。每年我国都会发生许多的自然灾害，在这方面，毛泽东意识到了完善水利设施的重要性。大型的水利工程由国家负责，农业等小型的水利由农业合作社负责，在修水利的同时，毛泽东提出了水土保持的重要性，尤其要对于水土进行保护，植树绿化。

第二，邓小平提出人与自然协调发展和可持续发展的理念。首先，邓小平主张人与自然协调发展。早在1978年改革开放之初，面对东北开荒时的问题，邓小平就指出不能盲目地开荒，要在尊重自然规律的基础上进行相关的工作，否则就会引起一系列的自然灾害的发生。面对西部地区生态建设问题，邓小平认为要把改善生态环境和绿化造林及逐步改善人民的生活水平结合起来。针对陕北地区水土流失的问题时，他指出可以在黄土高原这片土地上进行植树造林、种植生态草地等，让荒芜的土地变成绿化的草场。这在预防自然灾害的同时，又能给人们的生活带来经济效益。其次，邓小平从我国的长远发展考虑，阐明了我国在长期如何发展的问题，对于我国的社会主义建设做出了顶层设计。在1989年，邓小平提出建议，政府应该对于我国的长期发展制定一个详细的规划，目的就是确保我国的经济在未来的50年持续并健康地发展。

第三，江泽民生态建设思想。江泽民在邓小平的基础上继续推进可持续发展的战略，并且很明确地指出，中国的经济发展水平若要取得更大的进步，可持续发展是唯一可取的路径，只有这样才能建设现代化社会。江泽民在党的十六大报告里面明确地提出，我国经济的持续发展不仅仅是简单的解决温饱的问题，进一步要满足人民日益增长的物质文化需求，以推动整个社会走出一条发展文明的道路。

第四，胡锦涛提出科学发展观。党的十六大确立了走新型工业化的目标同时还提出要树立长久的发展理念，从不同的方面促进经济的发展，坚持以人为本，树立全面、协调、可持续发展观，绝对不能因为眼前的蝇头小利而忽略了长期的发展。科学发展观的提出是对马克思与恩格斯提倡的生态思想观的升华和继续深入发展。在可持续发展观提出之前，我国主导的经济发展方式是粗放型，这虽然在很大程度上促进了经济的发展，但是这期间却造成了极其严重的生态破坏。为了解决这样的经济发展与环境保护之间的矛盾，党中央针对性地提出了科学发展观。坚持资源的开发和节约，并且放在首位的是节约资源，提高资源的利用效率，以使经济发展与环境保护两者同步发展。

第五，习近平提出绿色发展理念。党中央对于生态建设一直很重视，因为它与人们的生活息息相关，良好的生态环境不仅对于经济持续健康的发展具有很大的贡献，同时也可以助力中华民族的伟大复兴。为了实现美好的愿望，党的十八大把生态建设推上了新的高度，这足以看出我党的决心和信心，要把我国建设成美丽文明的社会主义国家。习近平在发表讲话时多次强调，要把我国建设成天更蓝、水更清的生态文明国家，以实现中华民族的永续发展。党的十八届五中全会提出了我国的发展过程中，绿色是绝对不能少的一个特点，生态、生活、生产三者一定要兼顾，不能把建设建立在破坏生态环境的基础上，不能因为要发展而忽略了环境的保护，要使我国在绿色中发展，在美丽中前行。习近平指出，要处理好经济发展与生态治理之间的关系，举全国之力积极地推动绿色发展、循环发展、低碳发展。

二、生态服务观对生态补偿的重要影响

生态服务观的发展在我国经历了漫长的过程，逐渐形成了以马克思主义生态观为基础的适合中国国情的生态服务观，这种观念对于生态补偿具有重要的意义和极其深远的影响。

（一）生态服务观为生态补偿提供理论基础

我们都知道，我国的生态服务观是在逐渐借鉴外来生态观的基础上发展起来的，并取得了长足的进步，生态服务观的形成为进一步的生态补偿提供了理论，生态补偿的目的上述已经说过，最主要的就是保护生态环境，是在制度方面的安排，制度的制定是需要一定的前提的，而这个大前提就是生态服务观的形成。

（二）增强人们的生态服务意识，促进生态补偿制度的实行

生态服务观是国家自上而下推行的一种大局意识，通过这种宏观政策的制定为生态补偿等制度的制定提供了良好的环境。自我国实行工业化以来，产生了许许多多环境污染的问题，生态服务观正是针对这些问题提出来的，生态补偿又可以作为生态服务观在制度方面的细化。

（三）生态服务观为生态补偿提供了实施路径

生态服务观涉及的范围广泛，而生态补偿的目的是保护环境的基础上调节各个利益主体之间的关系。两者在目的上是具有一致性的，生态补偿的治理措施及其补偿标准的确立都需要考虑到生态服务价值，而生态服务观的确立也即生态服务价值的前提。生态服务观、生态服务价值、生态补偿三者之间是一个串联的关系，就像一条锁链，一环扣一环，所以从生态服务观入手可以实现生态补偿措施的确立。

三、践行生态服务观的重要意义

2015 年 10 月，党的十八届五中全会在深入分析我国的发展环境的基础上，首次提出了创新、协调、绿色、开放、共享的发展理念，这一理念成为我国“十三五”时期经济社会发展的指导思想与原则。新发展理念是在总结我国实践经验基础上，结合我国面临的新挑战、新形势而提出的，这一理念提出的最终目的就是实现人的全面发展，它丰富了中国特色社会主义体系，为我国接下来的生态文明建设提供了一份“说明书”。新发展理念相辅相成，是具有内在联系的统一体。创新——解决发展动力；协调——解决发展不平衡；绿色——解决人与自然和谐；开放——解决内外发展环境；共享——解决发展目的的问题。

随着社会的发展而形成的马克思主义生态观及而后根据国情确立的各阶段的中国化的马克思主义生态观，为新发展理念的提出奠定了基础。特别是新发展理念中绿色发展更具有指导意义。绿色发展是永续发展的必要条件和人民追求美好生活的重要体现。坚持绿色发展就是坚持

资源节约和环境友好，就是坚持可持续性的发展，走出生态良好的文明之路。

在当今世界，无论是资本主义国家还是社会主义国家，各个国家都存在生态破坏的现象，而且有的国家的破坏极其严重。马克思主义与生态思维的结合为政治理论和人类生态政策的制定了提供了方向。马克思主义生态观通过构建一种有机的世界生态观而寻求走出生态困境的办法，这种有机的生态思维相对于其他西方的思想来说，更加接近于中国的思维方式，而新发展理念正是在马克思主义生态观中国化过程中形成的一种以建设生态文明为目标的崭新的发展理念。马克思主义生态观与中国的传统文化有着天然的契合性，正是这种契合性使得在马克思主义生态观中衍生出了绿色发展理念，以构建追求全人类共同福祉的生活方式。

第二节　生态服务功能价值评估的理论基础[①]

一、环境经济学理论与方法

环境经济学是环境科学与经济学相交叉的一门学科，主要涉及的领域包含：怎么样估算出污染环境之后所造成的损失，包括直接产生的物质损失、对人体健康的影响及间接产生的精神损害；怎么样评估出为了治理环境的投入所产生的各方面的效益，包括直接的经济效益和间接的对于社会和生态产生的效益等方面。经济发展过程中如何对环境进行保护，处理好经济发展与环境保护之间的关系一直是人们存在争议的问题，环境经济学也正是把这一矛盾问题作为核心问题来进行研究。解决问题的关键是要确立一个经济发展和环境保护之间的内在平衡机制，提出既要经济发展，又对于环境伤害较小的标准和方法。包括“外部性理论”“环

① 生态学、环境经济学、制度经济学理论与方法在前面第三章有介绍，这里简要提及。

境资源价值理论”及“环境经济学研究方法论”等。

二、生态学理论与方法

生态学是具有自然科学性质的一门学科，它所具备的特点是同时具备科学性、客观性和实证性，在发展的过程中，在融入人文精神的基础上与哲学等社会科学相结合；同时，在现代社会发展的基础上并结合时代的需要，在更多的方面与现实问题及可持续发展的理念相结合，由此具备时代精神，带有很明显的价值取向，在一定程度上成了人们共同追求的核心价值。从上述角度出发，生态学的理论基础和基本的理念，包括“生态环境理论”“生态和谐理论”“生态循环理论”“人与自然的关系理论”等，基础性理论知识在前面第三章有介绍，这里不再过多阐述。

三、农业多功能理论与方法

结构—功能理论从部分和整体关系的角度研究社会系统的问题，该理论认为在一个社会系统结构中，内部的各个部分对整体都有自己的作用，这种作用的发挥需要各部分之间相互协调、相互配合。结构—功能理论最早源于孔德的生命有机体思想，经过后人的进一步研究，这一理论被帕森斯正式提出。

从这个角度看，农业具有多种功能。不仅有经济生产功能、社会保障功能、文化传承功能、生态保护功能，还有政治稳定功能等。当然，不同知识背景的学者对农业功能的认识不一样。但学界达成一些共识：农业是具有多种丰富的功能特征的产业形态，农业的功能随着经济社会发展而不断开发，农业的多种功能价值评估、开发是现代农业发展的基本方向。并且，农业多功能性研究中多应用环境经济学、生态学、农学、气候科学、制度经济学等多种交叉学科的理论与方法去研究和挖掘，不是一两个学科能解决的事情。

第三节　小流域生态补偿效果的宏观评价——贵州农地生态安全评估

一、生态安全研究背景及问题提出

（一）小流域生态补偿效果与土地生态安全

前面研究范围界定部分提出，本研究重点针对小流域综合治理这一间接支付的生态补偿，也就是说几十年来把小流域综合治理当作是小流域生态补偿的基本形式且是重要的形式。事实上，小流域综合治理的初衷是保持水土，防止沙化，防止水土流失给区域造成自然灾害，影响地区生产生活安全和水资源安全。从本质上说，水土流失综合治理、小流域综合治理才是最符合实际的最大的补偿。治理效果的体现重点在水土保持生态安全方面。因此本节采用“土地生态安全评估”这一主题来代替小流域生态补偿的效果评估。

（二）当前土地生态安全研究现状

目前，由于经济社会发展迅速，土地资源的利用率已经成为人类活动作用在生态系统中的重要路径，人类活动对土地安全影响越来越大，人地矛盾越发突出。城市化进程加快、资源的不合理利用等，这些也会导致土地开发过度、土地的使用方式转变、土地资源生态极易受到破坏，土地的生态安全问题逐渐显现，显然已经引起了国内外众多学者的广泛关注。20 世纪 80 年代，傅伯杰（1985）首先将土地与生态系统结合研究，研究了土地生态系统的具体组成；刘勇等（2004）运用 AHP 确定指标权重的方法讨论了区域土地资源生态安全的状况；梁留科等（2005）对我国土地生态安全问题做了初步的探索，提出要注重可持续发展，从国家安全、全球安全、人类安全的角度出发保护生态。近几年，很多学者以不同区域为实例，根据不同模型及分析方法对土地生态安全做出分析与评价，比如 RBF 模型、PSR 模型、IDRISI 软件、GIS—遥感法、物元分析法、熵权法、主成分分析法等等。土地生态安全是可持续发展的核心，可持续发展是一个国家综合实力的重要考察标准之一，只有保证了生态环境与经济发展的协调，社会才能获得长足的进步。

土地生态安全是涉及多种指标、由不同种类的数据共同组成的庞大系统，因此选取的评价体系、分析方法都会对评价结果产生巨大影响。在评价指标上，一般的 PSR 模型不能展示出生态安全中引起系统发生变化的根本、也不能了解土地生态形成的最终结果。欧洲环境署对 PSR 模型进行进一步改进，提出了 DPSIR 模型［驱动力 (Driving Force)—压力 (Pressure)—状态 (State)—影响 (Impact)—响应 (Response)］是在系统的层面对土地生态安全的不同方面进行评价分析。在分析方法上，熵权与改进 TOPSIS 法相结合，是一种十分常见的决策方法，可以比较容易地比较出当前状况与理想解之间的距离。本节将基于 DPSIR—TOPSIS 模型对贵州省的土地生态安全状况作出具体分析，并希望可以为以后的研究提供参考。

（三）贵州省土地利用基本情况

贵州省，位于中国西南方向，是西南地区的重要交通枢纽，也是全世界著名的山地旅游目的地。贵州省是一个山川辽阔、温度适宜、资源丰富，同时具有较大发展空间的省份。贵州省处于云贵高原的东边，平均海拔大约为 1100 米。整体的地貌主要以山地、丘陵为主，只有 7.5% 相对比较平坦的盆地，总体呈现出的地形模式为“八山一水一分田”。

贵州省地区的土地总面积为 176167 平方千米，占我国国土总面积的 1.8%。2018 年末总人口 3600 万人，在全国排名第 19 位。2018 年末地区生产总值（GDP）14806.45 亿元，在全国西部地区排名第 7 位，GDP 增速为 9.1%；第一、二、三产业生产总值分别为 2159.54 亿元、5755.54 亿元、6891.37 亿元。从贵州省的 GDP 在全国的排位可以看出，贵州省的经济发展主要靠第一产业带动，这意味着贵州省的自然资源消耗较大，可能会影响土地的生态安全状况。贵州省的土地资源面临着森林覆盖率减少、水资源不足、水土流失严重、自然灾害受灾面积增多、建设面积用地越来越多的状况及问题，亟须深入了解土地生态安全问题，将土地生态安全的保护与建设提上日程，多方位评估贵州省的土地生态安全状况，全面分析该省的生态安全发展趋势，着力推进贵州省的土地生态安全保护，建设生态文明社会。

二、生态安全研究数据来源与方法

（一）构建评级指标体系与数据来源

DPSIR 模型是对于 PSR 模型进行改进之后得到的一种新模型，它用来表征一种复杂的因果关系。现将该模型引入到土地生态安全评价中，把 DPSIR 模型分为五大类评价指标，分别是驱动力、压力、状态、影响、响应这五大类，每一类又细分出很多种具体指标。参考前人的研究成果，通过不同类型指标之间的相互作用综合表达出贵州省的土地生态安全状况，驱动力导致发生压力，压力会影响系统中的某些状态发生变化，状态发生变化会对系统产生影响，影响会使得人类做出不同的响应，该模型体现了人类活动与生态环境之间相互作用的关系。运用该模型，将进一步分析土地生态安全问题，努力将问题简单化，找到最适宜的解决办法。

本书根据 DPSIR 的概念模型（见图 5-1）并同时参阅了大量有关于土地生态安全评价的文献，按照数据的可获得性、完整性、真实性、多样性、综合性等各方面的因素，结合贵州省实际的生态安全环境，最终在五大类评级指标中选取了 32 个具体指标，形成了贵州省的土地生态安全评级指标体系。在该模型中，“驱动力”表示土地生态安全发生变化的表层原因，其中包括人类活动与自然条件；“压力”表示人类对于土地生态安全形成压力的直接原因；“状态”表示土地生态安全目前所处的情况；“影响”表示当前的土地生态会对人类生活产生的影响；“响应”表示人类对于土地生态的安全采取何种保护措施。

本书的研究数据主要来自 2007—2017 年的《贵州省统计年鉴》《中

国统计年鉴》以及贵州省近年的土地利用状况调查数据。

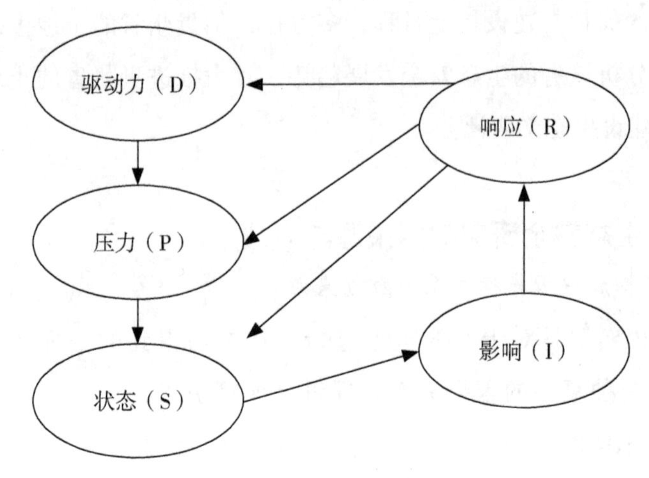

图 5-1 DPSIR 的概念模型

（二）评价方法

本书对于贵州省的土地生态安全状态将选取改进后的 TOPSIS 法进行评价，其评价的具体步骤如下：

第一，评价指标标准化

对于所涉及到的评价指标，如果是正指标，公式为：

$$y_{uv}=[x(u,v)-x_{min}(v)]/[x_{max}(v)-x_{min}(v)] \quad (1)$$

如果是负指标，公式为：

$$y_{uv}=[x_{max}(v)-x(u,v)]/[x_{max}(v)-x_{min}(v)] \quad (2)$$

其中，$x(u, v)$ 为第 u 年第 x 个 v 评价指标值；m，n 分别为年份数和评价指标数；$x_{max}(v)$、$x_{min}(v)$ 分别为第 x 个 v 指标的最大值和最小值。

第二，计算指标权重

从不同侧面对于贵州省的土地生态安全进行分析评价，但是由于每个指标的重点不同，不同指标在不同方面表现形式也不同，不能仅仅将不同指标数据单纯相加就得出分析结果。因此，要对评价指标进行权重的计算，在最合理的情况下分配权重。

计算权重的方法有很多种，一般分为两大类：一类是客观赋权法，主要包括熵权法、主成分分析法等；另一类是主观赋权法，主要包括德尔菲法、层次分析法等；本书目的是将指标数据进行更客观的分析，所以采用熵权法进行指标权重的计算，其计算公式为：

（1）计算指标信息熵 H_v

$$H_v = -k\sum_{u=1}^{m} p_{uv}\, ln\,(p_{uv}) \tag{3}$$

其中，$k=1/lnm$，并且 $k>0$；ln为自然对数；$p_{uv} = y_{uv}/\sum_{u=1}^{m} y_{uv}$（假设当 $p_{uv}=0$ 时，$p_{uv}l\,n(p_{uv})=0$）。

（2）计算第 v 项指标的差异项系数 G_v：

$$G_v = 1 - H_v \tag{4}$$

（3）计算指标权重 W_v：

$$W_v = G_v/\sum_{v=1}^{n} G_v,\ n=1,\ 2,\ 3,\ \ldots,\ 32 \tag{5}$$

（4）建立加权规范化矩阵 V

$$V = |V_{uv}|_{m\times n} = W_v \times Y_{uv} \tag{6}$$

其中，Y_{uv} 为标准化之后的矩阵

（5）确定正理想解与负理想解

代表加权规范化决策矩阵 V 的最大值与最小值

正理想解：

$$V^{+} = \{\, maxV_{uv} \mid u=1,\ 2,\ \cdots,\ m \,\} \tag{7}$$

负理想解：

$$V^{-} = \{\, minV_{uv} \mid u=1,\ 2,\ \cdots,\ m \,\} \tag{8}$$

（6）计算每一年份的评价指标到正理想解 D^{+} 和到负理想解 D^{-} 的差值

$$D_u^{+} = \sqrt{\sum_{v=1}^{n}(V_{uv} - V_v^{+})^2}\ \ (u=1,\ 2,\ \cdots,\ m) \tag{9}$$

$$D_u^{-} = \sqrt{\sum_{v=1}^{n}(V_{uv} - V_v^{-})^2}\ \ (u=1,\ 2,\ \cdots,\ m) \tag{10}$$

其中，D^{+} 的数值越小，证明评价指标越接近正理想解，土地生态就越安全；D^{-} 数值越小，证明评价指标越接近负理想解，土地生态就越不安全。

式（7）计算各个评价指标与理想解的贴近度 C_u

$$C_u = \frac{D_u^-}{D_u^+ + D_u^-} \tag{11}$$

其中，C_u 的取值区间为 0 到 1 之间。它的数值越靠近 1，证明该年的土地生态状况越安全；它的数值越接近 0，证明该年的土地生态状况越不安全，根据 TOPSIS 法以及贴近度的取值区间，并结合贵州省土地生态的实际情况，可以将贴进度区间划分为五个小区间，作为评判等级，见表 5–1。

表 5–1　贵州省土地生态安全评判标准表

C	（0，0.4）	（0.4，0.6）	（0.6，0.7）	（0.7，0.9）	（0.9，1）
安全状况	不安全	较不安全	临界安全	较安全	安全

三、生态安全研究结果及分析

（一）对于影响贵州省土地生态安全状况的主要因素分析

根据改进的 TOPSIS 法中指标权重计算这一步骤，可以从表 5–2 中得出结果：在贵州省的土地生态安全状况调查中，城市化水平（X_3）、GDP 增长率（X_4）、农药使用量（X_8）、农用化肥施用量（X_9）、农用塑料薄膜使用量（X_{10}）、水土流失治理面积（X_{15}）、堤防保护面积（X_{17}）、造林面积（X_{19}）、农业人均纯收入（X_{24}）、环保治理投资占 GDP 比重（X_{28}）、生活垃圾无害化处理率（X_{30}）等评价指标所占的权重较大，均大于 0.033，以上这些指标是影响贵州省近十年来土地生态安全状况的主要因素。X_3、X_4、X_{24} 为经济方面的因素，X_8、X_9、X_{10} 为农业生产方面的因素，X_{15}、X_{17}、X_{19}、X_{28} 为环境方面的因素，X_{30} 为基础设施方面的因素，在不同方面因素对贵州省土地生态安全产生的影响，应该从下面几个方面重点展开：第一，改变经济发展方式，提高经济发展质量，不一味地追求经济增长速度，在合理程度上提高城市化水平、GDP 增长率、农民人均收入，用高水平的经济发展提升贵州省整体的土地生态安全状况；第二，在农业生产进程中，注重生态农业，减少使用农业生产中可能产生污染的污染源，比如农药、塑料薄膜等；第三，积极治理环境问题，加强流域的水土治理与保护，提高土地的利用面积，有计划地退耕还林，加大在环境治理方面的投资；第四，加强基础设施的建设，为生态环境的保护做出努力，提升应对突发生态问题的能力。

表 5-2 贵州省土地生态安全评价指标体系

系统	指标名称（代码）	单位	指标性质	指标权重
驱动力	人口自然增长率（X_1）	‰	-	0.022
	人均 GDP（X_2）	元	+	0.031
	城市化水平 (X_3)	%	+	0.055
	GDP 增长率（X_4）	%	+	0.034
	森林覆盖率（X_5)	%	+	0.067
	就业率（X_6）	%	+	0.019
压力	城市人口密度（X_7）	人 /km^2	-	0.028
	农药使用量（X_8）	t	-	0.037
	农用化肥施用量（X_9）	10^4t	-	0.037
	农用塑料薄膜使用量（X_{10}）	t	-	0.038
	人均水资源量（X_{11}）	10^3m	+	0.023
	建设占用耕地面积量（X_{12}）	km^2	-	0.018
状态	耕地面积（X_{13}）	10^3hm^2	+	0.022
	有效灌溉面积（X_{14}）	10^3hm^2	+	0.02
	水土流失治理面积（X_{15}）	10^3hm^2	+	0.058
	自然灾害受灾面积（X_{16}）	10^3hm^2	-	0.015
	堤防保护面积（X_{17}）	10^3hm^2	+	0.064
	建设用地面积（X_{18}）	km^2	-	0.017
	造林面积（X_{19}）	10^3hm^2	+	0.049
	耕地旱涝保守面积（X_{20}）	10^3hm^2	+	0.019

续表

系统	指标名称（代码）	单位	指标性质	指标权重
影响	粮食作物总产量（X_{21}）	10^4t	+	0.012
	重工业增加值增长速度（X_{22}）	%	–	0.027
	农林牧渔业总产值（X_{23}）	亿元	+	0.031
	农业人均纯收入（X_{24}）	元	+	0.033
	农业机械化总动力（X_{25}）	10^4kW	+	0.024
	可供消费的能源总量（X_{26}）	10^4t	+	0.023
响应	恩格尔系数（X_{27}）	%	–	0.025
	环保治理投资占 GDP 比重（X_{28}）	%	+	0.043
	污水处理率（X_{29}）	%	+	0.024
	生活垃圾无害化处理率（X_{30}）	%	+	0.041
	工业固体废弃物综合利用率（X_{31}）	%	+	0.025
	自然保护区面积比重（X_{32}）	%	+	0.019

（二）贵州省土地生态安全状况分析

在改进 TOPSIS 的计算中可以看出，在 2006—2016 年整个进行土地生态安全评价期间，D^+ 在 2006—2013 年，呈现逐步递减的趋势，在 2015 年和 2016 年稍有回升，但总体趋势为逐步贴近正理想解；D^- 在 2006—2016 年基本呈现递增的趋势，逐步偏离负理想解；贴近度 C 在 2006—2016 年从 0.329 逐步增长为 0.629，土地生态安全状况由不安全转变为临界安全（见图 4-7、图 4-8）。在 2006—2011 年期间，贴近度 C 均小于 0.4，说明在当时贵州省的土地生态一直处于不安全的状况，尤其是 2008 年贴近度只有 0.291，远低于前后几年，土地生态处于极不安全的状况。在 2008 年，整个贵州省的自然灾害受灾面积突增到前一年的 3 倍，造林面积大幅度下降，重工业增加值增长速度下降 2 倍多，就业率下降，农药、农用塑料薄膜使用量增加，这些因素都是使得该年的贴近度骤降的原因。在 2012—2013 这两年，贴近度 C 是属于较不安全的阶段，是向临界安全过渡的时期，并且呈现快速增长态势，从具体的指标数据来看，人均 GDP 涨幅较大，森林覆盖率有明显提升，城市人口密度相对下降，受灾面积大面积减少，水土流失治理水平提升、林地占比显著增多；但是，农用塑料薄膜使用量持续增加，建设占用耕地面积猛增，环保治理投资比例减少；除此之外，其他的指标数据均表现出缓慢优化的趋势，由于多种因素同时作用，最终导致 2012—2013 年的土地生态安全状态虽有明显好转，但仍处于较不安全的阶段。在 2014—2016 年间，贴近度 C 在 0.61—0.63 之间波动，变化趋势不大，均处于临界安全的状况。从近 2006—2016 年贵州省土地生态安全状况分析来看，土地生态安全状况逐步好转，贴近度 C 大体呈现逐步升高的态势，逐步接近临界安全的上限，这证明土地生态的观念越来越被人们所重视，并且已经在实践过程中，土地生态保护势在必行。

但是，从贵州省近 2006—2016 年整体状况分析，当前的土地生态安全状况仍然没有达到安全的界限，土地生态状况有着平缓提升，但没有根本转变。森林覆盖率不高，就业率不高，农药、化肥、农用塑料薄膜使用量难以减少，自然灾害频发，水土流失，堤防保护等问题依旧十分

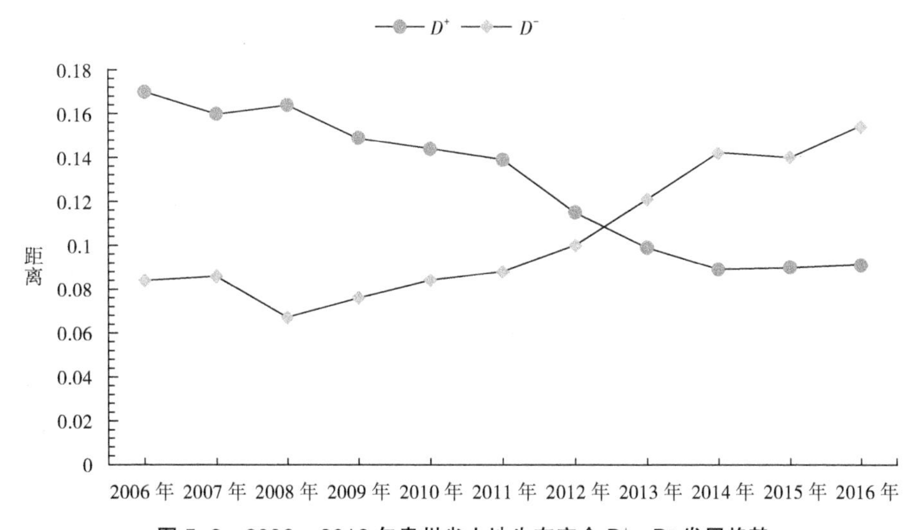

图 5-2　2006—2016 年贵州省土地生态安全 D^+、D^- 发展趋势

显著，经济与生态发展难两全，土地生态仍然难以达到安全的等级。在今后的发展中，贵州省应该加大投入环境保护的资金占比，在城市化过程中强调生态的重要性，努力协调人地矛盾，使贵州省尽快地提升土地生态安全状况。

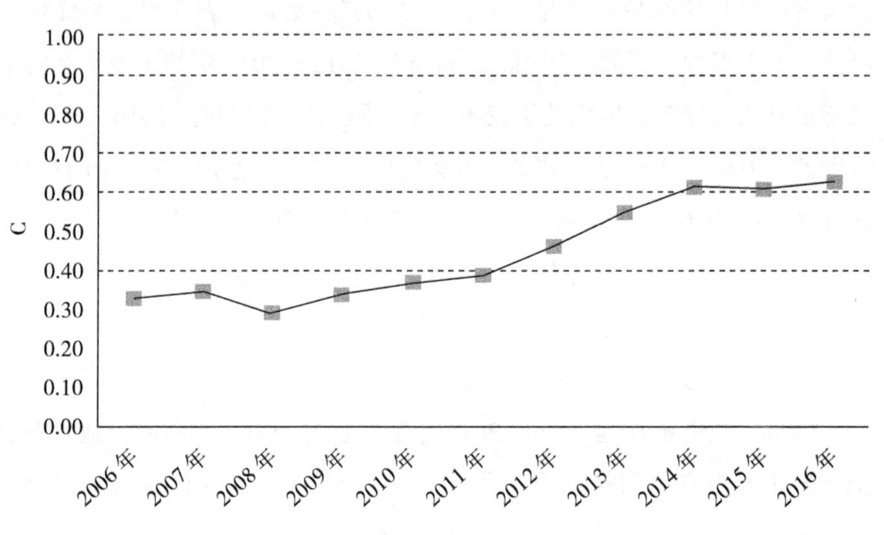

图 5-3　2006—2016 年贵州省土地生态安全发展趋势

（三）分系统生态安全状况分析

根据图 5-1 至图 5-3 可以得出：

第一，驱动力系统。

在驱动力系统中，D^+ 大体上呈逐年下降的趋势，逐渐靠近正理想解；呈波动上升的趋势，增加的幅度、速度都相对较慢，但仍逐步远离负理想解；土地生态安全的贴近率基本呈逐步上升的走势，从 2006 年的 0.162 逐步升高到 2016 年的 0.681，土地生态安全评价由不安全转变为临界安全，这些都证明了 2006—2016 年贵州省在生态安全方面有了较大提升。在这十年期间，贵州省人均 GDP 从 5750 元提高到 33246 元，森林覆盖率从 39.93% 上升到 52%，就业率上升，为土地生态提供了经济保障，为生态保护贡献了环境力量。但是，D^+ 在 2014 年出现了不正常的数值；D^- 在 2008 年也出现了十分反常的结果，2010 年、2014 年的结果也相对不稳定；这最终也使得贴近度 C 在 2008 年、2010 年、2014 年的结果没有逐步升高。究其原因，回到初始数据中看，2008 年，GDP 增长率下降、就业率下降；2010 年，GDP 增长率下降，人口自然增长率提高；2014 年，GDP 增长率下降，森林覆盖率下降，这些指标数据都在不同程度影响着土地生态安全的评价结果，尤其是贴近度在 2013 年已经达到较安全，由于指标的负影响导致贵州省土地生态安全仍徘徊在临界安全的范围。综上，在驱动力系统下，贵州省的土地生态安全虽然需注意 GDP 增长以及环境保护等问题，生态安全状态变化缓慢，但大体上呈现向上的发展趋势。

第二，压力系统。

在压力系统中，D^+ 呈上升态势，D^- 呈下降态势，贴近度 C 整体上逐年下降，土地生态安全评价从 2006 年的较安全转变为 2016 年的不安全状态，这说明在经济快速增长的同时，对土地造成的压力也越来越大。人口的密集程度，农药、化肥的使用量，建设占用耕地面积量的多少都会影响到贵州省经济发展过程中面临的压力大小。随着经济社会的发展，必须重视土地压力过重的问题，比如要控制农药、化肥的施用量，减少建设占用的耕地面积，治理污染物排放等。只有将压力状态的继续恶化情况控制住，逐渐缓解土地生态的压力，经济发展才能持续且稳定，共同创造生态与经济共同发展的贵州省。

第三，状态系统。

在状态系统中，D^+ 随着年份不断减小，不断贴近正理想解；D^- 基本呈逐渐增大的趋势，不断远离负理想解；贴近度 C 逐渐增大，在 2006—2012 年属于不安全状态，2013 年是临界安全的过渡阶段，2014—2016 年贵州省土地生态进入了较安全的状态，近十年来贵州省在状态系统中的土地生态安全状况持续好转。2008 年、2011 年 D^- 与贴近度 C 略微偏离整体的变化趋势，主要原因是自然受灾面积骤增，导致土地生态状态急剧下降，最终导致当年的生态状态变差。在2014年之后，土地生态状态越来越好，是由于近几年水土流失治理率升高、受灾情况减轻、堤防保护面积逐渐增多，这都是土地生态安全状态越来越好的本质原因。只有将自然灾害的受灾面积控制在最小的范围内、尽可能地加大水土流失治理面积、加大堤防保护面积等，才会使土地生态状态变得更加适宜，促使贵州省土地生态安全整体上改善。

第四，影响系统。

在影响系统中，D^+总体不断减小，2016年为0.003，十分贴近正理想解；D^-大体上逐年增大，2008年增速略快，至2009年略有下降；贴近度C在2008—2011年波动幅度不大，但仍处于不安全状态，2012—2016年从临界安全转变为较安全，最终跨入到安全状态阶段。2006—2016年的发展状况来看，贵州省土地生态中的影响系统有着不可或缺的积极影响，粮食作物总产量不断提高、重工业增加值的增长速度逐渐放缓、农林牧渔业总产值逐渐增加、农业人均纯收入大幅上涨、可供消费的能源总量不断增多，这些都从不同的角度表明了良好的状态系统反作用于人类生活、社会发展，会对整个系统中的影响系统的贴近度状态有着不容小觑的作用。

第五，响应系统。

在响应系统中，D^+、D^-、贴近度C都呈不稳定的波动态势，但整体形式依旧是缓慢波动减小，D^-、贴近度C波动着增大。近十年来，在经济迅猛发展的前提下，生态环境问题也越发凸显，人们对于环境的保护意识逐步增强，也十分注重对于土地生态安全的保护。同时，贵州省在土地生态方面也出台了一系列相关政策，恩格尔系数从51.53%下降到38.7%，污水处理率从21.2%上升到90.5%，生活垃圾无害化处理率从31.3%上升到88.7%，工业固体废弃物综合利用率从36%上升到58.1%，这些都是质的飞跃，使得贵州省土地生态响应系统的安全状况得到改善。但是，贵州省仍要在环保治理投资方面加大投资，进一步扩大自然保护区面积，使响应系统的安全状态得到更好地提升。综上，2006—2016 年，响应系统的安全状态从不安全转变为较不安全，在 2014 年达到了较安全的最好状态，这说明贵州省在促进土地生态安全发展的过程中，需要保证措施的稳定实施，形成更持久、稳定发展的措施及对策。

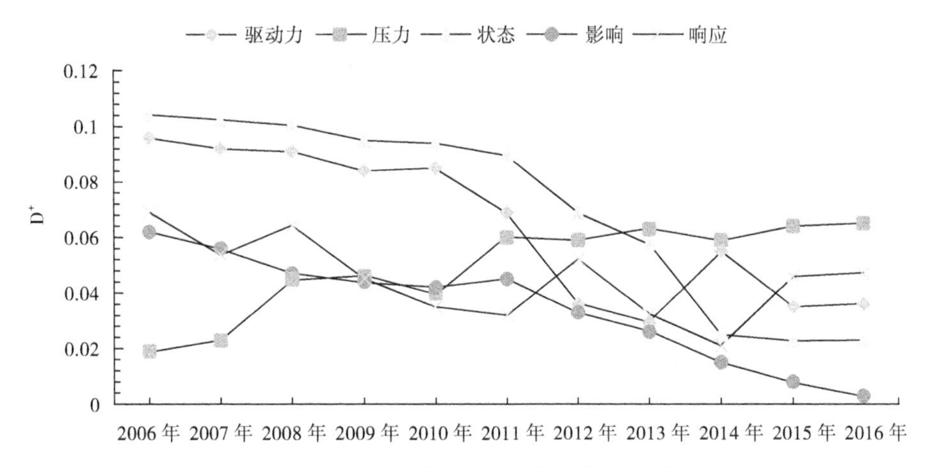

图 5-4　贵州省土地生态安全各类系统 D^+ 变化趋势

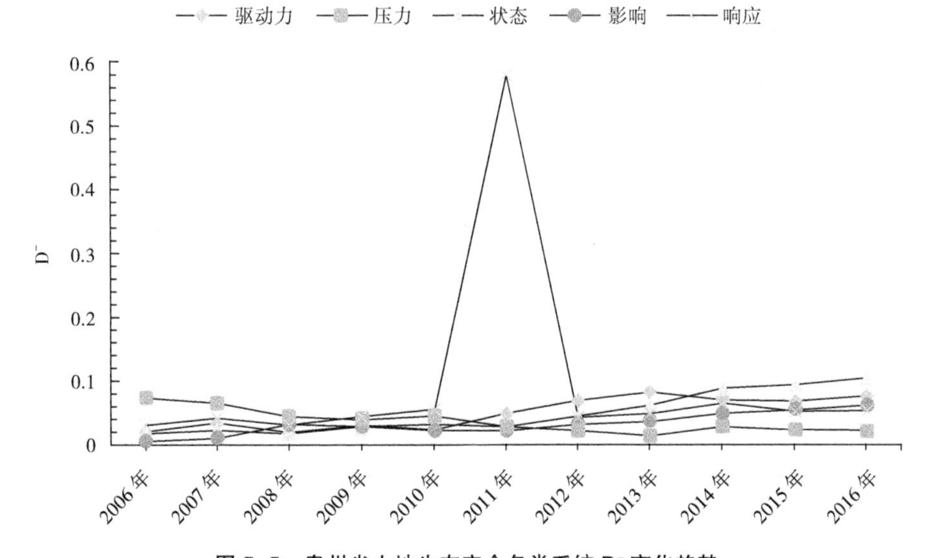

图 5-5　贵州省土地生态安全各类系统 D^- 变化趋势

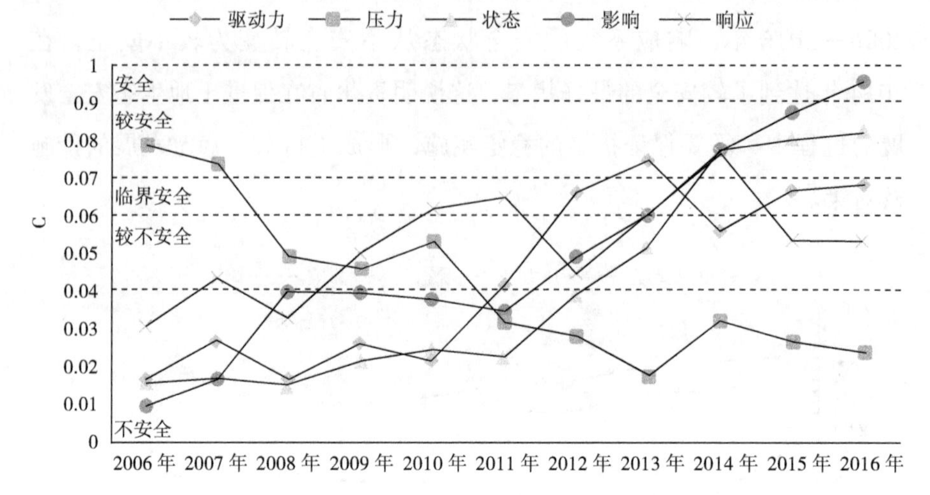

图 5-6　贵州省土地生态安全各类系统贴近度 C 变化趋势

四、小流域生态安全评估结论与政策建议

（1）本书采用 DPSIR 概念模型，根据贵州省的实际情况，建立了以驱动力、压力、状态、影响、响应五个分系统共 32 个指标数据组成的贵州省土地生态安全评价指标系统，运用改进的 TOPSIS 法，对贵州省 2006—2016 年的土地生态安全情况作出综合性的评价与分析，最终得出的结果与实际情况相一致，说明本书所用的研究方法与研究思路具有可行性。

（2）对于贵州省土地生态安全状态的影响因素分析，基于熵权法对指标进行权重分配，占据主要影响因素的有：城市化水平、农药使用量、GDP 增长率、森林覆盖率、水土流失治理面积、农用化肥施用量、堤防保护面积、造林面积、环保治理投资占 GDP 比重、生活垃圾无害化处理率、农用塑料薄膜使用量。这些指标的数据变化都会对贵州省土地生态安全状况产生很大的影响，想要提高土地生态安全现状，必须对以上这些指标更加重视、投入更多的精力，以促进贵州省的土地生态安全状况进一步改善。

（3）2006—2016年的贵州省土地生态安全状况整体呈现上升的趋势，由最初的不安全转变为现在的临界安全，但是仍然没有达到安全的状态，这证明生态安全问题仍然不容小觑，需要足够的能力、精力使得生态安全变好。对于各个分系统，驱动力、状态、影响系统的安全状态均有相当大程度提升，驱动力系统达到了临界安全的状况、状态系统达到了较安全的状况、影响系统已经达到了安全状况；响应系统逐渐增长，从不安全状况变为较不安全状况，波动性较大，变化不稳定；压力系统从较安全状况逐渐变为不安全状况，必须引起重视。

第四节　生态补偿标准的微观证据——丹寨县小流域多功能价值评估

一、小流域生态服务功能与农（林）业多功能性

农（林）业具有多功能性，不仅有经济生产功能、社会保障功能、文化传承功能、政治稳定功能、生态保育功能，还有教育功能、休闲娱乐功能等。而小流域分布区，多是水源涵养地区，林业、农业发展较好的地区。因此，研究小流域的生态服务功能，本质上就是研究小流域分布区农（林）业的多功能性。所以本节以农（林）业多功能性的研究代表小流域生态服务功能。

二、丹寨县基本情况及农业多功能价值评估意义

丹寨县位于东经107°44′—108°08′、北纬26°05′—26°26′之间，位于贵州省东南部，黔东南苗族侗族自治州西部，地处苗岭山系东段雷公山西南麓、贵州高原向广西丘陵过渡的斜坡地段，为长江、珠江两大流域的清水江、都柳江水系上游分水岭。地势东高西低，依分水岭向西北、东南倾斜，东与雷山县接壤，全县呈菱形，东西宽40.50km，南北长39.80km，总面积94029.58公顷。冬无严寒，夏无酷暑，四季分明，

降水充沛，全县年平均降水量1320.5毫米；年均气温16.3℃，极端高温34.80℃，极端低温-9.5℃，无霜期283天，属中亚热带季风性湿润气候。全县土地以山地为主，占总面积的94%，森林面积54667.37公顷，森林覆盖率属全省最高，达63.75%。县境内已定名木本植物91科237属519种，草（藤）本植物43科230种，县境古老濒危珍稀植物种类较多，已知的有24种，其中列为国家保护树种14种，占全省（42种）的33%。主要有银杏、秃杉、黄枝油杉、柔毛油杉、穗花杉、翠柏、福建柏、银鹊树、杜仲、白栎树、香果树等，均主要产于本县东部山区。

农业多功能性是1992年在全球农业与农村发展会议上提出的。强调农业除具有经济功能外，同时还具有食物保障、社会稳定、文化传承、生态保育和政治保障等多种功能，并确立了农业多功能性的概念。而林业多功能性是在农业多功能的基础上提出的，主要指林业除了具备生产功能外，还有其他如生态景观、水土保持、生物多样性、防洪减灾、降温、清新空气等功能，研究认为，林业的其他功能价值通常比生产功能的价值高出很多倍。通常，衡量林业的发展程度一般是看林产品的市场价值。但是国内、外的理论和实践证明：林业资源的价值主要表现其作为生态服务、社会服务的外部经济价值上，而不是表现在为产业内部的经济价值上。这种超市场的公益性商品价值不能完全通过市场实现，可能造成林业价值过低，生产者利益受到损害，因此需要进行林业补偿，进行林业功能（特别是生态、社会服务）的价值评估将为此提供有力的科学依据。不仅是为改变人们对林业的认识，重视林业多种功能，保护生态环境，而且对资源合理配置，实现林业补偿有着重要的意义。

三、丹寨县林业功能价值评估——基于农业多功能的实证

林业多功能的研究是近年学术界研究的热点问题，随着林权制度改革，全球气候变暖，林业的多功能价值评估与开发应用研究将持续受到重视。普遍认为，林业多功能价值主要体现在三个方面：一是实物生产

价值（如木材、林地及林副产品）；二是生态服务价值（如涵养水源、调节气候、净化环境、维持生物多样性、固碳释氧、水土保持及防洪减灾等）；三是社会服务价值（提供就业、美化环境、游憩、美学、精神文化传承等价值）。在充分研究前人研究成果的基础上，结合丹寨县林业发展的情况，本书总结了林业的多种丰富功能，并进行价值评估。但是由于没有市场交换，难以精确计算林业功能外部经济的市场价值，只能通过间接方法来对其进行估价，目前评价方法有多种类型，如成本替代法（RCM，也叫影子价格法）、旅行费用法、支付意愿法等，都是国际上运用较为成熟的方法，本书将根据实际情况创新性运用。

（一）涵养水源，防洪减灾功能

涵养水源是林业（森林）的一个重要功能，其价值主要体现在储水、调节径流量、削减洪水、抗旱及净化水质等方面。涵养水源价值一般可用林业（森林）逐项截流大气降水量的价值来表示，通过林冠截流、枯落物层截流和林地土壤截流对大气降水进行再分配，从而调节降水时空分布，起到防洪减灾作用。

第一，林冠截流量。林冠截留对森林生态系统的水量平衡有着极其重要的作用，它对削减洪峰流量和延缓洪峰时间有重要意义。研究显示，我国南北不同气候带的森林植被类型林冠截留率变动系数范围在11.4%—34.3%(刘世荣，1995)，根据丹寨县林业实际情况，我们取平均林冠截留率18.7%，丹寨县平均降雨量1320.5毫米，根据公式（1），测算出丹寨县林业林冠截留量为：1.35×10^8 立方米。

$$Y_1=S\cdot L\cdot G \tag{1}$$

Y_1：林冠截留量，S：森林面积，L：年平均降雨量，G：林冠截留率

第二，枯落物层截流量。枯落物层在水源涵养功能中有重要作用，一是减少了暴雨期间的地表径流，二是在枯水期保障河流的流量，涵养水源的物质量与其性质、蓄积量、结构、湿度及分解状况等密切相

关，一般常用各林分最大持水量来衡量。为方便计算，我们采用各林分平均持水量 91.51t/hm^2，根据公式（2）计算枯落物层总持水量为：5×10^6m^3。

$$Y_2=S\cdot C \qquad (2)$$

Y_2：枯落物层总持水量，S：森林面积，C：年平均持水量

第三，林地土壤截流量。林地土壤层的蓄水能力大小取决于土壤孔隙度，孔隙度越大，越有利于水分下渗，减少洪峰期流量，增加枯水期流量，从而增大了水源涵养量。调查结果显示，丹寨县各林分土壤平均持水量为 459.16t/hm^2，根据公式（3）计算林地土壤截流量：2.51107m^3。

$$Y_3=S\cdot M \qquad (3)$$

Y_3：林地土壤截流量，S：森林面积，M；年平均持水量

总结：涵养水源、防洪减灾价值评估方法一般可采用影子工程法，也叫成本替代法（RCM），是指在生态系统遭破坏后人工制造一个工程来替代原来的生态系统服务，工程成本即可作为森林生态系统破坏后造成的经济损失。该方法的一个重点就是取价问题，一般可采用水利工程单位储水成本作为计价标准（我国在 1988—1991 年水库工程每建设 1 立方米库容的成本花费平均为 0.67 元）；由此，丹寨县林业（森林）涵养水源总价值为 1.1061 亿元。

（二）水土保持，粮食增产功能

第一，保护土地价值。计算林业（森林）每年保护土地总量一般可用潜在土壤侵蚀量与现实土壤侵蚀量的差值计算。根据欧阳志云 1999 等对我国无林地土壤侵蚀模数的研究，无林地的土壤中等程度的侵蚀深度为 15—35mm/a，侵蚀模数为 150—350m^3/hm^2·a，据调查，丹寨县土壤容重为 1.125t/m^3，侵蚀模数最低限 163.6m^3/hm^2·a，可得潜在土壤侵蚀的最低量为 10676537.36t；据测算丹寨县有林地的实际侵蚀模数为（阔叶林、针叶林、针阔混交林）平均为 3.47m3/hm^2·a，则每年实际的水土流失为 213407.75.t，则差值 9848121.70t。以我国耕作土壤的平均厚度

0.5m 标准计算，每年丹寨县林业（森林）保护土地面积 1750.78hm^2，按照我国林业生产的平均收益为 363.58 元 /hm^2·a（1990 年不变价），则丹寨县森林保护土地价值为 46.15 万元。

第二，保持土壤肥力价值。水土流失、土壤会带走氮、磷、钾及有机质，丹寨县土壤有机质平均含量为 5.8%，含氮量为 0.18%，含磷量为 0.03%，含钾量为 0.08%，森林保护土地最低量为 9848121.70t，可计算出有机质减少 571191.06t、氮减少 17726.62t、磷减少 2954.44t 和钾减少 7878.5t。如果分别转化为薪材、尿素、过磷酸钙和氯化钾，再按照市场价格测算，得到 2008 年森林保持土壤肥力价值为 1.54 亿元。

第三，粮食增产价值。林业（森林）对区域小气候的影响是显著的，不仅调节林内小气候，而且具有冷却和保温作用，一定程度上能增加当地的降水量，维持农作物正常生长所需的温度和水分，促进当地粮食增产。据研究，全国每年生物灾害带来的损失占粮食产量的 10%—15%（张广学，1996），由此认为由于有了森林的庇护，当地粮食总产量中的至少 10% 可归因于植被的作用。丹寨县 2017 年粮食产量为 5.64 万 t，总价值为 5640 万元（参考中国生态效益测算指标 1000 元 /t 计算）。那么由于森林植被的作用增产的价值可达 564 万元。

（三）固碳释氧，净化空气功能

植物的光合作用功能对于人类社会、整个自然界以及全球大气平衡来说具有非常重要的意义，即通过吸收空气中的 CO_2，利用太阳能生成碳水化合物，同时释放出氧气。森林是全球陆地生态系统中最大的碳库，全球森林总储碳量 1146Gt 约占土壤和植被所储存碳的 46%，且能以各种形式储存 CO_2，缓解全球温室效应。其价值测算一是考虑降解污染物（SO_2、HF 等吸收能力）价值；二是对大气粉尘有的阻挡、过滤和吸附作用价值 (姜海燕、王秋兵，2003)。通过测算，丹寨县林业（森林）固碳释氧、净化空气功能总价值达 11.26 亿元。

第一，固碳效益。林业（森林）对碳素的固定，是通过绿色植物的

光合作用吸收 CO_2 制造碳水化合物，并以有机物的形式固定于植物体内，从而成为大气 CO_2 的一个重要缓冲器，有助于缓解大气 CO_2 的增长率，减少气候变暖的影响。据有关研究表明，林业（森林）每生产 1t 干物质需吸收 1184t CO_2，或折合成 0.50t 碳（周晓峰，1999）。通过丹寨县森林资源的调查，计算出活立木蓄积量为 66.48m^3/hm^2。由于需要 0.50t 碳来生产 1t 干物质，若木材绝对干质量取 0.46t/m^3，按《中国森林环境价值评估》的计价标准固定二氧化碳的成本 273.3 元 /t 计，丹寨县活立木的储碳价值为 4596.75 元 /hm^2。全县林业（森林）总储碳价值为 2.51 亿元。

第二，释氧价值。据研究，森林每生产 1t 干物质可释放 1393—1423kg 氧气，平均为 1408kg。按《中国森林环境价值评估》的计价标准提供氧气的成本 369.7 元 /t 计，丹寨县林业（森林）释放氧气的价值为 15918.46 元 /hm^2。全县林业（森林）总释氧价值为 8.7 亿元。

第三，净化空气价值。一是吸收 SO_2。可通面积—吸收能力法：根据单位面积森林吸收 SO_2 的平均值乘以森林的面积，计算出吸收 SO2 的量。

$W_{so_2}=F \cdot S$

F 是不同森林类型对 SO_2 的平均吸收量（t/a）；S 为森林面积。

根据《中国生物多样性国情研究报告》，森林对 SO_2 的吸收平均能力为 152.13kg/hm^2 · a，消减 SO_2 成本为 0.06 万元 /t，由此可算出丹寨县林业（森林）年吸收 SO2 总量为 8316.60t，合计价值为 498.996 万元。

二是吸收氟。氟在大气中一般以 HF 的形式存在，生物防治氟是一种很好的措施。根据北京市环境保护科学研究所对树木吸收 HF 能力的测定，各类型树木吸收 HF 能力平均值为 3.58 kg/hm^2 · a，同样采用面积—吸收能力法可计算丹寨县林业（森林）年吸收 HF 总量为 195.71t，参考燃煤炉窖大气污染物排污收费等资费标准的平均值 0.016 万元 /t 的价格，产生价值 3.13 万元。

$W_{HF}=H \cdot S$

H 是不同森林类型对 HF 的平均吸收量（t/a）；S 是森林面积。

三是阻滞降尘。树木形体高大，枝叶茂盛，能够降低风速，可使大颗粒灰尘因风速减弱在重力作用下沉降于地面。据赵勇（2002）研究，丹寨县各类型林木阻滞降尘平均达到19.69kg/hm^2·a，采用面积—吸收能力法，可计算丹寨县林业（森林）年阻滞降尘总量达1076.41t，参考燃煤炉窖大气污染物排污收费等资费标准的平均值0.056万元/t的价格，产生价值60.28万元。

$W_{fc}=C\cdot S$

C是不同森林类型对阻滞降尘平均能力（t/a）；S是森林面积。

综合上，丹寨县林业（森林）年吸收SO_2价值498.996万元，吸收氟价值3.13万元，阻滞降尘价值60.28万元，合计年净化空气总价值为562.41万元。

（四）就业增收，景观游憩功能

林业及林副产品生产作为一种社会就业方式，近年来，随着林权制度改革，从业人数越来越多。2017年丹寨县从事林业及林副业产品生产的达650人（包括林业行政在岗职工、林业企业人员和与林业有关的旅游从业人员），年平均提供就业岗位达650个（含旅游），如果按照每个岗位每年平均6万元的工资水平，则林业发展的社会就业功能价值可达3900万元。

近年来，城市生活节奏加快，人们生活压力大，迫切需要放松休闲、回归自然，这也促进了城市周边休闲旅游的发展。丹寨县有着良好的生态环境，随着厦蓉（厦门到成都）高速公路的通车，贵阳到丹寨县100公里，同时凯里、都匀到丹寨县也在30—50公里范围，极大地促进丹寨县以森林、生态、自然景观为主的休闲旅游业发展。2017年的客流量为300万人次，旅游业发展同时也带动周边餐饮业、运输、小商品营销等第三产业快速发展，由以上计算可知，丹寨县2017年林业景观游憩所产生的价值、年旅游综合收入25亿元。

（五）林木及林副产品生产功能

直接进行林业及林副产品生产，是林业发展的一大功能，林木即森林活立木，是森林资源的重要组成部分。对林木资源进行评价，一方面可以帮助实现林木资产的保值增值，另一方面可以使林业能进入社会主义市场经济运行体系，推进林业可持续发展。一般情况下，林业及林副产品生产价值可用活立木生长价值代替，可依据公式计算：

$I_{活立木}=M \cdot N \cdot P$

式中：I 为活立木价值；M 为各林分的活立木蓄积量（m^3）；N 为各林分的年净生长率；P 为各类林木的活立木林价（元 /m^3）。

丹寨县活立木总蓄积量为 363.42 万 m^3，年平均净增长率达 3.94%，参考北京市森林资源价值核算研究中确定的林价指标（137.67 元 /m^3）可计算出林木及林副产品生产功能总价值达 1971.26 万元。

表 5-3 丹寨县林业（森林）多功能货币价值

名称		估算价值(万元)	采用方法
1. 林业及林副产品生产功能		1971.26	成本替代法（RCM）
2. 涵养水源，防洪减灾功能		1.1110^{4}	成本替代法（RCM）
3. 水土保持，粮食增产功能	保护土地	46.15	成本替代法（RCM）
	保持土壤肥力	1.5410^{4}	成本替代法（RCM）
	粮食增产	879	成本替代法（RCM）
4. 固碳释氧，净化空气功能	固碳（CO_2）	2.5110^{4}	成本替代法（RCM）
	释放氧气	8.710^{4}	成本替代法（RCM）
	净化空气	562.41	成本替代法（RCM）
5. 就业增收，景观游憩功能	就业增收	0.3910^{4}	旅行费用法、统计调查法
	景观游憩	2510^{4}	支付意愿法、旅行费用法
合 计		2002.1610^{4}	

四、评估结论与生态补偿标准参考方案

（一）小流域生态功能价值评估结论

综上研究，丹寨县林业有着相当丰富的多功能性，而且多功能货币价值为 2002.16×10^4 万元（2002 亿元）。但是，鉴于对功能认识的局限

性和外部性，以及价值评估方法的有限性，加上评价标准和计价标准的不同，本节评估结果只能在一定程度上反映小流域生态功能价值的货币价值，与真实价值存在一定误差，这也是下一步值得深入研究的问题。

（二）小流域生态补偿标准参考方案

原则上，按照经济学的原理，商品价值与价格应该是对等的，提供什么样的商品服务，就应该收取什么样的价格。小流域生态服务是外部性与内部性服务融合在一起，是集经济功能、社会功能、文化功能、生态功能，甚至政治功能为一体的多功能服务价值，如果完全作为生态补偿的参考标准会存在诸多问题。因此当前生态服务的上述评价标准不一定完全适应用当前经济社会发展阶段，但是可以作为一个理想值和参考值。那么，在此基础上如何决定小流域生态补偿标准呢？根据生态经济学、生态学、环境经济学及市场经济理论。当前小流域生态补偿可以依据半市场理论和生态学中的“时空有宜”规律，借鉴国内外成功经验而确定。基于此，丹寨县小流域生态服务补偿的标准，可考虑两个阶段：初始阶段和成熟阶段。

初始阶段的补偿：重点考虑小流域发展的机会成本中生态服务评估的总体价值，减掉林木直接经济效益。

$$P_{初标}=P_{标}-P_{收}$$

根据测算，当前丹寨县林木产业经济价值 1971.26 万元，那么整体生态服务功能价值2002亿元减掉这个部分即可计算为生态补偿的基本标准，即 2001.8 亿元的标准。无论是国家资金还是社会资金，无论是上游居民资金还是其他，都是在不同阶段需要支付给地区保护生态的人民。但是考虑到经济发展水平的区域各要素的影响力、贫困程度及区域经济发展重要性，本阶段可考虑分 10 年按照 80% 的标准补偿给地方人民，一方面促进发展，另一方面也是促进扶贫事业。

$P_{标}=2002\times10^4$ 万元，$P_{收}=1971.26$ 万元

$P_{初标}=2002\times10^4$ 万元 -1971.26 万元 $=2001.8\times10^4$ 万元

成熟阶段的补偿：原则上2035年中国实现社会主义现代化，之后，可考虑再分10年时间按照标准方案进行补偿。

第五节 西部地区小流域生态补偿合理标准执行方案及政策

一、小流域生态补偿标准分阶段执行方案

西部地区小流域生态补偿标准的确定，原则上是要考虑方方面面的因素，不能理想化地确定一个标准。而上下游的人和政府埋单，也不能简单拟一个标准使地方的人付出发展机会成本而得不到补偿。因此，结合上面提到的两个理论和国际经验通行做法，我们可更多参考实际情况。

（1）半市场理论。该理论认为，生态补偿标准受各种因素影响，既有市场因素也有经济因素，有人的因素也有自然的因素。因此，表达公式为：

$P_{标}=F(Q_S, Q_D)$

$P_S=f(Q_S)=f(M_{ACs}, M_{ICs}, \varepsilon)$

$P_D=f(Q_D)=f(M_{ACd}, M_{ICd}, \varepsilon)$

式中：

$P_{标}$——补偿标准；P_S——受补偿者标准；P_D——补偿者标准；M_{AC}——宏观因素；M_{IC}——微观因素；ε——其他因素。

原则上，由于宏观因素的不确定性和复杂性，目前各地区很少考虑宏观因素变动对流域生态补偿的影响，相关研究大多以微观因素为基础。对于补偿方，经济收入、个人偏好，以及未来发展预期等都是影响其生态补偿支付意愿的。而对于受补偿方，经济收入、直接保护成本、未来预期和机会成本等，也是影响其生态补偿标准确定的重要因素。由于半市场理论可知道，小流域生态补偿标准既要考虑到生态服务提供者的影响因素，也要考虑到补偿者的影响因素，经济发展水平不到一定程度，

生态补偿是不可能市场化的，只能政府埋单民众受益。这就是长期以来小流域生态环境综合治理依赖于政府拨款的原因。

（2）而生态学中的“时空有宜”规律也表明：每一个地方都有其经济社会和生态等条件的特殊性和最佳发展条件组合，构成独特的生态经济系统。在开发利用生态经济系统时必须考虑其时效性和区域差异性。在外国生态补偿差异性标准制订中，差异性体现在：针对不同地区发展因素的复杂程度，以及此区域在生态环境保护中的地位和作用不同、发展的机会成本和未来预期差异，实行分级核算分级实施。包括美国的环境质量激励项目、美国的保护准备金项目、拉美国家开展的环境支付服务项目、英国的环境敏感项目和纽约流域管理项目等，都考虑到了土地条件、社会经济条件、补偿的意愿和发展预期等因素。

（3）补偿标准决定参考。根据半市场理论、“时空有宜”规律和国际通行基本做法，小流域生态补偿的标准不能简单以生态服务功能价值为主，也不能简单以机会成本、建设成本作为标准。而是既要考虑上下游地区的支付意愿、生态服务的供给与需求情况，也要考虑小流域地区经济社会发展情况、城乡居民收入水平和实际情况，还要考虑补偿方支付意愿和受补偿方的接受意愿。

二、小流域生态补偿的实现模式及推进措施

小流域生态补偿标准是一个巨大的数字，不切实际的数据没有意义。要在实践中执行，根据上述论述必须考虑多方面因素。从经济学意义上看，生态补偿是将“外部性”公共资源效益“内部化”，人都是“经济人”，都考虑自身的经济收益问题，在能“搭便车”的时候，大多数人会选择“搭便车”。因此，环境条件不适合的情况下、经济条件不满足的前提下，人文条件特别是人的意识水平和精神层次不足够的背景下，实现高额度的生态补偿基本不可能。

结合中国经济社会发展水平，以及西部地区的基本实际情况。本书

认为小流域生态补偿可以多模式结合，分阶段推进。

（一）分阶段推进

第一，初始补偿阶段，采用国家资金转移支付为主（80%），社会资金购买服务（10%）为辅，附加地方人力自力更生（10%）发展相结合。原则上执行期到2035年左右，中国基本实现现代化，人民生活十分富裕，基本公共服务均等化，生态环境的影响力进一步提升，人们精神生活、意识水平上了一个层次，特别注重环境保护。

第二，中期补偿阶段。采用国家资金转移支付为主（50%），社会资金购买服务（30%）为辅，附加地方人力自力更生（20%）发展相结合。原则上到2040年左右为宜，那个时候的中国在经济实力、人民收入、精神层次、环境保护意识水平、资源利用及科技创新能力等都位于世界前列。

第三，后期成熟阶段。采用国家资金转移支付为辅（30%），社会资金购买服务（50%）为主，附加地方人力自力更生（20%）发展相结合。原则上到2060年左右才能实现，即中国经济社会发展水平，正常情况下已经到了自发平衡发展的高级经济体系阶段，人们对于资源的节约、环境的保护和爱护、精神生活的水平要求、物质生活的阶段已经高度与自然融合，人类发展与自然发展一体化水平进一步提高，人类考虑发展的环境影响已经到了非常高的阶段。

（二）多模式结合

小流域生态补偿涉及面广，补偿形式多样。根据标准测算方式，可分解实施下去。包括国家水土保持综合治理项目、水生态保护项目、森林环境资源保护项目；乡村旅游发展项目、乡村振兴投资项目、扶贫项目、民政项目等，采用多部门协调、多模式合作，社会资金、银行资金、财政资金及群众资金采用股份投资及协议投资、捐赠投资、旅游开发等多模式推动。小流域生态补偿原则上包括经济补偿与非经济补偿两方面，经济补偿如财政转移支付、补偿基金等；非经济补偿包括政策补偿如（贴息贷款、减税、旅游产业投资等）、技术支持服务、生态移民等补偿形式，特别是精准扶贫生态移民更是生态补偿的基本方式。

三、小流域生态补偿标准方案实施政策

根据上述内容，小流域生态补偿不仅仅是一个单位的事情，原则上涉及区域发展的有关方面。如果把环境、水利、农业、林业、发改、建设、扶贫等相关管理部门投入到农村发展的资金，流域治理水利建设、产业发展方面的资金全部集中起来，形成小流域生态补偿项目，会产生较大的集群效应。鉴于此，政府部门在生态补偿政策方面的改革应该包括以下要点：

（一）农村产权与扶贫利益链接机制改革

具有普惠性质的农村产权改革与专注于地方脱贫及农村发展的小流域生态补偿具有广阔的链接空间。一方面，农村产权改革通过自身具备的核心要素和保障功能，为小流域生态补偿营造了产权明晰、数据共享、制度供给的良好氛围，是小流域生态补偿得以顺利实施和深化的内在必要条件。另一方面，小流域生态补偿配置型资源下沉和权威型部门资源供给，使产权改革的内在动力得到补充和增强；以组织载体培育为核心的市场化路径的形成，同时也解决了农村产权改革的路径深化问题，为农村产权改革提供了空间。目前较为典型的农村产权改革与小流域生态补偿的链接模式有：集体资产收益型链接模式、购买服务型链接模式、承包经营权流转获利型链接模式、产权抵押贷款型链接模式等。建议从完善链接机制的理论支撑、构建风险防治机制、建立收益公平分享机制三方面来保障两者的有效链接，以此来破解“三农”难题，以实现小流域生态补偿、乡村振兴的综合目标。

（二）财税投融资模式改革

一是采取激励机制，吸引企业、个人积极参与到小流域生态补偿事务中来，改变以往观念，采用“以投代补”方式来开展生态补偿工作；

二是建立小流域生态补偿募捐基金，吸收来自不同地区、不同群体捐赠资金；三是开征求“生态税”，将生态建设义务纳入个人生产生活的方方面面，个人企业组织都有义务保护生态环境。形成多元投融资模式，减轻国家在小流域综合治理方面的财政负担。

（三）生态环境管理及补偿立法改革

一方面，建议尽快出台完善的生态补偿法律法规，规范社会行为，在生态补偿方面出现的矛盾和纠纷有法可依。另一方面，建议规范生态环境管理体制，以地方为责任主体，实行“以奖代补”的生态补偿管理办法，激励地方民众对生态保护更加自觉。三是建立生态补偿的社会责任监督、信用责任监督和公众参与机制，让人民群众在有“监”可依的基础上循正确的路径参与到“生态补偿”事务中来。

第六章　博弈视角下小流域生态补偿协调机制与政策

第一节　小流域生态补偿博弈的利益相关者识别

西部小流域分布区域内的相关利益者是多方面的，如环保组织、当地民众、收益民众、地方政府和中央政府，也有东部西部主体，同时还有生产者、管理者和消费者等，为研究方便从不同属性抽取几个主要的利益主体。

一、行政属性分类下的利益相关者

（一）中央政府

生态环境应该可以说是全国范围内的一种公共物品，中央政府对西部小流域的生态补偿进行战略规划和政策制定，调配财政资金和全国范围内补偿资源。

（二）地方政府

地方政府在西部小流域的生态补偿实践中发挥着重要作用，它起着中枢性连接作用。地方政府按照层级可以有省级政府、市级政府、县级政府和乡镇政府等。它一方面是受偿方，即接受来自中央政府和其他受益地区政府的补偿；另一方面也是补偿方，即它负责本域内为生态保护做出牺牲的民众的补偿。

（三）当地居民

西部小流域的当地居民是补偿政策的重要对象和受众客体，他们把自己的利益诉求和价值表达传递给政府，自身的政策工具和策略表达直接影响着生态补偿政策的绩效。当地居民在生态保护过程中付出了重大的代价，他们的生态保护收益远远小于付出了的成本。

二、区域属性分类下的利益相关者

（一）东部地区

长期以来，东部地区一直在西部流域水资源供应、电力供应以及其他能源、材料、人才资源供应方面扮演着受益者角色。但是，改革开放40年来，西部地区的发展严重滞后，而东部则快速发展。试想，如果西部地区断水、断电、断人力流动供应，东部还会那么快速发展吗？因此，从经济学角度看，东部消费了西部提供的商品。而这个商品不是简单的市场化商品，按照购买价格付款就可以了，补偿不仅仅是补偿商品本身的价格，而需要补偿发展机会成本，东部是生态补偿的补偿方。

（二）西部地区

长期以来为东部地区输送了大量人力、水力和电力，最后发展十分滞后。从伦理学、经济学、管理学的角度，都理应得到补偿，得到相应的支援，得到东部地区的支持快速发展，是生态补偿的受益方。

三、流域属性分类下的利益相关者

（一）上游地区

作为一个流域来看，必然有上游地区和下游地区。上游是水流经过的地方，如果上游不保护生态不保护水资源，则下游必然受灾，必然受水资源短缺甚至生态灾害的外部性影响，上游是生态补偿的贡献方，因为他们为保护水资源付出了发展机会。原则上在生态补偿活动中作为受益方存在。

（二）下游地区

下游是流水流到的地方，水是从上游流下来的。如果上游的水资源保护得当，生态环境良好，则下游会享受到优质水资源。不然下游必然受到严重的生态灾害影响和劣质水资源的影响。因此，下游是生态补偿受益方，在生态补偿活动中充当补偿者角色。

四、市场属性分类下的利益相关者

（一）生产者（农户、公司、企业、合作社：商品服务提供者）

第一，农户。农户特别是小流域分布区的上游农户，上游是相对概念，因为一个区域可能是别人的上游也可能是其他人的下游。一个小流域原则上只有一个或少数几个下游者。即使是下游农户，也有保护生态环境的社会责任，因此本研究不做分别讨论。农户是经济社会发展的最小生产单位，他们的生产行为直接影响着流域生态环境的质量。采用对环境无影响的生产要素，化肥、农药、农膜少用或不用，化学添加剂少用或不用。土地、林地、草地开发适度，或者直接保护起来不做深度开发和非农建设。多做保持水土的行为，多生产有机产品绿色农业产品，多投入保护山地、林地、草地、湿地。小流域生态环境自然保持好。但他们为什么要这样做？所以，农户的选择行为，从经济学的角度看存在"经济人"假设，而不是"社会人"假设，他们谋求经济利益而不是社会、生态和文化等利益。农户行为受到多种因素的综合影响，政府是否重视、下游是否补偿、补偿收益多少、管理是否严格、其他农户行为、企业行为等等都可能对农户行为产生重要的影响。

第二，经营组织（公司、企业、合作社：生产加工贸易者）。作为一个地方商品生产服务提供的经济组织，他们会在生态补偿中发挥什么作用？是否愿意投入资金改善生产体系，投入资金开发生态化技术，投入资金减少资源浪费和水资源污染？通过分析，还是需要从经济学而不是社会学或其他学科去研究。经济利益这一至关重要的因素必然会影响企业决策。那么，什么因素会影响到他们的经济利益呢？一是原料，投入的原料生态质量，必然会影响其产品质量。原料可能来源外部进口，也可能来自地方供应。原料生态品质的高低自然对加工贸易的商品质量带来关键影响；二是加工技术及有关生产规范，如原料生态质量没问题，影响加商品生态质量和生产者利益的因素就只有技术工艺、包装工艺等技术因素了；三是管理因素，主要包括企业组织、运营情况、企业品牌、运营机制、物流水平、发展政策与法律规章等。由此可见，影响经济组织核心利益的三大因素中，有的与生产者有关，有的与管理者有关，有的与自身运营水平有关。有外部因素也有内部因素。因此，是否采用生态化发展技术，是否参与生态保护和生态补偿等活动，其他决策的动力还是内因，取决于管理运营水平和自主观能动性，另外就是外部力量的大小。

（二）管理者（政府、消费者协会等非政府机构：管理监督）

管理者，在中国当前的政治体制范围内，政府依然是生态补偿、生态产业的倡导者、管理者和服务提供者。因为，产品生产者、地方居民和企业作为经济主体，不关心社会利益最大化、生态利益最大化，而关心自己的经济利益最大化，这是“经济人”假设下必然存在的结果。但是，管理者不同，他们关心的要多得多，不仅关心地区经济发展水平，社会和谐程度，也关心自然生态环境，更关心自身的政治利益，而前三者决定了后者，其他利益决定了政治利益。但是，如果投入较多的资源去保证地方民众、生产企业的经济利益，从而推进社会公平生态和谐自然美观，这个代价太大，而且时间太长，短期内不可能实现。省级以下一届政府执政期间也就5年左右的时间，不可能实现多么美好的结果。对本届政府是极度不利的，存在极大风险。其他社会组织和非政府机构情况类似。那么，他们应该如何决策？什么东西影响他们的政绩？涉及因素较多，时间因素和效应因素，内部因素和外部因素，人民因素和企业因素，上级因素和下级因素都有。这是一个长期反复博弈的过程，实现纳什均衡不容易。

（三）消费者（单位和个人：消费和监督）

就市场属性来说，消费者是影响市场发展的力量之一。如果市场是完全竞争市场，消费者的力量会导致市场趋向公平和均衡。他们的选择行为会影响生产行为和管理行为。因为市场是完全市场，信息充分且公开。生态补偿、生态保护行为导致的结果大家都好，谁都会在里面得到自己最大化的利益，自然会从经济人角度去决策。选择生态属性产品，倡导生态保护行为，得到生态补偿资源，再一次形成保护－消费－收益－保护－消费－保护的良性循环。反之，如果是不完全市场，消费者、管理者、生产者之间信息流动不充分，上游与下游信息交流缺乏和信任机制建设缺乏，必然会导致多方面的不信任问题。消费者不知道购买的产品是否属于生态化产品，生产者不知道原料是否为生态化原料，管理者不知道他们谁说的对，也不知道生态补偿是否能够兑现，万一保护了生态资金不能到位，那不是没办法了？信息不对称会导致市场大面积崩溃，导致信任机制无法建立；供求不平衡也会引起动力不足；交流不充分机制不完善更会导致多方的无法配合；生态补偿管理效率低下，生态化数字化管理技术障碍、制度障碍和管理障碍，生态补偿法律规章还不成体系，覆盖面狭窄，影响力有限；生态补偿管理机构不清晰，交流机制不充分，职责分工不明确，多头领导问题严重，部门之间协调性差。这往往都是消费者在信息不对称情况下选择不开展生态保护的原因，因为出了事情没有人管，受害的还是消费者。

第二节 “中央—地方”政府生态补偿博弈——以退耕还林为例

一、模型的基本假设

假设1：作为西部小流域生态保护委托人的中央政府所面对的风险是中性的，而地方政府在面临风险时作为代理人应该是厌恶风险的，且不同区域的政府和不同职能部门对风险的态度不同。地方政府在完成退耕还林政策中有两项重要活动：首先是要不折不扣地完成上级政府下达的退耕还林的任务指标，按照中央政策的规定完成退耕面积、植树数量和项目完成情况等。其次是要提高退耕还林政策的执行质量，改善小流域的生态情况，并优化产业结构，改善当地民众福利水平。

假设 2：退耕还林项目绩效基本上是地方政府的政策执行程度和努力程度，以及当地土地资源禀赋 Y 两者之间共同作用的结果。用 a=（a_1^j，a_2^j）表示地方政府在退耕还林过程中的努力向量，a_1^j 和 a_2^j 分别为地方政府 j 在两项工作上的努力程度，满足 a_i^j 严格为正（$0<a_i^j<1$，$i=1$，2）。小流域土地资源禀赋 Y 由区域内地方政府区域内的土地质量和数量两个方面组成。土地质量的衡量是用退耕还林的土地经济生产能力 q，土地数量是地方政府所辖区域内应该退耕的面积数量 p。可以得出：$Y=f(p，q)$，并且同时 $\partial Y/\partial p>0$，$\partial Y/\partial q>0$ 成立。用 $Y(Y_1^j，Y_2^j)$ 表达辖区内 j 的退耕还林土地资源向量，λ_i^j 表示地方政府 j 的政策执行的边际绩效系数 ($\lambda_i^j>0$，$i=1$，2)，地方政府的政策表现决定了我们可以观察到的信息总量为 $\pi^T=(\pi_1^j，\pi_2^j)$，同时有

$$\pi_1^j=\lambda_1^j a_1^j Y_1^j+\theta_1^j, \pi_2^j=\lambda_2^j a_2^j Y_2^j+\theta_2^j, \forall\theta_1^j\rightarrow N(0，\sigma_1^{j^2}), \forall\theta_2^j\rightarrow N(0，\sigma_2^{j^2})$$

其中 π_1^j、π_2^j 为努力程度 a_1^j、a_2^j 的退耕还林项目实施绩效，即 π_1^j 表示由于地方政府 j 的努力下完成退耕还林情况，其中 π_2^j 表示质量情况。$\theta(\theta_1^j，\theta_2^j)$ 为随机变量，假定：Cov（θ_1^j，θ_2^j）=0，即两者独立。

假设 3：用 C（a_1^j，a_2^j）表示地方政府 j 的付出代价，可等价于货币成本，R（a_1^j，a_2^j）表示地方政府努力的期望收益，并假定 C 是递增的凸函数，R 是单调递增的凹函数。

假设 4：上级政府对退耕还林区地方政府的最优激励方案设计是通过财政转移手段来实现的。地方政府倾向于风险规避，也即 $\mu=-e^{-\rho\varpi}$，ρ 为 Arrow–Prattle 绝对风险的规避变量，是地方政府实际补偿收入。

二、模型设立与相应分析

假定地方政府遵循中央政策后努力程度与受益的线性关系为：

$$s(\pi^j)= a^j + \beta_1^j\pi_1^j + \beta_2^j\pi_2^j = a^j + \beta^T\pi^j$$

$\beta^T =(\beta_1^j,\ \beta_2^j)$，其中上标 T 为转置；β_i^j（i=1，2）为可变收益分配率，且 $\beta_i^j \in (0,\ 1)$。地方政府的退耕还林补偿收入表达如下：

$$\varpi^j = s(\pi^j) - C(a_1^j,\ a_2^j)= (a^j + \beta^T\pi^j) - C(a_1^j,\ a_2^j)$$

地方政府的确定收入表达如下：

$$CE = a^j + (\lambda_1^j\beta_1^j a_1^j Y_1^j + \lambda_2^j\beta_2^j a_2^j Y_2^j) - C(a_1^j, a_2^j) - \frac{1}{2}\rho^j(\beta_1^{j^2}\sigma_1^{j^2} + \beta_2^{j^2}\sigma_2^{j^2})$$

其中$\frac{1}{2}\rho^j(\beta_1^{j^2}\sigma_1^{j^2} + \beta_2^{j^2}\sigma_2^{j^2})$为地方政府面临风险代价。

中央政府利润表达如下：

$$R(a_1^j,\ a_2^j) - E\{s(\pi^j)\} = R(a_1^j,\ a_2^j) - a^j - (\lambda_1^j\beta_1^j a_1^j Y_1^j + \lambda_2^j\beta_2^j a_2^j Y_2^j)$$

此时，中央政府面临的问题是选择 $\beta^T =(\beta_1^j,\ \beta_2^j)$ 解下最优化问题：

$$\max R(a_1^j,\ a_2^j) - C(a_1^j, a_2^j) - \frac{1}{2}\rho^j(\beta^{j^2}\sigma^{j^2} + \beta_2^{j^2}\sigma_2^{j^2}) \quad (1)$$

$$\text{S.t (IR) } CE \geq \overline{u}^j \quad (2)$$

$$(IC)\beta_i^j = \frac{\partial C(a_1^j,\ a_2^j)}{\partial a_i^j}\cdot\frac{1}{\lambda_i^j Y_i^j} = \frac{C_i(a)}{\lambda_i^j Y_i^j} \quad (3)$$

其中，(2) 式为退耕还林区地方政府参与的行为约束，$\overline{u}^j$ 表示地方政府的保留效用(reservation utility)，(3)式表示地方政府的激励相容约束。

基于以上分析，地方政府的政策努力函数受到退耕还林区土地质量和数量两方面的影响。在此基础上我们根据好坏程度把退耕还林质量和数量指标分为两个相对独立的区间。第一个区间涵盖的是相对适度的水平上整个退耕还林数量和质量指标；在第二个区间内，表示的是低质量指标和高数量指标的组合。两个区间划分依据是地方政府根据退耕还林相关规定而产生的期望阈值。

在第一个区间里，在中央政府看来，地方政府的合理政策行为和治理活动的标准是地方政府能够随时灵活地完成退耕还林的数量情况和质量好坏程度，因而对于地方政府来说它们所完成的数量指标和质量程度的付出代价是互补的（$C_{12}=C_{21}>0$）。在第二个区间里，中央政府清楚地认识到地方政府重视数量忽视质量，导致地方政府的心理冲突甚至厌恶，此时地方政府在两项工作中的努力代价是相互替代的（$C_{12}=C_{21}=0$）。因为退耕还林区地方政府努力收益函数存在上述两种情况，因而中央政府对地方政府的制度激励可以通过比较静态方法来分析。我们将中央政府和地方政府的博弈结果描述为下：

当地方政府在退耕还林数量和质量工作都重视的情况下（$C_{12}=C_{21}=0$），收益分配率和土地资源禀赋的关系表示为：在努力回报系数 $\lambda_i^j<\Omega$ 条件下，收益分配率 β_i^j 和土地资源禀赋 Y_i^j 成正相关关系；在努力回报系数的条件下 $\lambda_i^j=\Omega$，β_i^j 达到最大值；在努力回报系数 $\lambda_i^j>\Omega$ 的条件下，收益分配率 β_i^j 与土地资源禀赋 Y_i^j 成负相关关系（其中，$\Omega=\frac{\sigma_i^j\sqrt{\rho^j c_{ii}}}{Y_i^j}$）。

第三节 “东部—西部”生态补偿生态建设博弈分析

一、博弈的基本假设

假设：A 是东部经济相对发达地区的地方政府，相反 B 为经济社会发展程度相对较低的西部地区，E_A 和 E_B 分别是两地区政府投入用于生态保护的资金，I_A 和 I_B 分别是两地区政府投入用于改善民众福利水平的财政资金。地方政府的效用的道格拉斯函数表达如下：

$$\mu_i=(E，I_i)=E^{\partial}I_i^{\beta}$$

上式中，$0<\alpha<1$，$0<\beta<1$，$\alpha+\beta\leqslant 1$，$E=E_A+E_B$，$i=A$，B。那么，地区政府就是选取自己有利于自己的方略（E_i^*，I_i^*）以达到效用最大，即：$max\ \mu_i(E，I_i)=E^{\alpha}I_i^{\beta}$。政府的约束条件是：$E_i+I_i\leqslant M_i$。其中，$M_i$ 为政府 i 的财政收入。建构 Lagrange 函数为：$L_i=E^{\alpha}I_i^{\beta}+\lambda(E_i+I_i-M_i)$。$\lambda$ 表示乘数，最优的一阶条件表达如下：

$$\partial\mu_i/\partial E=\alpha E^{\alpha-1}I_i^{\beta}+\lambda=0\text{；}\partial\mu_i/\partial I_i=\beta E^{\alpha}I_i^{\beta-1}+\lambda=0$$

抵消λ，纳入地方政府的约束条件，A和B的反应函数表达如下：

$$E_A=\frac{\alpha}{\alpha+\beta}M_A-\frac{\beta}{\alpha+\beta}E_B \quad (1)$$

$$E_B=\frac{\alpha}{\alpha+\beta}M_B-\frac{\beta}{\alpha+\beta}E_A \quad (2)$$

如图6-1所示，地方政府A的反应函数是如果地方政府B在环境保护中每增加一个投入单位，A会在区域环境保护中减少一个单位的投入。同理，B的反应函数亦可作出类似的解释。在充分信息的情况下，A、B反应函数的交叉点是纳什均衡。

二、博弈主题分析及结果讨论

根据地方政府A、B的反应函数，可得出以下三个命题：

命题1：当两个政府所处的区域经济社会发展和财政收入相差不大时，由两个地方政府共同承担起对生态保护的责任，投入相同的财政资金。仅从地方政府的财政收入视角来看，当地方政府A和地方政府B相差不多时，也就是在MA=MB=M的情况下，图6—1中AB反映的是地方政府A的效用函数，图中A点的坐标是（0，MA），B点的坐标是（MA，0）；直

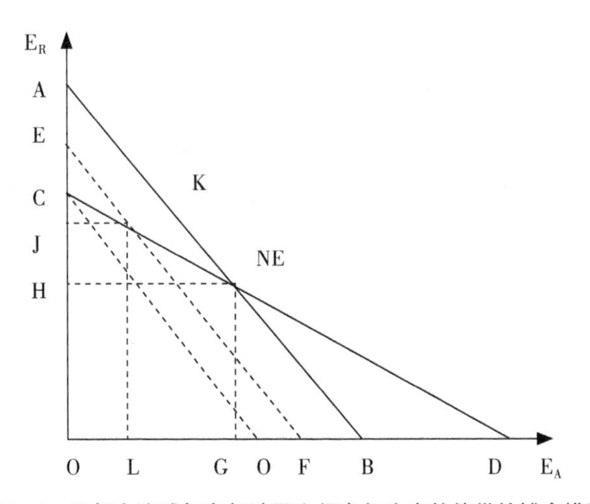

图6-1　西部小流域与东部地区之间参加生态补偿供给博弈模型

线 CD 反映的是地方政府 B 的效用函数，其中 C 点坐标是（0，MB），D 点坐标是（MB，0）。地方政府 A、B 反映函数的交叉点是纳什均衡。

命题 2：当 $M_B > M_A > [\frac{\alpha}{\alpha+\beta}]M_B$（地方经济社会发展差异大）时，涉及的区域内地方政府都应该同时付出环境保护成本，但是相比于经济社会落后的地区 A 对环保投入而言，经济发达的地方政府 B 对环境保护投入相对较少，这具有很大的不公平。然则当 $M_B > M_A > [\frac{\alpha}{\alpha+\beta}]M_B$ 时，经济社会相对发达的地方政府 B 与财政收入相对薄弱的地方政府 A 相交在 K 点，实现纳什均衡。地方政府 B 的生态保护成本 OJ 大于地方政府 A 的生态保护成本 OL。

命题 3：当区域收入差距很大（$M_A < [\frac{\alpha}{\alpha+\beta}]M_B$）时，只有经济发达的地方政府 B 进行环境保护，经济落后的地方政府 A 则不进行生态保护。此时地方政府 A、B 的纳什均衡为（0，$[\frac{\alpha}{\alpha+\beta}]M_B$），即经济落后的地方政府 A 不进行生态环境保护，而由经济发达的地方政府 B 承担全部的生态环境保护投入，投入为 $[\frac{\alpha}{\alpha+\beta}]M_B$，此时是一个“智猪”博弈模型。

然而在目前中国东西部社会经济发展不均衡的“二元制”情况下，事实上面对着另一种情形。首先，西部小流域的生态建设任务艰巨，在实践中大多数生态建设和环境治理项目采取了民众投入劳动，地方配套财政投入的开发模式，西部地区相对于东部地区在环境保护中投入资源的力度是更大的。其次，我国地域幅员辽阔，在环境治理和生态保护中涉及主体多元，现代工业部门和传统农业部门以微观利益为主体，在市场经济条件下自发形成生态系统服务供应博弈论模型平衡的描述是不切实际的。

第四节 “上游—下游”生态补偿合作机制的演化博弈分析

一直以来，我国小流域分布区由于投资结构单一，建设主体责任与考核机制不完善，小流域生态补偿（综合治理）形成了“少数人负担、多数人受益；上游地区负担、下游地区受益；贫困地区负担、富裕地区受益”的不合理局面。如此下去，小流域主体分布区政府由于建设的责任压力和红利分享的多面性而可能缺乏更为深厚的动力去改善小流域环境，而小流域分布区居民特别是上游居民由于享受不到流域治理的红利，有可能会采取破坏性发展措施，以谋求经济发展和自身的条件改善。小流域生态补偿作为小流域保护和建设的手段，其目的是调动小流域生态建设与保护者的积极性。小流域生态补偿具有广义性和狭义性的两方面含义。广义性包括小流域分布区水源、提供环境保护义务及生态功能的补偿。狭义性专指后者，包括对因水资源开发利用而导致生态功能受损、生态价值丧失行为收费（税），对为保护和恢复功能和价值的行为补偿。本章从演化博弈论角度，分析小流域分布区上下游政府之间互动合作机制的形成、演进规律及其关键影响因素，以促进小流域生态补偿市场化机制的形成。

一、小流域生态补偿合作博弈的内涵及外延

（一）小流域生态补偿合作博弈的内涵分析

小流域生态补偿是通过对损害（利用或保护）小流域生态环境及资源的行为进行收费（或补偿）提高该行为的成本（或收益），从而激励损害（利用或保护）行为的主体减少（或增加）因其行为带来的外部不经济性（或外部经济性），达到保护小流域生态环境和资源的目的，是促进小流域水源保护、环境治理的“利益驱动机制、建设激励机制和责任协调机制”综合体。

小流域具有明显的外部性。“上游不保护，下游就受苦”“上游放污染，下游便遭殃”“上游建设佳，下游过得好”是小流域生态环境治理中体制性矛盾的生动写照，也是上下游行政区际生态利益失衡的集中体现。因此，上下游合作博弈才能促进利益均衡。一方面，小流域分布区行政主体为实现经济效益，会采取过度开发流域环境资源而忽视建设，破坏成

本可以通过流域外部性转移。另一方面，小流域分布区行政主体如果努力开展生态建设，建设良好的流域生态环境和方便利用与开发的自然资源（水、景观等），也同样通过外部性让中下游得到好处，享受正的外部性利益。但是，由于经济的理性和生态建设投资巨大，保护环境和生态建设带动的经济效益、生态效益和社会效益短期不会显现，因此大多数行政主体在小流域建设方面存在"偷懒行为"，因此可能导致小流域生态环境和保护建设陷入所谓的"囚徒困境"。这需要双方在生态补偿和建设中实现利益链接和均衡。"囚徒困境"的发生，往往源于组织行为、个体行为和市场行为"均衡机制"的缺失，使得分散的个体行为缺乏主动合作的意愿，集中的组织行为得不到有效整合，而处于中间角度的市场行为无法发挥制衡调节作用，从而陷入个人理性和集体理性的矛盾。小流域生态补偿、环境治理明显存在建设投资主体（中央政府—上下游基层政府—建设企业—农户）的空间异置特征、利益的外部性和受益主体"搭便车"现象。要实现小流域分布区上下游生态利益相关者收益均衡，实现跨区域之间的协调发展，就应当解决流域生态环境保护的正外部性内部化问题。

基于此，借鉴相关学者研究成果，本章将小流域生态补偿的内涵定义为：通过制度创新使小流域生态保护外部性收益内部化，让小流域生态建设保护、生态资源开发成果的"受益者"支付相应的经济成本，促进个体行为、组织行为和市场行为的有机结合、利益紧密连接，从而激励相关主体更愿意投资保护小流域生态环境、增值小流域生态资本，实现小流域分布区生态保护和经济建设的良性循环。

（二）小流域生态补偿合作博弈的外延分析

就外延来看，小流域生态补偿表现为三个方面。第一，补偿行为主体。包括组织主体、市场主体（企业）和个人主体三个角度。一是组织主体，重点指政府主体，包括中央政府、地方政府和基层政府三个层面，为方便起见，本章统一用组织主体代表，不再细分；二是市场主体，毫无疑问企业特别是小流域分布区的企业组织，是参与小流域生态建设和生态保护（本章重点指导小流域综合治理和产业发展，横向转移支付的生态补偿不再列入讨论）的重要力量；三是个人主体，小流域分布区的农户才是流域治理的重要参与者和利益享受者，我们讨论的大部分矛盾实际上与他们关联最大，小流域生态补偿，实质上是前两个主体之间以及向后一个主体进行经济价值的费用补偿。第二，补偿方式。小流域生态补偿的方式，从主体的角度而言，可界定为以政府为主体的生态补偿运作方式（简称政府补偿，包括财政补贴、政策倾斜、项目实施、税费改革及人才技术工程投入等）和以市场为主体的生态补偿运作方式（简称市场补偿，利用经济手段促进市场主体参与生态建设和资源产权交易），这两种方式可以看作是庇古手段和科斯手段在流域生态保护方面的具体应用。第三，支付方式。一般有两种，政府间补偿以财政转移支付为主，市场补偿以直接“协议”方式进行约定支付。当前以政府间补偿的财政转移支付为主，市场补偿由于操作的难度大，管控困难，执行较少。完善小流域生态补偿机制，建议由政府合作主导，上级政府监督、协调利益主体之间关系的联合模式（河长制、湖长制或跨区联合治理）是实现小流域生态补偿的最佳途径，也是未来小流域生态补偿跨区域合作的发展趋势。

二、小流域生态补偿上下游地方政府之间的进化博弈分析

出于经济的理性假设，小流域生态补偿这一行为主体，限定于上游和下游组织行为，即政府组织之间的合作博弈问题在市场行为方面的统一性分析，关于个体行为与市场行为的关系不在本章内容讨论。

（一）上下游政府间博弈行为分析

小流域生态补偿是一个组织之间利益博弈的动态合作过程。因为上下游组织之间的利益诉求不是一致性的。上游政府充当生态建设和保护者的角色，在是否进行生态建设和环境保护事宜上存在选择的激励和动

力机制问题，与上游政府从事经济社会发展的诉求动力有关；原则上上游政府经济条件较好，人民生活处于较高生活状态，从事生态建设的动力就充足，反之可能采取破坏生态环境的行为取得经济发展和社会进步。下游政府充当着生态利益享受者的角色，在是否愿意进行对上游生态补偿方面也存在选择的动力问题，这同样与下游政府从事经济社会发展的诉求动力有关；原则上下游政府经济条件较好，社会进步民生和谐，愿意进行生态补偿的动力就充足，反之可能采取不合作的态度，更多的是愿意“搭便车”或“尽可能少地补偿”。所以双方的合作是一个长期动态的博弈过程。

原则上，一般的博弈模型分析是建立在“完全理性”假设基础之上的，双方具有完整的理解能力，信息收集与经济理性处理能力，识别判断和推理能力以及记忆能力和准确行为的完全正常经济行为。但是，实际操作中很难做到，因为现实是动态的，执行是可能出错的，环境条件是经常性变动的，信息是瞬息万变的，更为复杂的是信息上的“不对称”。双方的利益博弈不可能一开始就找到最优策略，而是在不断试错，不断收集处理有用信息，不断谈判的基础上才能达到相对稳定长期的合作协议。小流域与下游地方政府之间的博弈不是一个完全理性的博弈。在小流域与下游地方政府之间的博弈过程中，下游地方政府对于小流域环境保护投入以及受偿意愿了解甚少，同时小流域对下游地方政府的补偿意愿及补偿数额所掌握的信息是有限的，双方仅仅是从自身利益最大化出发，由此所做出决策判断，必然是不完美的，这就决定了博弈双方是有限理性的。因此，小流域生态补偿上下游政府间的博弈不是一个正常完全信息的博弈，不是一个理性的完美均衡结果的合作。而是一个非完全信息、长期的、动态化博弈，是一个需要博弈双方主体慢慢探索，不断学习和调整，从低级向高级逐渐演进的过程，是一个进化性质的博弈过程。

（二）上下游政府间博弈条件假设

1. 博弈主体和策略假设。一个小流域分布区政府，代表生态建设与保护者角色。假设是经济条件较差，需要通过自然资源开发获取经济发展，生活贫困程度大，资源利用粗放和不节约。迫于生存和发展压力往往是只能重点考虑发展问题而忽视环境保护，生态建设保护不足。他们在实际中的选择只有两种情况：保护或不保护。另一个主体上小流域分布下游的政府。是作为生态保护受益对象。通常来说，他们经济条件都比较好，生活富裕，社会发达，生态环境和生态效益成为他们追求的一种时尚产品，具有较高的支付能力和支付意愿，都愿意为了生态环境的美观、生态资源的消费而付出成本。下游政府在博弈中也有两个选择：补偿和不补偿。

2. 博弈模型参数假设。双方的状态原则上有两种：合作表现为上游开展生态建设下游实施生态付费补偿；不合作表现为上游不建设下游不补偿。合作才能带来社会福利的增加，不合作将减少社会共同福利，不利于双方的持续发展。但是出于部分经济理性的假设，双方都在了解对方执行策略和相关决策信息的状态下做出自己的策略选择，都考虑同等条件下的利益最大化行为。将根据对方策略选择自己的利益最大策略，属于“双种群进化博弈”。

参数假定：

保护成本：生态保护成本 C_1；机会成本 C_2，即不保护生态直接发展经济得到的收益。

保护收益：生态效益 S_1，综合效益 Z（经济生态和社会效益）；不保护的生态效益是 S_2，下游因此造成的损失（负外部性）是 N_1。

补偿成本：下游补偿费用是 R，合作初始成本 C_X（信息收集处理、谈判成本）。

调节机制：下游补偿而上游不建设处罚成本 F_1，上游建设下游不补偿处罚成本 F_2。

参数非负假定：由于是货币数值，文中参数 C、S、Z、F、R 均大于零，为非负常数。

（三）生态补偿进化博弈支付矩阵

根据小流域生态补偿主体博弈行为分析和博弈参数假设，可构造出小流域上下游政府之间的博弈支付矩阵，如表 6-1 所示。

表 6-1 小流域上下游政府主体之间博弈支付收益矩阵

		下游政府			
		补偿（y）		不补偿（$1-y$）	
上游政府	保护（x）	$R+Z-(C_1+C_2)-C_1$	S_1-R-C_x	$Z-(C_1+C_2)-C_s$	S_1-F_2
	不保护（$1-x$）	$R-F_1$	$S_2-R-N_1-C_x$	0	S_2-N_1

（四）生态补偿进化博弈稳定策略

根据进化博弈论进化原理，如果一种策略支付数量比种群的平均支付要高，则这种策略的规则就会在整个种群中发展下去，也就是自然法则中的“适者生存”法则。体现为本策略的增长率会稳定大于零发。数学表达式如下：

$$\frac{dx_k}{dt}=[u(k,\ s)-u(s,\ s)]\,xk,\ =1,\ 2,\ \cdots,\ K \qquad (1)$$

式（1）即为复制动态方程。其中：s 表示种群所有策略的集合，而 k 表示 s 中的一种策略，而 xk 是为种群中采用 k 策略的比重，另外，用 $u(k,\ s)$ 来表示采用 k 策略的支付，$u(s,\ s)$ 表示种群的平均支付，K 表示种群的策略总数。

如果我们假设小流域分布区政府采取保护策略的概率为 x，下游采取补偿策略的概率为 y，则小流域分布区政府采取保护策略的期望收益可表述为：

$$u_{s1}=y[R+Z-(C_1+C_2)-C_s]+(1-y)[Z-(C_1+C_2)-C_s]$$

小流域分布区政府采取不保护策略的期望收益为：

$$u_{s2}=y(R-F_1)+(1-y)$$

小流域分布区政府所有策略平均期望收益为：

$$\overline{u}_s=xu_{s1}+(1-x)u_{s2}$$

小流域分布区政府选择保护策略的复制动态方程如下：

$$\frac{\partial x}{\partial t}=x\left[u_{s1}-\overline{u}_s\right]=x(1-x)(Z-C_1-C_2-C_s+yF_1)$$

同样，下游政府采取补偿策略的期望收益为：

$$u_{x1}=x\left[S_1-R-C_x\right]+(1-x)\left[S_2-R-N_2-C_x\right]$$

下游政府采取不补偿策略的期望收益为：

$$u_{x2}=x\left[S_1-F_2\right]=(1-x)(S_2-N_2)$$

下游政府所有策略的平均期望收益为：

$$\overline{u}_x=yu_{x1}+(1-y)u_{x2}$$

下游政府选择补偿策略的复制动态方程如下：

$$\frac{\partial y}{\partial t}=\mathrm{y}\left[u_{x1}-\overline{u}_x\right]=y(1-y)(xF_2-R_2-C_x)$$

分别令$\frac{\partial x}{\partial t}=0$、$\frac{\partial y}{\partial t}=0$，得到：

$$\begin{cases}x=0\\y=0\end{cases}\text{或}\begin{cases}x=1\\y=0\end{cases}\text{或}\begin{cases}x=0\\y=1\end{cases}\text{或}\begin{cases}x=1\\y=1\end{cases}$$

在平面 $Z=\{(x,y); 0<<=x, y<<=1\}$ 上，上下游政府合作行为的博弈关系只有 5 个平衡点可能实现局部均衡，即 O（0，0）、A（0，0）、B（0，1）、C（1，1）和鞍点 D（x_D，y_D）。其中

$$x_D=\frac{R+C_x}{F_2} \tag{2}$$

$$y_D=\frac{C_1+C_2+C_S-Z}{F_1} \tag{3}$$

从而，我们参考弗里德曼提出的思路和方法，分别在 5 个局部均衡点中，仅仅有两个点是稳定的，也即是进化稳定的策略（ESS），两个点是 O(0，0)和 C(1，1)，分别代表两个策略即“不保护，不补偿”和“保护，补偿”。

图 6–2 清楚地描述了上下游政府之间动态博弈的演化过程。其中：

第一，出现的折线 ADB 是系统收敛在不同状态时的临界线值，区分合作与不合作；第二，折线上方部分 ADBC，系统收敛于最优稳定策略（保护，补偿），合作关系；第三，折线正方部分 ADBO，系统收敛于最差稳定策略（不保护，不补偿），不合作关系。

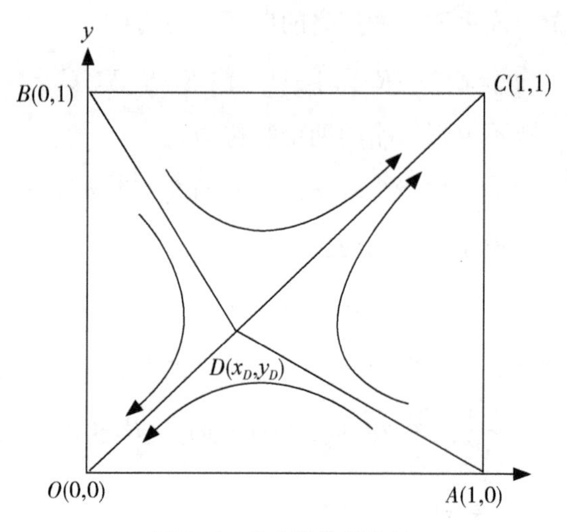

图 6-2 动态演化相位图

三、进化博弈稳定策略的影响因素

结合上述分析，可以看出小流域分布区政府与下游政策之间，在进化博弈过程中是可以实现长期动态均衡即完全合作策略的。当然也可能处于完全不合作的状态。最后在演化博弈过程中会向什么方向前进，实际上取决于两个区域面积的大小，即 $ADBO(S_{ADBO})$ 和 $ADBC(S_{ADBC})$。如果前者小于后者，则整个演化方向是往合作（保护，补偿）策略收敛的即 *DC* 路线；反之向着不合作（不保护，不补偿）策略走即 *DO* 路线；如果两个面积相等，则演化方向不明确。

根据图 6-2，得出区域 ADBO 的面积如下：

$$S_{ADBO}=\frac{1}{2}(x_D，y_D) \qquad (4)$$

综合式（2)、(3）和（4）可知，影响 S_{ADBO} 的 8 个参数与 S_{ADBO} 之间

均为单调关系。其对小流域分布区政府和下游合作的演化方向的影响见表 6-2。

表 6-2　小流域和下游合作关系演化的影响因素表

参数	与鞍点关系		相位区域面积变化		演化方向	含义说明
R	$R\downarrow$	$x_D\downarrow$	$S_{ADBO}\downarrow$	$S_{ADBC}\uparrow$	合作	补偿额度越小，下游合作概率越大；如果补偿额度过小，上游将不会选择合作，合作达成需合理额度
C_s	$C_s\downarrow$	$y_D\downarrow$	$S_{ADBO}\downarrow$	$S_{ADBC}\downarrow$	合作	上游合作成本越小，合作障碍就越小，合作概率越大
C_x	$C_x\uparrow$	$x_D\downarrow$	$S_{ADBO}\downarrow$	$S_{ADBC}\downarrow$	合作	下游合作成本越小，合作障碍就越小，合作概率越大
F_1	$F_1\uparrow$	$y_D\downarrow$	$S_{ADBO}\downarrow$	$S_{ADBC}\downarrow$	合作	不保护所受惩罚越大，合作概率越大
F_2	$F_2\uparrow$	$x_D\downarrow$	$S_{ADBO}\downarrow$	$S_{ADBC}\downarrow$	合作	不补偿受到惩罚越大，合作概率越大
M	$M\uparrow$	$y_D\downarrow$	$S_{ADBO}\downarrow$	$S_{ADBC}\downarrow$	合作	保护获得综合效益越大，合作概率越大
C_1	$C_1\downarrow$	$y_D\downarrow$	$S_{ADBO}\downarrow$	$S_{ADBC}\downarrow$	合作	保护投入越小，合作概率越大
C_2	$C_2\downarrow$	$y_D\downarrow$	$S_{ADBO}\downarrow$	$S_{ADBC}\downarrow$	合作	保护丧失机会成本越小，合作概率越大

第五节　“生产者、管理者与消费者”生态补偿的博弈行为分析

一、博弈模型基本假设

（1）小流域生态补偿有三个最重要的市场属性主体：生产者（这里泛指整个流域的市场主体）、管理者（政府及相关社会非政府组织）、消费者（居民机构及其他社会公众）。这里政府管理机构即管理者是整个小流域生态补偿实施的核心，管理者是提供生态补偿与实施方案方面的规定和政策，设计操作流程并指导实施；生态补偿行为由其他市场生产主体行为构成。因此，博弈中生产者指小流域生态补偿中的有关企业、公

司、组织和农户。[①]

（2）博弈收益假设，从经济学角度假设为正常理性的“经济人”，他们的决策行为仅依据经济利益最大化原则（管理者更多注重综合效益）。

（3）为研究方便，本博弈假设为完全信息动态化博弈。假设博弈三方都非常清楚地了解参与方决策的实际收益与可能风险，是完全信息的动态博弈，但影响他们决策的是各方决策行为有先后顺序之分。

（4）博弈过程假设。作为最高决策机构的政府管理部门，首先是博弈开展的第一方，他们最先发起小流域生态补偿的“决策机制”，即实施生态补偿的政策规定、办法等文件。作为生产者的企业、居民才根据实际情况做出决策，是否开展生态保护行为，是否接受生态补偿？会根据生产的市场情况和个性偏好，以及政策规定等因素提出自己的决策最优化策略。作为消费者的机构和公众，也才会根据上述情况开展自己决策最优策略的信息收集和处理，提出博弈方案。

二、各博弈方可选策略及经济参数

（1）管理者（政府及相关管理组织）。原则上管理实施生态补偿政策并严加管理的策略，实施成本可记为 V_1；不实施生态化产业发展政策、不开展生态补偿与管理，实施成本为 V_2，两个策略可选择。

（2）消费者（下游群体，社会公众）。原则上假设有进行生态化产业发展开展生态化行为，实施生态保护，开展生态环境治理，投入生态环境保护并加强生态环境效果监督，耗费成本为 G_1；也可不开展上述活动，并不进行监督则无须耗费成本，但可能会承担由此产生潜在环境问题，和由此带来的不健康产业产品与负面效益（社会损失）G_2 则会由公众分

---

* 本部分内容是根据笔者发表的论文《农业生态化发展过程中各利益主体博弈行为分析》一文的思路，结合与小流域生态补偿的特点修改而成；同时也参考了笔者的博士论文《农业生态化发展路径研究基于超循环经济的视角》部分内容修改。

① 伍国勇、邵美婷：《农业生态化发展中各利益主体博弈行为分析》，《生态经济评论》2014 年 2 月 28 日。

担，同样是两个策略。

（3）生产者（上游群体，小流域分布区组织或农户）。对生产者来说，可以选择实施生态保护战略、产业生态化发展战略和生态化技术开发，生态化原料的使用，以及生态补偿行为的投入与政策配合，形成良性循环的产业生态化发展系统和良好的生态保护、社会和谐的环境。实施上述活动可能需要的成本为 C_1；也可选择不实施上述活动主考虑生态影响和社会影响，由此可造成两个结果，要么被管理者发现并征收高额罚款 C_2，此罚款可由其他两个主体管理者和消费者以 r 概率分享（进行环境建设、生态保护、污染治理、公众赔偿与教育培训等）；当然，如果排污行为和不保护环境行为未被管理者和消费者监督到，自然不会受到处罚，则不产生任何费用。

三、博弈各方收益函数①

根据上述假设和博弈各方的策略选择，可构建博弈树如下：

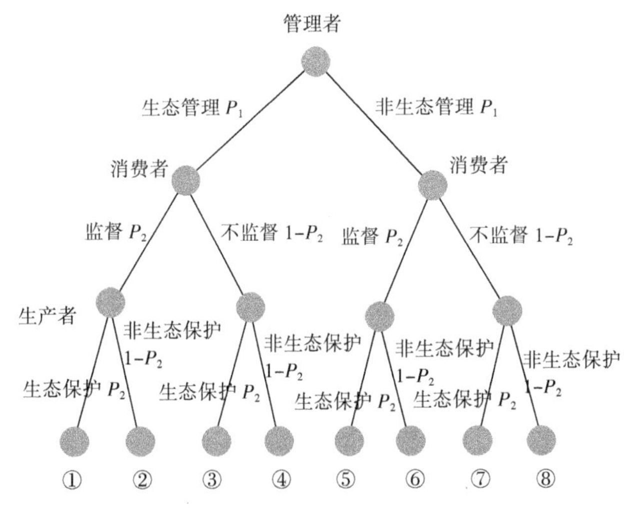

图 6-3　管理者、生产者、消费者三方博弈树的构建

① 伍国勇：《农业生态化发展路径研究——基于超循环经济的视角》，西南大学博士学位论文，2013 年。

根据图 6-3，我们可构建三方收益函数如下：

表 6-3　管理者、生产者和消费者三方博弈收益函数表

序号	收益函数
1	$(-U_1, -G_1, -C_1)$
2	$(-U_1+rC_2, -G_1+(1-r)C_2, -C_2)$
3	$(-U_1, -G_2, -C_1)$
4	$(-U_1+rC_2, -G_2+(1-r)C_2, -C_2)$
5	$(-U_2, -G_1, -C_1)$
6	$(-U_2+rC_2, -G_1+(1-r)C_2, -C_2)$
7	$(-U_2, -G_2, -C_1)$
8	$(-U_1, -G_2, 0)$

注：收益函数中第一项表示管理者收益 U；第二项表示消费者收益 G；第三项表示生产者收益 C。

四、博弈最优均衡解及结果分析

（一）逆推法分析的思路

一是从博弈树最底层开始，求解最后一个参与者的最大收益期望值；二是将最后一个参考者的最优解，代入倒数第二个参与者的期望收益，得出倒数第二个参与者的最大期望收益；以此类推，可得出第一个参与者的最大期望收益值，这种“将最优代入最优”的方式，通过博弈树和博弈收益均衡表，可分别按顺序计算出生产者、消费者和管理者的最大收益期望值，最后得出的最优解（最大值）即全部参与者的期望收益，也是此博弈的最优均衡解。

（二）生产者的混合纳什均衡解及分析

第一，最优解推导。生产者可选择开展生态保护、实施产业生态化发展还是非生态化发展和生态保护，从经济收益的角度看，关键是这两种策略会给他带来的实际经济收益；当然，如果选择非生态保护、投入生态补偿，非生态化发展，将导致两种后果，如果被发现必然受到惩罚

和谴责，对后续的市场发展有较大影响，同时罚款也会被管理者和生产者分享；如果碰巧不被发现成功逃避惩罚，节约的成本可开展其他投资。因此，根据博弈树与收益矩阵，可得：

$$-p_1 p_2 p_3 C_1 - p_1(1-p_2)\, p_3 C_1 - (1-p_1)\, p_2 p_3 C_1 - (1-p_1)(1-p_2)\, p_3 C_1$$
$$=-p_1 p_2(1-p_3)C_2 - p_1(1-p_2)(1-p_3)C_2 + (1-p_1)\, p_2(1-p_3)C_2$$

计算可得：

$$P_3^* = (1+p_2 p_3 C_2)/C_1$$

因此，以 P_3^* 的概率选择开展生态补偿的生产者，在以（$1-P_3^*$）的概率选择非生态化发展时，两种策略给他带来的收益是相同的，即生产者实现的混合策略的纳什均衡。

第二，生产者纳什均衡最优解影响分析。根据博弈树和模型推理，P_3^* 是生产者可选择策略纳什均衡最优解，是选择进行生态保护、实施生态化发展战略的概率；但是，我们想知道什么条件下或者什么因素会影响概率值，即是说什么条件和环境影响下，生产者策略选择的概率会有经济理性偏好？从 P_3^* 的计算公式可以看出，依据应用经济学边际效应的理论与方法，我们分别求各因素的偏导数，可得：

表 6-4　影响 P_3^* 的各因素的偏导数符号变化表

导数	$\frac{\partial p_3^*}{\partial p_1}$	$\frac{\partial p_3^*}{\partial p_2}$	$\frac{\partial p_3^*}{\partial C_2}$	$\frac{\partial p_3^*}{\partial C_1}$
符号	0	0	0	0

由公式可以看出，生产者策略概率 p_3、管理者策略概率 p_1 和消费者策略概率 p_2 以及罚款 C_2 成正相关关系，但是与生态保护、环境治理投入成本 C_1 成负相关关系。等于是说，管理者策略概率 p_1 越高、罚款 C_2 越大、消费者策略概率 p_2 越大，生产者实施生态补偿、投入环境治理策略概率 p_3 就越大；生态保护、环境治理投入成本 C_1 越低，生产者实施的概率 p_3 也越大。

（三）消费者的混合纳什均衡解及分析

第一，最优解推导。消费者选择保护、监督还是非保护和非监督关键决定于策略的经济收益影响力大小，如果前者收益大于后者，自然选择前者策略，反之选择后者策略。根据博弈树与收益矩阵，可得：

$$-p_1p_2p_3G_1-p_1p_2(1-p_3)\,[\,G_1-(1-r)G_2\,]\,-(1-p_1)\,p_2p_3G_1$$

$$-(1-p_1)\,p_2(1-p_3)\,[\,G_1-(1-r)G_2\,]$$

$$=-\,p_1(1-p_2)\,p_3G_2-\,p_1(1-p_2)(1-p_3)(G_2-(1-\alpha)G_2)$$

$$-(1-p_1)(1-p_2)\,p_3G_2-(1-p_1)(1-p_2)(1-p_3)G_2$$

逆向推理，将代入上式，计算可得：

$$p^*_2=[\,(1+r)C_2+2G_{12}\,]\,/(1+G_1)$$

可得，以 p_2^* 概率选择进行保护、监督，并以（$1-p_2^*$）的概率选择不监督时对消费者来说，两种策略给他带来的收益是相同的，消费者也可能实现的混合策略的纳什均衡。

第二，消费者纳什均衡最优解影响分析。p_2^*是消费者选择生态保护、开展生态补偿、实施生态消费、发展生态产业并进行有效监督的概率。那么想看看到底什么条件下、什么因素导致此概率发生变化，也就是什么东西会影响消费者的选择行为？从p_2^*的计算公式，我们采用经济学方法求偏导数：

表 6–5　影响 p_2^* 的各因素的偏导数符号变化表

导数	$\frac{\partial p_2^*}{\partial r}$	$\frac{\partial p_2^*}{\partial G_2}$	$\frac{\partial p_2^*}{\partial C_2}$	$\frac{\partial p_2^*}{\partial G_1}$
符号	0	0	0	0

果然可以得出，消费者策略概率 p_2，与实施生态补偿、发展生态产业、消费生态产品和有效监督他人的成本 G_1 呈负相关，反之，与反向策略导致的损失 G_2、罚款 C_2 及与管理者的分成比例 $1-r$ 成正相关。即，监督成本越高、有效监督的概率越小；损失越大、罚款越大以及分配比例

越大，消费者进行生态保护和生态补偿开展有效监督的概率越大。

（四）管理者的混合纳什均衡解及分析

第一，最优解推导。前两个市场主体在各自的策略函数当中都实现了混合纳什均衡。管理者呢？是大力实施生态补偿、推进产业生态化发展战略，并有效管理之；还是为了执行上级“政策”而“敷衍了事”，这决定了管理者在博弈中的策略选择和管理力度；同样，管理者选择的博弈策略也是符合“经济人”理性假设，策略选择是依据两种策略带来的直接收益大小，经济理性人都有选择收益最大化的策略。根据博弈树与收益矩阵，可得：

$$-p_1p_2p_3U_1-p_1p_2(1-p_3)(U_1-rC_2)-p_1(1-p_2)\,p_3U_1-p_1(1-p_2)(1-p_3)(U_1-rC_2)$$
$$=(1-p_1)\,p_2p_3U_2-(1-p_1)\,p_2(1-p_3)(U_2-rC_2)-(1-p_1)(1-p_2)\,p_3U_2$$
$$-(1-p_1)(1-p_2)(1-p_3)U_2$$

逆向推理，将 p_3^* 和 p_2^* 代入管理者的混合策略纳什均衡方程式，可得：

$$p_1^*=(rC_2+3U_2)/3U_1$$

即，以 p_1^* 的概率选择实施生态补偿、推进产业生态化发展战略，和以 1- p_1^* 的概率选择不实施的战略时，收益相同，管理者也实现了混合纳什均衡。

第二，管理者纳什均衡最优解影响分析。同样，p_1^* 是管理者选择实施生态补偿政策、推进产业生态化发展战略的概率，什么因素会影响此概率的变化？根据 p_1^* 求解公式，分别求偏导：

表 6-6　影响 p_1^* 的各因素的偏导数符号变化表

导数	$\frac{\partial p_1^*}{\partial r}$	$\frac{\partial p_1^*}{\partial C_2}$	$\frac{\partial p_1^*}{\partial U_2}$	$\frac{\partial p_2^*}{\partial U_1}$
符号	0	0	0	0

表 6-6 明确显示，管理者实施生态补偿、推进产业生态化发展战略的概率 p_1 与惩罚罚款 C_2 及比例 r 非实施生态补偿成本 U_2 成正相关，与生态

补偿及管理成本 U_1 呈负相关；即是说，惩罚性罚款越高、分成比例越高、非生态补偿管理成本越高，管理者实施生态补偿的概率越大；反之越小。

（五）博弈综合性结论

由上述分析可知，纳什均衡在最优结果与分析结果都符合假设条件：即管理者、生产者和消费者都是“经济的理性人”时，他们选择行为完全取决于行为中获得的利益。分别对各利益主体研究结论也符合现实中出现的各种操作环境和实施情境。即生产者“侥幸心理”，压力不大则能逃就逃；管理者有“投机心理”，成本不高压力不大，能不管就不管，抓政绩是第一位的和快速见效果；消费者有“观望态度”，可能带来的损失大、分得多，就开展配置协调及保护工作，反之事则不关己。[①]

第六节 博弈前提假设与最优博弈均衡条件的实现措施

一、博弈研究的基本结论

（1）有关研究充分说明，小流域区政府与下游政府之间是否演化到合作状态（保护，补偿）的稳定策略受到很多因素的影响。主要是受补偿额度、保护成本、信息收集成本（合作成本）、机会成本和综合效益大小，以及不合作受到的处罚大小这些因素影响。

（2）因此，降低初始保护成本和合作成本，提高补偿额度，加大不合作处罚力度将促进小流域分布区政府与下游政府之间的合作，促进双方合作向着最优合作稳定策略演化。

二、将地方政府生态政绩依法纳入考核

第一，规定生态政绩的法定考核范围。完善生态补偿、生态产业发展的法律规定和实施办法，明确生态补偿、生态产业的法律属性和适用

① 张欲飞：《区域产业生态化发展系统构建研究》，哈尔滨工业大学博士学位论文，2007年。

范围，界定社会生态违法的具体行为，增强法律压力。

第二，建立生态政绩考核指标。每届政府的生态补偿落实指标、生态产业发展成指标，原则上成为进入统计目录的首选指标；推动实行生态政绩的群众监督制度，让社会公众参与到生态补偿、保护和生态产业发展中，发挥最基层的管理职责和社会责任，增加政府和企业的外部市场压力。

三、建立区域间生态补偿与合作利益分配机制

构建生态补偿、生态产业合作利益分配有指导性实施办法。一是合作协议签订之前原则上由政府设立公正的机构，保证合作利益公平、合理高效地分配和执行；二是建立收益核算监督机制，由政府设立生态补偿生态企业和地方政府合作利益核算监督机构；三是建议设立生态补偿资金的支付分配核算评估机制和考核指标分配机制，并建立合理公平、便捷的任务分解和生态利益、补偿资金流转分配机制。避免地方政府之间、企业之间、企业与个人之间等市场主体之间为利益、任务分析不公平合理而产生“不合作”行为。

四、夯实小流域分布区产业生态化环境

建设良好的生态保护、生态消费、产业生态化发展软硬环境，提倡生态化产品的优先消费优先补贴，鼓励民众实施绿色消费、绿色生活、生态消费，促进生态意识在小流域地区“落地生根”，促进区域生态化发展导向。

五、促进利益相关者多方合作的政策建议

第一，制订优惠政策，通过政策补贴促进小流域分布区政府加大生态保护和建设力度，为居民提供良好优美的生态环境和自然景观。

第二，加强生态服务价值测试研究，充分测算生态服务提供的货币

价值，为小流域博弈双方提供客观而可靠的补偿额度参考标准。

第三，加强生态伦理教育，树立“绿水青山就是金山银山”的发展理念，提高群众的生态保护意识和生态消费意识，让建设者得到补偿，享受者付出代价。

第四，完善生态补偿法律法规，加大违法的处罚力度，让违规者“付出高昂代价”，降低生态补偿和生态建设的不合作风险。

第七章　产权视角下小流域生态补偿水权交易与政策

第一节　生态补偿与水权交易融合的理论基础

一、产权理论基础

外部性问题是产权制度研究无法回避的问题，许多学科和许多研究者在这方面也作出了辉煌成就。比如科斯在这方面的研究催生了一大批新型学科的诞生，如新制度经济学和产权经济学等。产权形式的根本还是在于将“外部性”进行内部化，其内在机制是当产权在人们使用的时候可以清晰界定以及交易成本为零时，社会资本总能达到最佳效率的配置。

事实上，产权在形成的过程中受众多要素的影响，它们包括：第一，技术。私有产权制度确立的一个重要条件是：财产所有权产生的所有者相应收益远远大于排除他人同时使用财产时支付的费用和成本。但当维持产权的费用（成本）过高时，所有权将被共同占有，同时新技术的发明降低了占有所有权所付出的成本。第二，人口数量。随着人口的增长，一些资源将逐渐变得稀缺，人口与资源之间的矛盾必将导致专有产权的建立。第三，资源的稀缺性。资源稀缺是人口变化的一个函数，资源稀缺的增加必然伴随着其价值的增加，使其产权的定义是可以接受的（即产权定义的收益比成本大）。以往的理论界和社会管理实践中，都形成了产权归谁所有的问题，但是新制度经济学和产权经济学的发展表明，资源归谁占有并不重要，关键问题是谁具有资源的使用权，即谁有能力使用，或者说谁能使资源的效力充分发挥，并能使资源要素的配置达到最佳状态，谁就会成为资源的使用者。资源的配置效率是所有权转让过程中需要重点考虑的问题，对初始产权进行界定可能无法使资源得到有效配置，但是通过权利转让，可以有效提高资源的使用和配置效率。

至此，我们通过产权的所有权基础上使用、转让、处分、获取收益等权利总结出产权的特征。一是分割性和可转让性；二是完整性和残缺性；三是边界的明确性和模糊性；四是非排他性和排他性；五是稳定性和延续性。

二、水权交易理论

国内对水权的认识还没有达成统一，有“一权论”，就是人们对水资源的使用、占有和交换的权利；有“两权论”，就是所有权和使用权构成了水权的框架；有“三权论”，就是使用权、所有权和经营权构成了水权制度框架；还有“多权论”，就是水资源是一个完整的权力束。

总之，所有权是水权的核心和根本，其他的权利都是由所有权派生出来的，假如没有清晰完整的所有权，其他权利也就很难界定或根本无法存在。那么，在所有权的基础上，水权包括的内容为：经营权、担保权、使用权、用益物权等构成的权力束。法律上规定的水权规定了所有人和使用人之间的权利义务关系。

根据上述分析，我们认为水权交易是水资源的所有权人、使用人将水资源的使用权和部分权利转让给需求方，并按照一定价格要求受让方给予一定补偿的过程。水权交易是水资源转让的一种方式，就是通过市场运行机制对水资源进行有效调配，本质上是水资源权利的转让。水权交易可以包括地表水资源、地下水资源；水权交易也包括非消费性水权和消费性水权；既可以是永续性水权也可以是非永续性水权；既可以是永久的，也可以是短期的或偶尔的。结合我国西部小流域的水权交易来看，可以划分为两类，即流域内的水权交易和跨流域（区域）的水权交易。

事实上，在水权交易制度产生以前，人们就进行了相应的实践探索和制度安排。主要有英法的滨岸权（Riparian right doctrine）、美国西部的先占全（Prior appropriation right doctrine）和苏联的公共水权制度（Public water right）。滨岸权表现为农户或者个体对河道水资源的占有和使用的一系列权利与责任，其制度的核心是水资源权利的私有化，并且依附于地权，当地权转移时，水权也发生相应的转移。先占权认为，河道的水资源是一种公共资源，当地农户和用户没有所有权，仅有对水资源的使用权，也就是水资源的所有权公有但使用权私有。公共水权制度是我国目前普遍使用的模式，其包含以下两个原则：一是使用权与所有权分离，即水资源所有权归国家和集体，但个人和团体有权使用水资源；二是水资源开发必须服从国家长远战略和经济社会发展规划，通过政府手段进行水资源在区域内最佳配置和调节。上面三种实践在不同历史阶段促进了水资源的合理利用和带动经济社会发展，但也面临着越来越多的矛盾。这就要求对水权进行重新安排，水权交易制度正是在这一背景下诞生的。最早的水权交易发轫于20世纪七八十年代的美国西部地区。基本措施是允许让水资源的占有者能够在市场自由售卖富余的水量，也就是水资源的自由交易。

水权交易是科斯定理在水资源管理中的具体应用，也是解决水资源“公地悲剧”的一种市场化制度安排。科斯定理认为，只有交易成本为零时，初始产权界定清晰就使得资源配置通过产权市场交易到达帕累托最优；公共资源的外部性的内部化是将外部性价值通过成本补贴或收费的方式转化成产品的内在价值。一方面，水权交易在清晰的初始产权界定条件下，通过市场交换达到水资源合理利用的经济价值；另一方面，水权交易是获益方在获取水资源时给予保方一定的生态补偿，使保护方为保护水资源的成本得以补偿，从而达到水资源保护的生态价值。

水权交易制度本质上是国家与市场相结合的水权治理体系。公共部门为水权交易进行了合理的制度设计和政策供给，市场通过一系列机制完成对区域内水资源的最佳配置，从而使得政府和市场共同在水权交易中发挥作用。

第二节 国内外水权交易及对小流域水权配给的借鉴

一、国外水权交易典型模式及其经验总结

（一）智利水权交易模式

智利政府在20世纪80年代开始制定实施的水法中规定，公共部门把现有水资源无偿划定给现有的使用者。但是水权并没有依附于土地的使用权，除了特殊情况之外，水权所有者可以自由买卖自己占有的水资源。把水权和土地所有权完全分离，这是在智利历史上第一次大胆的尝试并得到了有效实践。同时还规定水权像其他资源一样，可以市场中随意交换、买卖、抵押和取得收益。水资源的所有者可以不用征得国家水资源管理机构的同意就可以随意地处置水权，新进入水权的申请者也不必向国家水资源管理机构详细说明新水权的使用形式和处置方式。智利政府于1981年通过的水法首次提出完全市场化的水权交易理念，自由市场机制的一系列特征降低了申请新水权的烦琐程序并取得显著成效，而且还可以引导水资源的使用者合理地使用水资源。

第一，水资源管理机构。智利政府设立全国水董事会作为水资源的管理机构，管理水权市场的具体活动。当国内所有人用水出现剩余的情况时，董事会就无偿地给予申请人水资源的使用权。国家水董事会负责一些重大技术处理和管理工作，例如全国范围内水资源数据的收集提取、工程大坝建设与维护、公有水权和用水协会的登记等活动。但是，水董事会缺乏有效的强制力和约束力，从而大部分水管理决策都是由用水协会和当地农户做出。

第二，水权分配。水董事会依据用水者过去的用水数量按用水单元

将水资源分配给下面的用水协会，协会把水权依据用户需求相应的分配给他们，并进行登记备案。对那些非消费性水权，政府部门规定每周释放最低水量。

第三，水权交易登记制度。智利政府关于水权交易情况的来源主要有三个方面：第一方面是财产登记处的水权登记，地方政府管理这些办事处，翔实登记各个区域内的水资源信息；第二个方面是区域内用水协会的登记内容，它记载了该区域水资源的所有信息；第三个方面是水董事会的水资源记录信息，主要内容是中央政府最初的水权批准资料。

第四，水权交易市场。智利政府规定，水资源的权利不但可以自由交易，同时也可以随意抵押和进行担保，也即存在着两个层级的水资源市场，一个是水权交易市场，另一个是水权金融市场。用水个人拥有对水资源的所有权，他可以当作抵押物和担保物，从金融机构中取得相应融资从而用于环境治理和水资源保护。

（二）澳大利亚的水权交易模式

澳大利亚最初始的水权交易制度来自英国的习惯法，即实行滨岸权制度，与河段相连的田地所有者占有水资源的所有权和使用权，并可以继承和转让。1900 年以来，中央政府通过出台相关的法律制度，实现了把水权从土地权中剥离出来。明确地规定了水资源是公有资源，由地方州政府代表联邦政府对水权进行调整和分配，用水户的水权可以通过州或地方政府的相关机构许可来提供。根据《维多利亚州水法》的规定，水资源权利划分为三种不同类型，第一是批发水权，就是政府把水权直接批发给自来水公司或者灌溉管理机构等。第二是水权许可证制度，让农户或者其他用水主体直接从河道中取得水量。一般的有效期限为 15 年，到期可以向地方政府申请更换。第三是用水权（water rights），即河湖灌区内的农户用于灌溉、生活和畜牧用水的权利，主要和土地相关。为了方便交易，法律上把将水权分割成若干部分，比如水量和份额、输送能力或抽取率、现场使用权等。水权就像土地或股份一样被看成一种资产，是公开注册和可审查的，并进行独立交易。

第一，水权交易原则。澳大利亚政府规定的水权交易应当遵循以下原则：必须在不损害第三方利益和不破坏生态环境的前提下，允许对地表水和地下水的交易；水资源的所有权、使用权和获益权的交易应以符合地方政府水资源管理战略规划为基础，考量交易过程中的水权交易成本，构建有益于水权市场高效运行的管理制度。

第二，水权交易市场。从1994年以来，澳大利亚开始了全国性的水资源改革，最重要的措施是建立全国水权交易制度，充分发挥市场对资源配置的决定性作用。水交易市场上，最重要的就是把地权和水权相互分开，这样水权可以进行单独交易，同时也允许并不具有小流域地权或水资源限额不足的农户通过市场交易获得相应水权。事实上，基于市场的水权交易能充分提高水资源的配置效率，如果没有完善的制度作为水权市场的合理运行支撑，大量的水资源就会聚集在现有水资源占有人手中，从而致使区域内水资源得不到有效配置。

第三，水权交易市场制度规则。

（1）基于市场的水权交易制度必须以对流域水资源的可持续性利用和对生态环境影响最小以及对其他相关者的影响最小为原则，生态环境保护得到绝对的保证，同时还要受到域内约束条件的限制，比如源头的水源涵养能力、水利设施供水能力、不同灌区的荒漠化和盐碱化程度，以及工农业用水需求量等。

（2）对于永久性的水资源交易，必须由交易双方向地方水资源管理机构提出水权交易申请，并提供由专门的评估机构作出的相应评估说明，并在媒体上公布水权永久转让的相关信息，最终由地方水资源管理机构向新水权拥有者颁发用水许可证明，同时注销原转让方的用水许可证。

（3）澳大利亚的水权交易程序主要表现在以下几方面：首先，查实转让方的水资源所有权、使用权、涵养和供水能力以及有利益牵涉的第三方；其次，核查受让方的需水量、场地使用以及与当地生态环境保护相符合情况；最后，潜在的买卖双方应适当保证按时支付和及时送水，并提供交易双方责任最低标准的说明书。

（三）美国的水权交易模式

虽然美国的水权交易起步早，但目前只有西部几个州建立了水权交易制度。在西部建立水权交易制度的几个州里，水权被赋予私人性质的财产权利，它用来销售和交易，并取得相应的收益。

第一，水权分配。首先是水资源先占主体提出申请。先占权即对河段、池塘、水库、沟架等水道的水占有优先的使用权。对水资源的先占权主要依照“时先权先”的规范，就是谁首先占有就决定了有权使用水资源。最早占有的水权所有者享有最高级别的一系列水资源权利，其后的水资源占有者拥有最低级别的权利。在水资源相对匮乏时期，那些最高级别水权拥有者们可以允许使用他们所需的全部水量，而那些低级别的水权拥有者们就会被迫削减水资源的使用量。与此同时，先占权还要受到“相关溯及原则”的影响。即对水资源的优先使用权除了和专用水权授予时间有关，还和实际使用的时间有关系。比如，两个用水主体在同一时间内占有水资源，但是一个时间早于另一个，那么他的水权级别也就相应地高。

第二，水价。美国政府为了激励农户提高农田灌溉中水资源的使用效率，所以地方政府也建立起了水价双轨制。就是水权价格中一部分是依据供水成本，另一部分必须考虑市场需求信息并由市场决定。不管采取什么方式，基本原则是水价反映水资源的开发成本和环保代价。

第三，水权交易机构。美国是最早建立“水银行”的国家，这项制度是在干旱时期水资源供需矛盾尖锐的情形下创立的，它是指对水资源的一种买卖、交易和分配制度。加利福尼亚州水银行操作的具体做法是：水资源管理局将使用主体的结余水源购入，再通过加州输水工程将水卖给需求方，其成员包括市场企业、公共用水组织和环境保护组织；除此之外，水资源管理组建了一个委员会，他们对水资源的信息进行审核和对环境进行评估；水资源局不定期召开水银行会议，交换水资源的供需和管理信息等。

第四，水权的咨询服务机构。水权咨询服务公司的服务内容括：鉴定有关的水资源档案材料；做出翔实的水资源调查报告；做出水资源管理计划；对水资源的整体价值进行评估；申请新的水权；对用户提供诉讼代理服务以及相关用水主体的资产进行评估。

（四）国外水权交易模式经验总结

第一，基本上建立起了符合本国国情实际的水权交易制度，培育了水权交易市场。上述国家建立水权交易市场和完善交易制度的根本目的都是提高水资源的配置效率，起到促进节约用水、保护域内生态环境和水资源可持续开发的作用。以上三个国家的水权交易制度，其共同点在于寻求本国和本区域实际的生态补偿方式和水权交易制度，努力使水资源的持续开发和域内生态环境保护满足经济社会发展要求。因此，我们在探究国外的水权交易实践时，必须探索出一条符合我国实际的水权交易制度。

第二，水资源管理和水权交易的核心在于明确权力边界。总结上述国家的水权交易实践，最根本的问题在于以何种方式在水资源公有的前提下，依据不同的用水主体和占有方式，明确水权边界，并有一套科学有效的水资源产权制度作为支撑。

第三，供水服务和管理向私有化和市场化方向改革。发达国家的水权交易制度发展进一步促进了供水服务和管理向市场化和私有化方向进行。

第四，发达国家基本上拥有一套科学合理的水价制度，这样通过价格机制能有效配置区域内水资源。水价征收的基本原则是一方面要反映出水资源的稀缺程度并促进人们的节水意识和生态保护意识；另一方面要充分反映水资源开发和供给以及水权管理的成本和代价等。

第五，拥有发育比较完善的水资源交易市场。初始水权配置以后，就要通过水权交易市场实现在不同主体间的水资源有效配置。同时，政府还制定了相关的水权交易的政策法规，进而促进了水资源交易合理有序进行，使水资源交易市场不断得到发展和完善，以实现水权交易的各方利益。

第六，重视环境保护，将水权交易看作是生态补偿的一项重要制度措施。

二、国内东部地区水权交易典型模式

（一）金华江流域东阳—义乌水权交易模式

位于浙江省的中部地区的金华江全长200多公里，流经4个县市：即磐安县、义乌市、东阳市和金华市。金华江的上游地区磐安县和东阳市属于典型的山地丘陵地带，其海拔在500米到1600米之间。整个流域土地类型和地貌特征差异显著，从金华江的上游到下游地区，森林覆盖率呈递减趋势，而耕地面积，居住、工业和矿产用地递增，这就意味着上游地区必须做出相应的生态保护。金华江上游主要有文溪和西溪两大支流，其平均径流深分别为847.2mm、915.4mm；水资源量分别为1.4622亿m^3和2.217m^3；流向下游的水资源占水资源总量的53.4%和52.4%，汇集后注入东阳市的横锦水库，成为东阳市和义乌市水权交易的主要水源。

第一，东阳—义乌水权交易的可行性和合理性。

（1）东阳和义乌水权现状表现出供需关系清晰、双方共赢的特点。东阳和义乌的水权贸易一直能够在双方的供需双赢、环境保护与经济发展协调的条件下继续发展，其原因主要有以下几方面：

首先，下游的义乌的城市化、工业化发展速度十分迅速。城市生活用水和工业用水不断增加，水资源不足的现状严重制约了义乌的经济社会发展。义乌市的人口总量是东阳市的80%，而人均水量却不及东阳的50%。

其次，金华江流域内的上游地区水量十分充沛，全市人均水资源总量达到2000立方米，这除了有效满足工农业用水之外还向下游流失3000

多万吨的水量。所以，水资源在整个区域内来看尚没有达到最佳的有效配置。

再次，从义乌市的经济发展水平来看，其发展水平远远高于上游东阳市，具有对使用上游水资源进行偿付的能力；另外，义乌市通过水权交易获取的水资源还可以为其长远发展提供坚实的基础。

（2）相关的水利专家进行了大量的实际论证。义乌市政府和相关水利专家结合实际制定了区域内水资源有效配置的三大方案，如扩建原来水库、提高当地民众的节水意识与用水效率，最终还是选择了和上游地区进行水资源交易。

（3）市场机制是水权配置的最佳手段。义乌和东阳充分发挥水权市场交易机制的优点，双方的利益需求都得到了有效地满足。东阳市通过修建大量的节水工程和新的开源工程得以满足地方经济社会发展所需的丰沛水量，每立方米的水成本低于 1 元，转让给义乌市价格提升到 4 元。虽然义乌市每购买一立方米的价格达到 4 元，但自己修建水库其成本达到 6 元。在水价成本综合考量的前提下，2000 年 11 月 24 日，东阳市和义乌市签订了被称为"我国首例水权交易"的区域间水权转让协议。

第二，金华江流域生态补偿及东阳—义乌水权交易利益相关者分析。

（1）各级政府：水权市场中包括中央和省市等各级政府，还包括流域内的磐安县政府、东阳和义乌市政府等。各级政府部门在流域生态补偿和水权交易政策的谈判、协调和指挥中扮演着重要角色。

（2）市场主体：包括市场企业、相关产业部门，比如，流域内的水电公司、化工厂、林产品企业等。它们在政府的生态补偿政策制定和实施过程中产生重要影响。

（3）社会组织：包括农户组织、市民社会、环保组织以及非政府组织。他们生态补偿和水权交易中起着重要作用，尤其是上游农户和环保组织。作为该地区上游生态环境的重要保护者，他们对流域生态保护的态度和意识以及战略选择将对政策的成本效益产生直接影响（见图 7–1）。

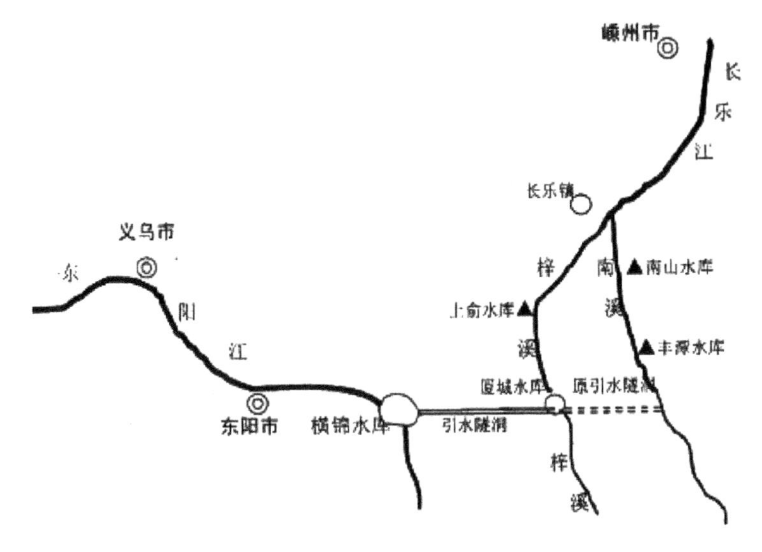

图 7-1　东阳—义乌水权交易地形示意图

第三，东阳—义乌水权交易的意义。

首先，它打破了传统的对水资源的行政配给手段。由于水资源属于国家的公有资源，在以前的配给、生产、监督等方面都表现出强烈的行政性，其水权分配往往围绕着大型的生态工程和政治任务。

其次，它标志着我国水权交易市场的正式诞生。由于水资源具有公共属性，因此政府机构在水权初始分配中起着重要作用。但事实告诉我们，水资源的再分配不一定非得通过行政手段来实现，还可以通过市场手段的安排来实现，市场机制对水资源进行再配置的直接产物就是水权交易市场。东阳—义乌的水权交易实现了我国水权交易市场从无到有的跨越，首次以平等合作、自愿协商来达成交易，并形成首个跨市水权流转市场。

再次，两市的水权交易证明了市场机制是水资源配置的有效手段。东阳和义乌运用市场机制来实现水权的充分流动和水资源合理配置，交易双方的利益诉求都得到了满足。东阳市通过节水工程和新的开源工程一方面保护了生态环境，另一方面集约了大量剩余水源，其每立方米水的成本低于 1 元，转让给义乌市后却得到 4 元的收益。通过东阳和义乌的水权交易案例分析，我们发现水权交易市场促进双方更加重视节水、保护水生态，水权交易市场发挥了优化配置资源的功能。

三、广东省东江流域水权交易现状

第一，两个层面的水权交易机制。

东江流域内水权交易的主体关系有两个层面：一是上下游地方政府之间；二是地方政府和辖区内居民。其中，东江流域范围内生态补偿最大的特点就是上下游政府之间进行补偿，最主要的方式或治理工具是地方政府之间进行协商合作。东深供水工程就是这类补偿的最佳体现。

香港的人均水资源占有量远远低于广东省，其政府向广东省购买水权的历史长达40多年，迄今的年购水量达到11亿立方米。作为东江水权的受让方，香港以3.085港元每吨的价格买进水资源，然后香港政府再依照区域内自来水的价格将其卖给当地居民。经过多次扩建的东深工程每年可供给24.23亿立方米的淡水资源，其中向香港供水达11亿立方米，深圳达8.73亿立方米，东莞市4亿立方米。2000年香港开始向广东省政府贷款23.64亿元进行东深工程扩建，其中的贷款偿还方式是逐年在供水费用中扣除，还款期限为20年，每年向广东省政府偿还1.182亿港元。

另一层面，地方政府和辖区内居民之间建立用水交易许可制度。依据《广东省水资源管理条例》的规定，如果直接从江河湖泊中开采淡水资源，其开发主体或个人应该向县级以上人民政府申请用水许可。开采水量的主体必须依照申请水量进行开采。

第二，水权分配方案和用水许可证明。

根据相关法律规定及国务院颁布的关于水资源的规定，早在2008年广东省就已经颁布了《广东省东江流域水资源的分配方案》，其中，确定了东江的水资源分配范围为其所涉及的所有行政区域。对港供水总量按照粤港供水协议安排。方案规定，正常的流水年份取水量为106.64亿立方米，特枯流水年份取水量为101.83亿立方米。并对范围内水资源实行总量定额管理。而用水户可以根据规定向相关部门提出用水申请获得取水证，并根据规定的取水量取水。取水证是相关行政部门批给用水户的特定用途及用水量的合法凭证，是受法律保护的。在证件有效期内，取水户可以自由处理自己获得的水资源，可见，取水证合理地把公共水资源分配为私人所用，清晰了用水的交易客体，确立了排他的专属产权。

第三，相对充分的政策文件是水权交易的制度保障。

从整体来看，当前在东江流域的范围内，能够保障水权交易的文件包括《中华人民共和国水法》《取水许可和水资源费征收管理条例》《广东省水资源管理条例》和《取水许可管理办法》，以及《水利部关于水权转让的若干意见》和《广东省东江流域水资源分配方案》等政策性文件。

第四，政府主导的水权管理机构。

东江流域水权交易的有权管理机构包括：东江流域管理局和地方水行政主管部门。根据取水所在地、用途及行政层级的异同可由不同的行政部门承担取水证的审批和管理职能。

（四）国内东部地区水权交易的经验总结

第一，政府在水权交易中依旧发挥主导型作用。由于水资源是典型的公共物品（区域性的准公共物品），在基础设施（管道、水坝等）的供给方面需要投入大量的成本，这就决定了政府在水权交易中发挥着不可替代的作用。除此之外，水权交易的制度供给依然是以政府为主的公共组织，其原因一方面来自公共组织本身的价值使然，即追求整个社会的福利最大化，另一方面是政府运用公权力提供相应的制度，有一定的合法性基础。通过两个案例描述，无论从供给方来看，还是从需求方来看，政府是交易的主体。在东阳—义乌水权交易中，交易发生在东阳市和义乌市两个政府间。

第二，水权交易有着深刻的社会背景和经济条件。区域内经济社会发展不平衡的现实是流域内水权交易的内在动力。从上面两个案例中可以总结出由于上游地区（小流域）处于山地丘陵地带，交通落后，地广人稀，经济结构主要是以第一产业为主，下游地区主要以第二、三产业为主，经济社会发达。这种悬殊的差距是区域不平衡的根源，因此，这无法激励上游地区进行生态保护。其次，下游地区经济社会发展为上游地区补偿提供了经济基础。

第三，建立了比较完善的水权交易市场体制。可以笼统地将交易水资源和水权交易市场称为水权交易市场。在东部初步建立起来的水权交易市场中，首先是基于产权界定清晰的基础上明确交易的主体和客体、交易条件、交易价格等。

第四，存在多级水权交易体系。多级水权交易体系塑造了东部地区水权交易灵活有效的特点。首先是中央政府与地方政府的水权交易，中央政府通过市场交易将水资源的使用权转移到地方政府；其次是流域内地方政府之间的交易；再次是地方政府与用水团体和个人之间的交易。

第五，水权交易担负着政治、社会、经济和生态等多重功能。从政治方面来看，给东部地区提供安全有效的水资源是水权交易的重要政治任务，下游地区基本上都是政治、经济、文化中心，有着庞大的水源需求。从社会、经济方面来看，水权交易涉及社会资源的重新分配。从生态方面来看，水权交易涉及上游地区生态保护的激励。

第三节　生态补偿视角下小流域水权配给分析框架

一、生态保护视角下西部小流域水权配给的价值取向

（一）西部小流域生态补偿及水权配给存在的问题

第一，“源头现象”问题突出。“源头现象”表现为经济社会发展程度低，交通落后，文化和社会资本发育程度低，但是拥有丰富的旅游资源。西部经济欠发达地区水资源丰富，相反，东部经济比较发达地区水资源欠缺。这种局面不利于区域内经济社会的平衡发展，富集的资源无法有效带动经济发展。“源头现象”问题主要表现在三方面：一是流域水

资源注重经济价值而忽视了生态价值。二是从水资源交易的观点，区域内水资源的分配方案明显地缺乏公平性。三是对上游欠发达地区进行了财政转移支付来进行生态补偿，但是补偿绩效不显著。

第二，缺乏对生态价值的认识。人们通常把生态补偿理解为，政府是代表生态受益的区域和群体向欠发达地区进行政策倾斜和经济补助。但是人们并没有认识到西部小流域的生态价值，这样就使得小流域的生态保护动力来源于政府外部的行政性干预而非民众自发行动。只有让上游水源区的公众从内心深处认识到优良的生态环境不仅是实实在在的财富或宝藏，而且还是一个能够产生效益的聚宝盆。

第三，生态补偿观念落后。由于小流域经济社会发展速度缓慢，很难以把生态补偿与民族地区经济发展和区域反贫困联系在一起。这就要求把生态补偿的政策目的、价值、手段和区域发展有效结合起来。生态补偿理念不仅在于当地的生态保护和环境治理，而且应该成为贫困治理的民生工程。

（二）基于生态补偿视角的小流域水权配给的价值取向

第一，建立基于优水优价的水权观。西部小流域区必须考量的就是把水资源质量统一到整个水权价值中去。一般而言水价应该包括三方面：环境水价、工程水价和资源水价。随着经济的快速发展，人们的生活水平稳步提升，进而对生活质量的要求就越来越高，从而也就越来越重视水源水质情况。质优价高，优水优价，水质越好越能卖个好价钱，从而获得更大的经济效益和生态效益。

第二，构建以水权交易为基础的生态补偿水权观。西部地区小流域生态补偿主要是政府行为推动的，缺乏公众有效参与，是一种被动式的生态价值补偿。但是建立在市场交易基础上的价值补偿是一种主动式补偿模式，在该种模式下可以驱动人们进行自由交易以获得更大价值。

（三）建构基于生态资本价值实现的水权观

生态资本的价值实现有赖于水资源价值的增加。要实现西部小流域生态补偿，其实现途径就是要建构生态资本的理念，以实现基于水权交易制度下价值化，从而有效缓解目前生态补偿实施中遇到的困难。

二、西部小流域水权配给分析框架

水权的基本概念，至少包括所有权、使用权、分配权和交易权。在该权利体系中，西部小流域水资源的所有权归政府所有，这是我国宪法和法律所规定的。具体而言，西部小流域的使用权由取水权（也即涉水权和引水权）、用水权和排污权三部分构成。取水权是依据水资源开发利用控制底线，国家政策规定的本辖区内允许开采的水量，而用水权是进入用户终端的用水量。取水权转向用水权的过程中，政府要对水资源有一个整体规划和重新分配，然后再决定用水组织的购水数量多少，再把水权转到具体的用水者手中。生态补偿制度是水权配置的制度基础，水资源管理体制为水权交易和配置提供组织基础。所以，西部地区生态补偿制度、水资源管理体制和水权交易（配置）制度形成一个相互联系的制度系统（见图 7–2）。

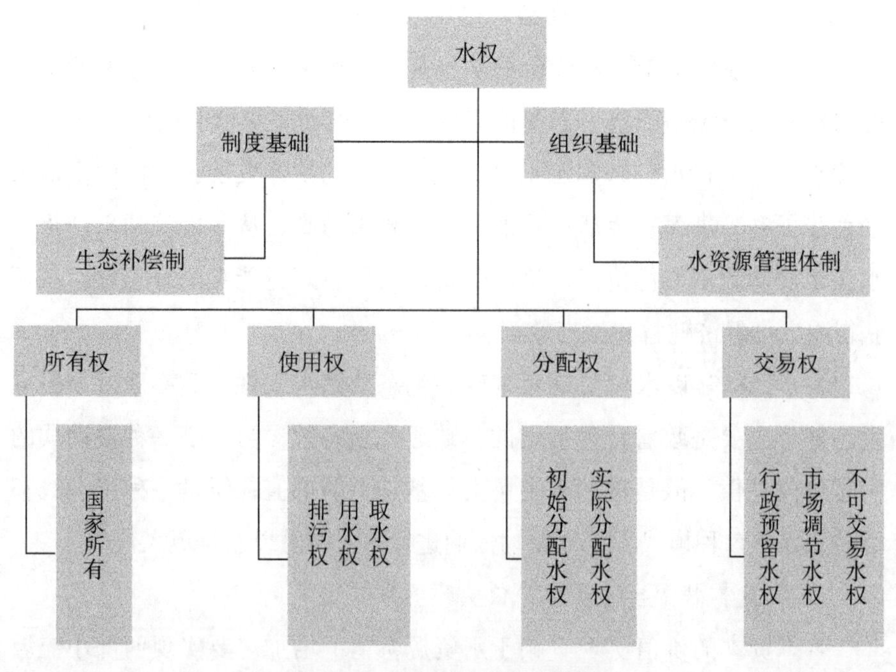

图 7–2　西部小流域水权结构图

三、西部小流域水权分配的模型建构

（一）基于生态补偿的水权分配

我们构建了基于西部小流域生态补偿的水权初始分配方法，包括以下步骤和内容：

第一，确定西部水源区分配原则。要实现水资源科学、有效、环保、和谐分配，必须以人与生态和谐共处、人与人和谐共处、区域协调发展为指导，综合考虑区域社会条件和水资源禀赋差异来确定区域间水资源分配。西部地区生态补偿理念应该强调公平性、产权明晰性、补偿制度化和可持续性等基本原则。其公平性强调水源区为生态保护做出贡献的人们应得到对价补偿；产权明晰原则决定着所有权、使用权、交易权等权属安排；补偿制度化原则强调应该建立健全西部地区生态补偿和水权配给的制度；可持续性原则从生态开发和水资源交易使用后果的角度来对当代和未来的关系进行阐释。

第二，选取西部水源区水权配给的状态指标。将每项基本原则作为描述西部小流域带生态补偿和水权配给的一个视角，选取具有代表性的指标来描述该原则的状态值，最终构建了和谐状态指标集。例如，公平原则可以包括水源区人口总量、退耕还林面积、土地面积、补偿额等；制度性原则包括制度的供给、监督、项目工程建设、财政转移支出等；可持续原则包括小流域人口增长率、未来需求量等。

第三，水源区总和谐度、公平度计算。西部小流域生态补偿应该采取“单指标量化、多指标集成”的方式。我们使用单一因素的和谐、公平方程来量化每个具体指标，每个指标对应于子和谐和子公平度，反映在和谐、公平的国家原则下和谐、公平的状态点；指数加权方法对子指标进行集成，得到和谐和公平度，反映了分配结果的和谐与公平的一个方面；准则层被进一步整合以获得分布结果的和谐和公平度最终状态。

第四，构建和谐公平目标优化模型。通过步骤三得到的水权分配和生态补偿结果可能存在不公平、不和谐现象，所以要进一步优化分配结果从而获得更佳配置绩效。为了确保生态补偿和水权分配方案的和谐和公平，将和谐与公平的和作为目标函数，利用当地水资源开发利用的生态保护红线和基本用水需求作为建立和谐公平目标优化模型的约束。选择相应的优化算法求解模型，求和总和谐和总公平性最大时的分布结果。

第五，编制公正、和谐的生态补偿和水权分配方案。

（二）基于生态补偿的水权交易

第一，制订用水计划。依据区域内对水资源的需求总量和水权分配的初始方案，设计出用水计划。这一步骤的本质在于把取水权转化成用水权。对水资源的需求量依据市场类型划分为流域内需求和流域外需求，按照行业特征可以划分为消费性需求和非消费性需求。还要考虑驱动水资源需求的因素，包括经济增长程度、人口总量、水利工程建设和管理等。同时在编制用水计划时应考虑各种负面因素。

第二，分析节水潜力。调查分析国内外生态补偿中节水的影响因素和节水效率指标，在此基础上分析西部小流域的节水潜力。

第三，计算可交易用水权。可交易的用水权来自于三个方面：一是用户和公共用水组织节约的水量，二是公共部门预留的用水权，三是其他途径获得的可用来交易的水权。可交易水权表现在多个层面，其关键在于确定水权交易价格。

第四，提出水权交易方案。建立水权交易决策模型之后，经过测算就可以得到水权交易方案。水权交易决策模型本质上是一个优化模型。

（三）基于生态补偿的排污交易

第一，预测污染物入河量。对小流域的环境污染有一个总体了解和详细调查，有效掌握水体污染的来源、类型和污染程度。在此基础上预测未来排入河流的污染物总量，从而编制具有针对性的排污交易方案。

第二，控制断面水质预报。水环境数学模型可以有效描述“污染—

污染—控制”的过程，污染物转移和污染物转化过程，可以模拟不同污水负荷和供水情况下的水质时空变化过程。

第三，分析减排潜力。根据污染物的类型、降解污染物周期、污染治理能力和处理措施等，并根据河流污染流失量分析计算出河流的排污降污能力。

第四，计算可交易排污权，提出排污权交易方案。

上面从微观方面分析了基于生态补偿思路的西部小流域的水权配给措施，主要表现为水权分配、水权交易和排污交易，将其归纳成一个综合性的框架（见图 7–3）。

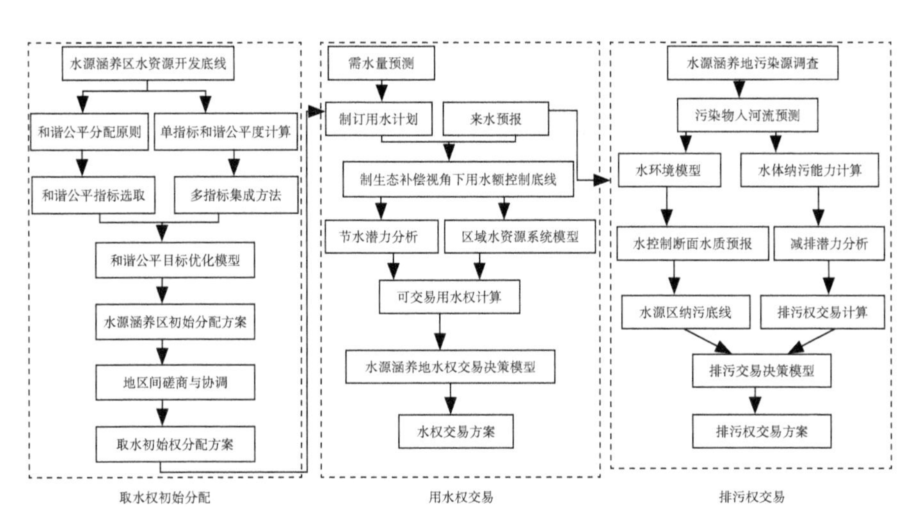

图 7–3　西部小流域水权配给理论框架

第四节　当前水权市场改革存在的关键问题

一、水权政策制度内容不完善

第一，水资源属于国家所有，在水资源的制度方面形成了政府供给的模式，但是水权的界定和权能的区分则被政府所忽视。《宪法》《水法》等法律只是明确了水资源的所有权，但是对于水资源在占有、使用、收益、处置等方面缺乏具体的规定。第二,《水法》《取水条例》是我国最早的有关于水资源管理方面的法律，但是这两部法律侧重于水资源的行政管理，对于水权交易及水权市场方面的内容涉及的较少，并不能匹配当前我国水权制度改革的趋势和法律保障的要求。同时，上面涉及的法律与《宪法》《物权法》等法律中的相关内容并不能完全对接。第三，要保证水权市场的良性运行，需要一系列的配套制度予以保障，但是我国在水权交易配套保障制度方面几乎处于空白领域。这些政策制度包括水权初次分配执行的强制性约束机制、水资源使用的监督惩罚机制、水权交易的冲突调解机制以及对生态影响和第三方利益的补偿机制等，这些机制均存在不明确或缺失现象。

二、水权建设制度设计缺乏统一性

在当前我国水权市场制度体系中，对于水权交易规则，由国务院和水利部颁布的指导性文件与地方政府颁布的细则存在较大的出入，还没有实现内容上的统一。例如《管理办法》规定水权交易包含了包括获取水权的个人及已明确用水权益的灌溉用户，然而在地方的水权改革实践中，×省水权交易制度管理办法中把取水单位或县级以上人民政府界定为交易主体，并没有包括个人和灌溉用水户的实际情况。

三、政策制度执行存在多头管理主体

《水法》强调了水资源管理的主体为水行政主管部门，同时又保留了电力、环保、农业等部门的水资源管理权限，这样就产生了水行政主管部门与其他部门在职责履行上的交叉现象。这就会引起多头管理，从而产生职责权限不明确，严重时可能还会陷入混乱状态。

第五节　产权视角下小流域生态补偿水权配给的政策建议

一、建构西部小流域生态补偿的政治生态价值取向

美国政治学家戴维·伊斯顿把政治生活看成是一个独立的系统，指出："一个社会的政治互动构成了一个行为体系，一个政治制度通过这些互动来分配一个社会的价值观"。政治体系内生态圈的建构应该与民主、和谐、包容等价值相联系。

（一）民主

西部小流域政治生态的首要价值是民主制度的建构。这就意味着西部小流域生态补偿的主要特征体现在：项目制与合同包工而不是行政强制与监督；分权多元治理而不是行政集权；市场运作的基础上地方政府进行协调管理和制度供给；不再是由地方政府"指导"，而是由地方政府和私营部门合作。这充分体现了小流域民主价值的精神内核，更加强调政治团体、公民的创造性参与。

西部地区生态补偿民主价值的公平法度应该是协商民主，在尊重不同利益和观点的基础上遵循理性反思，从而促进合法决策；尊重认知差异并能通过对话达成共识，从而化解冲突；通过参与明确责任并使行为者个体及社会共同承担生态补偿的责任；在交往与互动中培育公民精神，培养维护健康民主所必需的公民美德。西部地区生态补偿民主价值的效率法度应该是竞争民主，竞争性民主是一种地方政府的决策参与形式，是特定的政治主体以少数服从多数的原则，通过选举、竞争、投票、公决等竞争性方式及机制参与政事的一种民主类型。在这种机制内，民主自身就含有自我监督和自我控制的机制因素，对民主制度的制约，是民主的内化性规定，是民主的实质所在。

（二）和谐

和谐就是将西部小流域的经济、社会、人口、文化、生态和资源纳

入到一个包容性的系统内，综合考虑经济效益、社会效益和生态效益，同时也要追求生态价值的可持续利用，寻求“代际公平”。

首先，西部小流域的制度和谐是政治生态和谐价值的制度基础。制度和谐应该是维持政治生态系统有效运转的各种制度设计的科学性和有效性，强调制度建构空间的活跃性、多样性。它的设计应该是将人民群众的根本利益要求作为制度设计的基本准则，以客观的政治生态效果为制度好坏的评判标准。其次，生态补偿的结构和谐是和谐的本质要义。结构和谐是维持政治生态系统有效运转的各个要素、不同系统以及子系统内部之间稳定、协调，它是小流域生态补偿建设的重要切入点和最终落脚点。

二、完善治理现代化视角下生态补偿的善治结构

20 世纪 80 年代以来，在新公共管理理论、社群理论、社会资本、新公共服务、“第三条”理论基础上，治理理论应运而生。善治是治理的最佳状态，是公共利益最大化的管理过程，实现从传统的“强政府，弱社会”治理模式转变。生态补偿治理框架中的善治就是还政于民，时刻想着人民的公共利益，国家权力回归社会，国家与人民良好合作。它是政府与人民对生态补偿的合作治理。生态补偿的有效治理必须是建立在政府、市场与社会作用基础上。小流域生态补偿的善治结构应该包含以下几个方面：

（一）合法性与法制是实现生态补偿善治目标的基础

生态补偿的合法性是社会秩序和权威政治生态系统内的主体自觉认可和服从的性质和状态，是对现有生态补偿体制、机制的认同。法制指的是法律在生态补偿治理中的最高准则，任何参与主体必须依法行事。因此，在西部水源地的生态补偿中，只有充分承认制度的合法性，才能进一步做到“有法可依，执法必严”。法制是生态补偿善治的基本要求，没有健全的法制，没有对法律的充分尊重，就不能实现生态补偿的治理

目标。

（二）透明与有效是实现生态补偿善治目标的前提

西部小流域生态补偿和水权配给中，透明性体现了信息资源的公共性、公开性，它主要利用现代信息技术提升生态补偿的治理方式，及时把相关政策制度向社会公布，这也是社会监督的有效前提。建构生态补偿的有效性制度是将出现的新问题及时处理，其中包括制度本身问题、补偿客体等的补偿需求、其他社会经济问题。从某种程度上说，建构公开、透明的信息传递和交流渠道能有助于地方政府在生态补偿中做到及时有效地判断，并做到迅速、有效地解决。

（三）责任与回应是实现生态补偿善治目标的本质要求

在西部小流域的生态补偿中，行政人员及其管理机构由于其承担的职务应该履行一定的职能和义务，也只有公正行使人民赋予的权力，切实有效地履行政府职能，才能达到善治的价值标准。强调回应性是生态补偿中责任心的延伸，它要求政府在生态补偿中对公众的社会需求和所提出的问题给以积极反应和反馈。生态补偿的善治价值实质是政府与社会的共同治理，这种多元主体的新型治理格局决定了政府回应是达成善治的主要过程，也是社群主义价值观的集中体现，即倡导一种社群精神和公共精神，从而以社群历史传统及其文化为纽带增强社群价值共识，并提出以社群为纽带实现国家、公民与社会之间的良性互动。

三、深化西部小流域生态补偿的财政政策改革

在西部保护区建立生态补偿机制的具体实践中，政府参与是重要的一环。政府部门的主要功能体现在两个方面：一方面政府可以通过转移支付和建立生态补偿资金与生态税进行补偿；另一方面是通过政府的管理和监督功能支持流域开展生态补偿工作。

（一）合理配置各级政府的财权

西部小流域生态补偿政策的实施最重要的资金来源是地方政府和中

央政府的财政转移支付。在中央地方与地方政府合力推进西部小流域生态补偿时，要明确它们的事权划分，明确自己的负责范围。中央财政负责的生态补偿主要是国家确定的重要江河湖泊、国家重点生态功能区、国家自然保护区、国家重点生态项目工程，这些补偿资金应该包括三部分：生态收益区的价值收益、中央政府的财政补助资金和环境资源税费收入基金；地方政府和省内收益区域应该出资对小流域、湖泊湿地和水源涵养林区进行价值补偿。通过以上层层分解，应该合理分配地方政府和中央政府之间的财政负担。

（二）建立横向的生态转移支付制度

横向生态转移支付制度是以生态补偿资金的横向转移支付为基础，核心是通过经济社会发达地区向欠发达或贫困地区转移一部分财政补偿资金，在生态关系紧密关联的区域建立生态服务的交换关系，从而实现生态服务的外部效应内部化。之所以需要建立西部小流域横向生态转移支付制度，并不是说目前的纵向的财政转移手段和直接补偿方式无法实现积极的生态补偿，而是由于纵向转移支付以中央政府为上下游地区利益的中间调解者，无法使上下游地区、东西部地区建立起直接、紧密的补偿关系，同时由于中央政府难以掌握各个不同流域的具体情况，只能建立比较统一的补偿制度，难免影响生态补偿效果。但是事实上，退耕还林、退耕还草、天然林保护工程等都是中央财政通过纵向转移支付开展生态补偿的。以横向转移支付方式来协调那些生态关系密切的相邻区域间或流域内上下游地区、东西部地区之间的利益冲突似乎更直接、更有效。

四、加强小流域水权制度改革和健全水权配置市场

（一）对初始水权作出清晰的界定

在全面推进生态文明建设的背景下，水资源作为一种可持续利用的战略性资源，对其治理应该进一步完善水权的市场配置，让市场在配置中发挥决定性作用。建立起一种排他性的水权收益要逐渐大于所付出的

成本。国家的政策取向应该是进行积极的水权界定，尤其是跨省市县区的水权规划，在此基础上将水权的拥有主体进一步下放，直至具体的用水户。当然，光有清晰的水权界定还是不够的，最重要的是要对水权进行积极保护，这样才能调动人们的积极性。

（二）建立健全小流域水权交易市场

水权交易市场为水权交易提供了空间和环境，通过建立健全完善的市场交易机制，可以实现用水效率的改善以及区域内水资源的合理最佳配置。所以说，市场机制有利于水利行业的发展。然而利用市场并非免费，因为存在交易成本。因此，要想降低交易成本，就需要建立一系列交易规则和秩序，而降低交易成本的落脚点在于建立健全与水权交易市场相关的政策法规。

（三）明晰政府与市场在水权配置中的关系

在初级水权市场，上级政府在西部水利保护区生态补偿和水权交易体系中发挥“裁判员”的作用；在二级水权市场，地方政府既是“裁判”的角色（处理水权纠纷），也是“运动员”的角色（负责区域间水权的出售）；在三级水权市场中，地方政府只是“守夜人”的角色，发挥维护市场秩序的作用。

第一，强化水权交易立法责任，完善以法律保障为核心的顶层制度设计。一要顺应当前的趋势即水权建设的精细化和法治化趋势，建立一个操作性强且比较完整的水权交易制度。对《水法》进行适时的修订与完善，在界定相关于水权方面的概念时，除明晰水权在法律上的属性外，还应该明确规定用户水资源的使用权，使法律成为用户水权确权强有力的保证。在水权交易的有关规定方面，基于《管理办法》中提出的区域、取水权、灌溉用水户三种交易形式补充相关法律条例（如国家出让水权、可交易水权审批和评估流程、水权市场交易制度等），待到条件成熟时可以制定《水权交易法》，以立法的形式规定水权方面的相关内容，并且可以为水资源的分配由政府管制向市场化配置转变提供法律依据。二要以水权交易过程中经济外部性内部化为目标，加快构建流域内横向生态补偿的长效机制。这种补偿机制的主要内容包括：补偿主体、补偿对象、补偿标准、补偿方式、监管评估。基于国家水权试点在反哺生态上做出的积极探索，从法律意义上对于建立横向的生态补偿机制作出专门的规定，从而站在国家的层面制定出《生态补偿法》，确保水权交易反哺生态有法可依。

第二，细化水权交易行政法规和规章制度。修订和完善取水许可制度。在取水权种类上，基于2015年中央一号文件提出的要求，要求“探索多种类型水权流转形式”，对水权交易流转类型在配套的行政法规中也进行了补充并且相关权属事项也进行了明确，结合实际科学设定和有效区分不同类型取水权的有效期限；重点调整取水权获得方式，逐步实现取水权取得的有偿性。与此同时，将水权市场重点工作放在完善水权交易配套制度方面，配套制度的构建与完善可以从三个方面来推进：一是确保水权初始分配的公平合理，这就需要建立水权初始分配执行的强制性约束机制。二是维护水权交易的秩序，完善水权交易惩罚机制，制裁投机和违约等市场行为。三是各地政府应结合地区的实际情况制定《水权交易第三方经济补偿办法》，以合理的方式对第三方利益受损者予以补偿。通过在政府政策方面的水权市场改革，为小流域的生态补偿在水权方面的市场化提供政策支持，完善水权方面的相关制度，可以减少小流域内对于用水等方面的纷争问题，这就可以有效避免治理过程中问题过多而导致的进展缓慢的问题。

第八章　管理视角下小流域生态大数据建设机制与政策

第一节　大数据对小流域生态补偿的重要影响

大数据是一个相对新兴的概念。虽然在1980年美国的未来学家托夫勒就已经预测到了“大数据”将会出现在人类社会中，但当时并没有被严格证实；在1998年，Big Data一词在一篇杂志中又一次出现，它的出现是为了介绍一款新型计算机软件HiQ。“大数据”这一概念的真正提出是在2011年EMC World的国际会议上，此次会议主要讨论的议题是“云计算与大数据的会面”，一个信息存储公司在该会议上提出了“大数据”这一观念。基本同一时间，麦肯锡等很多研究机构都相继提出了关于大数据的诸多研究。由此，大数据在全球范围内引起了人们的热烈讨论。

大数据的含义是指“在现有的软件工具中不能得到、储存、整合、分析和挖掘海量的复杂数据集合”。这些海量的复杂数据包含建立一个数据库所需要的结构化信息和图片、视频等非结构化信息，这些都是很难用普通的技术工具来实现数据的收集、整理、分析工作，所以大数据的到来给社会带来深远影响。一般用“4V”来形容大数据的特点。第一个V是数据量大（Volume）。现有的数据量十分庞大，已经不能用现在的一般技术来实现管理。近年来由于科学技术不断进步，全球范围手机、平板、电脑等各种终端的不断普及、更新换代，还有在网络上发布的文字、图片、视频等产生了大量不可预计的数据量增长。数据量已经从最开始的 GB，后来是 TB，在之后到了 PB、EB，现在甚至到了 ZB。第二个 V 是数据类型多（Variety）。数据根据类型可以分为历史数据、交易数据和主数据等；根据内容格式可以分为结构化数据、非结构化数据和半结构化数据等。现在，非结构化的数据越来越多，比如有图片、视频、音频等，不再像以前存储较多的主要是文本类的结构化数据，这些复杂的数据类型也对于数据处理的能力有着更高的要求。第三个 V 是价值密度低（Value）。价值密度的大小与数据总量的多少形成反向的关系。在大量数据中，数据的总量很大，但其中包含的有效信息不一定很多，这就意味着在海量的大数据中“提纯”是很重要的步骤。对于我们现有的技术来说，还不能最大程度地达到有效地提取有用信息。第四个 V 是处理速度快（Velocity）。大数据的产生和更新的速度十分迅速，不像传统的数据处理系统需要花费很长的时间处理数据。大数据的数据流产生过程十分迅速，时效性极强，这也对大数据处理信息的能力要求极高。

本章将大数据系统与小流域生态补偿相结合，运用大数据这一新兴的技术工具，更加精准地观测、记录、评估西部地区小流域的生态环境问题，为小流域的生态环境保护提供更重要的科学管理手段、提高管理和运行效率以及为各方主体提供建设渠道。

一、大数据为生态补偿提供科学管理手段

大数据是通过量化的手段来认识世界、了解世界的一个主要方法，它将得到的海量数据进行汇总、归纳、分析，可以改变市场的整体格局、组织结构，是一种科学的管理手段。生态补偿机制的设计过程中，需要统计各种与小流域生态补偿相关的数据资料，根据收集的数据对西部地区小流域的生态状况进行分析。利用大数据系统，可以将所得到的数据进行整合、分类，使所有的数据具有更科学的管理方式，而不是混乱地、

毫无规章地堆积，在海量数据中寻找出有价值的小流域信息，最终获得一套较为完善的数据综合分析处理机制。

在西部地区小流域的生态补偿机制中，将与大数据的数据库管理系统结合。数据库管理系统，它的英文全称是 Database Management System（简称 DBMS）。数据库技术的主要研究方向是如何存储数据、如何使用数据、如何归纳管理数据，这是通过对数据库的整体结构、存储内容、设计理念、管理方式以及如何运用基础理论的方式，并且运用这些理论支撑来达到对数据库的数据进行处理、分析的目标。通过数据库管理系统将小流域生态环境数据中数量多、种类杂、不易于整体把控的零散数据整合管理，准确、及时、全面进行精准识别。

第一，数据整合功能。该系统不但拥有最基础的数据储存能力，还可以将各个不同维度的数据资料进行整理汇总，极大程度上保证了数据完整性和安全性，如果数据出现了故障性问题，还可以及时地进行修复。

第二，数据清洗功能。把农业部门、林业部门、政府部门等的关于小流域生态环境的每一项数据进行集中收录，整合到数据库管理系统的内部数据库中。小流域生态补偿的数据包括小流域情况、水土流失情况、沙漠化情况等等，再进行大数据技术的综合应用，开展数据清洗工作，把离散数据规范化、指标化、模块化。

第三，数据挖掘功能。对于数据进行收录、整合、清洗之后，建议使用数据挖掘技术来对各项汇总的数据进行精准分析。可以让技术人员通过对海量的数据资料进行分析，采用大数据挖掘技术，挖掘出一些深层次的有用信息，得到更进一步的了解，以此提出更好的小流域生态补偿的措施。

数据库拥有清晰的工作流程，在这个过程中，大数据系统可以将得到的所有关于小流域生态保护的数据进行整合、清洗、挖掘，最终得到需要的数据结果。这样规范的数据库工作流程，给小流域的生态补偿机制提供了更科学的管理手段。

二、大数据为生态补偿提高管理效率和运行效率

生态补偿大数据应用系统使信息资源加速流动，更好地利用现有资源、最大限度地保护稀缺资源、发展可持续产业等。经过大数据收集、整理、分析、挖掘海量信息，将所得到的与西部地区小流域生态保护的有关信息进行汇总、共享，并且把那些看起来与环境保护毫无关系、片面的、但是可以反映出某些现象的环境数据资源收集整理、进行相关性分析，然后从中找出西部地区小流域生态环境的现存问题、发展趋势以及未来应该如何发展。在大数据技术的帮助下，可以清晰地了解小流域生态环境发展的瓶颈问题、亟待解决的难题、未来面临的问题等。通过大数据的信息处理与数据挖掘，可以准确地知道小流域的生态发展规律、是哪几项指标的超标导致环境问题的产生、是什么影响了污染物的合理排放、是什么影响了环境现状、预测小流域生态环境的潜在问题、如何提高生态环境能力等等。

大数据技术将实现环境管理部门所提出的“用数据说话、用数据管理、用数据决策”这一理念，它使政府在生态环境治理方面取得了进一步的创新，政府对于生态环境可以实行更精准的监管、监控。有了大数据这一科学的管理手段，与生态环境有关的海量数据经过数据整合、数据清洗得到最有价值的数据信息。通过这些信息，数据库管理信息系统对数据信息进行数据挖掘，可以使政府对于生态环境保护的决策能力显著提高。

大数据环境中的生态环境保护所接收到的数据趋向于扁平化和网络化，偏向于让相关的治理主体部门进行相互协调、自主创新和灵活处理问题。大数据信息管理系统可以使西部地区小流域的生态环境补偿机制制定得更加有效，相比传统测评生态环境方式不易于管理、运行效果较差，大数据可以提高生态补偿工作的管理效率和运行效率。

三、大数据为各方主体参与生态补偿提供了渠道

大数据为各方不同的主体面对生态补偿建设都提供了便捷合理的渠

道。生态补偿的大数据管理信息系统，由于对西部地区小流域的管理思想，将小流域划分为省、市、县进行分级管理，对于目前所有的基本信息、监控资料等等进行整理汇总。按照分级管理的方式将全部的数据信息收集到管理信息系统中，再按照工作人员的不同等级赋予不同的查看权限。

生态补偿管理信息系统是一个全面而统一的管理信息系统，它可以保证数据的完整性、相关的数据资源实行共享、确保数据处理的运行效率、实行分层管理模式。该系统包含了水土流失、荒漠化、小流域等专题问题的决策；也有如何进行管理，比如目标管理、考核管理、数据管理等；还有如何对于所需数据进行合理的分析、挖掘等。在该数据系统中，主要面对的受众人群是政府领导、工作人员以及人民大众，都分别提供了几种不同的终端访问方式，例如电脑、智能手机以及平板等。根据不同主体，可分为政府领导版、工作人员版、人民大众版等不同的功能进行生态补偿项目管理。

政府领导版的管理系统可以通过平板、电脑等方式进行登录访问。进入系统之后，可以看到各种关于小流域的生态补偿信息，整个西部地区的数据按照省、市、区、县的级别分类，显示了不同地区小流域的现实情况。领导可以有权限看到各个地区小流域的监控数据以及实时监控视频，所有小流域相关的基本数据资料，以及西部地区对于小流域生态治理的整体规划方案、远景规划图、项目建设图、小流域分布图、治理图等等相关的具体治理方案规划。还要在系统中对于工作人员不能解决的一些决策性问题提供及时的帮助。

工作人员版的管理系统一般通过电脑和手机进行登录操作。工作人员在该系统中负责基础的管理工作，主要包括日常的系统管理、工作管理、数据管理、基础任务的管理等等。比如，在各个地区小流域都设有实时的监控视频，这些监控设备都需要工作人员对其进行定时的查看，以防止设备出现故障。

人民大众版的管理系统一般可以通过手机或者电脑进行相关操作。该系统对于大众的作用是，可以让大众了解现在西部地区小流域的生态环境究竟处于何种地步，也可以看到小流域的监控视频，这些都可以使大众明白我国现在的生态环境需要保护，生态环境要设立补偿机制，不能一味地滥用公共资源来使自己的利益得到满足，而不管整个社会的发展进程。大众对于该系统可以作出一些自己的贡献，比如在生态补偿过程中，有了新想法可以在系统中参与互动、提出想法，也可以相互监督共同保护生态环境，捍卫我们的生存环境。

总之，大数据信息管理系统可以使不同的利益主体全部参与进来，为小流域的生态补偿机制贡献自己的一份力量。分级管理、按需治理，充分利用大数据的先进技术，努力解决生态环境的现存问题，提出更优化的生态补偿机制。

第二节 小流域生态大数据的理论基础

小流域生态补偿与大数据的结合，形成了新型的生态补偿数据管理信息系统。在小流域生态补偿大数据中涉及了诸多理论知识，下面将着重从三个方面来介绍，分别为管理经济学理论、系统科学理论以及治理体系与治理能力现代化理论。从这些理论着手，分析将大数据引入到小流域生态补偿机制中将会面临的问题、优势与劣势、发展前景以及未来趋势等等。

一、管理经济学理论与方法

管理经济学是结合了经济学理论与决策科学的一种分析工具，研究的问题是一个组织在受到约束的时候，如何做出最优质的管理决策的一门交叉性学科。管理经济学是关于企业的经营管理人员在做决策时所需要的理论基础的一门应用经济学领域的学科，它的目的是使企业实现资源的最佳分配模式，将微观经济学与经济分析的方法相结合运用在企业的管理中，使企业的经营者可以更好地做出项目决策。在管理中出现的任何问题在管理经济学中都可以找到答案，因此管理经济学的优势就是将管理中的理论知识应用到真实管理实践中来。在小流域的生态补偿中同样也要考虑经济利益，所以也要考虑市场经济的规律。在管理经济学的基础理论中，可以知道在其他的影响因素不发生变化的情况下，需求量随产品价格的上升而减少，供给量随产品价格的上升而增加。因此得出结论，需求与价格呈负相关的关系，供给与价格成正相关的关系。供给与需求在某一时刻将处于均衡状态。市场并不是一直保持在均衡点上的，而是围绕均衡点不断波动，当供给与需求不处于均衡点时，市场的内在调节机制会发挥作用，使供给与需求再一次进入均衡状态。

目前，我国西部地区小流域也面临着一些问题，所以需要设计生态补偿的机制来保护小流域的生态环境。在经济管理学方面，小流域的生态治理出现了些许问题。一是生产对象：经济学家希望的是用最少的资源获得最大的经济利益；同时基于环境问题，在获取资源时一定要注重资源的可持续性，不能一味地只考虑经济效益，而不考虑生态环境的问题。二是生产方法：西部地区的生态环境已经遭到了破坏，水土流失、荒漠化等都是亟待解决的问题。生产方法的选择正确与否直接影响资源的有效利用率，所以为了小流域的生态环境问题，一定要提升生产的技术，选择最优的生产方法。三是生产计划：要根据市场的需求来制订合理的生产计划，同时更要把绿色发展作为前提，充分考虑生态补偿的具体内容。

将大数据引入生态补偿的实施过程，将小流域的管理与大数据的分析方法相结合，创新管理科学理论。为了完善生态补偿的实施机制，大数据收集、整理、分析了当前的小流域生态问题。通过大数据这一分析方式，通过数据挖掘技术，分析出小流域的生态现状及未来发展规划，可以最大程度地减少自然资源的使用、降低对自然资源的破坏，结合市场经济的需求，制定出最适合西部地区小流域未来的发展之路。

二、系统科学理论与方法

系统科学理论深层次地表述了事物运动的规律与特征，是目前现代科学研究常用的一种基本方法，属于一般方法论的范畴。该理论在很多不同的领域都产生了积极的影响，比如哲学、自然科学、社会科学等。在本书中提到的西部地区小流域生态补偿数据管理信息系统方面也发挥着重要的作用，笔者将从系统科学的角度结合现在西部地区小流域生态环境的现状，分析大数据背景下的生态补偿机制，这对于推动小流域的生态补偿有着重大的现实意义。

在生产力不断发展的情况下，系统科学的发展是从二战时期开始的。1960 年之后，随着非平衡系统自组织理论的产生和发展，使系统科学理论的内涵得以丰富。由于它的出现，系统科学的方法论被赋予了更多的含义，加快了现代科学的发展脚步。在我国，系统科学理论的出现是由钱学森推动的，他认为应用系统思想和系统方法可以使事物的发展更具有规律性，然后首次提出了系统科学体系的层次结构。

目前，我国的经济发展速度处于世界领先地位。在经济飞速发展的现在，必须要重视的就是生态环境保护。习近平总书记提出“绿水青山就是金山银山”，我们必须要将生态建设提上日程，注重生态补偿机制的设计。在发展经济的同时，还要注重生态环境的保护，注重资源的可持续发展，但这些都属于非结构性数据，并不系统，不易于测量分析。本章引入了大数据管理信息系统与小流域生态补偿相结合，借助系统科学理论，在整体原理、反馈原理、有序原理的理念下，使经济发展与保护生态并行，竭力使我国的经济在飞速发展的同时也注重生态环境的保护。

整体原理指的是在大数据系统中，包含各种各类的原始数据，十分冗杂、不易处理，是一项十分复杂的系统工程。如果想要更好地处理这些数据，就需要各个部门的支持与协调，体现了在执行一项任务中整体的重要性。在小流域生态建设信息系统中，需要政府领导、工作人员、人民大众的多方支持，组成一个包含前期数据收集、中期数据归纳整理、后期数据分析与挖掘的完整的数据信息系统。在这项工作中，强调的是任务的整体性，各个部门都是整体的一部分，缺一不可，都为生态补偿作出自己的贡献。

反馈原理指的是不论什么类型的系统都必须包含反馈环节。只有通过反馈，才能有效地控制发展方向，以便达到预期的目的。反馈就是把原始的数据信息作用到对象上，然后再把产生出的回馈结果传输回去，最后把信息再一次输入查看结果的过程。反馈原理在小流域生态补偿中给我们的启示是：在数据库系统的工作过程中，需要有效的控制，结果的分析对于系统是否处于平衡状态发挥重大作用。在小流域生态大数据中，对于小流域、水土流失、荒漠化等等指标信息数据的有效反馈，对小流域的生态补偿机制建立是必不可少的重要环节。

有序原理指的是无论何种类型的系统，包含的数据信息越来越多，信息量走向会增多，组织化程度走向增加，混乱度会减少。有序理论给我们的启示是：关于西部地区小流域生态补偿的大数据系统应该是对外开放的，要与外界形成信息交换，获得有用的信息，这样数据系统可能会失去平衡，但只有这样才会形成一个更加有秩序、有组织的多功能数据系统，充分体现了“非平衡即有序之源”的理念。

基于系统科学理论，本节将对生态补偿大数据管理信息系统的创新点做出几点介绍。

一是补偿方式创新：大数据管理信息系统将原始数据的利用效率最大化，根据不同的模型算法，针对生态环境指标检测的需求进行不同的数据挖掘分析。在数据的辅助下充分了解小流域生态的现状、面临的问题以及未来的发展趋势。借助大数据，获得更多的生态补偿方式，可以从更深入的角度对小流域进行生态补偿，以求尽可能地降低生态的破坏程度，最大程度地获得经济价值，使我国更好地发展。

二是组织结构创新：在没有大数据系统的时候，西部地区各个省份的小流域生态环境资料不能进行有效的汇总，各个省份之间不能充分了解相互的小流域治理方式，信息资源不能形成有效的流动。在引入了大数据之后，西部地区整体的数据信息全部囊括在数据库中，可以更好地获得有用的信息。内部组织结构可以相互借鉴，形成高效、合理、科学的组织结构，有了大数据处理系统，某些工作不再需要人为的努力，就可以将这类部门进行合并甚至取消。外部组织结构，汇总西部地区小流域的所有生态补偿相关数据，建立小流域的生态补偿数据库，设计生态补偿机制。有组织、有目的地对现有数据资源进行收集汇总、数据筛选、数据挖掘及分析，使西部地区各个小流域相互比较，努力获得更优质的生态环境，政府机构也更有动力实施对小流域的生态环境的治理，可以达到更高效的治理结果。

三是管理制度创新：大数据信息系统在收集、处理数据的过程中，也要建立合理的管理制度，比如数据资料的保密制度、人事管理制度、财务制度、分配制度、查看权限制度等等。各种不同类型的管理制度都是为了在大数据环境下的生态补偿可以更有效、高质量地完成治理任务。管理制度的创新不仅仅作为微观基础的再造与重组过程，而是一个设计了宏观上管理制度的合理调配问题。

四是管理理念创新。将大数据引入西部地区小流域的生态补偿机制设计，这无疑是一项前所未有的创新之举。现代管理最注重的就是文化，一个企业只有建立了正确的企业文化才能将企业发展得更扎实、更长远。同样的，小流域数据库管理信息系统的设立同样需要管理理念。要将生态环境建设、保护生态的理念放在首位来设计生态补偿的机制。

根据系统科学理论，建立西部地区小流域生态补偿信息管理系统是一个复杂的系统优化过程。将整个西部地区的小流域生态相关指标全部纳入数据库中，数据库对此进行数据收集、数据清洗、数据挖掘，从中了解究竟是哪些指标共同作用影响了生态环境的建设，获得如何有效进行生态环境治理的方法。从全局出发，协调各个部门之间的关系，相互协调、相互帮助、相互支持、相互理解，共同为生态补偿作出自己的贡献。

三、治理体系与治理能力现代化理论

国际治理体系和治理能力是一个国家的制度还有它的执行能力的综合表现。治理能力中提到了共生理论。“共生”一词的出现是源于生物学的理论，共生表明的是不同类型、不同属性的物种生活在一起，该含义引发了人们对于“共生”这一概念的研究。随着社会发展，人们对“共生”的研究越来越多样化，它的理论思想不仅仅存在于生物学领域，而且应用到了社会学、管理学、经济学这些社会科学领域。在我国，对于共生的概念也是早有涉及，认为人与人、人与自然都是不可分割的一个相互依赖的整体。共生的本质是协同与合作。协同共生是人类社会与自然界实现和谐共处，协调发展的重要动力，合作共生是人类社会与自然界实现共同发展的必经之路。西部地区小流域生态环境建设问题也离不开“共生”理论的概念，生态补偿就是让自然界的小流域与人类社会的经济实现共同发展，在发展经济的同时，也必须注重生态环境的建设。

目前小流域生态环境亟须治理的很大部分原因是因为小流域属于公共资源，人们对于公共资源的开发与利用多不考虑对于环境的影响，只注重自我利益，所以小流域的生态补偿需要建立实施机制，同时需要大数据来规范他们的治理行为。小流域生态存在以下几点问题。

一是作为公共资源开发的无序化。西部地区小流域属于公共资源，并不是属于某个集体或某个人，但它拥有的丰富资源对我国的现代化建设起着至关重要的作用，这就意味着它的诱惑力十分强大，由于利益驱使，人们对于小流域所可能产生的经济利益心生向往，所以对于生态资源开始了无序化、掠夺性的开发。这些不计后果的行为，导致了一系列诸如水土流失、荒漠化、小流域被破坏等生态问题的产生，严重破坏了生态环境、影响了生态平衡；虽然短时间使经济得到快速发展，但这不是可持续性的发展状态。这也与习近平总书记提出的生态环境建设理论背道而驰。

二是公共生态意识的薄弱化。我国经济发展十分迅速，人们的生活水平不断提高。现在人们对于生活的要求不仅仅是可以满足生存的基本条件以及获得物质上的富足，对于生存环境的生态指标也有着十分迫切的追求。由于小流域生态资源的无序化开发，导致西部地区的生态环境加速恶化，限制了该地区经济的长久发展。这都是由于该地区的群众对于公共生态的意识不强烈、对于公共生态的保护尚未有着清晰的认识、对于公共生态的权利意识不足，这都导致了人们出现了只重视自身利益而不管集体利益的行为，最终破坏了每个人都赖以生存的生态环境，违背了建设良好生态环境的初衷，阻碍了治理现代化的进程。

三是公共权力结构的多元化。农村的权力机构是村级政府的核心，对于农村社会的可持续发展有重要意义。西部地区小流域这一公共资源的产权界定不清晰，导致不同的利益主体面对这一公共资源有着不同的利益取向和价值目标，这需要权利主体设置适当的权力结构，使权力运作更加合理化、产生更高的工作效率。一般来说，单一的公共权力机构会产生不同的利益取向，所以公共权力结构要更加多元化，界定大致相同的价值目的，使生态环境与经济发展更加协调。

治理能力现代化就是要协调好政府、社会和市场这三个主体的关系。主张三部分合作协调、共同治理生态环境，建立合适的生态补偿机制。

第三节 小流域生态补偿大数据结构功能与目标设定

一、小流域生态补偿大数据系统的体系结构

小流域生态补偿大数据的整体结构模式为“一个机制、两套体系、三个平台”。一个机制指的是生态补偿大数据管理信息系统工作机制；两套体系指的是组织保障和制定规章规则的体系、统一运营和信息安全的体系；三个平台指的是大数据生态补偿云平台、大数据信息管理平台、

大数据运用平台。

一个机制：生态补偿大数据管理信息系统工作机制包括数据信息的前期收集汇总、中期数据清洗与数据挖掘、后期的数据共享与监督决策等机制，还包含了对于小流域生态环境的监督、决策、公共服务方面的创新机制，都推进了大数据在生态补偿机制中的形成与应用。

两套体系：组织保障和制定规章规则体系在大数据的形成中提供了组织机构、人才管理、资金运转和规章规则等体制上的保障；统一运营和信息安全的体系在大数据的形成中提供了维持系统稳定以及信息安全等技术上的保障。

三个平台：生态补偿大数据管理信息系统的平台分别是大数据生态补偿云平台、大数据信息管理平台、大数据运用平台。大数据生态补偿云平台作为大数据系统中的基础设施层，在大数据的信息处理过程中担当基础支撑的任务；大数据信息管理平台作为大数据系统中的数据资源层，在大数据的应用中担当数据收集、汇总、筛选、分析、挖掘等支撑类的任务；大数据运用平台作为大数据系统中的业务应用层，在大数据各个不同领域的应用担当综合服务的任务。

小流域生态补偿大数据还面临着数据的采集、利用和展示的问题。这也将生态补偿大数据的结构分为三个部分。

一是生态补偿大数据的动态监测：可以解决数据信息的收集、存储、流通的问题。小流域生态环境大数据的数据信息来自于各种不同数据集汇总而得到的数据，这些与小流域生态补偿相关的数据来源来自于环保局、林业局、农业局、实地监测等等不同角度、不同层面、不同结构的数据集合，绝不仅仅是从一个单一的地方简单得出的数据资料。小流域生态补偿需要海量的数据资料，包括小流域、水土流失、荒漠化、固碳释氧等相关的指标数据。数据库将这些所有不同种类、不同层面的数据全部收纳汇总，使原始的分散的数据整合到一个整体的数据库中，按照生态补偿的机制建设要求，对这些数据进行集中管理、集中筛选、集中维护、集中分析，最终使整个数据库中的全部资料可以实现信息共享，让西部地区小流域的生态共同受到保护，共同发展，与经济发展和谐共存。

二是生态补偿大数据的应用管理：可以解决数据信息的使用问题，通过一系列算法以及模型的构建，运用分析数据的工具，对小流域生态补偿的数据信息进行数据挖掘、深入分析，利用数据的分析结果发现小流域生态环境的现存问题、补偿方式、未来发展趋势等，使生态环境保护在大数据中受到更规范的监督管理，实现小流域生态补偿过程中的精准补偿、精准检测、精准监督、科学决策等。

三是生态补偿大数据的可视化决策：可以解决数据信息的呈现状态。在大数据系统中，小流域生态补偿的相关数据在进行数据挖掘与分析之后，将得到的分析结果通过各种可视化的形式表现出来，这其中包括雷达、地图、曲线图、柱状图等各种形式的可视化表现。这使政府工作人员以及人民大众对于小流域生态环境的现状有了更直观的了解，可以为机制设立提供更好的决策方案。

二、小流域生态补偿大数据系统的功能结构

（一）精准执法大数据分析应用

面向环境监察领域创新执法大数据分析应用，通过建模预测高危企业，提前把控可能存在违法、违规问题的企业，鉴定主要执法对象，集中精力重点检查监管；对执法表单综合分析，研究出针对该企业更有效的现场检查表单，定制个性化执法需求；对执法人员填写的执法表单深入分析，识别被检查企业的违法行为；进行信访投诉预测，根据历史环境信访投诉信息，构建时间序列模型，预测出未来一段时间内重点投诉区域、投诉对象、投诉总量、投诉种类、投诉类型、投诉方式；排污量预测，预测各省、市等行政区划废水排放总量，某项污染物排放量，某个行业废水排放总量，各项污染物排放量；对排污规律及异常规律进行

预测分析，挖掘出污染源各个时间段的污水、废气排放规律，提供执法人员重点检查执法的时间段依据；对执法人员队伍进行综合素质评价，分析执法人员的各项执法行为指标，对监察执法人员进行综合评分排名，提高环保部门人员素质及人员管理能效。

通过执法大数据分析应用，支撑环境监察执法从被动末端响应向主动预测违法行为转变，实现排污企业的差别化、精准化、精确化管理。

图 8-1　执法大数据分析应用示范

（二）精细监管大数据分析应用

面向环境业务监管领域创新监管大数据分析应用，通过环评审批决策分析、风险应急分析、污染溯源分析、环保舆情分析、系统运行状态追踪分析等，为管理部门提供项目审核、批准参考依据；预测各类型环境事故发生概率、发生区域和发生时间；追溯、排查造成水质污染的企业，精确打击偷排漏排、超标排放等违法行为；监控网络舆情事件，把控舆情走势、民意诉求；提前感知政务系统运行状态，预知潜在问题，提前规划运维内容，保障系统安全。

（三）智能监测大数据分析应用

面向环境监测监控领域建立大数据分析应用平台，实现对水、气、声、土壤等环境质量状况的精确分析、环境污染的追踪预防、发展趋势的预测研判。通过对环境空气质量进行大数据综合分析、评价与考核，掌握各项空气质量指标、掌握空气质量总体状况；对主要大气污染物浓度进行预测，了解未来一段时间内的空气质量走势；对自动监测数据异常进行分析检测、预警，及时预警防范，针对异常提前执法检查，避免数据错误造成大气质量及废水排放浓度评估错误。

（四）科学决策大数据分析应用

科学决策大数据分析应用平台是基于水动力模型、水质模型、Linux的空气质量预报模式运行及优化、高分辨率大气排放源清单、数据统计、地学统计等方法及技术，针对大气、水、土壤环境污染防治行动中综合日常业务与长期规划、常态化与突发处置等工作需要，准确预测预报空气、水质、土壤环境质量，及时判定重污染预警状况，准确评估区域污染输送及污染来源动态追溯、解析，快速判断污染扩散时空分布特征、影响范围，分析污染来源及成因，评估污染减排措施效果，评估区域及城市环境承载力，设计环境质量达标规划方案，为环境质量监测数据的管理、成因诊断、污染减排措施的制定提供保障支持，为环境污染减排决策提供支持。

（五）服务便民大数据分析应用

服务便民大数据分析应用平台，从便捷企业、公众及第三方社会机构环境数据共享、应用的角度出发，打造“互联网＋环境服务”，充分利用大数据交互共享、互联网互联互通的技术特点，为企业提供多渠道申报环境行政事项、填报环境信息，为公众提供多展台查看所有企业、各个环保部门发布的环境信息，同时借助移动互联技术，提供面向企业和公众的移动端服务平台，创造“一站到底、多种渠道”的环境事务办理和环境信息公开“互联网＋环境服务”体验。

图 8-2　便民大数据分析应用示范

（六）大数据可视化分析展台

结合可视化技术，将海量大数据分析结果以各种图表、GIS、动态图等形式展现，应用仪表盘、雷达、热力图、表格、地图、大屏等多种表现形式，形成一面全业务宏观分析、重点展示的数据墙，一张环境要素全景展示的环保图，一个随时查阅、随地预览的领导移动展台，实现生态环境大数据可视化应用。

三、小流域生态补偿大数据系统的管理目标

大数据管理系统旨在把不同角度、不同维度的各种数据资源进行有机结合，为小流域生态补偿制定更好的机制。数据库链接与小流域相关的各种数据，可以及时处理小流域生态的各种问题、预计未来的发展趋势、在管理中做出科学的决策、监控小流域的生态环境等。利用大数据，在全局视角下监管西部地区小流域的生态问题，形成有序的、自上而下的管理模式，横向将各个相关部门的数据进行连接，纵向将小流域生态保护中的前期数据收集、中期数据分析、后期管理监控整合形成有效的治理模式，最终汇成一个涵盖了整个西部地区所有小流域的生态数据资源，以便促进生态补偿机制的形成。

（一）生态补偿监管智能化

将大数据中“用数据说话、用数据管理”的理念完全融入小流域的生态补偿中，结合大数据收集与运用数据的能力，结合大数据信息管理系统的五大功能，智能监管小流域生态环境。从各个不同部门获取海量的数据资料，数据来源丰富、多结构、多类型、大规模，从这些数据中进行筛选、清洗，剔除无用、不相关的数据。利用大数据分析能力，对当前数据进行数据挖掘、关联度分析等操作，精准确定生态环境所面临的根源性问题、预测未来的发展形势，创新生态补偿监管形式，完善生态补偿公共服务。

（二）生态补偿信息共享化

将现有的不同部门的数据信息汇总，形成新的生态补偿信息管理系统。在该系统下，要界定数据信息的查看权限、管理的规章制度、数据的维护与更新等等。在形成现代化的小流域生态数据库过程中，必须明确大数据设立的标准制度体系以及制度保障体系，确定建设要求以及最终目的。在数据库中，应该实现西部地区整体生态环境的数据资源共享化。西部地区的地理环境优劣势大体相似，通过数据共享的形式，西部各地区的信息可以交互共享、灵活融合、开发应用、去粗取精，使西部地区小流域的生态补偿机制建设得更合理、更具操作性。

（三）生态补偿管理科学化

在生态补偿的大数据信息管理平台中，构建一个分析决策平台。利用大数据，使生态环境的数据信息加快流动、合理开发利用，发现生态补偿的未来发展趋势、明确现存问题、掌握发展规律，寻找造成生态环境破坏的根本性原因。针对小流域现有的荒漠化、水土流失等问题提出有效的解决方案。生态管理要科学分析、科学决策，有根据地发现问题、分析问题、解决问题，以及预测未来的生态发展趋势、预警可能会发生环境污染的环节，及时制止解决。为了保证小流域生态补偿实施的有效性，必将生态管理科学化，推进管理模式创新，加速解决生态环境的问题，提高管理的决策水平。

（四）生态补偿服务便民化

在大数据这一新技术进入人们的生活之后，要提升人们对于大数据的应用，全民与大数据相融合，增加社会对于人民在公共服务领域的新形势，营造新型的“互联网＋生态补偿”的管理模式，让全民参与生态补偿、生态环境建设，建立以政府部门、企业、群众等共同维护的生态环境保护机制，让群众发挥他们对于生态保护的积极作用、努力融入生态环境治理中来，形成“府管企，民监企”的良好管理模式，可以使社会群众极大程度地参与到生态环境的建设中、参与生态补偿的建议决策。在大数据的管理系统中，有专门针对群众开放的小流域信息系统，群众关于如何维护小流域生态环境的海量意见与建议，都可以在该系统提出。数据库将收录群众提出的所有信息，无论是诉求类、民意类、投诉类、意见类等等，根据不同的信息需求，将信息进行分类，再与数据库中的不同部门提供的客观数据相结合，经过数据分析与挖掘，分析出小流域生态环境建设的关键点，发现背后隐藏的规律，形成小流域生态补偿机制。

第四节　小流域生态补偿大数据管理建设重点

一、生态补偿大数据分析决策应用平台建设

生态补偿大数据分析决策应用平台的建设，运用大数据进行多维分析建模，重点开展生态补偿的环境质量、监察执法、风险应急、统一审批、公共服务等分析决策应用。

开展生态补偿的环境质量分析决策应用。分析小流域生态补偿的环境质量，对水、土壤、空气等要素进行测量，运用大数据挖掘技术、分析算法与建立模型，发现存在的问题以及发展趋势，为生态补偿的环境环境质量提供分析、决策。

开展监察执法分析决策应用。对于污染源的档案记录、污染企业的惩治、高危企业的预测、小流域环境的实时监测、执法人员的监察力度、监察水平等因素，借助大数据进行建模分析，精准把握监察执法的现存问题，从企业、执法人员等不同角度入手，有针对性地提出解决方案，有效地进行小流域的生态补偿。

开展风险应急分析决策应用。对于小流域生态环境可能出现的环境事故进行预测，根据得到的所有数据资料分析出西部地区不同小流域可能发生的环境事故的概率、事故发生的类型，并预测之后可能会出现环境事故的地区，以及事故发生的时间。通过对风险应急分析决策系统的合理应用，可以提前设置应急预案，提升生态环境事故发生的预见性。

开展统一审批分析决策应用。小流域生态的诸多项目都包含海量的项目审批相关资料，需要利用大数据的挖掘技术，建立物料分析、关联分析等模型，对审批的相关数据资料进行核查、筛选、分析，精准评估该项目是否有利于生态环境的保护、是否影响生态环境建设、是否对生态平衡造成影响，最终决定该项目是否能够成功审批。

开展公共服务分析决策应用。大数据的分析应用数据应该实行全民共享，全面提升信息公开水平，保障民众知情权，让民众参与到小流域生态补偿的分析决策中。对于全部的数据资料设置相应的权限，涉及机密性的数据不应对外开放，但大部分能够带来产业价值的数据应该全民共享。

二、生态补偿大数据可视化应用建设

建立生态补偿大数据分为政府领导版、工作人员版、人民大众版三种形式，与可视化应用相结合。生态补偿大数据的数据管理系统中包括了雷达、地图、实时监控、曲线图、柱状图等各种形式的可视化表现，形成了相对全面的可视化全景图。它实现了生态补偿结合大数据可视化应用建设，使拥有不同权限的人们进入不同版本的数据管理系统，在自己权力范围内为建设生态补偿机制贡献最大的力量。

三、生态补偿业务信息系统体系建设

重点开展五大生态补偿应用信息系统体系建设，拓宽生态补偿信息来源渠道，运用大数据收集信息的能力，实现不同类型的数据信息进入数据库。

生态环境监测监控应用。利用大数据的物联网技术，实行在线自动监控，对于西部地区小流域周边的生态环境进行全天候实时监控。监控的内容包括小流域周围的水质、水量、土壤、生态、空气以及附近企业的排污状况等。通过对于以上数据信息的实时监控，再与西部地区各个部门提供的小流域生态环境数据指标相结合，进行数据的归纳、筛选、分析、挖掘等一系列操作，充分利用大数据监测监控的能力，对小流域的生态补偿做出强有力的支持。

生态环境监察应用。完善生态项目建设监察系统。对于西部地区中企业的建设项目进行监督监察，检测项目建设对于生态环境、水、土地、大气的影响，努力实现建设项目流程的规范化、信息化管理。通过大数据，更易于发现问题，以便及时解决。完善生态环境行政处罚系统。将生态环境处罚制度制定更加系统化、标准化、信息化、规范化，使执法人员在行使权力时有迹可循、有理可依，也有明确的数据支持。构建生态环境监察系统。根据大数据系统化、信息化、标准化的工作流程对环境的监察进行管理，使生态环境实现日常监察、专项监察、排放污染物监察的全系统、规范化的管理模式。构建监察考核评价管理系统。对于政府执法部门的工作人员进行考核评价，主要对他们的内部办公状况、业务处理状况、监察执行力状况、个人素质等进行综合考核评价。完善企业生态环境信用管理系统。针对企业对小流域生态环境可能产生的影响，对企业的环境信用进行记录、汇总、评价、公示，以期望可以约束企业的不环保行为，并对企业的不环保行为进行惩治，鼓励企业提高生态环境信用，努力加强环境保护意识，获得保护环境的内在动力，增加企业保护环境的能力与责任意识。

生态环境应急应用。构建生态环境应急指挥管理系统。在应急情况出现时，对于应急物资、应急方案的管理，应该有一体化的指挥管理系统。在应急状况出现之前，就应充分考虑可能发生的问题、提前做好方案设计，事情发生时及时解决问题，事后进行经验总结。全方位地对应急情况进行指挥，积累经验，减少失误。构建移动应急系统。在生态环境发生应急状况时，需要移动应急系统及时处理没有预想到的以及现场需要解决的问题，包括移动监测采样、应急处置、现场反馈、风险源排查等等，都需要现场的移动应急系统发挥作用。

行政许可应用。构建西部地区小流域生态补偿影响因素的审批系统。该系统包含了项目统一审批、完工验收备案等业务流程，使企业在进行项目审批时可以直接在网络上进行自主提交资料、等待审批。线上、线下两路并行，统一的规章制度，该审批系统可以更快速、更便捷地使企业完成项目审批、完工验收备案的工作流程。该审批系统还可以实现网络跟踪管理，与企业的排污状况等指标相联系，对于小流域的生态环境影响实时监测。对于企业和政府，都节省了时间，提高了工作效率。

公众服务应用。使人民大众版的小流域生态补偿数据库实时更新，完善该系统的数据，实现生态环境信息公开化，一键式查询水、气、土地、林地等等的生态状况，有提出小流域生态补偿相关建议与意见的窗口，拓宽公众参与生态补偿、生态环境建设的渠道，使公众也可以更多地参与到生态补偿的管理中。

第五节　小流域生态补偿大数据系统保障政策

一、健全生态补偿大数据管理制度法规

构建小流域生态补偿数据的管理制度，确定不同地区不同部门的权

利、义务以及使用权限，把获得的所有数据进行使用方式与范围的合理界定，数据收集、汇总、共享、应用的过程进行规范，以此保证数据资源的权威性、准确性、一致性。制定生态补偿数据资源管理和数据考核评估办法，使数据资源在可操控的环节中尽最大可能地开放共享。

二、建立生态补偿标准技术规范管理体系

提高大数据标准规范研究能力，与大数据建设的主要任务相结合，重点加强小流域生态补偿数据整合、信息交换、数据共享、应用支持与信息安全等各种方面标准的制定与实行。

三、实施小流域生态补偿统一运营管理及安全管理

推行小流域生态补偿大数据运营管理制度，对运行流程进行规范化处理，形成一个相对完善的运营管理系统。提高大数据运行能力、监控预警能力等，依靠专业化的运营团队，对互联网、存储、分析、基础软件、安全设备等一系列大数据相关的基础设施实行统一管理、统一运营，使系统的更新速度加快、资源配置合理、网络实时监控、信息数据更安全，最大程度地降低运营的成本，提升大数据运营的效率与水平。

构建规范的信息安全保障机制，明确界定西部地区小流域生态补偿相关数据采集、存储、应用、共享等不同方面的信息使用权限和具体要求。明确规定信息安全等级保护、分级保护等国家级的信息安全规章制度，开展信息安全等级评定、风险评估、应急处理等工作项目。要提升网络安全，推进网络安全建设，建立生态补偿云平台管理中心，加强生态补偿大数据基础设施建设，提高数据资源以及相关的安全保障水平。

第九章 制度视角下小流域生态补偿经验借鉴：案例与实证

第一节 制度分析框架与流域治理制度问题

一、应用经济学范式下的制度分析

制度分析发展框架（Institutional Analysis and Development Framework）是一种新制度主义的政策分析框架，它是一种在框架层面确定所研究问题的组成部分及其彼此间的可能关系，以帮助对问题进行诊断性和规范性研究的方法。制度分析发展框架在研究中能够提供用以分析所有类型制度安排的最通用的变量列表，并提供一个可以进行理论比较的元理论术语。制度分析发展框架是由诺贝尔经济奖获得者艾莉诺·奥斯特罗姆提出的，最初将其运用于公益物品理论（1977）、大城市组织（1987）和宏观政治系统（1987）的研究，在20世纪90年代初期被大量运用于公共资源问题的研究并取得了巨大的成功。此外，该框架还被应用于发展中国家农村基础设施维护（1993）和国家私有化问题的研究。该框架经过近40年的完善，已发展为一个较成熟的理论，并得到了广泛的应用。

制度分析发展框架认为制度是人们在公共生活中理性设计的并且可以反复使用的各种策略、规则和规范等构成的一个复合体。策略是指在由规则、规范和其他相应的自然和物质条件影响而可能行为的预期等所产生的激励结构条件下，由个体制定的系统化的计划。规则是那些在公共生活中能被大家共同理解的，是一种由负责监督引导和强行制裁的机构可预见性执行的公共规定，例如“不得”“必须”“一定”等。规范是那些通过内外部成本强化以激励行动者改变自己行为的共同约束和共同规定。

20世纪70年代左右，美国政策学家奥斯特罗姆就开始发展制度分析发展框架（IAD），当时研究的焦点是在大都市区警察的公共服务情况。80年代，她发现警察服务会受到其他相关单位互动的影响，互动关系如果比较结构化、正式化，则警察服务的表现比较稳定，反之则相反。基于此，IAD分析框架解释是怎样设定资源的物理条件、社群属性以及制度规则影响政策行动者的行为与结果。她在使用以经验为中心的研究方案设计时，此框架强调的是正式制度，以及影响众多行动者在政府组织参与行为的结果，至于规则是IAD框架的指引，以指导行动与影响活动的成果（Ostrom，1999）。正式的规则包括法律、政策与条例，反之非正式的规则是以平等互惠为规范，以社区为基础的活动。一般来说，当制度出现交叠时，也就是一种制度包含其他一些制度或者又存在于另一个制度中，它们就会综合影响人们的行为。奥斯特罗姆开发的制度分析发展框架就在于把这些制度综合在一起，以分析制度是如何影响人们行为的。制度分析发展框架的要素包括以下几方面：

（一）行动舞台

应用制度分析发展框架的第一步是确认行动舞台，它的主要功能是分析、预测和解释制度安排下不同政策行动者的行为。由此可以看到行动舞台是一个充满能量的话语领域，它是行动者进行交流互动、信息交换、竞争合作和问题凝练的公共空间。行动舞台包含两组变量：一组是行动者，另一组影响行动者的行动情景（Action Situation）。行动情境是指直接影响作为研究对象行为过程的结构。行动情境的描述能够分析一种制度对人的行为及其结果的影响，且能够区别并限定作为研究对象的制度和其他类别制度的区别和不同点。

行动情境可以有7个变量组成：一是参与这个政策活动的所有行动

者的集合；二是每一个参与者的身份构成；三是允许的参与者行为集合与政策结果之间的联系；四是参与者行为可能产生的潜在结果；五是每一个政策参与者对决策的影响和控制能力；六是参与者能得到的行动信息和相关情况；七是每项行为与结果的收益和成本。

（二）外生变量

在努力理解行动舞台的初始结构后，制度分析下一个的步骤是更深入地挖掘和探究影响行动舞台结构的因素。行动舞台作为一项变量是依赖于其他因素而变化的。奥斯特罗姆把影响行动舞台的外在变量划分为三个大类：一是公共政策相关方之间的各种关系和规则；二是外在世界的环境和自然属性；三是每一项特定舞台所处的共同体属性，见图 9–1。[①]

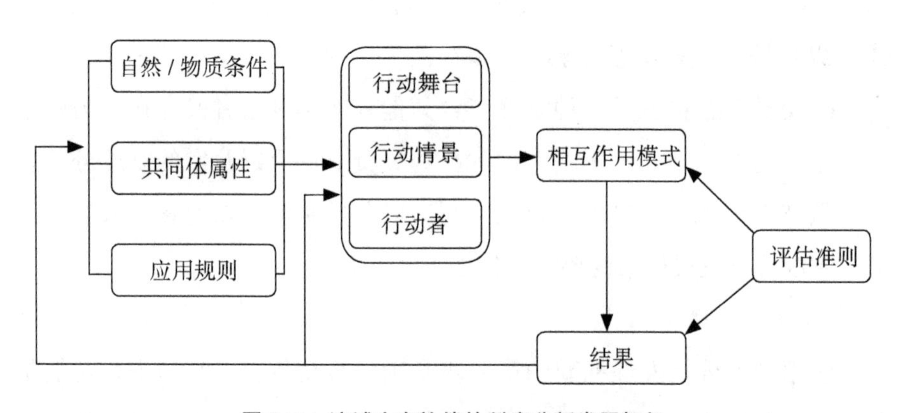

图 9–1 流域生态补偿的制度分析发展框架

（三）制度分析框架下的小流域生态补偿

在制度分析发展框架下，本章把西部小流域生态补偿的治理实践看作是操作层面行动舞台的复杂互动过程，并把这个舞台称为生态补偿舞台。西部小流域生态补偿舞台是中央政府及其相关部门、各级政府组织、

① 保罗 · A. 萨巴蒂尔：《政策过程理论》，生活 · 读书 · 新知三联书店 2004 年版。

非营利组织、生态产品开发企业和当地居民等多元行动者以解决小流域生态环境保护问题、提供生态治理的公共产品、增进小流域区域公共利益为目标，即生态补偿舞台是一个相互协商、妥协、斗争、竞争、合作的生态空间。

根据制度分析发展框架，西部小流域生态补偿舞台的行动情景结构舞台受到三个外生变量的影响：一是自然世界的属性，这不仅包括西部小流域的区域自然条件，而且还包括小流域公共产品和服务的自然性质。从我们考察的西部小流域的大量案例中，不难发现西部地区整体上：首先经济社会欠发达，交通落后，以第一产业（种植业、林业、畜牧业等）为主，这使得人类生产活动给当地生态环境造成了极大破坏。其次从西部区域范围来看，生态环境治理是地方公共物品（服务），但从全国生态保护来看，西部小流域生态是全国的主要生态功能区，是主要的生态屏障，从而是全国性的公共物品。这些影响生态补偿舞台的自然条件和性质不仅影响了西部小流域生态补偿政策的自然可能性和结果可得性，也影响了行动者行动与产出结果的关联关系。二是小流域的共同体属性，这些属性包括共同的行为规范和共享的价值基础等内容。其中包括当地居民的环境保护意识、生态与经济协调发展、对自然的信仰（主要来自于宗教和传统）等。三是小流域生态治理的各类规则，这些规则既包括来各级政府的权威性政策文件、法律法规、制度措施等，还包括各类非正式的、非程序化的制度安排。

在制度分析发展框架下，所谓的集体选择层面实质上是对形成制度之制度的分析层面，在这里，也就是要探讨西部小流域生态补偿模式背后的制度安排是如何形成的制度分析层面，这个层面行动者间的互动也是在一个或多个行动舞台内发生的。本章着重从行动舞台内行动者之间的复杂博弈开始，通过建构模型透析小流域生态补偿复杂行动。其中最主要的三组博弈是中央政府与地方政府的博弈、东部与西部地区的博弈以及政府、环境保护者与当地居民的博弈。

二、流域治理制度存在的关键问题

小流域的生态问题是一个在短期内很难处理好的问题，小流域生态环境问题会对经济社会产生外部性效应，经济效率从而受到损失，进一步还会损失社会福利。市场失灵的表现就包括外部性效应，公共物品理论指出，对于市场失灵，政府必须运用征税、补贴等财政政策干预经济的运行。合理地征收税费和制定合理的财政政策不仅使小流域的生态环境得到补偿，而且可以更好地发展当地经济。对于小流域生态补偿的财政支持最主要的来源是政府的转移支付，所以完善转移支付相关方面的制度就显得尤为重要。

（一）流域管理机构缺乏统一性和权威性

长期以来，我国对大河大湖的管理缺乏统一的、有权威性的管理机构。流域机构仅是水利部的一个派出机构，其弊端是明显的：一方面受水利部行业职能范围的约束，另一方面又受地方各省区行政分权管理的影响，职能上存在地方与部门多头重复、相互交叉、相互掣肘和相互分割等问题，实现流域综合协调管理必然困难重重。我国现有流域管理组织机构的单一性较强，即使建立了一些流域性的组织机构，也都是侧重于对流域进行规划、防汛调度、水利水电开发、水土保持、水资源调配等工作，缺乏管理的统一性和权威性，因而难以对流域进行统一的综合性开发、建设和治理，难以对流域开发建设中存在的各种利益、技术等问题进行统一协调与有效的管理。

（二）流域管理法律环节薄弱

我国与流域管理有关的法律法规主要有水法、防洪法、水污染防治法、河道管理条例等，这些法律法规已授予流域管理机构在流域水资源管理、保护、防洪、河道管理、水土保持、水工程管理等方面的权限，但各项法律法规规定的管理体制存在一定差别，涉及流域管理的内容也不全面，相互间也缺乏协调性，导致执行中出现体制上的冲突，形成一事多门重复管理或无人管理的现象，制约了流域管理和统一管理的实施。

（三）流域规划缺乏综合性和科学论证

尽管中国早在20世纪80年代就启动了流域综合规划，目前各主要流域也在进行流域综合规划修编，但这种规划并不是真正意义上的流域综合管理规划。现行编制的流域综合规划是以水利部门为主导的规划，虽然有其他部门包括环保部门的参与，但各部门参与的程度不同，发挥的作用也各异，还有许多利益相关方的参与很少。在地方层面，除了流域规划外，各行政区域还编制了许多相关的综合规划和专项规划，大部分以行政区划为边界，由于缺乏与流域其他行政区域的协调，或者虽然以流域为单元，但并未考虑流域中各地区间的关系，往往使规划的实施效果打了一定折扣。

（四）流域管理公众参与不足

中国现行的流域管理基本上仍是以行政推动为主，利益相关方参与不足，公众参与的范围和深度有限。目前，利益相关方参与流域管理的机制还很不健全，许多涉水部门、地方政府用水户与民间组织等游离于流域重要事件的决策过程之外。公众参与不足不仅使公众权益难以得到保障，而且影响公众参与流域管理政策执行的积极性和主动性。

第二节　国内外流域生态补偿的制度模式：经验与启示

国外关于生态补偿理论和实践的研究，有许多成功的范例，主要涉及小流域森林生态效益补偿、矿产资源开发补偿、流域环境服务功能支付、自然保护区生态补偿和生物多样性保护补偿等。生态补偿作为解决生态和环境问题的经济手段之一，越来越受到国内社会各界的重视和认可。国家和地方政府及相关科研机构对生态补偿进行了大量的理论和实践探索。

一、国内外生态补偿的制度模式设计实践

（一）国外生态补偿制度模式

国外代表性好的有加拿大湿地保护和生态补偿政策、巴西生态补偿模式、美国生态补偿模式、哥斯达黎加森林生态服务付费模式。通过下面的表格，我们简要考察了加拿大湿地保护政策、巴西生态补偿制度、美国生态补偿模式和哥斯达黎加森林补偿制度。可以发现，国外生态补偿模式主要包括政府补偿和市场补偿，在此基础上，课题组通过其他国家的实践考察，划分出生态补偿的类型（见表9–1）。①

表9–1 国外部分国家生态补偿实践一览表

生态补偿方式		国家	具体补偿形式	实施效果
政府补偿	政府购买	美国	实施土地退耕还林计划，以恢复森林植被。由政府提供全部补偿资金，采取成本的分摊办法，政府付给签约农民所需成本的50%—75%，合同期限为10—15年。	2002年，退耕还林免检1360万平方公里，占全国农田面积的10%，政府每年投入补偿资金15亿美元。有37万农户参加退耕计划，占农户总数的18%。
		英国	实施公共购买制度。采取政府出资、公共捐助等方式将具有高生物栖息地价值的区域从私人手中购买过来，实现所有权转移，成为政府管理下的资源。	这项制度需要政府投入大量的经费，仅1989年就投入500万英镑，且呈上升趋势。从长期性来考虑，并不是一种长效机制。
		芬兰	国家采取购买方式对生物多样性进行经济补偿。林权所有者将其林地上的林木的自然价值卖给政府，政府可从中选购，价格由公共部门来制定。	销售森林自然价值的林权所有者，每年每公顷可获得50—280欧元的经济补偿。
	生态税	巴西	实行生态增值税。将25%的生态增值税收入返还给已经建立自然保护区的州政府，根据各州自然保护区的自然环境、生物因素、水资源质量、自然代表性和规划质量等生态指标，以及各州人口数量、地理面积作为分配指标，决定生态增值税的数量。	生态增值税项目的实施，使保护区的总面积大幅增加，自然环境质量明显提高，还为保护区居民创造就业机会，使居民更加注重保护区环境质量。

---

① 曹璐：《广西湿地生态补偿法律问题研究》，广西大学硕士学位论文，2013年，有改动。国内外生态补偿的理论实践部分前文有介绍，这里不再重复。

生态补偿方式		国家	具体补偿形式	实施效果
政府补偿	生态税	瑞典	生态税调整法案规定对煤炭、天然气、石油等征收碳税，排放1吨二氧化碳征收120美元的碳税；排放1吨二氧化硫征收3050美元的碳税。	把生态税的收入专项用于环境保护的治理，使税收在生态环境保护中发挥更大的调节作用。
	生态补偿基金	厄瓜多尔	在首都基多成立水资源保护基金。基金独立于政府，但通过于环境专家的协调确保与政府规划一致。经费来源于向生活用水户和工业、农业用水户征收的水费，国家援助等方式。	在基多周围的秃鹰生态保护区内，通过流域保护投资，将基金用于资助脆弱地区的土地认购、为当地居民提供非农牧的收入来源、监督并实施农业最优管理行动等。
		哥斯达黎加	建立了FONAFIFO制度，它是一个具有独立法律地位的半自治机构，其理事会由三个公共部门的代表组成。FONAFIFO的地位使其可以自主决定人事安排和资金管理，但是同时也受到政府的各种管制，其预算必须经财政部门审批，每年由行政法令设定补偿金额和优先权。	哥斯达黎加的PSA项目和FON-AFIFO是20世纪90年代比较成功的森林保护案例之一，并得到了广泛的学习和效仿。基于已有的森林津贴制度，哥斯达黎加相对较快地建立了一个详细的全国范围的生态系统服务补偿体系。
市场补偿	一对一私人贸易	英国	实施湿地管理制度，基于法律规定或湿地所有权人的自愿选择，由管理机关与湿地所有权人在确定湿地保护和开发限制期限方面，以及在因前述行为引起所有权人经济损失的补偿方面达成协议。	用合约形式确定当事人在湿地保护事务中的权利、义务及责任，将有关补偿的主要问题，如补偿方式、标准、数额等清楚列明，避免了因条件模糊而导致的不必要的纠纷，利于湿地保护的实现。
		巴西	规定在亚马孙河流域范围内，任何土地使用者必须保证其所拥有的土地上的森林覆盖率保持在80%以上。政府允许那些从农业生产中获得较高收益但违反了国家法律规定的农户，向那些把森林覆盖率保持在高于80%以上的农户购买其开采森林的权利。	使整个地区的森林覆盖率努力保持在国家所规定的80%的标准，这种机制有利于提高土地利用率和森林生态效益，发挥市场的调节机制，降低交易成本。
	开放的市场贸易	美国	“湿地银行”，是在一块或几块地域上恢复受损的湿地、新建新的湿地、强化现有湿地的某些功能，或者特别保存现有的湿地，用来补偿开发对湿地造成的有害影响。	对保护美国湿地发挥了重要的作用，使美国的湿地总面积在20世纪末实现净增长。

生态补偿方式		国家	具体补偿形式	实施效果
市场补偿	开放的市场贸易	澳大利亚	西澳大利亚建立了一个生态碳的非营利机构。英美联合石油公司种植了上万株海边松树和当地种类的树木。该项目的管理通过土地保护与管理部门，由它们与那些在盐碱地上种植树木的农户签订合同。	英国石油公司得到了木材和所有的碳信用，估算的固碳量约为每年每公顷20吨二氧化碳。
	生态标记	比利时、德国等	由于国际市场的需求，主要是家具和其他木材制品出口以及木材进口的需要。在过去10多年里，超过60个国家5000万公顷的森林，通过了森林产品的生态认证体系FSC的标准,得到认证。	FSC的认证体系受到日本、英国、荷兰、比利时、澳大利亚、美国、德国等国家的认可。在这些国家中，木材产品公司仅销售有认证商标的木材及木质产品。

资料来源：曹璐：《广西湿地生态补偿法律问题研究》，广西大学硕士学位论文，2013年，有改动。

（二）国内生态补偿的制度模式[①]

国内生态补偿主要包括：一是“北京密云水库模式”：为了保证密云水库的水质和北京市的供水安全，北京市与河北省协调，要求上游地区减少农业用水，其具体做法是：减少河北境内的农业灌溉面积，几乎不再实行农业灌溉；减少水稻种植面积，改种玉米，以减少地表水量的使用；对坡地进行退耕还林，增加森林覆盖率和涵养水源功能。同时，对于在这些措施中受到损失的农户给予一定的经济补偿。二是黑龙江大小兴安岭模式、千岛湖模式、鄱阳湖生态补偿模式及江苏“河长制”。[②]

二、国内外生态补偿制度设计经验与启示

（一）国外政策制度设计方面的经验

第一，国外不同国家对生态补偿的做法各有侧重，美国、欧盟等发

① 国内外生态补偿的理论实践部分前文有介绍，这里不再重复。
② 国内外生态补偿的理论实践部分前文有介绍，这里不再重复。

达国家或地区拥有雄厚的经济实力，为最大化生态补偿的投入收益，研究的重点是有效配置补偿金。国外生态补偿制度具有补偿主体行政化、补偿标准科学化、补偿管理规范化、补偿手段市场化和补偿方式多样化等特点。致力于建立各种生态服务市场来提高生态补偿的实施效率，也出现了多种形式的经济激励机制，达到经济与环境的双赢效果。政府作为生态系统服务的直接购买者和私人部门直接支付机制的催化剂而起着关键作用。

第二，采用政府和市场优势互补的补偿方式。国外在比较公共支付的财政手段和市场手段的优缺点的基础上，分析了各自的适用条件和范围，综合运用两种手段，使之发挥各自优势，有力地推动了小流域生态补偿的开展。根据各国流域不同特点，从而选择适合各国流域具体情况的补偿方式。操作过程公开透明、自由灵活，且有相应的法律制度和相关政策支撑，保证各国流域水资源生态补偿工作顺利开展。

第三，引入了市场竞争机制确定土地租金率，增加了农民的可接受程度，最终确定与当地的自然经济条件相适应的租金率，确保了项目目标的达成。充分利用市场机制，引入市场模式，积极培育相关市场。在具体实施过程中，应强化纵向财政补偿模式，建立横向财政支付补偿模式，同时应认识到科学、合理、规范的生态补偿财政转移支付制度要有一个逐步完善的发展过程，要因地制宜，根据地方情况实施生态补偿财政转移支付制度。政策法律框架下的项目运作是实现补偿的主要方式。生态补偿目标的实现不是制定单一政策就可以达到的，不管是采取公共支付方式，还是基于市场的生态环境购买，必须要有配套政策的调整和法律保障。

第四，在支付制度方面创新多种实践经验。包括多种，一是公共支付模式，属于政府为主导的公共支付体系。二是市场交易模式，市场交易模式是发达国家在生态补偿方面普遍采取的形式，由于流域水资源生态补偿的市场化特征明显，可操作性强，利用市场交易形式创造了流域水资源补偿与流域生态环境保护的典范。三是开放式的贸易体系。其典型特征是政府或公共部门事先确定了水资源的环境标准，使水资源生态效益市场化，不能达标的企业可以通过市场与达标企业进行产权交易，典型的案例如美国的污染信贷交易和澳大利亚的蒸发蒸腾信贷。四是生态标记。在国外具有生态标记的农产品和木材等已成为消费的热点，其价格要高出普通产品2倍以上，包含了对生产和发展方式一种补偿。

（二）国内东部地区典型的生态补偿模式有以下经验

第一，政府在生态补偿中发挥主体作用。首先，和西部地区一样，中央政府通过大型的生态项目工程在推进生态功能区建设和生态文明建设中发挥生态补偿的作用。以黑龙江大小兴安岭的水源涵养林补偿为例，中央政府通过天保林工程建设、退耕还林工程、棚户区改造以及社保性的补偿（补贴）。其次是大量的财政转移，一个稳定长效的建立在比较发达经济基础上的财政基础奠定了东部地区生态补偿的基本轨道。再次，政府主导的自上而下的制度安排具有强烈的行政色彩和政治属性。最具典型的例子是流域中河北省和北京市的生态补偿，为首都提供安全优质的饮用水是密云水库的主要政治任务。行政色彩和政治任务保证了东部地区生态补偿的高效运行。

第二，比较完善的市场运行机制。生态补偿的主体参与到生态补偿必不可少需要市场作出安排。市场运行最主要的是通过价格机制和竞争机制来完成的。在东部小流域的生态补偿实践中，首先明确划分资源权属并在此基础上进行合理的价格定位。市场交易模式还可以把污染排放权进行交易，可以对资源本身（林产品、水产品等）进行交易，可以对资金筹资进行渠道创新。如在千岛湖流域的水权交易中，收取水资源费和企业工程税费作为补偿基金对上游付出生态保护代价的主体进行补偿，以此带动生态补偿机制的建立和实施。

第三，大量的社会力量的参与和民间自治性团体的参与。相比于西部地区而言，东部地区人口密集，经济发达，社会力量发育充分，有着强烈的公民参与意识和地方治理的公民精神。加之长期以来严重的环境污染和生态破坏，人们对优质的环境产品需求也越来越强烈，他们通过各种方式表达自身的环保诉求，并参与政策制定过程和地方治理实践来解决环境冲突。大量的民间自治性社会团体和志愿性组织参与是东部地区生态补偿的又一特色。

第四，比较健全的公众参与和监督机制。公众的参与是东部地区生态补偿实现的重要力量，每一个公众都或多或少地享受资源消耗带来的生活水平提高，都应该参与到生态补偿中来。一方面要增强公众参与到生态补偿中的热情，通过环保宣传让公众有环境保护和生态建设的认识和意愿，提高他们参与到生态补偿之中的积极性，使全社会都为生态补偿做出贡献，促进生态补偿顺利进行；另一方面，让人民群众监督资源开发企业的生产过程，及时制止破坏生态环境的行为，促进生态补偿机制的科学化、民主化。

第五，探索出了一条适合本流域区域内上下游共享共建的生态治理联动机制和生态补偿模式。以密云水库区域内河北省和北京市为例，它们建立了北京市与张家口市、承德市之间的协作联动机制，加强水资源的统一规划和调度，建立长期的区域间水资源开发利用、生态建设的补偿机制，最终实现区域间上下游的共同繁荣和可持续发展。

第六，探索出“河长制”这一新时期加强河湖管理的新举措，应当大力推广。无锡和淮安两市的实践表明，“河长制”适应了这一形势和任务的需要。两市推行“河长制”的时间都不长，但是都已经初步取得了较为显著的成效。可以说，“河长制”是新时期加强河湖管理与保护的一项行之有效的新举措，值得并且应当大力推广。

第三节 清水江流域生态补偿实践案例：理论验证与探索

一、研究区基本情况与流域污染问题

（一）贵州省区域发展及流域概况

第一，经济发展概况。贵州省位于中国西南部，总面积 176167 平方公里，占全国总面积的 1.8%。地形复杂多样，主要有三种类型：山地、丘陵和盆地。其中，92.5%的面积是山地和丘陵。它是中国唯一没有平原的省份。现代农业发展受到诸多制约，农村发展严重滞后。有“八山一水一分田”的说法。2017 年，全省地区生产总值（GDP）1354.083 亿元，比上年增长 10.2%。据统计，第一产业增加值 2020.78 亿元，增长 6.7%；第二产业增加值 5439.63 亿元，增长 10.1%；第三产业增加值 6084.02 亿元，增长 11.5%。第一产业增加值占地区 GDP 的 14.9%；第二产业增加值占 40.2%；第三产业增加值占 44.9%。人均国内生产总值 37956 元，比上年增加 4710 元。[①]

第二，流域水资源概况。全省水资源多年平均水平为 $1062 \times 10^8\ m^3$（含地下水 $259.95 \times 10^8 m^3$），省外入境水量为 $153.2 \times 10^8\ m^3$。空间变化上看，东部水资源的较少，西部较多，南部较少，北部较多，从东南向西北逐渐减少，山区面积大于河谷面积。时间上看，贵州省水资源的变异系数在 0.25 到 0.35 之间，年内水资源分布极不平衡。多年平均汛期水资源量占全年水资源量的 62%—80%，多年平均连续最大四个月水资源量占全年水资源量的 55%—74%，在多年变化中有丰水年组和枯水年组交替出现的现象。全省的河流分别属于长江流域、珠江流域两大水系。长江流域面积 115747 平方公里，包括乌江水系，洞庭湖（沅江）水系，牛

---

① 贵州省统计局：《2017 年贵州省国民经济和社会发展统计公报》，见 http://www.gzcoal.gov.cn/zwgk/xxgkml/tjsj/201804/t20180410_2354078.html。

栏河和横江水系，赤水河和綦江水系，占全省总面积的 65.7%。珠江流域面积 60420 平方公里，包括南盘江水系、北盘江水系、红水河水系和都柳江水系，占全省总面积的 34.3%。[①]

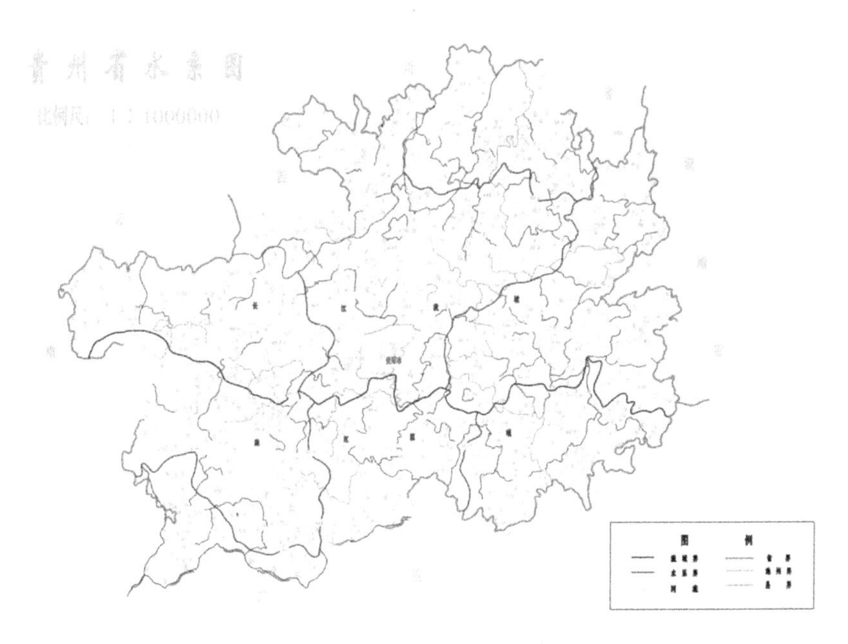

图 9-2　贵州省水系分布图

（二）清水江流域基本概况

第一，清水江流域自然生态环境情况。清水江是长江流域洞庭湖沅水的上游主流河段，上游位于贵州省黔东南州、下游位于湖南省湘西，位于东经 105° 15′ —109° 50′ ，北纬 26° 10′ —27° 15′ 之间。清水江北与沅水为界，东与渠水为邻，南与都柳江分流，西与乌江相隔。流域地势西高东北低，海拔高程在 200—1800 m 之间，周边东部与北部分水岭高程在 600—800 m 之间，其余流域边界高程均在 1000 m 以上。清水江发源于贵州省贵定县南部之斗蓬山，自西向东流经贵定、

① 《贵州省水环境问题——清水江与南北盘江》，https://wenku.baidu.com/view/01d22106cfc789eb172dc8fa.html。

都匀、丹寨、麻江、凯里、黄平、台江、施秉、剑河、锦屏、天柱等县（市），于天柱县瓮洞入湖南境。以下称沅江，右纳渠水，左纳舞阳河、辰水、酉水，经常德至牛鼻滩汇入洞庭湖。清水江河源至重安江汇口为上游，又称马尾河，集水面积为 2763 km^2；以下至锦屏六洞河汇口为中游；锦屏以下至省界托口为下游。河源至省界出口全长 454.2 km，河源高程 1500 m，省界出口高程 220 m，天然落差 1280 m，平均坡降 2.82‰，流域集水面积 17086 km^2。主要的一级支流有重安江、巴拉河、南哨河、乌下江、六洞河、亮江、鉴江等。

表 9-2 清水江流域贵州段所含行政区域基本情况[①]

行政区域	流经范围	流经长度（km）	流域面积（km^2）	主要支流
黔南布依族苗族自治州	福泉市、都匀市	132	2782	重安江（鱼梁江）、浪坝河、皮弄河
黔东南苗族侗族自治州	丹寨县、麻江县、凯里市、三穗县、雷山县、黄平县、施秉县、榕江县、台江县、剑河县、黎平县、锦屏县、天柱县、凯里经济开发区	372	14363（占全州总面积的47.3%）	巴拉河、南哨河、乌下江、六洞河、亮江、鉴江
合计	3 市 12 县 1 个经济开发区	459	17145	

（三）清水江流域环境污染问题

第一，农村面原污染。流域范围内存在大量化肥、农药不当使用，导致氮、磷、钾污染。流域内大量的生猪、鱼类、牛、鸡等家禽家畜水产品养殖，同样导致大量的氮、磷等污染，威胁用水安全。从近几年断面监测结果看，清水江污染主要是氨氮、总氮和总磷、总氮严重超标。2017 年 1—3 月，清水江断面水质由 2016 年同期的Ⅱ类下降到Ⅳ类，而

① 任敏：《流域公共治理中的政府间协调研究》，社会科学文献出版社 2013 年版。

支流重安江长期为劣V类水体。

第二，工业污染（如磷化工污染）。作为洞庭湖、沅水水系的上游，清水江自西向东流经贵州省黔南州和黔东南州的3个市12个县。支流有重安江、巴拉河、南哨河、乌下河、六洞河、亮江、鉴江等。清水江污染除农业面源污染外就是工业污染。调查显示，磷和氟化物污染物排放的可能工业企业主要分布于鱼梁江、米汤河和后河，十几家磷化工企业分布于此。化工企业不仅仅排放废弃物，还有废水会进入地表水，也排入地下水道，还有废水和废渣堆场渗滤液浸入地下，污染地下水。

表9-3　清水江流域主要工业企业废水排放特征[①]

行业	企业性质	主要污染物	废水特点
化工、化肥	磷化工、肥料、农药	氟化物、磷、石油类、酸、酚、HG、AS、PB	污染物浓度高、难降解
机械制造	锻铸、机械加工、电镀、喷漆	酸、氰化物、油类、苯、Cd、Cr、Ni、Cu、Zn、Pb	重金属含量高、酸性强
电力	火力发电	冷却水热污染、酸性废水、含油废水	热、悬浮物、含盐量强
建材	玻璃、耐火材料、水泥、砖	悬浮物、油类、Mn、Cd	悬浮物含量高、水量较少
食品	屠宰、肉类加工、乳制品加工	病原微生物、有机物、油脂	BOD高、病菌多、恶臭
采冶	矿开采、冶金	重金属、酚、硫化物、放射性物质、酸性洗涤水	重金属、放射性物质、悬浮物含量高
轻工	造纸、纺织	黑液、碱、悬浮物、硫化物、染料、洗涤剂、硝基物	碱性大、恶臭、色度高、毒性强、难降解

① 任敏：《流域公共治理中的政府间协调研究》，社会科学文献出版社2013年版。

二、生态伦理在清水江流域生态补偿的实践应用

清水江流域是民族聚居的地方，素有苗族、侗族长期居住。这两类民族都有着天然地对自然的保护意识。根据史书及学者研究，从清水江流域留传下来的碑刻文字中可以看出来，两个民族对林业、水利、生态环境的保护意识和保护水平都非常高[①]。直到现在，那里的少数民族还保护着原生态的生产生活习惯及行为方式，践行着传统生态伦理对人类行为的自然规范作用。从以下文献[②]中我们可以看出来，地方在生态环境保护、民族发展中的生态意识非同一般，与民族文化发展的融为一体，与产业发展融为一体。因此，清水江流域无论是群众个体还是政府主体，以及当地的市场主体，在生态伦理指导规范地方生态保护行为方面是“无可挑剔”的。所以在今天，清水江流域的生态环境仍然是贵州省范围内比较好的地方，整体水质、森林植被、空气质量等，都比其他地方好。

三、博弈视角下生态补偿的利益相关者关系协调

应该说，依据第五章的理论分析，清水江流域生态补偿的形成机制是一个综合动态博弈的结果。涉及地方中央政府、地方政府、市场主体和群众主体四个方面的博弈行为。其结果就是多方为解决实际问题初步达成一致意见（虽然这种意见，可能更大的程度上是以文件形式下发，地方执行的，但是文件形成过程影响因素较多，这些影响因素的形成就是“博弈”过程）。从2007年以来，经过多次博弈和反复的试探。2016年形成了初步结果，规范性生态补偿文件出台实施。

第一，“中央政府—地方政府”的第一次博弈。首先开始了水资源管

① 马国君：《论民族文化失范与清水江流域生态局部退变的关系》，《原生态民族学刊》2009年第1期。

② 《清水江流域林业生态保护中的奖惩机制——以林业碑刻为研究文本》，《农业考古》2014年第6期。

续表

理流域治理的制度性博弈。新中国成立初期必须规范资源管理有关框架性问题，这是发展的需要也是民生社会进步的需要，更是政府管理职能的必然要求。因此出台一系列的法律法规全面规范了全国水资源管理控制的宏观要求。国家层面主要有五部法律法规对此问题做了初步规定：即《中华人民共和国环境保护法》（1989）、《中华人民共和国水土保持法》（1991）、《中华人民共和国防洪法》（1998）、《中华人民共和国水污染防治法》（1996）、《中华人民共和国水法》（2002 年修订）。上述法律在确立了“国家对水资源实行流域管理与行政区域管理相结合的管理体制”的基础上，全面规定了各级政府部门的职责和任务。

表 9-4 《中华人民共和国水法》（2002 年修订）规定的各级职责

国务院	1. 国务院水行政主管部门在国家确定的重要江河湖泊设立流域管理机构，在所管辖的范围内行使法律、行政法规规定的和国务院水行政主管部门授予的水资源管理和监督职责。 2. 流域调水，应当进行全面规划和科学论证，统筹兼顾调出和调入流域的用水需要，防止对生态环境造成破坏。 3. 国家实行河道采砂许可制度。河道采砂许可制度实施办法，由国务院规定。在河道管理范围内采砂，影响河势稳定或者危及堤防安全的，有关县级以上人民政府水行政主管部门应当划定禁采区和规定禁采期，并予以公告。
省、市、县	县级以上人民政府水行政主管部门、流域管理机构以及其他有关部门在制定水资源开发、利用规划和调度水资源时，应当注意维持江河的合理流量和湖泊、水库以及地下水的合理水位，维护水体的自然净化能力。

第二，“中央政府—地方政府”第二次博弈。国务院各部委进一步展开了博弈的进程，这是中央与地方的动态博弈过程，也是一个制度性的博弈。为了实施相关法律规定，作为主管部门的国务院各部委，有责任和义务全面地落实法律法规，在立法、执行、行法和监督管理方面让地方有方向可看有依据可干。因此，国家立法之后，各部委随后也出台了一批规范性执行文件。主要有《中华人民共和国河道管理条例》（1988）、《水污染排放许可证管理暂行办法》（1988）、《饮用水水源保

护污染防治管理规定》(1989)、《中华人民共和国防汛条例》(1991)、《中华人民共和国水污染防治法实施细则》(2000)、《取水许可和水资源费征收管理条例》(2006)、《中华人民共和国水文条例》(2007)。[①] 各部门颁布的规范性文件与相关行政法规全面规定了流域河道管理、取水用水、流域污染控制、防汛排涝、水文综合性管理方面的各级职责各家任务。

表 9-5 国务院各部委颁布的行政法规

颁布年份	法规名称
1988	《中华人民共和国河道管理条例》
1988	《水污染排放许可证管理暂行办法》
1989	《饮用水水源保护污染防治管理规定》
1991	《中华人民共和国防汛条例》
2000	《中华人民共和国水污染防治法实施细则》
2006	《取水许可和水资源费征收管理条例》
2007	《中华人民共和国水文条例》

第三，“地方政府—市场主体—群众主体”第一次博弈。同样，迫于中央政府的压力和全国层面法律法规的责任主体规定，地方政府如果“不作为”将会被问责，如果“乱作为”也可能出问题，如果“作为不当”必然存在风险。所以在“中央政府—地方政府”的第二次博弈中实际上是单向的“意识传输”。一方面地方政府有期待，等中央政策出台地方才能“作为”，不然有风险。另一方面，中央政府也得有“制度”，没有具体制度性技术规范，无法对地方考核、检查、管理甚至是“问责”。通过第二次博弈，中央与地方的关系算是协调一致了：加强流域资源管理，发展经济的同时，要控制污染保障民生。

但是，中央与地方的“责任”算是规定好了，下放到贵州本地来如

① 李燕玲：《我国流域水资源管理的法律问题》，福州大学学位论文，2005 年。

何执行下去呢，也存在一个“责任下放”的过程。因此，开始了“地方政府市场主体群众主体”之间的第一次博弈。前面讲过，生态补偿是一个长期的战略性复杂活动过程。受到很多因素的影响，包括经济水平、社会发展、人民生活、支付意愿及其他相关因素，在“无法”即缺乏相关规定的时候，自然而然，大多数情况是“随机发展”。“有法”可依的时候也受到上述因素的影响，有些法等于“无法”，有些“无法”等于“有法”。就是在经济水平、支付意愿、意识层次问题不突显的时候，不管是政府还是群众，不涉及自身利益的情况下“无暇顾及”。在问题已经非常紧急、不得不解决的时候，会出台一系列的措施和办法。落地有关上层法律规定和解决实际问题。因此，清水江流域相关生态保护和生态补偿地方性行政法规的出台，也是在“上层责任”“下层问题”和“群众意见”的双重作用下产生出来的。

因此，自国家颁布有关法律法规、行政规章以来，贵州省也结合本地实际陆陆续续颁布地方行政法规。包括宏观性法规和实施办法，如《贵州省实施〈中华人民共和国水法〉办法》《贵州省实施〈中华人民共和国水土保持法〉办法》《贵州省河道管理条例》等法律法规，编制《贵州水功能区划》并实施，下发了《关于认真组织实施清水江流域污染源限期整治项目的通知》和《关于加强清水江流域水污染防治工作的通知》《关于研究清水江三板溪库区水污染治理等有关问题的会议纪要》，制定《贵州清水江流域水污染防治规划（2008—2010 年）》，随后 2010 年陆续下发了《关于下达 2010 年度剑河县环境保护工作目标任务的通知》《清水江流域剑河段水污染防治规划实施方案》等相关规章制度，全面加强对清水江流域的治理。一方面逐步形成一支“关系协调、组织严密、纪律严明、运行有力”的专职水政监察队伍，建立起省、地、县三级水利执法体系，基本取得了维护水事正常秩序和社会稳定、加快水利工作依法行政步伐的成绩。另一方面方面，全面开展了“集中式供水水源地监测”工作，实施“突发性水污染事件”报告制度，开展了“地下水利用和保护”工作等，推动全省水资源管理进入新的阶段。三是全面加强整改。2007 年 3 月对 43 家流域范围企业限期整改，2007 年 5 月公布了 56 家省级环境污染限期治理项目的名单，按照省政府要求，另外 13 个项目单位必须在 2007 年底前完成环境污染限期治理目标，对清水江流域水环境污染整治工作进行了分解，明确了各处（室）、各单位的职责和任务，在省环保局网站上公布了“清水江流域（水）环境保护重点企业”和“清水江流域（水）污染源限期整治项目”及督办人。至此，清水江流域治理问题得到了全面展开和全面整治。流域治理上升到行政层面执法层面，不仅仅在口头上说说。根据调查，2000 年以来，清水江流域的污染问题已经十分严重，在“管理者、消费者、生产者”之间已经形成了非常严重的“利益冲突和机制冲突”，导致生态补偿一事提上日程。

清水江流域的环境问题主要在于上游重工企业的“三废”排放。许多不达标的污染源直接排入江中，对下游造成了严重的后果。而这些企业又是地方政府的缴税大户，政府对它们有一定的依赖性，同时，经济发展总值是衡量一个地方状况的主要标准，使得政府在对重污染企业的排放污染源上“睁一只眼闭一只眼”。当然，在这个过程中，企业与政府之间也存在一个博弈的问题，企业与政府实现的是“双赢”。但却给流域生态环境造成了极大的破坏。在一些污染比较严重的河段，如果不是民众的反映引起高层的注意，这种污染情况仍在继续。如 2006 年，由于清水江流域水质污染极其严重，受到高层注意，国家环保总局派专员督办此事，才使得一些严重污染企业停业整顿[①]。

① 访谈记录，转引自任敏：《珠江流域生态补偿的政府间协调研究》报告。

表 9-6 贵州省颁布的地方性行政法规和规章

颁布年份	法规名称
1998	《贵州省河道管理条例》
2005	《贵州省实施〈中华人民共和国水法〉办法》
2006	《贵州水功能区划》
2006	《贵州省实施〈中华人民共和国水土保持法〉办法》
2007	《关于认真组织实施清水江流域污染源限期整治项目的通知》
2007	《关于认真组织实施清水江流域污染源限期整治项目的通知》
2007	《关于研究清水江三板溪库区水污染治理等有关问题的会议纪要》
2008	《贵州清水江流域水污染防治规划》
2010	《关于下达 2010 年度剑河县环境保护工作目标任务的通知》
2010	《清水江流域剑河段水污染防治规划实施方案》

四、水权交易在清水江流域实施的必要性可能性探索

水权交易是流域生态补偿的未来趋势，通过政府“看得见的手”搭建好基于水权合理配置的交易平台，利用市场“看不见的手”自发调节，才是生态补偿环境保护的基本方向。当前，清水江流域基于良好的生态环境，具备可探索开发水资源市场的基础。也可以通过搭建水权交易促进生态补偿的市场化，包括水权界定、产权证书、交易平台、交易机构和方式。

第一，具备良好的水权交易市场基础。清水江流域长期以来具备天然的市场优势和发展条件。一是得天独厚的自然条件，作为贵州省第二大流域，途经贵州省东南部自然生态环境最好、植被保护最好的单曲。水资源质量比较其他地区更为安全可靠，作为人畜饮水、工业用水都有最好的条件。二是区域内企业众多，自然需求的水资源量较大，流域分布区少数民族人口分布广泛，人口多；下游也是经济相对发达的湖南地区。因此，无论是流域分布区主体、下游主体还是其他方面的市场条件，清水江都具备基础性市场优势。

第二，水资源交易平台搭建管理基础。实际上贵州省水资源交易一

直在进行着，包括常规性用水、人民生活用水，但是通过政府部门或者国有供水公司开展。常规的水费就是水资源交易的基本形式。因此，人民在消费习惯方面早已经形成。如果搭建好水资源交易平台，通过水权证书在平台交易，让老百姓拥有的水权能够产生价值，让水权自由流动，这是利于生态保护生态补偿的重要方式。

第三，水资源交易的制度基础。长期以来，中国水资源管理是政府主导下通过国有公司开展的“垄断性”行业，也形成了水资源交易和管理的一系列制度性文件。包括资源开发、利用、交易、管理的系列水资源管理规范。在此基础上推进市场化具备良好的制度基础。特别是2018年12月20日发布的《贵州省水权交易管理办法（试行）》，明确规定了水资源交易的制度性要求：“促进水资源的节约、保护和优化配置，规范水权交易行为。水权交易是指在合理界定和分配水资源使用权基础上，通过市场机制实现水资源使用权在区域间、流域间、流域上下游、行业间、用水户间流转的行为。一是区域水权交易：以县级以上地方人民政府或者其授权的部门为主体，转让用水总量控制指标或江河水量分配指标范围内结余水量的行为。二是取水权交易：依法获得取水权的单位或者个人（城乡公共供水企业除外），在取水许可的有效期和取水限额内，向符合条件的其他单位或个人有偿转让其通过调整产品和产业结构、改革工艺、节水等措施获得的相应取水权的行为。三是灌溉用水户水权交易：已明确用水权益的灌溉用水户或农业用水合作组织之间的水权交易。”①

从这个方面看，清水江流域具备了水权交易的条件，适当的时候建立交易平台、产权确认、市场定价机制、农户参与机制、生态补偿资金（水权交易资金）分配机制，环境保护生态补偿管理机制，与有关职能管理部门对接好业务工作即可开展水权交易市场的落地工作。

① 《省水利厅关于印发〈贵州省水权交易管理办法（试行）〉的通知》，2018年12月25日，见http://www.gzmwr.gov.cn/xxgk/zdgk/zcwj/tgfxwj/201812/t20181225_3320071.html。

表 9-7　贵州省水资源交易的地方性法规

颁布年份	法规名称
1999（2010 年修订）	《贵州省水利工程供水价格核定及水费计收管理办法》
2000	《关于规范省管河段及市（州）边界河流、湖泊取水许可的通知》
2006	《取水许可和水资源费征收管理条例》
2007（2010 年修订）	《贵州省取水许可和水资源费征收管理办法》
2009	《贵州省水土保持设施补偿费征收管理办法》
2018	《贵州省水权交易管理办法（试行）》

五、清水江流域生态补偿大数据建设可能性与可行性研究

第一，建设生态环境大数据（包括生态补偿大数据模块）是现实发展的基本要求。2017 年 4 月 26 日至 5 月 26 日，中央第七环境保护督察组对贵州省开展了为期一个月的环境保护督察，并于 8 月 1 日正式向贵州省反馈了督察意见。整改方案提出，2017 年底前，完成省以下环保机构监测监察执法垂直管理改革工作，加强基层环境监察执法能力建设，建成全省空气质量自动监测信息管理系统，实现监测数据联网直传并向社会公众实时发布。2018 年建成覆盖跨市州境考核断面和国家考核断面的水质自动监测点位，定期开展城乡集中式饮用水源地水质监测与评估。同时，加快推进水、大气、土壤、噪声、辐射、重点污染源等监测点位布设、监测数据共享、预报预警能力和监测质量控制体系建设。2018 年底基本建成环保“大数据”信息共享平台，完善“环保云”数字管理。2020 年基本实现全省环境质量、重点污染源、生态环境状况监测“大数据”全覆盖。①

第二，建设生态环境大数据是产业现代化发展的基本要求。贵州省在全国是大数据产业发展聚集区示范区，也是大数据管理示范的重要地区。贵州省是全国第一个政府部门数据对外开放的地区，也是政府管理

① 《贵州将建立生态环境“大数据”监测网络》，见 http://www.sohu.com/a/211425573_267106。

大数据建设示范地区。特别是“云上贵州”平台的建设，把所有政府管理部门和数据都聚集一起，对外开放也接受监督管理，全面提高管理效率。因此，建设生态环境大数据已经是具备了技术条件、政策条件和市场条件。

可以看出，贵州省建设生态补偿大数据已经万事俱备。无论从制度基础、技术产业基础，还是从现实需要与发展要求，建设贵州省生态环境大数据（包括生态补偿大数据模块）的智慧化智能化管理监控系统已经迫在眉睫。因此，清水江流域作为贵州省第二大流域，其监控管理交易补偿大数据系统的建设将进一步提升流域生态保护的力度和质量，也从侧面证明了本研究的前瞻性和科学性。

六、清水江流域生态补偿实施效果及经验启示

（一）生态补偿的效果

第一，生态补偿做法。为了落实政府对其管辖范围内环境质量的法律责任，2009年，按照“谁污染谁付费、谁破坏谁补偿”的原则，贵州省环保厅决定清水江流域实施生态补偿机制改革试点。基于此，提出了清水江流域分布区断面水质控制目标，涉及黔南州、黔东南州跨界断面和黔东南州出境断面控制，为此，省政府配套出台了《贵州省清水江流域水污染补偿办法》（以下简称《补偿办法》）。《补偿办法》规定：州界跨界断面当月水质检测指标超过控制目标的，黔南州应当缴纳生态补偿金，且按3∶7的比例在省财政和黔东南州财政之间分配；出境断面水质检测指标超过控制目标的，黔东南州向省级财政缴纳补偿资金。补偿资金在同级财政预算管理，专项用于水污染防治和生态修复。贵州省随后制定了《清水江流域水环境保护规划（2015—2020年）》（以下简称《规划》）。

第二，生态补偿结果。黔南州、黔东南州以《规划》实施为契机，强力推进流域工业污染治理。黔南州先后实施了瓮福（集团）有限责任公司污水循环利用“WFS”管线工程、贵州川恒化工有限责任公司生产

废水循环利用治理、磷石膏渣场防渗综合工程，贵州开磷剑江化肥有限责任公司合成氨生产线搬迁工程，关闭了贵州都匀水泥厂湿法旋窑生产线。黔东南州先后关闭了污染严重的工艺、设备和生产能力落后企业6户，拆除6台矿冶炉及小高炉，淘汰落后产能19.6万吨，对三穗恒丰矿业有限公司等9家企业完成了清洁生产审计。流域内化工、冶金等工业企业废水全部做到循环利用，工业企业废水重复利用率达85%以上。

随后，黔南州投入728万元资金，在流域内治理水土流失6平方公里，修复生态480公顷，保土耕作50公顷，石漠化综合治理1706公顷；黔东南州投入670万元资金，综合治理水土流失31.12平方公里。流域内16个县（市）建成了污水处理厂，城市污水处理率达到60%以上。严格执行《贵州省主要污染物总量减排攻坚行动方案》《规划》和《补偿办法》。清水江污染物排放大幅削减，水质得到明显改善。研究显示，清水江流域水污染生态补偿机制是国内在河流管理层面上首次实行的水污染补偿机制，创新了补偿资金解缴的方式，且补偿因子及补偿标准符合贵州实际。重安江大桥检测断面总磷、氟化物浓度指标分别降低了35.1%和28.6%，白市总磷、氟化物浓度指标分别降低了35.5%和68.7%。清水江合格的水质保证了下游生产、生活用水安全，也促进了贵州经济社会发展。

（二）清水江流域生态补偿的经验启示[①]

第一，加快流域生态补偿制度建设。流域生态治理首先是政府主导下开展的，一是政府应充分考虑地区发展需求，加强顶层设计，框架性把握好流域水资源开发与管理的总体要求。地方政府才有法可依，才能在上级政策规定下发展地区经济，保护地方水土。值得一提的是，贵州省出台了《贵州省生态文明建设促进条例》，全面创新了生态环境保护执法及司法体制机制。在全省法院系统建设了“1—4—5”生态资源审判

① 任敏：《流域公共治理中的政府间协调研究》，2013年，有调整和修改。

机构。分别在全省层面高等法院，贵阳市、遵义市、黔东南州等州级层面的 4 个中级人民法院，以及清镇、仁怀、遵义、福泉等县级层面的 5 个基层法院，全面建设生态环境保护审判庭，分区管辖环保案件。全省的检察院系统，也在省院、9 个市(州)院和 23 个基层院建立了"1-9-23"结构下的生态检察结构。这是全国首例，也是流域治理方面的创新。

第二，以小流域为计量单位开展水资源管理、水生态补偿是切实可行的有效办法。本案例中的流域生态补偿，实质上是分布于两个州、若干县在小流域构成的流域。因此，这个案例非常成功地解决了流域生态补偿问题，政府之间协调非常顺利可靠，不存在多少矛盾纠纷。进一步证明了本书选题的科学性、数据的可靠性和政策方案可行性。

第三，加强水利基础设施建设。没有硬件作为基础保障，其他方面发挥的作用不会太大。因此，全面投入加强水利基础设施建设是制度建设之后最重要的一步，保障水资源安全、健康的基础是流域安全，流域安全的基础是设施完善。清水江流域的生态补偿机制顺利实施，水生态环境持续改善，流域污染全面控制和减少，与黔南州、黔东南州通过水生态补偿资金大量投入生态环境建设、开展水环境综合整治、加强水利基础设施建设是分不开的。因此，通过水生态补偿机制建设，形成水生态补偿资金投入机制，强化水生态环境保护，形成一个"闭合循环"的生态补偿路径。

从以上内容可以看出，清水江流域生态补偿机制特点突出：一是建立了政府主导的单一流域补偿机制。这种补偿机制的建立由贵州省政府和环境保护局等有关省级部门牵头，虽然没有市场机制参与也能方便快速地实施生态补偿。二是本补偿机制主要涉及两个州(黔南和黔南东南)，完全处于一个省的范围，小流域的概念表明，清水江便是一条"小流域"，是省级及以下范围内的流域分布，证明了本书选择研究方向的重要性和研究的可行性。第三，流域治理的类型是污染跨界流域治理，治理的清算方式是"断面监测"有关指标为依据，月度数据为时间标准参考，年度数据汇总形成断面水质监测指标。作为生态补偿的简单化依据，全面遏止了流域内磷矿工业区等矿山企业的污染势头。第四，补偿方式是财政转移支付的形式。在补偿机制中，转移支付是唯一的补偿方式，不涉及相关产权的定义和交易。因此，支付方式主要基于省级和地方财政之间的资金转移。每一次补偿资金按照检测因子核算，各因子补偿资金之和即是本次生态补偿总资金。贵州省环境保护厅（目前更名“自然资源厅”）第一个月15日前核定后通报省财政厅、黔南州和黔东南州财政局，分别按标准核算转移支付，原则上通报后10个工作日内拨付到位。超期将由省财政厅“强行划拨”。第五，补偿标准是政府定价。按照总磷600元/吨，氟化物1000元/吨执行。

第四节　基于国内外制度经验的小流域生态补偿路径及政策

一、西部地区小流域生态补偿的实施路径模式

第一，通过前面的分析，小流域生态补偿是一项复杂的系统工程。涉及单位多、资源多、时间长，需要整合不同方面的人、财、物力。结合“河长制”实施的经验基础和制度优势，未来一段时期小流域生态补偿就在生态文明建设背景下，充分发挥我党的组织优势、治理的政策优势和社会各地资源优势，以“党建”为引领模式，以“河长制”为治理结构：“河长制”落实小流域生态补偿的责任机制，以农户支撑载体，产权改革方式聚合小流域生态补偿资源。全面推进小流域生态补偿的区块化、数字化、常态化、制度化、市场化。

第二，各方要素、责任及义务。在“党建+河长制+农户”小流域生态补偿模式中，党建是政治基础，是培养人才、建设队伍、引导政策、集中民意的基本模式；“河长制”是制度基础，小流域生态补偿不是一个单纯的生态问题，是区域综合性发展问题，需要在党建的前提下坚持正

确的政治方向，坚持党的政策，落实好“河长制”主体责任，层层落实分解好各小流域分布区综合发展责任；农户是基本的生产决策单元，作为最后的载体，农户在承接合作社发展任务的同时，发挥自己的力量，以自己的资源（包括财政性公共资源、私人入股资金、管理技术能力等）参与小流域生态补偿治理，走上共同富裕的道路。

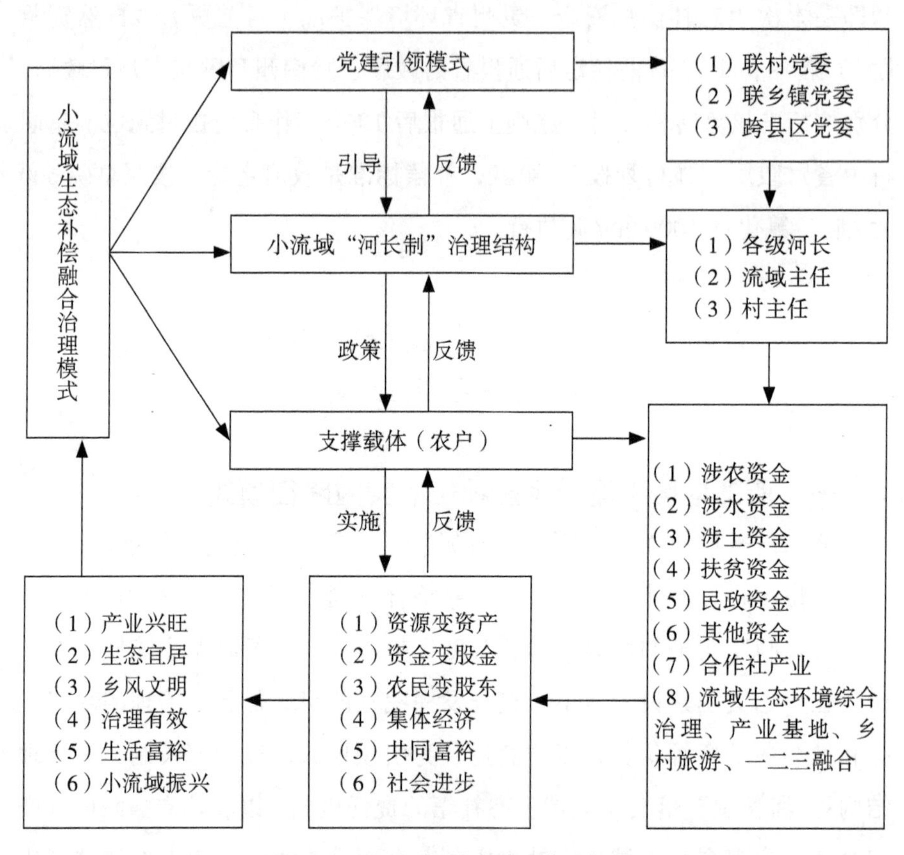

图 9-3　小流域生态补偿实施路径图

二、加强小流域生态补偿立法执法制度改革

第一，适度分散河长职权，建立公众参与机制。“河长制”如果要取得良好的效果，那么河长对于资源的掌握应该赋有很大的职权，但是为了这种制度能够长效地发挥作用，在赋予河长大量权力的情况下，应建

立一定的监督机制，努力做到权、利的分散。河长通过赋予的权力发挥作用，但是这种权力是在公众的参与下完成的，通过公众这种监督对于河长的行政权力进行制衡。如果仅仅考虑到公众的监督权，而却没有提供公众参与的有效途径，这对于“河长制”的推动并不能起到实质性的作用。就目前来说，较为实际的做法是，在推行“河长制”的时候，根据“双河长制”来确立“河长制”的制度，就是官方的河长与民间的河长相结合的方式。这种方式是在民间吸纳比如流域附近居民、高校人员、企业人员、环保人士等等。这样一来，既可以保证“民间河长”能够高效参与到“河长制”的运行当中来，另一方面也能够最大程度覆盖与流域相关的社会公众。并且，这些社会公众可以为“河长制”的实行提供良好的环境和必要的资金技术支持。

第二，完善“河长制”行政立法权。在“河长制”推行的过程中，应当建立规范的法律体系。就公众参与“河长制”的治理来说，可能公众会努力地参与到流域生态问题的治理中，但是参与水平会停留在非制度化的参与，这也是许多公众参与项目的一种常态化现象，并不能在实质上改变“河长制”的运行水平。无可否认，在“河长制”的推广中，我国欠缺关于“河长制”的规范性文件，人们也没有对于“河长制”达成一致性的认识。“河长制”的推行可能会牵扯到社会各方面的利益，基于这样的原因，我国目前来说最重要的就是建立健全有关于全面推行“河长制”的相关的法律规范性文件，为“河长制”的运行提供法律的保障制度。国家可以按照依法治水的有关要求，将“河长制”的相关要求纳入《中华人民共和国水法》等法律，并且要使“河长制”的相关规定保持本法之内和法与法之间的立法统一，并明确“河长制”的层级设置和具体内容、不同河长所享有的不同权力以及职责、河长领导下的组织机构的分工、河长的考核与追责等等一系列问题。

第三，完善“河长制”行政执法权。在社会活动中，大量的活动关乎群众的人身财产安全。社会活动的生产主体具有趋利性的特点，很难保证他们在追逐利益的过程中不会损害公众的利益。这时候就需要行政执法机关根据实际情况，规范生产主体的行为。具体到“河长制”中来，建造在流域范围内的企业由于企业的生产制造与排污处理与所在流域内居民的生活息息相关。所以对于在流域内建立的企业申请时，就应该有更严格的规定，也就必须要考虑到环境和人民的健康。

加强河长制办公室对于流域附近生产企业的排污审查权。河长制办公室对于附近的生产企业应当采取包括定期核查、在线监管、现场抽查等多种方式督促其生产。对于每一个建立在流域附近的生产企业，河长制办公室都有权对其生产项目进行核实抽查，对于有严重污染性质的企业，河长制办公室不应予以核准。除此之外，已许可的企业还应当建有相应的污水处理设施，这一点也在河长制办公室的审查范围之内，对于不具备配套设施的企业，河长制办公室有权取消其生产资格。总的来说，河长制办公室应当保证其排污审查权在保护公民人身财产权的目的下有效行使。

加强河长制办公室对于流域附近生产企业的变更权。在全国上下都大力推进水环境保护的前提下，企业的运作甚至设立都不应该完全以经济效益作为唯一目标，环境承载力应当与经济效益一并考虑。具体来说，河长制办公室应当完善以下的规定：第一，对于有些未登记备案的企业进行登记备案，及时了解这些企业的情况，不符合要求的责令其进行整改；第二，企业内对于污染物的处理不达标的，应该责令其设立污水处理系统，污染物净化系统，及时对于设备进行更新完善；第三，生产中产生的污水不符合排放要求的，给予警告，不听者暂扣其营业执照。总之，不再以经济效益作为唯一的衡量标准。

三、健全小流域生态补偿河长制度问责体系

第一，完善问责制度。在行政系统内部，不管是中央，还是地方，都要建立起“河长制”的工作监督制度，由河长制办公室进行内部考核

的基础上，上一级的河长考核下一级河长的工作，这样一来，一方面，避免了下级向上级问责的情况，另一方面，由于河长制办公室是上一级所设立的独立工作督察机构，这样的问责形式也就解决了上下级之间连带责任的情况。此外应该加强权力机关、司法机关和社会公众三方面的问责。

第二，完善问责程序。明确受理问责的机关。对于不跨行政区域的水域的治理，河长制办公室只需要做简单的协调处理，进一步监督管理就可以。但是，如果面对的是跨区域的情况，涉及的情况就比较复杂，就需要行政区域之间进行协调达成协议。由于行政区域间的衔接是由河长会议制度来完成的，笔者建议，受理问责的机关可以定位为河长会议的常设机构——河长会议常务委员会，受理各问责主体对河长工作的问责。但是，要确定问责受理流程，设立河长问责制度的救济机制，赋予被问责河长申诉权，完善河长权利的救济。由于河长工作的各方面重要性不同，其承担责任的大小也会因为被问责事由的不同而不同。所以，在面对河长所承担的不同责任时，后续处理的方式也应当有所区别。对于现实中普遍出现的行政官员以"引咎辞职"逃避行政乃至法律责任的情况应当采取措施进行制止。第一，若问责事项得到证实，则应当按照规定确定河长承担责任的性质。若遇有河长主动引咎辞职，则应当要求其充分说明理由并对其责任事项予以考察，对于应当承担行政责任和法律责任的河长不予准许。第二，对于分别承担道德责任、行政责任和法律责任的不同河长，其复出的路径及机会也应当有所区别。对于承担道德责任的河长，在被问责事项得以解决，河长对水资源管理工作有了进一步认识之后，该河长即可继续承担河长的责任。对于承担另外两种责任的河长，其复出所需条件就相应的更为复杂。总而言之，不论是哪一类责任，河长救济机制中都应当规定有后续观察方案，被问责河长都应当被行政机关和社会公众持续性关注，不能因为一处失误就将河长全盘否定。

四、促进小流域生态补偿路径实施的政策建议

第一，构建多元补偿模式。以构建良好的流域生态系统为目标，关注地方发展能力。摒弃单一的资金补偿，构建流域间多种补偿模式。例如流域间的上下流可采取绿色产业带动、互补合作等多种补偿方式。同时注重上中下游的整体协作，实现上游保护、中下游保持，从而促进整体经济良性有序发展。

第二，明晰权责关系。明晰水权的权利与义务是小流域生态补偿的关键。明晰的权责能为上中下游提供一个更加公平的发展环境。在此基础上，国家或各省区应出台相应的补偿和测算规则，在该项政策出台前，可通过流域上下游双方谈判实现水权转换和补偿。

第三，建立监测数据库。通过观测中小流域市场，建立水质和流速监测数据库，并依据数据库确定水资源交易的合理价格。此间需注重调动农户和村镇层级干部的积极性及参与感，可采取增加对农户的直接补偿等方式。

第四，构建考核制度。改革干部考核制度，将环境指标纳入考核范围，通过建立具有可操作性的规章，激励地方政府参与保护。同时，为促进利益相关者及流域保护志愿者等多方人员的参与，应构建上中下游的利益激励机制及畅通的信息反馈渠道。

第五，改革公共管理制度。改革现有公共机构和流域管理机制，采取公共治理（Public Governance）模式。即从单一的政府管理，转向以政府为主体，多种公私机构并存的新型公共管理模式变革。其核心为：通过合作、协商、伙伴关系，以确定共同的目标等途径，实现对公共事务的管理。构建公开透明的流域管理制度，从政府决策到多方参与，这是流域环境治理与补偿的必由之路。

第十章　西部地区小流域生态补偿的综合政策研究

第一节　小流域生态补偿的政策执行效果评价

自新中国成立以来，我国经济开始不断恢复和调整，一些在工业生产过程中所产生的废气、废水、废渣污染了流域环境。由于法律法规制度的不健全，使得流域内乱砍滥伐的现象比比皆是。在我国西北部，沙漠化不断蔓延并向周边各省区侵蚀，在黄土高原，水土流失严重，造成黄河水质浑浊、中下游淤堵，这严重影响了流域周边的经济发展。1978年12月，我国实施了改革开放伟大战略决策，在新中国历史上第一次架起了中国和世界各国的桥梁，促使我国经济进入快速发展时期。然而，在利益的驱使下，不惜以牺牲环境为代价发展经济。结果就是，经济得到了发展，环境遭到破坏，严重影响了经济继续向前发展。为了消除和预防因流域环境破坏而影响到经济社会的发展，我国一直在探索如何保护流域生态环境的政策策略。例如，我国颁布的农业生态保护法、森林法、水资源保护法、环境保护税法等一系列法律，其目的就是要保护流域内的生态环境，实现科学发展。2012年，党的十八大明确提出各省、自治区、直辖市及市县以下要坚持政治建设、经济建设、文化建设、和谐社会建设、生态文明建设相统一，坚持创新、协调、绿色、开放、共享的发展理念。2017年，党的十九大更是提出必须坚持“绿水青山就是金山银山”的理念，建立市场化、多元化的生态补偿机制，实现经济和生态的协调发展。

一、小流域生态补偿政策颁布实施的几个阶段

为了更加准确地把握西部地区小流域生态补偿政策演变，根据各项有关政策所颁布的时间，将其划分为三个阶段，这三个不同的制度阶段也表明了我国及西部地区对小流域生态补偿重要性的不同认识。

（一）育林基金制度阶段（20世纪50年代初至80年代末）

20世纪50年代，我国首次提出了蕴含小流域生态补偿理念的育林基金制度，对小流域内森林资源保护的奖励和破坏的惩罚促进了我国西部地区小流域森林的保护和发展。70年代，我国提出实施“退耕还林”的重大决策，把对流域内实施退耕还林的个人和单位进行的奖励和补贴纳入我国政府的专项财政预算资金里，这项决策也体现了早期我国实施小流域生态补偿的方针政策。80年代，我国又出台了《关于保护森林发展林业若干问题的决定》，决定提出“建立国家林业基金制度”，各级地方政府结合本地区实际情况，完善和提高对公益林和经济林基金征收标准和范围。

（二）生态环境服务支付机制阶段（20世纪90年代初—21世纪初）

面对小流域内不断恶化的生态环境及其对流域内经济社会发展的持续性影响，西部各级地方政府对小流域生态补偿重要性和紧迫性的认识不断深化。为了防范和化解因流域内日益恶化的生态环境对流域内经济社会产生的负效用，西部各级地方政府于20世纪90年代以更广阔的视野提出了“生态环境服务支付机制”，在此机制之下，出台了包含农业、林业、水资源等一系列有关小流域内生态补偿的政策，具体体现在如下三个方面：

第一，小流域农业生态补偿。在20世纪90年代，西部12省份各自提出了关于本地区流域内农业生态环境保护的政策。以四川为例，1995年制定了《四川省草地承包法》，其中第十七条规定：“承包方应

当向发包方缴纳草原使用费，由发包方在每年年底收取。草原使用费纳入县、乡人民政府的育草基金，由财政专户储存，按照草原建设规划专项用于草原基本建设，重点用于冬春草场建设”。另外，第三十四条规定：“实行掠夺性经营或者超载放牧，造成草原沙化、退化、水土流失，应按照草原承包合同的约定支付违约金和赔偿损失”。不论是草原使用费还是赔偿金，都体现了小流域内农业生态环境保护支付机制的理念。[①]

第二，小流域林业生态补偿。在小流域内林业生态补偿方面，1994年，新疆维吾尔自治区实施《森林病虫害防治条例》办法，其中第二十三条规定：各级人民政府统筹安排森林病虫害防治专项经费或救灾费。各级林业行政主管部门应从“三北”防护林体系建设工程资金、育林基金中的治沙造林补助费中统筹安排森林病虫害防治经费。此外，第二十四条规定：乡、镇、村集体所有的林木病虫害防治费用从公积金中提取。属于机关、团体、部队、企业、事业单位所有的林木，防治病虫害的费用从本单位造林绿化资金中支付。1997年，广西壮族自治区修改《广西壮族自治区森林和野生动物类型自然保护区管理条例》；1999年，甘肃省颁布了《甘肃省自然保护区管理条例》，两者都提出对保护、建设和管理自然保护区以及在有关的科学研究中做出显著成绩的单位和个人，由县级以上人民政府给予表彰奖励。1999年，云南省颁布了《云南省绿化造林条例》，第二十二条规定：绿化造林资金实行多渠道筹集，专款专用。主要来源为财政拨款、育林费、绿化费森林植被恢复费、森林生态效益补偿基金、造林资金。

第三，小流域水生态补偿。1994年，宁夏回族自治区颁布了《关于印发〈宁夏回族自治区水土保持设施补偿费、水土流失防治费收缴、

① 《四川省草地承包法》(1995)，见http://www.sc.gov.cn/10462/11855/12086/12096/2012/9/27/10230265.shtml。

管理和使用规定〉的通知》，提出凡在自治区境内从事生产、建设活动造成水土流失的，不能自行治理的，应缴纳水土流失防治费。同年，云南省颁布了《云南省红河哈尼族彝族自治州异龙湖管理条例》，条例中第十八条和第十九条明确规定任何单位和个人在异龙湖从事取水和捕捞，必须缴纳水资源费和渔业资源保护费。此外，第二十四条也明确规定，在保护异龙湖水质，防治水污染以及保护和增殖渔业资源工作中做出显著成绩的，由异龙湖管理局及有关主管部门或上级机关给予表彰和奖励。

（三）行政区域内部生态补偿机制阶段（21 世纪初至今）

进入 21 世纪，随着西部地区各级政府对小流域生态补偿重要性认识的进一步深化，颁布了大量关于建立行政区域（小流域）内部生态补偿机制制度的政策，主要是关于农业生态、林业生态、水生态等三个方面的政策文件。如云南省提出目标：到 2020 年，全省森林、湿地、草原、水流、耕地等重点领域和禁止开发区域、重点生态功能区、生态环境敏感区 / 脆弱区及其他重要区域生态保护补偿全覆盖，生态保护补偿试点示范取得明显进展，跨区域、多元化补偿机制初步建立，基本建立起符合省情、与经济社会发展状况相适应的生态保护补偿制度体系，促进形成绿色生产生活方式。[①]

第一，小流域农业生态补偿。2008 年，甘肃省颁布了《甘肃省农业生态环境保护条例》，其中第六条规定："县级以上人民政府应当将农业生态环境保护经费纳入财政预算，并根据当地经济社会发展需要，增加对农业生态环境保护的投入，逐步建立和完善农业生态补偿机制"。[②]2017 年，陕西省公布了《陕西省人民政府办公厅关于印发〈健

① 《云南省人民政府办公厅关于健全生态保护补偿机制的实施意见》，见 http://www.yn.gov.cn/yn_zwlanmu/qy/wj/yzbf/201701/t20170120_28252.html?bsh_bid=1612596077。

② 《甘肃省农业生态环境保护条例》，见 http://law.npc.gov.cn/FLFG/flfgByID.action?flfgID=47230&zlsxid=03。

全生态保护补偿机制实施意见〉的通知》，文件中指出要完善耕地保护补偿制度，健全耕地质量监测体系，建立以绿色生态为导向的农业生态治理补贴制度。2017 年，新疆维吾尔自治区颁布了《关于健全生态保护补偿机制的实施意见》，指出到 2020 年，建立耕地生态保护补偿制度体系。这一系列政策，都反映了西部地区正在建立小流域地区的生态补偿机制。

第二，小流域林业生态补偿。2007 年，内蒙古自治区发布了《内蒙古自治区公益林管理办法》，明确提出：旗县级以上人民政府应当建立森林生态效益补偿基金，用于公益林管护责任单位和个人在管护中发生的营造、抚育、保护和管理等费用支出和收益补偿。2016 年，贵州省颁布了《贵州省征收征用林地补偿费用管理办法》，指出依法征收、征用林地的单位和个人应当缴纳森林植被恢复费，支付林地补偿费、林木补偿费。2017 年，甘肃省庆阳市在《关于庆阳市建立健全生态补偿机制的建议》中指出，建立起全面有效的生态补偿机制（包括流域内），适当提高公益林补偿标准。同年，广西出台了《广西壮族自治区实施〈中华人民共和国森林法〉办法》，在总则第六条中明确提出“建立森林生态效益补偿基金”。

第三，小流域水生态补偿。2005 年新疆颁布的《新疆维吾尔自治区塔里木河流域水资源管理条例》、2009 年西藏颁布的《西藏自治区取水许可和水资源费征收管理办法》、2015 年重庆颁布的《重庆市水资源管理条例》均指出：任何单位和个人在流域内取水都必须缴纳水资源费。2012 年，陕西省发布了《陕西省渭河流域管理条例》，第二十五条规定：“监测断面水质超过控制指标的，相关设区的市人民政府应当缴纳污染补偿金”。2017 年，云南省颁布了《云南省水土流失防治费及水土保持设施补偿费的征收标准和使用管理暂行办法》，其中明确提出：造成损毁水土保持设施、水土流失的单位和个人，都必须按规定缴纳水土保持设施补偿费。在小流域大气污染防治、草原生态保护、野生动物保护、湿地保护四个方面，西部12省份都出台了相关的补偿政策法规，对保护或破坏的单位和个人进行奖励或惩罚赔偿，部分省份提出建立生态保护补偿制度体系。以青海省为例，2016年青海省出台了《青海省湿地保护条例》，其中明确提出建立健全生态效益补偿制度。在防风固沙方面，甘肃、内蒙古、新疆、陕西等地出台了防沙治沙法。以甘肃省为例，2018年甘肃省修订并出台了《甘肃省实施〈中华人民共和国防沙治沙法〉办法》，指出："在防沙治沙工作及其科学研究、技术推广中成绩突出的单位和个人，各级人民政府应当给予表彰和奖励；对有突出贡献的，应当给予重奖。沙化土地治理后被划为自然保护区或者生态公益林的，县级以上人民政府应当组织评估，给治理者予以经济补偿。治理沙化土地，从事林果业、养殖业、农林产品加工业和旅游业等产业的单位和个人，按照有关规定享受资金补助、财政贴息、税费减免等政策优惠。"[①]

二、小流域生态补偿政策执行效果总体评价

（一）小流域生态补偿政策执行效果评价的时间维度

为了准确、全面地对小流域生态补偿政策执行效果进行评价。在评价小流域生态补偿政策执行效果时，根据政策的逻辑演进，又具体分为：执行前评价，就是在小流域生态补偿政策执行之前，对可能达到的效果进行事前估计；执行中评价，就是在小流域生态补偿政策执行中，评估对该政策的了解程度、执行力度，尽早甄别问题，修正执行偏差；执行后评价，就是对小流域生态补偿政策执行后，根据所预定的目标进行有效性评价。前面谈到，根据时间轴将西部12省份小流域生态补偿政策划分为三个阶段，每个阶段都有各自的工作重点，如表10- 所示。

① 《甘肃省实施〈中华人民共和国防沙治沙法〉办法》，见 http://www.gansu.gov.cn/art/2018/8/10/art_35_389219.html。

表 10-1　西部 12 省份小流域生态补偿政策三阶段重点表

阶段名称	起止时间	阶段重点
育林基金制度阶段	20 世纪 50 年代初至 80 年代末	1. 提出育林基金制度 2. 实施"退耕还林"的重大决策，把奖励和补贴纳入政府的专项财政预算资金 3. 提出"建立国家林业基金制度"，完善和提高对公益林和经济林基金征收标准和范围
生态环境服务支付机制阶段	20 世纪 90 年代初至 21 世纪初	建立小流域内生态环境服务支付机制
行政区域内部生态补偿机制阶段	21 世纪初至今	建立跨区域、多元化的生态补偿机制

（二）评价方法

为了更加全面准确地评价小流域生态补偿政策执行效果，本书创造性地运用关键绩效指标法（KPI：Key Performance Indicator）进行客观分析。该方法是指通过对组织内部流程的输入端、输出端的关键参数进行设置、取样、计算、分析，衡量流程绩效的一种目标式量化管理指标，是把企业的战略目标分解为可操作的工作目标的工具。虽然该方法主要运用于公司或组织中对员工的工作绩效进行量化考评，但是笔者通过研究发现，该方法适用于任何事物的评价，关键绩效指标法更多的是体现了一种分析事物成效的核心精髓。只要深刻把握了它的核心精髓，就能运用于诸事物的结果性分析，以提高评价有效性。

因此，此关键绩效指标法非彼关键绩效指标法。在本书中，笔者将创造性地对其做如下定义：

所谓关键绩效指标法（以下简称 KPI）是指通过运用头脑风暴法确定一件事物所涉及的关键成功领域，然后将其分层，对分层后的各关键成功领域所涉及的关键绩效要素再进行细分，直到不能再细分或没有细分的意义时完成指标分解。值得注意的是，在进行 KPI 指标分解设计时，使用者应坚持 SMART 原则（包括：具体原则、可度量原则、可实现性原则、现实性原则、实现原则），提高评价指标设计的准确性。当然，在设计过程中也应避免进入指标过分细化、关键指标遗漏、评价偏离目标等误区。基于 KPI 评价法及统计数据的难度和有限性，本书对于西部小流域生态补偿政策执行效果评价所涉及的最关键成功领域和关键绩效要素进行如下分解：

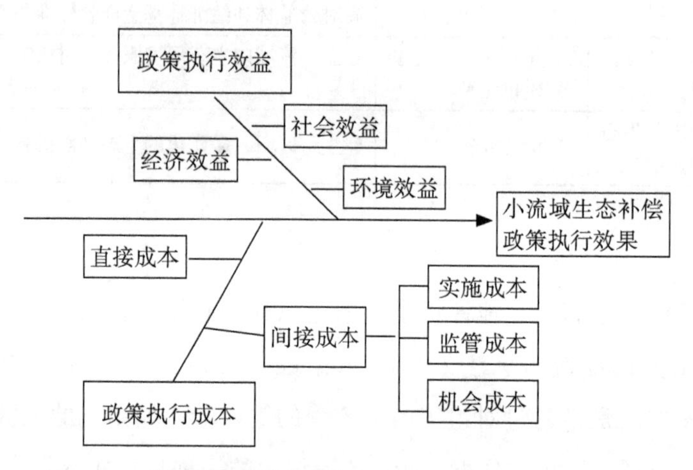

图 10-1 小流域生态补偿政策执行效果评价绩效指标鱼骨图

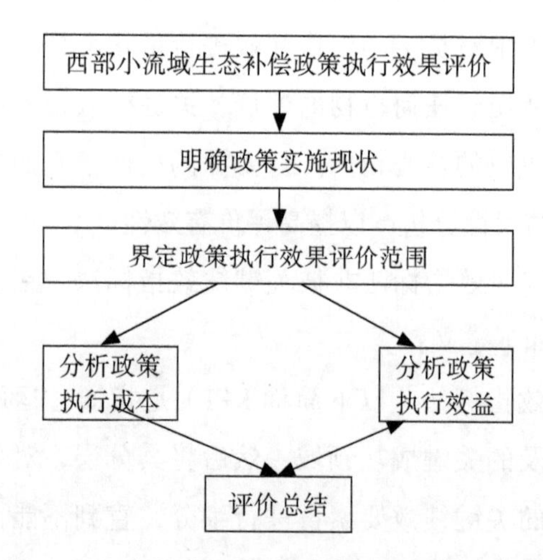

图 10-2 小流域生态补偿政策执行效果评价流程

（三）政策实施效果评价

第一，政策实施现状。在本章第一节中，本书根据时间轴和政策的演进，将小流域生态补偿政策划分为三个阶段，在第一阶段中，由于早期我国的生态环境问题并不突出，加之各地地方政府缺乏制定有关生态补偿政策的经验。因此，该阶段主要是以国家颁布的育林基金制度（包括20世纪70年代开始的退耕还林制度）生态补偿政策为主，各级地方政府遵照执行。在第二阶段中，随着各级地方政府对生态补偿重要性的认识不断深化，涌现出来一大批小流域生态补偿（生态环境服务支付）政策，譬如，1994年新疆维吾尔自治区提出"从公积金中提取林木病虫害防治费用"、云南省提出"在红河哈尼族彝族自治州异龙湖从事取水和捕捞，必须缴纳水资源费和渔业资源保护费"、1995年四川省提出的"缴纳草原使用费"等都体现了小流域生态补偿支付理念。在第三阶段中，由于生态环境的日益严峻直接影响了经济社会的发展，所以各级地方政府明确提出要建立生态补偿机制，譬如，2007年内蒙古自治区明确提出"旗县级以上人民政府应当建立森林生态效益补偿基金"、2008年甘肃省提出"逐步建立和完善流域内农业生态补偿机制"、2012年陕西省提出"监测断面水质超过控制指标的，流域内相关设区的市人民政府应当缴纳污染补偿金"等政策。

第二，政策执行效果评价范围确定。时间范围。在第一节中述及，根据时间轴将自新中国成立以来的有关小流域生态补偿政策划分为三个阶段，所以把这三个阶段作为政策执行效果评价时间。

地点范围。由于西部地区特殊的地理环境以及早期的人为破坏，使得西部地区的生态环境极为脆弱，尤其是喀斯特地区、青藏高原地区、西北沙漠地区的河流流域，对该地区的生态环境进行治理刻不容缓。因此，本书研究地域是西部12省份的二、三级支流以下以分水岭和下游河道出口断面为界集水面积在100km^{2}以下的相对独立和封闭的自然汇水区域，一般处于一个县域范围之内。

政策范围。小流域生态环境的治理主要包括农业、林业、水资源等三个方面，此外大气环境、渔业资源、野生动物的保护也是本书研究的对象，所以本书选取该研究对象的有关生态环境治理的补偿政策作为西部小流域生态补偿政策研究范围，并进行执行效果评估。

第三，政策实施成本分析。直接成本。直接成本就是指西部 12 省份在执行小流域生态补偿政策过程中的直接资金投入。然而，由于西部地区部分小流域生态补偿没有专项补偿预算，补偿资金由多个政策组合或者是在其他政策中有部分提及关于生态补偿的事项，例如，环境保护税法、水污染防治法、大气环境保护法等等，所以西部地区小流域生态补偿投入资金的具体数据难以统计，只能从宏观上加以分析。从总体上看，西部小流域生态补偿资金与所在地区的经济发展水平成正相关，即经济发展水平越高，其补偿资金投入越多。如此所带来的生态红利，提高了环境承载力，为地区的经济社会发展留有了余地，进一步促进了流域地区的经济社会发展，是一种双赢的合作机制。以甘肃省徽县为例，2013 年 3 月底，全县已完成 13 个乡镇 121 村 22166 户的 52.67 万亩天保公益林面积确认和管护协议签订工作，共计兑现 2011 年、2012 年两年天然林保护森林生态补偿资金 627.72 万元。

间接成本。在政策执行过程中，除了对生态补偿进行直接投入之外，对政策具体执行也需要成本，为了保证政策执行到位需要进行监管。此外，为了执行生态补偿政策，需要放弃其他事项，由此而产生机会成本。一是政策执行成本。西部小流域生态补偿政策执行非一人之力，需要大量的人力资源，由此产生人力成本。在政策制定过程中，首先，由环保部、国家发改委牵头，财政部、农业部、林业部、水利部协调配合，制定全国的生态补偿政策；其次，各省、自治区、直辖市依据国家政策制定本地区的生态补偿政策；再次，市县级环保局、财务局、农业局、林业局、水利局五部门根据本地区的实际情况统筹协调制定本地区关于生态补偿的具体实施办法（部分地区会建立生态补偿政策试点项目，并安排人员组成工作小组对试点项目进行指导和监督）；最后，由各级乡镇依据市县文件，安排工作人员遵照执行。二是政策监管成本。一项政策的有效开展离不开它的监督管理，西部小流域生态补偿政策的监管成本主要是贯彻落实政策过程中所耗费的人力成本。它的监管成本具体可分为：第一，政策执行前，即成立生态补偿政策执行工作领导小组、制定有关小流域生态补偿政策所带来的效果的绩效考核机制、政策执行反馈制度、责任落实制度等所耗费的人力成本；第二，政策执行中，即工作领导小组对生态补偿地区进行巡视、抽查，以甄别政策执行过程中存在的问题，及时修正执行偏差等所耗费的人力成本；第三，政策执行后，即工作领导小组依据绩效考核制度对小流域生态补偿政策执行进行考评，并就考评结果确定是否需要对有关责任人员追责或奖励等所耗费的人力成本。三是机会成本。所谓机会成本是指把一定资源投入某一用途后所放弃的在其他用途中所能获得的最大利益。总体来说，西部 12 省份的小流域生态补偿政策所产生的效益大于它的机会成本，原因有二：（1）构建了“生态 + 脱贫”的创新模式，结合了生态治理补偿的脱贫不仅解决了西部边远、贫困地区的贫困问题，还改善了西部边远贫困地区脆弱的生态环境，构建了生态和脱贫的双赢局面；（2）由于生态环境的改善，夯实了该地区的环境承载基础，为该地区新农村发展创造了自然条件，实现了“绿水青山就是金山银山”的新型经济社会发展理念，助力实现西部地区小流域内乡村振兴的目标。

以甘肃省“陇南市两当县‘四大产业’引领生态扶贫路”为例，近年来，两当县坚持把生态作为立县之本、发展之基，在加快生态建设与保护的同时，一手抓发展，一手抓扶贫，精心谋划实施特色产业、生态补偿、治理工程和生态旅游四大富民产业，努力实现“既要绿水青山，又要金山银山”的发展目标。截至 2017 年，全县共发展食用菌 694.5 万袋、中药材种植 7.57 万亩、蔬菜 3.5 万亩、烤烟 0.25 万亩，生态放养鸡饲养 97.4 万羽，中华蜂饲养 5.57 万群。累计发展核桃 420 万株、发展育苗 0.52

万亩；发展林下各类种植1.29万亩，涉及农户2567户；发展林下各类养殖涉及农户1749户。实现了适宜区域特色产业全覆盖和贫困户全覆盖，为群众增收夯实了产业基础。

2017年，全县共落实新一轮退耕还林工程建设补助资金1100万元，贫困群众受益面达到43%以上；落实天保工程公益林补助资金177.86万元，涉及贫困户923户，占天保工程补助资金兑现总户数3649户的25.3%；落实生态公益林补助资金120.96万元，涉及贫困户941户，占生态公益林补助资金兑现总户数3562户的26.4%。同时，按照省、市要求，坚持精准落地、精准到户、资源公正的原则，就地选聘261名贫困群众担任生态护林员，按照每人每年发放补助资金8000元的标准，共计落实管护劳务补助资金208.8万元，为贫困群众提供了新的增收渠道。通过环境综合整治、美丽乡村和生态示范工程的进一步实施，全面实现了"省级生态乡镇"全覆盖，建成"省级美丽乡村"6个，创建"国家级生态乡""中国绿色名乡""全国生态文明先进乡""国家级生态村"各1个，完成创建省级生态村15个、市级生态村85个。有效带动近千名贫困人口就近、就地务工增收，使生态治理建设得到了全面延伸。

第四，政策执行效益分析。一是经济效益分析。随着西部12省份关于小流域生态补偿政策的执行，一定程度上促进了流域地区产业结构调整，走新型工业化道路。它倡导发展绿色农业、生态农业、现代农业，客观上提高了农产品的经济价值，使农业生产比以往更有效率。大部分地区所构建的"生态+脱贫"模式，也在一定程度上提高了该区边远贫困人群的收入水平。以陕西省宁陕县为例，从2016年9月起，宁陕县通过政府购买服务的方式，按照"县管、镇聘、村用"原则，从40个贫困村的建档立卡贫困户中，重点选聘缺少致富门路、无致富能力但能胜任护林员工作的贫困人员，择优吸纳了812名贫困群众担任生态护林员，每人每年基本工资为7000元，目前已全部培训上岗，约占全县贫困户的四分之一（兜底贫困户除外），管护面积最少为500亩、最多的达到5000

亩，使812户贫困户户均增收7000元、人均增收2300余元，加上生态补偿、退耕还林及林下经济产业收入，形成了“巡山护林领工资、林业经济促增收、政策补贴齐发力”的多元增收格局，推行“生态护林员+林下经济+政策补贴”的林业生态脱贫模式，贫困户仅依靠林业收入就可实现当年脱贫。同时，随着小流域内生态环境的改善，也促进了当地的旅游业的发展，尤其是喀斯特地区。以贵州省毕节市织金县为例，随着该县生态环境的不断改善，农家乐如雨后春笋般涌现，使得当地的一些居民不需外出务工，在家经营农家乐即可获得不错的收入，节约了外出务工的成本。

二是社会效益分析。根据西部小流域生态补偿政策的执行主体、受益群体，进行实施该政策的社会效益分析。显然，该政策的执行主体包括：政府部门、普通民众、企业，受益群体仍然包括这三个主体。

就政府部门而言，虽然各级地方政府都遵照执行国家和省级政府的有关文件，也取得了一定的效果，但是在执行政策的过程中，“政绩工程”和“形象工程”仍然存在。“上有政策，下有对策”的现象时有发生，在执行过程中，存在工作过粗过快，没有很好地征求当地民众的意见和建议，导致官民冲突的发生。此外，在政策执行过程中，缺乏监管甚至没有监管，导致一些烂尾工程的存在。就普通民众而言，本课题组走访了西部12省份的主要小流域生态补偿项目点，通过与当地民众（主要是农民）的交谈发现当地民众的环保意识普遍不高，认为保护环境与否与自己无关，只要不影响到自己的利益就行。不仅如此，大部分民众对生态补偿政策基本不了解，少部分人完全没听说过，这从侧面也反映了各级地方政策对小流域生态补偿政策宣传不到位，执行力不够。当谈到该政策会给自己的生活带来何种影响的时候，比如沼气池建设，或者是鼓励使用天然气，大部分民众反映有一定的影响，能方便生活，不用再上山砍伐树木作为生活燃料。然而，建设沼气池在短期内能解决生活燃料问题，但是沼气压力不稳定；在长期，沼气池中的沼气储量下降，解决基本生活燃料需求困难，变得不实用；安装天然气管道入户的成本又比较高，对于处于低收入群体的民众而言，负担大或难以负担。因此，没有意愿进行此类设施的建设。

此外，在走访的过程中还发现，随着生态补偿政策的执行，一些地方开始设立了“乡村清洁员”制度，这项制度一定程度上改善了乡村地区的环境卫生，但是作用有限，很难对沿河流域的水环境产生重要影响。而且，部分民众反映应加强对清洁员的工作监管，多数清洁员对清扫的垃圾任意堆砌或是乱扔或是就地焚烧处理，给附近民众的健康带来不利影响。就所处流域地区的企业而言，部分企业会按照政策执行，对该地区的产业结构调整有一定影响，但是大部分企业多无视法规的约束，偷排乱排的现象依然存在。只有当环保部门进行检查时，才会严格按照政策执行。

三是环境效益分析。实施西部小流域生态补偿最主要的目的是保护和改善流域内的生态环境，总体来看，自有关政策实施以来，流域内的环境得到了一些改善，但效果不明显，甚至部分地区没有变化。在农业方面，完善耕地保护补偿制度，健全耕地质量监测体系，建立以绿色生态为导向的农业生态治理补贴制度。大力发展绿色农业和生态农业，实现了“既要绿水青山，又要金山银山”的目标；在林业方面，“三北”防护林、公益林补偿、绿化造林等举措，一定程度上维护了森林环境；在水资源方面，征收水资源费、水质污染补偿金等对水污染防治有重要影响；在大气环境治理方面，征收环境保护税、出台大气污染法、禁止焚烧秸秆等有利于节能减排，保护大气环境。

三、小流域生态补偿政策执行存在的问题与改革方向

总体来说，西部小流域生态补偿政策取得了一定的效果，但效果的明显度有待提升。本课题组通过走访发现，西部小流域地区在执行生态补偿政策的过程中存在一些问题，对政策的落实产生了很大的负效用。

这些问题不仅包括政策本身，也包括政策的执行主体。从政策本身来看，在执行过程中发现存在补偿标准偏低，机制不健全、补偿资金来源单一、补偿资金使用方法单一、监督措施不力、生态补偿立法落后于生态保护实践。根据执行政策的主体和政策的受益群体，本研究将从政府部门、普通民众、企业三个层次对政策执行中所存在的主要问题进行分析。

（一）小流域生态补偿政策问题

第一，补偿标准偏低，机制不健全。现阶段，生态补偿标准偏低，使得很难满足民众的生活需求。走访发现，大部分民众反映生态补偿标准偏低、补偿标准有待完善、标准的确立办法没有结合当地的地理环境和经济实力，需要改进。基于此，导致补偿标准缺乏层次性，激励性降低。以西部偏远地区的公益林生态补偿为例，在政策执行后，公益林的质量仍然较差。通过研究发现，当地的公益林生态补偿标准的确立没有结合地区所处的区位优势、林地面积、保护监管成本、经济状况。在人类很难或根本无法到达的一些高山峡谷可降低标准补偿或不进行补偿，因为这些地区的森林没有人类的涉足，基本不存在破坏，虽然它所蕴含的生态价值很高，但是由于开发成本远远高于收益，对于“经济人”而言，缺乏开发价值。在一些村镇所在地，受自然和人为双重因素影响下，被破坏的可能性极大，需要大量的人力、财力资源进行保护，应根据它所带来的经济和生态价值进行量化设计一套行之有效的补偿标准。

第二，补偿资金来源单一。研究发现，目前小流域生态补偿资金来源以国家财政补贴为主，社会资金较少。在不同地区筹资时，协调不到位，容易出现互相推诿的问题。且由于资金来源单一，导致政府财政压力大，投入不足，影响后期投入的连续性。

第三，补偿方式单一，缺乏监督。研究发现，小流域生态补偿政策方式有：政策补偿、实物补偿、资金补偿、技术补偿、智力补偿，还有学者提出项目扶持补偿。在实际过程中，目前的补偿方式主要是政策补偿和资金补偿。虽然有些地区提出了“生态＋脱贫”的补偿方式，但是效果不是很明显。而且，在补偿过程中还发现由于监督不到位，使得一些基层部门和干部利用补偿资金公款吃喝甚至贪污，此问题亟待解决。

第四，生态补偿立法落后于生态保护实践。小流域生态补偿是一个系统性工程，需要建立相配套的政策法规，保障政策的顺利实施。虽然我国中央政府和各级地方政府制定了许多有关生态补偿的法律法规，但是缺乏专门的生态补偿法律。多数生态补偿法体现在《环境保护法》《森林保护法》《水资源污染防治法》《大气污染防治法》《野生动物保护法》等一系列法律法规中，使得在政策执行过程中缺乏针对性，说服力也不足。为了提高政策的执行效率和补偿的有效性，需要根据不同的补偿内容制定不同的补偿法律法规。

第五，小流域生态补偿政策的执行主体问题。政府部门。政策宣传不到位，缺乏监督，究责机制落伍，缺乏行之有效的绩效考核制度。大部分地方政府只是在一些补偿项目完成后对政策执行效果进行了简单考评，没有进行中期和长期的考评。甚至部分地方没有考评，或伪造数据。这反映出一套行之有效的绩效考核制度亟待建立，也正因如此，使得政府部门监督不到位，不能及时修正执行偏差，使得政策难以落实，最终导致劳民伤财。由于外部性效用的存在，在政策执行过程中发现，下游流域的民众不用参与保护和支付任何费用也能享受到上游流域进行生态保护所带来的好处，而上游流域的民众为了保护好所处流域内的生态环境牺牲了其他发展经济的机会（也就是机会成本）却并不能获得相应的补偿。这就是典型的公共物品所存在的弊病，进而扰乱了市场秩序，也降低了小流域内民众保护生态环境的意愿。而且，生态保护立法不能满足生态保护实践的需要，迫于制度的不健全使得在解决此类问题时，显得理屈词穷。单纯依靠政府财政投入和一些税费，难以满足小流域内生态补偿所需资金，使得小流域内生态保护项目建设遥遥无期或中途废止。由于究责机制不健全，使得监督不到位，在一定程度上造成小流域内生态环境保护管理混乱。

普通民众。环保意识淡薄，理论脱离实践，“等靠要”思想仍然存在。绝大部分民众认为，保护环境对收入没有多大影响，而且我保护了环境没有什么好处，其他人仍然在破坏环境却没有任何损失，就没有必要保护，只要不影响到自己的利益就无关紧要。即使我没有保护环境，政府也会想办法保护，我们没有必要操心，而后摆出一副“事不关己，高高挂起”的姿态。此外，普通民众作为小流域内生态补偿政策执行主体，政府部门应该充分发挥其主动性和创造性。

企业。众所周知，企业是以营利为目的的经济组织，它所追求的目标是实现利润最大化。在政策执行过程中，经济效益不好的企业，没有足够的资金对生产设备进行更新换代，加上政府补贴有限，极大降低了该类企业执行此项政策的意愿。由于环保税的征收，增加了企业生产成本，致使部分企业为了降低生产成本不惜破坏环境，从而无视有关法律法规的束缚、弄虚作假。白天停工休息，晚上加紧生产，对产生的“三废”乱排乱放，只有当环保部门检查时，才会严格按照政策执行。总的来说，各方参与力度不够。

（二）小流域生态补偿政策改革方向及其实践模式

通过时间轴，梳理了自新中国成立以来有关小流域生态补偿的政策。按照政策的演进将其划分为三个阶段，在第二节中对这三个阶段的小流域生态补偿政策的执行效果进行了总体评价。通过执行效果评价，甄别出了小流域生态补偿政策本身存在的问题和基于利益相关者分析的执行主体和受益群体所存在的问题，在第三节中对这两类问题进行了详细的分析。在此基础之上，再结合当前国家城乡一体化发展政策和西部小流域经济发展状况，明确了小流域生态补偿政策的改革方向，探寻出了一条小流域生态补偿政策的改革实践模式，以提高补偿的有效性，也更进一步实现小流域内乡村振兴的目标。

第一，小流域生态补偿政策的改革方向。以往的小流域生态补偿政策的最主要目的就是要保护好流域内的生态环境，但是受机会成本和外部性效用的影响，即小流域内的大部分民众在参与保护生态环境中所获得的收益远远低于其丧失的发展经济机会所能带来的收益，并且自己在保护生态环境的过程中所获得的收益对自己的收入改变没有多大影响，那些没有保护环境甚至破坏环境的人群没有付出任何代价也享受到了因环境改善所带来的好处，这使得大部分流域内的民众没有意愿主动参与到生态保护的实践中来。单一的小流域生态补偿实践目标难以实现规模效应。同时，现阶段我国对西部地区的城乡一体化政策，也是单纯的以脱贫或新农村建设为主，在实践过程中因产业脱贫和新农村建设难免会对当地的生态环境造成一定程度的破坏，也导致了外部性负效用，削减了该地区的经济发展潜力。面对生态环境保护、发展乡村经济、增加民众收入、实现脱贫致富的需要，部分地区构建出了一种“生态 + 脱贫”的创新模式，实现了“1+1>2”的效应，也取得了一定的效果。因此，小流域生态补偿政策改革方向应以“生态 + 脱贫”为主，引入生态扶贫项目。为了提高政策的执行质量和效率，必须制定和完善具有针对性的政策法规，对其进行激励和专项监管。

第二，小流域生态补偿政策改革的实践模式。实施“生态 + 脱贫”，在石漠化严重、生存条件差、生态地位重要、需要保护修复的地区，坚持生态保护与脱贫攻坚并重，促进贫困人口增收脱贫。积极争取国家生态保护补偿资金、退耕还林还草、石漠化治理等生态工程项目和资金，按照精准扶贫、精准脱贫的要求向贫困地区倾斜，向建档立卡贫困人口倾斜；[①] 健全生态补偿标准生成机制。不同的补偿内容，应设立不同的补偿标准。补偿标准的设立应体现出层次性和差别性，以提高民众主动参与到小流域内生态补偿实践中来的积极性。不仅如此，当前的补偿标准偏低，基于机会成本和外部效用的影响，很大程度上削弱了民众参与保

---

① 《贵州省人民政府关于健全生态保护补偿机制的实施意见》，见 https://www.tuliu.com/read-51738.html。

护的意愿。因此，应健全补偿标准的生成机制；拓宽生态补偿资金投融渠道。建立补偿资金来源方式多元化的投融渠道，保障政策执行的连续性。在中央政府财政支付的基础上，根据利益相关者理论，采取“谁享受谁付费”的原则，加快建立受益者付费补偿制度；健全生态补偿政策的配套体系。小流域生态补偿是一项系统性工程，必须建立与之配套的政策机制体系。建立生态补偿政策执行工作领导小组，指导日常工作的开展；建立健全相关责任人究责制度，明确各方主体的责任；建立健全政策执行效果绩效考评机制和监督机制，提高政策执行的有效性；建立生态补偿知识培训制度，提高工作队伍的专业化水平；制定和完善针对小流域生态补偿的专门的政策法规，为生态补偿政策执行提供法律保障；通过线上线下加强小流域生态补偿的政策知识宣传，提高民众（包括政府机关）的环保意识；实现生态补偿方式多样化。根据利益相关者理论，应加快建立流域上下游横向生态补偿制度，进行跨省跨流域的生态补偿合作。此外，现阶段的补偿方式较单一，以政策、资金补偿为主，难以保障政策执行效果的持续性。所谓“授人以鱼不如授人以渔”，在现有补偿方式之外，还应对小流域内的各方主体进行生态保护的知识技能培训（可结合“生态 + 脱贫”模式开展），开展技术补偿、智力补偿，实现补偿方式多元化，提高生态补偿的质量和效益连续性。

第二节　小流域生态补偿的财政金融支持配套政策

小流域的生态问题是一个在短期内很难处理好的问题，小流域生态环境问题会对经济社会产生外部效应，经济效率从而受到损失，进一步还会损失社会福利。市场失灵的表现就包括外部效应，公共物品理论指出，对于市场失灵，政府必须运用征税、补贴等财政政策干预经济的运行。合理地征收税费和制定合理的财政政策不仅能使小流域的生态环境得到补偿，而且可以更好地发展当地经济。对于小流域生态补偿的财政支持最主要的来源是政府的转移支付，所以完善转移支付相关方面的制度就显得尤为重要。

一、规范中央与地方的财权事权匹配关系

随着经济的发展，财政转移支付资金的规模不断扩大，这些资金在平衡中央、地方及各地区间的收支差异方面虽然发挥了重要的作用，但是也反映了一个突出的问题：地方财力缺口较大。所以，我国在完善财政转移支付之前，应该用法律界定中央和地方政府之间的事权范围。随后才按照财权事宜相对应的原则对中央和地方的收入进行划分。在此基础上，中央结合实际情况对于各个地区的财政缺口进行弥补，以确保其职责能够得到履行。各级政府的事权在界定时，划分规则应根据公共产品的不同性质，属于谁的谁承担，各负其责，如果涉及跨区域的问题，则由区域内的地方政府之间进行协调，协调不通时，由中央政府出面解决。

二、适时建立横向转移支付制度

（一）建立支付机制

就当前来说，我国各个地方政府财政资金存在着较大的差距，这就影响到了对于小流域生态补偿金的配置问题，所以建立一个合理的转移支付制度显得尤为重要。横向转移支付制度是我国转移支付制度的重要组成部分，这种支付制度是指同级地方政府间发生的资金平行转移，一般来说主要是指富裕地区向贫困地区提供资金援助，但是这种横向转移支付制度在我国却相对缺失。为了缩小地区间的差异带来的对于小流域补偿治理的差距，我国之前还进行过省际之间的资金调动等，以优化配置补偿资金，但是在实施的过程中，暴露出很多的问题，例如不健全的法律制度和激励机制，评估机制的缺乏，等等。所以，之前采取的方法并不能达到小流域能够很好得到补偿治理的目的，调整省际间的资金配

置实际上就是一种横向的转移支付，应该对这种机制进行规范，使其成为一种长期的有效机制，并结合当地生态补偿的实际情况建立生态补偿的横向转移支付制度，并且以此为基础，建立纵向为主、横向为辅的生态转移支付制度。

（二）建立资金管理制度

资金管理制度是关于在小流域中对于资金的管理和使用的一整套的制度。政府作为提供资金补偿的主体，为小流域的补偿提供资金支持，而财政资金的管理和利用效率成为一个重要的问题。笔者认为作为专项资金的补偿资金，必须按照专项资金的使用制度来进行管理：第一，管理制度中应该明确规定补偿资金到位之后应放在什么资金专用账户中，还要保证账户中的资金到位，要根据规定资金的使用方式及用途来制定相关的资金管理制度。第二，管理制度中要明确规定专项资金与其他资金清晰的界限，资金要进行独立的核算。第三，建立资金管理公开透明制度，制度中要明确规定对于资金使用情况进行监管的部门，使资金的使用落到实处，保证资金的使用符合专款专用，量入为出的原则。

（三）完善支付法律法规

第一，应根据实际情况，制定《财政转移支付管理条例》。在事权及财权明确的基础上，制定并出台《财政转移支付制度条例》，通过这种立法的方式来使有关于财政转移支付的目标、原则、分配方法、分配程序、绩效考核及监督形式等变得清晰明确。从而使财政转移支付的资金的监管得到加强，使财政转移支付资金的有效运行得到很好的保障，充分发挥财政资金对于小流域生态补偿顺利进行的促进作用。第二，加快步伐修订预算法。就目前来说，对于预算法在以后的修订过程中，加强有关于财政转移支付方面的法律界定。这样，财政转移支付资金的分配和使用就会变得更加科学和透明。第三，对于可能出现违法违规的行为，应该作出明确的规定。在现行的预算法中，规定的相关条款比较简单，为了使法律的权威得到维护，也为了预算资金使用的有效性，在法律的规定方面，应该制定更为严格的法律，加大对违法行为的处罚力度。通过制定和完善不同方面的法规制度，不仅加强了转移支付资金预算、拨付、使用过程的监督，同时也使资金的使用效率得到了提高。

三、建立财政补偿（奖补）专项基金

专项基金是按照特定的专项目的，聚集财政预算内外的有关资金。小流域内的财政生态专项补偿基金可以理解为国家对于小流域一种财政倾斜性政策，随着国家对于环境保护工作方面的重视，对于这方面的专项资金的建立也逐步加快，资金力度更是加大。专项基金有一个特点，就是成立之后要划定明确的资金来源和专门的用途，并且是由政府指定的有一定的权利和义务的管理机构专门负责的。专项基金的来源在国家财政专项拨款的基础上，又引入了其他资金渠道，例如特种税收，这种税收有别于一般的税收，是指由特定的征收范围和特定的用途的税。举个例子，对于一个对环境污染重的企业征收环境污染治理费。此外，专项基金还有另外一个重要来源，就是利用市场经济的原则在公开市场上筹集资金。对于此类资金的收益要高于市场同类投资产品，国家利用财政资金来支付资金产生的利息，这样就相当于利用杠杆原理，用小资金撬动了市场中的大资金，解决在生态产业发展中资金短缺的问题，这也算是国家在财政方面对于生态产业补贴力度的加大。

在小流域内对水体和大气等的环境质量设立一个标准，并且建立奖惩机制，设立财政专项奖惩资金，无论是上游还是下游都实行达标奖励、超标惩罚的措施，用这种正确的政策导向来规范企业的行为。专项资金前期来源于国家的财政补偿资金，后期有增加与减少，增加的部分主要来源于对违规不达标的企业的罚金，减少的部分则用于对达标企业的补偿及奖励。从另一方面说，财政专项资金是一种比较灵活的资金，可以根据情况来进行资金安排。国家和小流域范围内的地方政府应该提供相当数量的资金，与生态流域专用补偿金一起建立一个专门的生态基金补偿系统。这个补偿系统的用途是对水资源使用权和生态林业土地受损的区域进行赔偿。同时，也对放慢发展的传统工业和高耗水的农业产生的损失进行赔偿，又用来支付生态项目和自然保护区的管理费用。

四、建立绿色金融支撑倾斜制度

近年来，在我国也出台了许多支持政策来促进绿色金融的发展，但是这些政策一定程度上存在着偏差，只是单纯地在金融中加入环保因素，并没有把侧重点放在传统金融的绿色转型方面，所以有我国绿色金融处在初级阶段的论断。针对于我国在发展绿色金融方面存在的问题，我们可以仿照发达国家的经验，建立绿色金融的相关制度，以为生态产业提供支持。

（一）制定绿色金融法律

在美国，超级基金法的出台促进了美国金融业的转型。而在国内，我们尚未制定规范绿色金融方面的法律，这就导致了我国的绿色金融业的发展没有了法律的依托，受到了很大的限制。我国当前正处于经济转型时期，为了实现经济的可持续发展，必须把金融法律规范和环境法律规范相结合，这就需要制定绿色金融法，引导企业的绿色转型。金融法体现在市场中追求的是经济利益至上的原则，而环境法主要表现为注重社会的整体利益，此两者存在价值上的冲突。绿色金融法则是将金融法的经济利益与环境法的整体利益进一步结合，解决两者固有的价值冲突。当然，在制定绿色金融法的时候要充分与我国的国情相结合，其中的责任条款不应该过于严苛，应该使绿色经济转型与环境保护之间的关系得到充分的平衡。

（二）建立金融借贷的绿色决策制度

就我国当前的国情看，金融机构在对企业借贷的过程中，并没有纳入环保因素，很多时候，这不利于环保产业的融资。比如，对于生态农业而言，农业生产是一个投入大，收益相对较小的产业，对于农产品的进一步深加工，也存在着严格的技术规范，在这种技术规范中，也包括了对环境的保护与治理，所以利润空间相对于其他产业要小。这对于产业规模的扩大很不利，并且环保产业在融资方面相对于其他类型的企业来说，在融资中也处于不利的地位。因此，金融机构在发放贷款的过程中，应该考虑到环保因素的影响，给予环保产业一定的优惠，并且在贷款到期时，给予资金周转期。

（三）建立面向小流域倾斜的货币金融体系

各个国家（包括发达国家）在经济发展的过程中，都曾经面临或者经历过地区发展不平衡的问题，特别是对于我国来说，国土面积辽阔，人口众多，资源环境多样，区域经济之间的差距就更显著。在经济发展区域不平衡这种客观条件下，我国货币金融政策的调整面临很大的困难。为了缩小区域间的差距，政府应该对金融政策结构进行调整，使不同地区的货币金融政策差别化，引导金融资金向需要资金的流域地区流动，增强金融资金在小流域补偿过程中的支持作用。

第一，实行倾斜的货币调控政策。面临生态问题的小流域很多位于经济不发达的西部地区，面对这些地区：一是适当放宽当地的商业银行取得再贷款的条件，使得商业银行有足够的资金支持生态产业。二是实施的利率政策要向西部倾斜，西部地区的自我积累能力有限，所以对于外部融资的依赖程度就比较强。此外，在市场经济背景下，国家的财政资金毕竟有限，所以必须动员外部的商业资金来支持生态产业的发展。

第二，实行倾斜的资本监管政策。一是加大资本的监管倾斜力度。主要包括：央行在加强自身经营监管的同时，应该降低在小流域所属地区设立金融机构的条件，适当增加区域性商业银行和非银行性金融机构的数量和规模，以促进区域内各类机构的发展，提高金融效率。二是在小流域所属地区设立生态环境开发基金，资金来源方面，可以由预算拨款、专项借款、捐赠收入等部分组成，并且注重开发基金的运作。

第三，实行倾斜的投融资政策。我国对于地方政府的债券发行权还没有完全放开，但是从一些国家的经验看，在中央政府严格秩序、加强监管的前提下，地方政府依据自身的资信和征税能力作为还本付息的保证，合理、有限度地发行地方债券的做法还是可行的。并且，在产业开发的早期阶段或是一些新兴的产业领域，政府投资比民间投资更处于优势地位。在生态基金的设立、发行可转债等方面，政府还要在额度上予以倾斜，对于林业、生态农业、治沙治水等的生态环保产业要给予重点的支持，还要适当放宽环保产业的对外融资条件。

（四）重塑小流域所属区域的生态重建投融资主体

小流域内的生态补偿建设的投融资主体除了中央政府，地方政府方面的财政资金的支持及相关金融机构政策性金融资金外，还应该引入企业及民间资金的投入，重塑生态的投融资主体，使得主导力量中加入企业和民间资金，壮大资金主体。创新生态融资主体，使企业成为生态环境重建的投融资主体。在市场经济条件下，把企业作为生态环境投资的市场主体，是一种比较新颖的模式。建设小流域内的生态环境，吸引社会力量参与生态环境的建设与保护，不仅仅是思想方面，而且应该是切实可行的措施。以企业形式重建生态环境的投融资模式，具体的运作方式有建立生态建设有限公司、生态信托投资公司两种创新模式。

第一，成立生态建设有限公司。生态建设有限公司是企业参与生态投融资的创新组织形式。企业参与以前靠政府的公共投资，在国外也称为 PPP 模式，这在国家基础设施建设方面还算是一种比较新颖的方式，通过现代企业这一平台，在现代企业制度下，把资金、人力、环境进行有机结合，使各种要素在高效的组织下，完成生态重建的过程。这对与企业自身的要求是比较高的，这类企业应该以大型的企业为宜，因为大型企业一般实力相对雄厚，符合投融资的规模要求和管理要求，又具有足够的资金支持，加之全面的人才、技术等，这就为重建积蓄了良好的条件。

第二，成立生态建设信托公司。生态建设信托公司的融资方式：通过参与主体各方的协商，达成好的融资计划，制定出风险共担、收益共享的方案，在这个过程中，设立信托公司，引入信托方式是一个不错的选择。作为专业的信托公司，他们能够利用自己的专业经验和技能参与融资计划，他们还可以对发起的项目积极参与，主办该项目。信托公司作为资金的融资中介，可以运用以下几种方式参与生态项目的融资：一是贷款信托，信托公司通过发行债权型收益凭证，以这种方式来接受投资者的信托，汇集信托资金，进行分账管理，并且以项目融资贷款的方式支持生态重建项目，项目公司以项目的经营质押权和机器设备进行实物抵押。二是以项目公司为载体发行企业债券进行直接的融资，减少生态建设项目在传统意义上对于银行资金的依赖。对于项目公司来说，相对于股票融资，为了资金筹集而需要支付的利息可以抵扣所得税，降低筹资成本，优化资本结构。

第三节　小流域生态支撑产业发展配套政策措施

发展生态产业是建设生态文明的重要组成部分，对于小流域生态状况的改变也需要发展生态产业，成为小流域生态补偿的强有力的支撑。对于生态与环境的建设，不可能完全通过市场来进行调节，因为这个产业具有很强的公益性和明显的外部性，产业的发展更需要政府政策的保障和财政资金的支持，所以制定行之有效的财政政策对于促进产业的发展具有重大的作用。

一、产业发展的环境经济政策

（一）贷款优惠政策

生态产业属于高投入、高风险的行业，这种行业就需要政府投资力度的加大和制定相应的激励政策。生态产业除了大一点的国企参加外，民营企业也为产业的发展注入了新的活力，但民营企相对于国企来说，信誉程度低，特别是对于新进入的企业和高科技企业来说，对资金的需求比较大，前期的投入不能保证的话很难突破发展的瓶颈。因此，这就需要国家制定一系列政策，为民营企业提供一定的担保，对要加入的企业提供贷款补贴，一定时间内还可以提供免息贷款、延期还款等。

（二）税收优惠政策

税收政策是财政政策里面比较有效的政策，是政府进行宏观调控的重要手段之一，在企业发展的以下环节对企业采取税收优惠政策：

第一，投资开发环节的税收优惠政策。为了促进生态产业投资的增长，对于此类生态产业持有股份的企业，可以以其占有的股份比例为依据抵免一定额度的企业所得税，当年不足抵扣的，可以允许其在以后年度结转抵扣。为了鼓励流域内企业的转型，对于积极创新和积极进行结构优化调整的企业，采取企业所得税与减免增值税的优惠政策。为了鼓励产业的设备更新，减少有害物质的排放，对于产业发展需要购置的固定资产，可以允许企业采用加大扣除费用比例，缩短设备的折旧年限的方法计提折旧，这样可以达到加快设备更新的目的。

第二，生产经营环节的税收优惠政策。对于生态企业生产的产品，应该扩大生产和流通环节的税收优惠政策。具体做法：一是对于生产农产品的企业，制定农产品优惠目录，对于目录内的农产品采取免征增值税和减免企业所得税等的优惠政策。在农业企业方面，鼓励企业深加工，很多从事生态农业加工的企业无法享受税收优惠，政府应该对这类企业免征企业所得税。

二、产业发展的环境技术政策

生态产业的发展目的是保护环境的同时带动当地经济的发展，但是环境生态保护是首要目的。生态环境的技术政策是为生态产业的发展而制定的规划措施，是以高新技术为支撑的。环境技术政策主要是通过对企业进行技术规范和积极引导来对环境进行保护的，根据情况而定，可以采用以下的措施：

第一，企业在生产中应该采用新型的环保材料，确保无毒无害或低毒低害。

第二，积极的依靠科技进步创新，研究新技术，增加产品的科技含量，对于垃圾的处理，应该选用新设备，最低应达到国家规定的标准。

第三，鼓励民营企业加入环境垃圾处理项目，进一步加强市场化，鼓励投资多元化。并且鼓励社会各个阶层积极参与对生产生活垃圾的减量、分类与回收利用。

三、产业发展的环境管理政策

生态产业发展的环境管理政策主要是针对于环境管理方面的法律规章制度的。在我国主要包括“三同时”制度、环境影响评价制度、征收排污费制度、环境标准制度、环境标志制度、环境卫生管理制度等。生态产业是一个具有广泛性和模糊性较强的产业，根据这个特点，在实际的发展过程中就需要建立一个统一的部门对其进行管理。通过笔者之前的分析发现，各地的小流域内普遍存在着多部门分散管理，存在多重管理和管理责任不明确等现象。为了实现生态资源的可持续的开发利用，强化协调资源管理和行政区域划分责任的关系就显得更为迫切。

四、生态产业规划支持政策

在小流域的整治中，政府应结合本区域的组织框架和区域特点，构建多方参与、利益共享的实施体系，在小流域的整治中，利益相关方之间应该相互协调，对待在治理过程中的冲突问题，应该加强交流，要考虑到全局问题，各部门的各项工作要规划好，体制机制要健全，各项规章制度要完善。

（一）加强规划编制的前期研究工作

对小流域的生态规划是一个复杂的问题，因为涉及的利益主体比较多，所以在治理的过程中可能出现的问题（村民的反对、地方政府实施障碍、土地产权引起的纷争等），在很大程度上是因为前期的研究工作没有做好。还是前面提到的，生态规划问题是一个复杂的问题，不仅涉及土地的开发利用，对于水资源的利用，生态空间的保护，同时还涉及不同的土地产权问题、生态系统保护等，所以对于规划的前期研究工作显得尤为重要。与此同时，在前期研究工作中应该加强与其他政策的衔接性，加强其他政策对规划政策的支持性。

（二）建立生态规划实施评估反馈机制

生态规划评估是指在对小流域内的生态情况进行治理补偿的过程中，对于实施效果及环境趋势的变化进行持续的监测，并且在实施阶段对于监测结果进行评价，以此来衡量政策的执行效果，再与事先制定的标准进行对比，从而对规划的目标、策略和实施手段进行调整。建立生态规划实施评估反馈机制，首先要做到的是完善相关的制度及实施细节。其次是针对不同地域、不同类型、不同特点的流域，应建立差异化的生态规划评估标准。再次要注重反馈机制的建立，及时地把评估的结果进行总结，使规划的编制和实施有据可依。

（三）加快生态规划的法制化建设

在不断变化的外部环境下，保证小流域内规划顺利实施的最有效的途径是完善相关 的立法。但是，生态规划方面的立法并非一朝一夕能够完成的，这个过程是不断完善与发展的。鉴于对国外相关政策的研究，笔者认为，在短期内，可以先形成规划政策指引，然后通过地方关于小流域治理补偿的管理条例或地方性法规，保证政策的法律性，从长远来看，最重要的是法制化在生态规划体系中的完善。

（四）生态规划的政策体系的系统化建设

为了保障制定的生态规划的顺利实施，必须要解决流域内生态保护、产业发展、村民生活保障等各方面遇到的问题，这就需要有相对完备的规划实施体系。所以，在政策体系的设计上，就应该把重点放在生态保护制度上，坚持在流域内的生态产业发展与流域内的环境保护等协调发展，坚持地区内各部门在管辖范围的合作，这些部门包括国土、规划、环保、财政等，使这些部门分别根据生态规划的相关标准，制定政策实施措施，并且相互之间做到协调配合，从而多方位、多角度保障生态规划的顺利实施。

第十一章　西部地区小流域生态补偿的政策建议

第一节　结论与总结

1. 开展流域生态补偿是区域经济社会发展的必然要求，特别是以“小流域”为基础的生态补偿机制建设更具有较强的操作性。

2. 生态补偿是一个复杂的系统工程，原则上要从生态思想、生态伦理、生态服务、生态管理、关系协调、产权交易、制度创新及政策调控等多方面去规范和管理，不仅仅是就“补偿”谈“补偿”。要依托“补偿”这一个核心，全面人民群众提高生态思想认识、生态保护意识，严格生态管理行为，全面规范各生态补偿主体的功能和作用，全面框架生态补偿的“主体”“载体”和“客体”，包括政府主体、市场主体、群众主体的参与机制、“中央政府、地方政府、东部西部、上游下游、管理者消费者生产者”的关系调适，包括小流域生态补偿的基本形式（小流域综合治理），生态补偿载体：水资源、林业资源、农业资源、环境资源等，也包括提高生态补偿管理效率的生态补偿大数据系统建设工作，更不能缺少水权交易制度的建设工作和系列配套政策改革。

3. 小流域生态补偿的主体参与机制问题。原则上政府主体、市场主体和群众主体都是践行生态思想、生态伦理的基本行为主体。他们只有具备生态环境保护意识，才能更好地开展生态补偿有关的参与工作。政府主体是生态补偿的主导主体，在制订政策、实施政策方面要率先开展有关工作；市场主体是市场经济中的盈利单位，以营利为目的的他们需要有压力才有动力开展生态补偿；群众主体是社会化群体，行为方式和参与方式也受到“经济人”假设影响，需要政府主体市场主体的推动才有更多积极性。不过他们是生态保护的依靠，必须调动其积极性才能更好开展生态补偿工作。

4. 小流域生态补偿标准及效果评估问题。原则上依据生态服务货币价值评估为准，但是生态补偿受到区域经济发展水平、人民群众生态意识及支付意愿，水资源管理水平及外部性，市场交易机制及其他若干因素的影响。建议以此为基础制定生态补偿参考标准，但是考虑上述因素分阶段实施。生态补偿效果评估原则上可以从流域生态安全状况的评价指标体系来进行，采用间接评价方法更能全面评价生态补偿（环境保护）效果。

5. 小流域生态补偿利益相关者关系协调问题。可以说，小流域生态补偿涉及的中央政府、地方政府、东部西部、上游下游、群众企业等。相关者多，需要协调的关系也复杂多样。通过分析，管理者、生产者和消费者都是“经济人”，他们选择行为完全取决于行为能获得的利益。分别对各利益主体研究结论也符合现实中出现的各种操作环境和实施情境。即生产者“侥幸心理”，压力不大则能逃就逃；管理者有“投机心理”，成本不高压力不大，能不管就不管，抓政绩是第一位的，能快速见效果；消费者有“观望态度”，可能带来的损失大、分得多，就开展配置协调及保护工作，反之事则不关己。因此，生态补偿只有通过顶层设计一步步推进才能更好开展。

6. 通过水权交易分析可知道当前水权交易市场存在的关键问题，包括水权制度政策还不完善，水权制度设计缺乏操作性和统一性，条块分割现象明显，要重树西部小流域生态补偿的价值取向，完善现代化视角下小流域生态补偿的治理结构，深化小流域生态补偿的财政支持政策，加强水权制度改革和健全水资源市场的配套政策。

7. 生态补偿大数据系统是提高生态管理效率的重要手段。资源配置效率、生产效率及管理效率是应用经济学研究的主要问题之一。研究表明，借鉴大数据理论，通过建设小流域生态补偿大数据系统提高管理效率和运行效率，以解决经济问题中的资源配置与运行效率问题、业务管理、资金管理等问题。本研究提出了生态补偿大数据的理论基础、数据结构与功能目标、平台建设重点和管理制度建设等内容和促进生态补偿大数据的政策建议。

8. 制度分析的基础是实践，本研究分析了制度视角下小流域生态补偿实施路径与政策。一是借鉴制度经济学有关理论与方法，构建制度分析框架分析研究了小流域生态补偿的制度需求。界定了行动舞台、外生变量控制、制度分析框架下生态补偿内容模块。二是以贵州省清水江流域为案例，通过前面第三章到第八章的理论分析基础，结合清水江流域实践的进行对比研究。案例实证表明，小流域生态补偿提出的理论分析框架具有较正确的实践解释能力。框架中提出的应用经济学理论分析框架在贵州省已经或者正在建立，验证了理论模型的正确性。三是在充分参考国外发达国家加拿大、美国等生态补偿的制度模式，国内如北京密云、黑龙江大小兴安岭、浙江千岛湖、江西鄱阳湖、江苏"河长制"等发达地区生态补偿与管理的制度经验基础上，结合清水江流域的案例验证经验，综合提出了小流域生态补偿的实施路径、加快小流域生态补偿管理、完善"河长制"流域生态补偿管理配套中的政策改革。

9. 事实上，任何研究都是为政策服务。本研究在分析了包括 1949 年以来生态补偿政策执行效率评价的基础上，指出了当前生态补偿政策执行的几大问题，点明了今后政策改革方向。并深入讨论了前几章未提出的关键政策：分别就财政金融政策改革措施（财权与事权、支付政策、财政奖补专项基金、绿色金融）、产业发展配套措施（环境产业、环境技术、管理办法以及生态产业规划）等方面提出政策建议做了分析，供政策决策参考。这是本研究综合性政策改革建议，包括前面分专题研究结论在内，形成了本研究的总体结论。

第二节 小流域生态补偿的政策建议

1. 建议丰富流域补偿方式，加强生态伦理教育。包括但不限于项目补偿、人才补偿、资金补偿、技术补偿、产业补偿等，选择适宜地方特点的方式补偿。加强生态伦理教育，树立“金山银山就是绿水青山”的发展理念，提高群众的生态保护意识和生态消费意识，让建设者得到补偿，享受者付出代价。

2. 建议丰富灵活支付方式。小流域就对于资金进行筹划管理。小流域生态补偿的支付方式大致分为两种，包括直接的资金支付和间接的项目收益的方式。第一，将自然保护区内的经济收入，主要包括发展旅游业的一些门票收入等，这一部分收入作为生态保护的专项资金。第二，国家对于一些需要生态保护的地域都会有专门的款项进行拨付，例如小流域综合治理基金、封山育林项目基金等等。

3. 建议科学确定补偿标准。生态补偿标准的确定需要根据情况而定，我们首先要做的是明确流域内的生态服务的对象和范围，并且结合流域内的生态服务在供给和需求两个方面进行综合分析，依据生态服务价值评估为参考标准进行适度调整分段实施。

4. 建议开展生态环境管理及补偿立法改革。一方面，建议尽快出台完善的生态补偿法律法规，规范社会行为，使在生态补偿方面出现的矛盾和纠纷有法可依。另一方面，建议规范生态环境管理体制，以地方为责任主体，实行“以奖代补”的生态补偿管理办法，激励地方民众为生态保护更加自觉。三是建立生态补偿的社会责任监督、信用责任监督和公众参与机制，让人民群众在有“监”可依的基础上有正确的路径参与到生态补偿事务中来。

5. 建议加强小流域水权制度改革和健全水权配置市场。

6. 建议发展生态补偿大数据，开展生态补偿、环境治理智慧化、现代化。

7. 建议完善小流域治理“河长制”配套政策改革：包括执法制度、行政立法权执法权，强化责任主体监督机制建设、问责机制建设。

8. 小流域生态补偿的财政金融支持配套政策。规范中央与地方的财权事权匹配关系，适时建立横向转移支付制度，建立财政补偿（奖补）专项基金，建立绿色金融支撑倾斜制度，发展生态产业，促进产业生态化。

第三节　研究不足之处及未来展望

（一）本研究不足之处

应该说，任何研究都有其创新之处和研究缺陷，这才符合事实发展的逻辑。一是限于分析理论基础和时代要求，本研究在生态服务价值评估、利益相关者关系调适、产权交易及制度创新方面都有可加强的地方。特别是生态补偿效果评价和生态服务价值评估方面，学界尚未达成研究共识，本研究也仅代表个人观点。二是由于政策制定和执行与实践要求存在滞后性，本研究提出的部分政策措施现阶段不一定能够实现，涉及地方经济发展水平及人民群众生态意识水平，这些是不可控因素，只有外部环境合适的时候，一些超前的政策措施才能发挥效果，例如“生态服务货币价值作为生态补偿标准”的政策措施，虽然分阶段可以提高现阶段标准制定科学性，但是实施难度大。

（二）未来展望部分

建议加强以下研究：一是生态服务价值的评估理论与方法问题，生态服务功能区分问题和开发问题；二是水权交易体制机制问题和平台搭建问题；三是生态补偿大数据建设与管理问题。这些问题本研究限于问题导向和课题内容要求，没有特别深入下去，建议加强原创性研究。

附录一：西部小流域生态补偿调查案例选编

本部分是课题组调查西部12省份几十个小流域生态治理情况，但限于篇幅仅仅选择贵州省（2个）、四川省（4个）、青海省（2个）、甘肃省（4个）、广西（2个）等。从基本情况、典型做法、经济启示三部分，分别对小流域综合治理生态补偿情况进行总结。体现出西部12省份生态环境破坏的严重程度和小流域生态补偿综合治理的重要意义与紧迫性。

一、贵州省小流域生态补偿案例

（一）小流域情况

1. 基本情况

贵州省地处于祖国西南腹地一带，属云贵高原的一部分，也叫贵州高原。贵州省刚好处于云贵高原东南方往湖南省和广西丘陵平原及北方四川丘陵盆地过渡的斜坡地带。贵州地势可分为三个区间，第一个区间（第一级阶梯）是海拔在2900米到2200米的西部威宁、赫章、水城地区；第二个区间（第二级阶梯）是海拔在1000米到1500米的中部黔南、黔北、黔中一带的山地和丘陵地区；第三个区间（第三级阶梯）是海拔在500米到800米的从江口县到镇远县以东的低丘陵地区。贵州省地貌主要有两种类型，分别是喀斯特和非喀斯特地貌，成因上表现为流水作用为主导的侵蚀地貌系列和以熔岩作用为主的溶蚀地貌系列。

贵州省小流域多并且分布广，特别是地下暗河的分布较多，但是表面的河流是比较少的，降水也是比较多的，但是因为保护不周而引起贵州省缺水情况或污染的情况也是存在的，本来表面上的河流湖泊是比较少的，一旦小流域生态被破坏可能会造成污染现有的水资源，例如地下水等及生态平衡的破坏。本来贵州的生态环境的特殊性使得贵州省生态石漠化就比较严重，所以，贵州省的小流域生态治理方面由于地形地势的特殊性，并不能很好进行治理，同时，贵州省天气的极端化也使得治理过程中会遭受到地质灾害的破坏，同时生态补偿的主导者不应该仅仅是政府，而是要包括市场和社会，但是贵州山区偏僻，市场效应和社会效用的不显，使得贵州省小流域生态补偿遇到了一定的阻力。

2. 案例选择

贵州省案例选择了两个，一个是威宁吕家河小流域。贵州省石漠化和荒漠化较为严重，而石漠化地区最为严重的是贵州省毕节市地区，威宁县属于毕节市，也是在贵州省第一级阶梯，该地是贵州省石漠化和荒漠化最严重的地区，也是植被最少、自然灾害频发的地区，威宁县的吕家河小流域地处威宁县城西南部草海镇境内国家级自然保护区——草海湖畔，属金沙江水系洛泽河支流。该小流域临近于草海流域，做好该条流域的生态补偿有利于草海流域的生态保护，该案例对贵州省小流域治理生态补偿有典型意义。并且，吕家河小流域进行的生态补偿是包含社会补偿的，是贵州省社会补偿的小流域治理的典型。另外一个案例选取的是黔南地区龙里县三元镇西联小流域，三元镇小流域属于黔南地区，黔南大部分地区水土流失比较严重。水土流失比例严重超标，三元镇小流域水土流失就是比较严重的，水土流失达到了90%以上，是水土流失极度严重的典型，同时，三元镇小流域是政府对小流域进行生态补偿的典型案例。

（二）典型做法

1. 吕家河小流域生态补偿

第一，吕家河小流域土地总面积为25.98平方千米，其中水土流失面积16.87平方千米。该小流域地处县城中部高原面向西部西凉山抬升隆起的过渡构造带上，出露地层为古生代的石炭系下统及中统，出露岩石为碳酸盐类的不纯石灰岩及少量白云岩。地貌以高原中低山岩溶地貌类型为主，中低山峰丛、沟谷洼地在流域内间杂分布。沟壑密度为0.63千米每平方千米。在土地面积中，小于5度的土地面积716.19公顷，占流域面积的27.56%；在5度到15度之间的土地面积有1377.97公顷，占流域面积的53.04%；15度到25度的土地面积有453.65公顷，占流域面积的17.5%；25度到35度的土地面积有50.52公顷，占流域面积的1.9%。

吕家河小流域受成土母岩和海拔高度、光照、降雨等因素的影响，分布在吕家河小流域内的土壤主要有黄棕壤、黄壤。吕家河小流域林草植被覆盖率较低，仅有23.92%。主要植被类型有：云南松次生疏幼林植被、华山松次生疏幼林植被、松（云南松、华山松）栎混交次生林植被、壳斗科灌木林植被、次生疏灌草植被等植被类型。云南松、华山松为威宁乡土树种。小流域内主要存在有天然林和人工林两种。

小流域主要灾害天气有倒春寒、春旱、洪涝和冰雹等。全年降雨量集中在7—9月，每年的6—10月是汛期，降雨量超过80%，每年11月至次年5月则为旱季，降雨量不足20%。小流域属金沙江水系洛泽河支流，主要河流有吕家河及孔家小河，年径流总量252.3万m^3，多年平均输沙量5100吨。水资源利用情况：现有水井34眼，小水窖210口，年供水量29万m^3，需解决人畜饮水2236人，4870头大牲畜。

第二，吕家河小流域生态补偿做法及实施过程。一是对小流域土地进行整体的规划。对小流域进行生态补偿，首先要考虑在维持当地人生产和生活的基础上进行规划和布局，所以首先要对生产用地和生态用地规划，根据治理区域范围内的农业人口和增长率推算人口数，从而得出小流域人口的粮食需求与林果需求量。其次对小流域的土地资源予以评价，根据土地肥沃程度和产出得出一级耕地674.43公顷，占耕地总面积的39.03%；二级耕地587.88公顷，占耕地面积34.03%；三级耕地

255.1 公顷，占耕地面积的 14.76%；四级耕地 210.47 公顷，占耕地面积的 12.18%。最后，再对土地进行利用规划。根据上述土地分级和评价结果，距村较近、交通方便、坡度平缓、土层深厚、质地良好的一、二级土地主要适宜于粮食作物和经济作物用地，三级条件较好的地块也可用作粮食作物种植，四级土地太瘦薄，只能种植豆类、荞类等杂粮或经济林种等。根据生产用地和生态用地的划分和土地适宜性评价及适宜原则，对小流域的土地利用结构进行调整，其调整结果是：流域总土地面积 2598.33 公顷，从生产用地中调剂 46.76 公顷为生态用地，荒山荒坡 210.01 公顷全部用于生态建设。

二是对小流域进行工程布局。工程布局是小流域进行生态补偿最重要的环节，只有直接对小流域采取工程措施才能大大改进小流域的生态环境，该流域的生态补偿才会更具有效果。为了满足生产用地的需求条件，吕家河小流域生产用地总体布局是依据海拔高度、地面坡度、土层厚度、土壤质地、地块完整、距离远近综合考虑后安排。主要工程措施坡改梯和农业保土耕作措施布局在 2000—2300m 高程范围、交通方便并与居民点邻近、土壤质地良好且土壤肥力较高的地块内，坡改梯相应配置小型水利水保工程。经果林选择布置在 2350m 高程以下并且交通方便的地块内。根据吕家河小流域环境资源状况，坡度较陡水土流失又相对严重的地带布局生态用地，一是荒山荒坡水土流失最为严重，全部布局水土保持林；二是有水土流失的疏幼林则布局封禁治理。工程措施的布局分别为：坡改梯及水系工程集中布设在中下坡位强度以下水土流失的坡耕地，实施面积 14.83 公顷。这样既有利于粮食生产，又可起到较好的基本农田建设示范作用；水土保持林是治理水土流失的有效措施，在流域内均有分布，布设在荒山荒坡中，面积 210.01 公顷；经果林布局根据流域内气候条件，选择土地肥力相对较好的地块种植，吕家河村和石龙村均有分布，实施面积 46.76 公顷。既能增加植被覆盖，又可增加群众经济收入；对流域内存在中度以下水土流失的灌木林地、疏幼林地实施封禁治理，面积 423.63 公顷。以恢复植被，提高覆盖度，达到全面治理水土流失的目的；保土耕作措施布设在中度以下水土流失的坡耕地上，面积 555.09 公顷。

第三，实施结果。实施生态措施和工程措施对水土流失综合面积 1250.32hm^2 进行综合治理，治理程度 74.1%，对其中 14.83hm^2 进行坡改梯，占治理面积 0.9%；种植水保林 210.01hm^2，占治理面积的 12.4%；种植经果林 46.76hm^2，占治理面积的 2.8%；对 423.63hm^2 进行封禁治理，占治理面积 25.1%；保土耕作措施 555.09 hm^2，占治理面积的 32.9%。配套排水沟渠 1.02km，蓄水池 12 口，沉沙池 12 口，田间道路 1.32 km，机耕道 1.24 km，修建谷坊 3 座，沼气池 20 口。

经济效益：坡改梯的效益，该效益始效期为一年，第 2 年开始产生效益，每公顷增产粮食 750kg，按当地市场价 1.9 元 /kg，完成坡改梯 14.83hm^2，可增产值 40.09 万元。经果林的效益，核桃从第 3 年开始，初果期 5 年，每公顷年产干果 300kg，从第八年开始，盛果期 13 年，产量以 800kg/hm^2 计，平均产量以 800kg/hm^2 计，单价平均按 8.00 元 /kg 计；花椒从第 3 年开始，初果期 5 年，每 hm^2 年产 400kg，从第八年开始，盛果期 13 年，产量以 900kg/hm^2 计，平均产量以 750kg/hm^2 计，单价平均按 2.50 元 /kg 计；实施 46.76 hm^2 经果林，能产生直接经济效益 285.48 万元。水土保持林的效益始效期 5 年，初产材期每 hm^2 材积 2.0m^3，盛产材期从第 11 年开始以后 10 年，每 hm^2 材积 4.5m3，单价按 500.00 元 /m^3，210.01 hm^2 水土保持林能产生直接经济效益 567.00 万元。封禁治理效益始效期 1 年，每 hm^2 产薪柴 7500 kg，单价按 0.2 0 元 /kg 计，实施封禁 423.63hm^2 共产生直接经济效益 635.4 万元。保土耕作效益始效期一年，每公顷增产粮食 300kg，每 kg 粮食按 1.9 元计，实施保土耕作 555.09hm^2，能产生直接经济效益 632.8 万元。综上所述，以上各项措施共产生直接经济效益 2160.77 万元。

在生态效益上，吕家河小流域治理前水土流失面积 16.87km^2，总侵蚀量 5.71 万 t，侵蚀模数 3382t/km^2 · a。治理后年保土 4.68 万 t，侵蚀模数降低为 396t/km^2 · a，减沙率达 82.0%；年保水能力提高 26.01 万 m^3，植被覆盖率由 23.92% 增加到 33.80%，增强了林草植被涵养水源的能力，对调节气候，保护野生动物生存环境，净化大气以及减轻旱洪冰霜等自然灾害，维护生态平衡，促进经济发展将起到至关重要的作用。

从社会效益来讲，通过项目的实施，小流域内生态环境和农民生产生活条件将得到明显改善，土地生产力得到提高，土地利用结构将趋于合理，农村产业结构调整的步伐加快；适用技术的推广应用，干部群众科技意识的增强，农民收入的大幅增长，使群众生活水平迅速提升，纷纷摆脱贫困奔向小康，人民群众更加安居乐业，迈向人口—环境—经济良性发展的可持续道路。

2. 龙里县三元镇小流域生态补偿

第一，案例基本情况。

龙里县三元镇项目区总面积 1082.06hm^2，有水土流失面积 1002.30hm^2，占总面积的 92.63%。水土流失以水力侵蚀为主，该区域按土壤侵蚀程度分为：微度流失 79.76hm^2，占总面积的 7.37%；轻度流失 972.32hm^2，占流失面积的 97.00%；中度流失 29.98hm^2，占流失面积的 2.99%；无强度流失和极强度流失。土壤侵蚀模数为 3100t/km^2 · a。

第二，小流域补偿的做法。

结合水土保持“山水林田湖综合治理”思想及三元镇西联村的中长期发展规划，选择在集中连片的陡坡荒山上造水土保持林，在较凹、当阳、土壤较肥沃地块种植经果木林，因地制宜、因地适树地进行治理，以改善当地生态环境。根据当地自然条件、社会经济条件、土地适宜性，并决定农业、林业为主发展方向，将 15° 坡以上的坡耕地全部退耕还林还草，退出的耕地宜林则林，宜牧则牧，未能利用的，进行封禁治理。通过土地调整后，项目区林业用地 845.49hm^2，农业用地 191.56hm^2，荒山荒坡 29.98hm^2，其他用地 15.03hm^2，到治理末期，项目区内耕地

191.56hm^2，项目区内人均耕地 0.22hm^2/ 人。

根据专业技术人员对项目区进行实地踏勘，按照 1 ：10000 地形图进行实地勾绘，测算出项目区水土流失面积 1002.3hm^2，设计治理面积 1002.3hm^2，主要措施采取工程和植物两大措施相结合的办法进行治理。首先工程措施：新修蓄水池 1 座，蓄水量 100 m^3；铺设引水管道 3.0km；维修小山塘 2 座，新修山塘配套渠道 0.72km；机耕道 1.6km；新修岩哨步道 0.72km；渠道 0.72km。在农耕措施上主要是保土耕作措施 126.83 hm^2。林草措施是水保林 15.0hm^2、果木林 14.95hm^2 。最后是封育治理措施：845.49hm^2。

第三，实施结果。

治理结果：对各水土流失地块实行因地制宜、综合治理的原则，采取植物措施和工程措施进行综合治理，工程建成后，治理程度达到 100%，减少土壤流失量 8.3 万吨，减沙效益达 70% 以上，蓄水保土效益达 85% 以上。生态改进：通过积极开展退耕还林还草，加强水土流失预防监督，5 年时间使生态环境逐步得到恢复，林草面积达到宜林草面积的 90% 以上，综合治理保存率达 100%，植被覆盖率由原来 31% 上升到 42%，森林覆盖度达到 36%。经济发展：通过水土保持综合治理后，水旱灾害减少，空气质量得到改善，森林覆盖率加大，水资源丰富，土地资源得到充分利用，促进了流域内农、林、牧、副业的全面发展，人均粮食、人均收入比治理前有较大提高，农民生活水平普遍得到提高。

（三）经验总结

1. 小流域治理方法与目标

生物措施：生物措施主要指种树种草，这是治理水土流失的根本措施之一，但种树种草要因地制宜，沟壑斜坡上适宜种护坡林，沟壑中则应沿着侵蚀沟道植树，有些地区还应辅以工程措施。工程措施：兴修水库、修建水平梯田、打坝淤地等都是工程措施。在沟道里打坝淤地，拦蓄泥沙，不仅可以防止泥沙流入河中，还可以在淤地上种植庄稼，治沙效果显著。以小流域为单元的综合治理：小流域指相当于坳沟或河沟的沟道流域。以小流域为单元的综合治理过程中，应注意贯彻生物措施与工程措施紧密结合的原则。改善生态环境目标。林草面积达到宜林宜草面积的90%以上，植被覆盖率达到33.8%。综合治理措施保存率在90%以上，其中林草措施保存率在85%以上，流域内人为新的水土流失得到有效遏制，保持水土，减少自然灾害发生的频率，改善小流域内土地石漠化和荒漠化的状态。发展农村经济目标。确保人均基本农田达到1亩以上，改变过去广种薄收生产模式，大力推广现代农业耕作技术，实现优质高产，保证人均产粮400kg以上。进一步调整土地利用结构，在确保粮食生产的前提下，在适宜坡地上高标准高质量适度发展名优经果林种植，大幅增加群众收入，同时通过发展畜牧养殖及在外务工，多渠道增收，力争小流域内群众人均收入比当地平均水平提升30%以上。可以有效促进劳动力就业，提高小流域附近的村民的经济收入。

2. 土地的重新利用与规划

吕家河小流域的生态补偿对吕家河小流域的地块重新进行利用规划，使得之前未优化的土地利用现状有了更多的改进。此方法就是结合该地农村的地理环境和经济条件使得小流域周围的地块进行重新的规划，使得该土地利用规划更有利于小流域的生态发展，也更有利于小流域之间的产业发展，形成了农户之间相互补偿的新方式，政府补偿和社会补偿共同参与的结果。从该流域的筹资情况来看，其中中央财政投资125万元，地方配套50万元（在地方匹配中省级25万元、市级12.5万元、县级12.5万元），群众投劳自筹30.23万元。在我国的小流域生态补偿中通常政府占主导地位，从吕家河小流域投资来看，除了政府补偿的治理费用，还有当地的人民群众自筹费用和投工投劳参与小流域的治理，所以社会也就是小流域的使用者与受益者也对小流域生态治理进行了补偿。

3. 市场补偿的缺失

我国生态补偿主要分为三个方面的补偿主体，政府、市场和社会。

我国的政府补偿占主导，一般是由中央政府和地方政府作为补偿主体共同投资进行生态治理，市场和社会作为生态补偿的辅助。虽然市场和社会的补偿不是占主体地位的，但是市场和社会的补偿是必不可少的。在贵州省小流域生态补偿中政府依然处于主导地位，社会补偿的情况虽然占少数，但是是具有社会补偿主体的，不过市场在小流域生态补偿中是不存在的，根据这几年的经济发展和生态污染情况来说，很多的生态问题造成的原因都是为了迎合市场的发展，所以市场是最应该对小流域的生态治理进行补偿的。

4. 受益者和治理者生态补偿机制的缺乏

小流域生态补偿中有两个相对的方面，一方是小流域的治理方，另一方是小流域的受益方。因为生态效益的非排他性，所以小流域的生态效益会有溢出效应，受益的不仅仅是治理方，甚至有时候治理方并不能享受到小流域生态治理的效益。所以就需要受益方对治理方进行生态补偿，否则仅仅是治理方单方面的投入，而受益不高的话，可能会导致治理方积极性的锐减，从而懈怠于小流域的生态治理。然而在贵州小流域生态补偿的情况中，受益方与其他机构对小流域的治理也进行补偿，但是受益者和治理者之间的补偿机制没有固定和统一，都是各方的主观意愿形成的机制流程。所以补偿机制的缺乏使得小流域生态补偿不具有客观性，会导致更多变故的产生。

5. 补偿主体单一

在小流域生态补偿中，补偿主体只有政府为主体，虽然偶有社会参与情况的产生，但是贵州省小流域生态补偿的主体都只有政府，市场补偿基本上在小流域中不存在，因为小流域所在的区位比较偏僻，经济社会发展水平低，所以市场发展也不完善，对于小流域生态补偿也没有发挥作用。在社会补偿方面，社会中的一些公益机构参与生态治理的情况在国内比较少见，贵州省小流域生态补偿是不存在这种现象的。都是农户自己进行补偿，但是在农户中因为思想观念落后、科学文化水平低、资金缺乏等原因，所以参与小流域生态治理的只有很小一部分，又因为集体经济的基础薄弱，使得社会中村镇的补偿少之又少。补偿主体的单一严重制约了小流域治理现代化、规模化的进程。

二、青海省小流域生态补偿案例

（一）小流域概况

1. 基本情况

青海省地处“三江”发源地，总面积72.12万km^2，其中水土流失面积33.4万km^2，占46%。造成水土流失的原因是：自然条件严酷；地质结构复杂；坡耕地多；林草覆盖率低；过度开垦。由于水力、风力和冻融侵蚀交错，水土流失面积占全省总面积的近一半；河流径流减少，湖泊萎缩，“中华水塔”水安全存在严重隐患。青海地区水土流失面积高达35.43万平方公里，占全省总面积的49.44%，其中东部农业区水土流失面积已占该地区面积的59.62%；半农半牧区和牧区的土地沙化和草原退化呈加剧之势，全省沙漠化面积以每年200万亩的速度增加，三江源地区天然草地退化面积达1165.13hm^2，并以每年2.2%的速度继续退化。2003年，青海省气象局在柴达木盆地的冷湖和小灶火、共和盆地的共和县、环青海湖地区北部的刚察以及青南高原北部的兴海5个沙漠化典型地区选点设立了沙丘GPS定位点，发现5个地区的沙丘均发生了明显的水平移动和垂直变化。其中，垂直变化最大的是小灶火，其高度降低2米，共和降低0.5米，其余地区降低1米；水平移动距离最大的是兴海，达到27.1米，冷湖水平移动1.6米，其余在9—10.7米之间。青海省作为“中华水塔”的水源涵养功能逐年降低，90%以上的沼泽地干涸，河流径流减少以至断流，湖泊萎缩以至消失。青海境内的黄河1988—1996年9年间年均来水减少23.3%，共计减少来水22亿立方米。玛多县1000多个小湖泊干涸消失。龙羊峡水库多年达不到设计蓄水位，每年少发电24亿度。严重的水土流失加剧了干旱、山洪、泥石流等自然灾害的发生，近

20年青海东部农业区14个县出现春旱的频率在55%以上，每年受不同程度灾害的面积达13万公顷以上，造成直接经济损失1.63亿元。除自然因素外，人为造成的水土流失现象也非常严重。据1998年调查统计，青海省因开矿、交通、水电等建设造成的新增水土流失面积为1.7万平方公里，是全省1949以来治理水土流失面积的3倍多。2005年上半年，青海省投资的重点建设项目就有32项，总投资达6613993万元，主要为公路、铁路、矿产、电力、煤炭、冶金和基础设施建设等，并积极争取湟水北干渠扶贫灌溉一期工程、复合肥工程、积石峡水电站等5个项目的开工建设。这些项目的建设将不可避免地大量占压、破坏地貌植被和水系，造成形式多样的水土流失，对“中华水塔”的安全构成严重的威胁。截至2000年，国家和地方累计共投入水土保持生态建设资金4.03亿元，累计治理保存面积6493.65km^2，其中水保造林389.24万亩，坡改梯283.04万亩，治沟造地2.28万亩，完成集雨利用水窖7.47万眼，建成控制性治沟骨干工程34座，其他微小型水保工程万余项。共建设小流域274个，达标验收176个，建立恢复治理示范区17个，完成水保科技53项，获省部级奖励11项。与此同时，预防监督工作也有了长足的发展，先后出台了《青海省实施〈水土保持法〉办法》《青海省水土流失防治费、补偿费征收使用管理办法》《关于贯彻水保法及其条例有关规定通知》《青海省建设项目水土保持方案编报及落实水土保持“三同时”制度管理规定的通知》《青海省水土流失重点防治区通告》等文件，强化了水保执法工作，共编制水保方案446个，督促生产建设单位自行治理人为水土流失投入经费2300万元。现在，青海省水土保持生态建设的整体防护能有了进一步的完善，治理效益有了新的提高，主要表现在：一是提高了土地利用率；二是改善了农牧业生产基本条件；三是提高了粮食产量和经济收入；四是生态社会效益显著。据有关部门专家分析计算，全省水土保持各项治理措施每年增产粮食1亿公斤以上，拦泥保土1000万吨以上，拦蓄径流近1亿立方米。水土保持生态建设中涌现了许多先进典型，长岭沟被列为全国十大精品小流域之一，湟源县小高陵、互助县西山民和柴沟等小流域的综合治理，受到水利部及中央有关领导的好评和赞扬。1999年，青海省水利局被国务院命名为全国“民族团结与进步模范单位”。

2. 坡耕地流失现状及危害

根据测定和调查，坡耕地的水土流失是严重的，每亩坡耕地年流失地表23立方米左右，流失表土2—4吨，损失N、P、K肥28—56公斤，全省一年流失的土壤养分，大致相当于目前全省年施化肥的总量。坡耕地表土大量流失，地力锐减，土地贫瘠，对农林牧业生产和生态环境造成严重的危害。年复一年的水土流失，造成地瘦人穷，正常年景每亩坡耕地产粮100公斤上下，占全省三分之二以上的山旱地粮食产量只占总产量的三分之一，人均占有粮食长期徘徊在250公斤左右，加之雨水时空分布不均，十年九旱，群众的稳定脱贫困难重重。全省220个贫困乡、贫困人口83万人，其中有151个贫困乡、近70万贫困人口集中在干旱浅山，浅山地区是青海省水土流失的重点地区，这既是头号环境问题又是山区人民贫困的根源。实践证明，水土保持是防治水土流失，改善生态环境之本。只要把25° 坡耕地修成水平梯田，变“三跑田”为“三保田”，既能起到增产增收解决群众温饱问题的效能，又能为蓄水保土起到有力的拦挡作用，为改变农林牧业基本生产条件和山区生态环境打下良好的基础。

3. 精品工程

近年来，青海省在小流域综合治理工作中致力于打造精品亮点工程，紧紧围绕营造城市宜居环境、加强科技示范园建设、加快城镇化建设进程、助推旅游业发展等重要领域开展工作，涌现出了西宁长岭沟科技示范园、火烧沟流域、民和县城周边流域、湟中县县城及塔尔寺流域、同仁县南当山流域等小流域综合治理样板工程，为全省水土保持小流域综合治理起到了积极的示范引领作用。

第一，科技水保的典范——长岭沟小流域综合治理长岭水保科技生态示范园像一颗璀璨的绿色明珠，镶嵌在雄浑绵延的夏都西宁西山之中，宛如一道绿色的天然屏障，护佑着高原古城的生灵土地，在青藏高原这块高天厚土上造就了一处城郊型水土保持治理的生态天堂。

长岭沟地处干旱和半干旱山区，总面积为115公顷，区内山大沟深，沟壑纵横，地形破碎，植被稀疏，水土流失严重。经过多年的努力，初步形成了集绿化美化、科研试验、科技示范、旅游观光和科普教育于一体的具有水土保持科技示范特色的山地生态公园。截至目前，长岭沟流域共治理水土流失面积1605亩，林草覆盖率达到91%，治理程度达到93%，减沙效益达到94%。现已成为青海省水土保持监测综合站和节水灌溉技术应用示范区、旱作造林技术示范区、水土保持造林及林种配置示范区、国家级水利风景区，被教育部和水利部命名为“全国中小学生水土保持科普教育实践基地”。

第二，城市水保的精品——火烧沟流域水土保持综合治理

位于西宁市海湖新区的火烧沟流域，属湟水一级支流。流域总面积131平方公里，水土流失面积占流域总面积的85.79%，植被稀疏，灾害频发。火烧沟小流域综合治理中，突出提升城市品位，打造宜居环境为主题，通过营造水保林、实施封禁措施、沟道治理工程，完成治理水土流失面积36平方公里，其中灌木造林170公顷，乔木造林384.9公顷，封禁3045.1公顷，浆砌石谷坊47座，使流域内水土流失得到有效控制，植被覆盖率明显提高，涵养了水源，减轻了地表冲刷，促进了流域生态系统的良性循环。治理后的火烧沟，河道、岸地、植物、园路、灯光、建筑等融为一体，并与现有自然景观、人文景观、湿地有机衔接，相互衬托，乔灌草相互交映，园路小品精巧点缀，富于文化创意的人行廊桥，充分展现了地域特色，突出了生态和谐的特点，让市民更好地与水为伴，感受水的韵味、秀美和风情。

第三，城镇建设的屏障——民和县城周边流域综合治理

民和回族土族自治县是青海东部城市群建设重点县。县城川口镇周边流域总面积为246.04平方公里，水土流失面积占流域总面积的83.48%，羁绊着城镇化建设的快速发展。工程实施后，新增水土流失治理面积36平方公里，封禁2620公顷，流域内保土量每年增加9.25万吨，每年拦蓄地表径流增加44.66万立方米，林草覆盖度达38.1%，使流域林地及其周围地区的水分条件得到改善，流域小气候得到调节，不仅营造了城镇周边良好的生态环境，也改善了商家投资兴业的外部形象，为促进城镇化建设的高起点推进筑就了绿色屏障。

第四，旅游发展的亮点——湟中县塔尔寺小流域综合治理

塔尔寺是我国著名的藏传佛教圣地，也是青海省王牌旅游胜地。深厚神秘的宗教文化积淀、富丽堂皇的寺院建筑艺术、栩栩如生的酥油花、绚丽多彩的壁画和色彩绚烂的堆绣吸引着世界各地越来越多的游客纷至沓来。该流域总面积35.76平方公里，流域内水土流失面积达31.82平方公里，荒凉的生态环境严重影响了塔尔寺景区的形象，制约着湟中县旅游经济的发展。截至目前，塔尔寺小流域已治理水土流失面积25平方公里，治理程度78.56%，营造水保林550公顷，封禁1950公顷，防洪排洪渠655米。乔灌结合、沟坡兼治、排水防洪并重等水保综合措施的实施，不仅遏止了水土流失，大大改善了塔尔寺周边生态，还使昔日荒山坡上了绿装，解除了寺院及周边区域的防洪安全隐患，促进了大美青海旅游业的发展。

第五，藏区水保的样板——同仁南当山小流域综合治理工程

同仁县地处三江源缓冲区黄河一级支流隆务河流域，是“热贡艺术”的发祥地，著名的藏族画家之乡，是青海省旅游观光胜地。南当山流域项目区总面积216.8平方公里，水土流失面积158.4平方公里。项目区涵盖三乡一镇16个行政村，涉及34336人（其中农业人口14336人）。项目实施后，治理水土流失面积116.6平方公里，实施坡改梯110公顷，水保造林1301.5公顷，营造经济林10公顷，人工种草3170公顷，封禁治

理7000公顷，修建谷坊307座、沟头防护17处、过滤坝10座、护岸墙2000米、垃圾池28座、垃圾填埋场2处。南当山流域综合治理项目的实施，对促进民族团结、发展地方经济、改善人居环境和维护隆务河环境发挥了重要作用。

第六，水土流失治理——全省坡改梯建设工程

坡改梯建设情况，随着青海省经济建设和生态建设的进一步加强，“坡改梯”进入了一个新的攻坚阶段。根据东部地区17个县（市）水源缺乏，地形破碎，地势起伏大，输水困难以及土壤母质为黄土，农业用水主要依靠天然降水，地表径流渗漏严重的实际情况，为保证投资效益及其规模和质量，“八五”到“九五”期间，在全面调查宜改坡耕地土地资源和技术经济指标量化的基础上，以改土治水为中心，以提高土地生产力为目标，加速推进了“坡改梯”建设的进程，截至2000年，全省宜修梯田342.52万亩中已修梯田283.14万亩。目前青海省东部农业区还有宜修坡耕地59.48万亩，建议在“十五”期间继续加强“坡改梯”建设，通过五年实施，实现青海省宜修坡耕地梯田化。“坡改梯”的建设在很大程度上改善了青海省东部农业区耕地的生产条件，提高了土地生产力，改良了土地的理化性质，产生了很大的经济和生态效益。一是坡耕地实现梯田化之后，粮食亩产由原来的100公斤左右增至到150公斤以上，平均比坡耕地增产50公斤，仅梯田化一项治理措施可年增产粮食1.42亿公斤。二是梯田在持水方面的效益十分显著，被称为天然的“土壤水库”，据测算，一亩梯田一年可拦蓄20立方米以上降水，全省按小5度缓坡梯田和高标准梯田共283.14万亩计，一年可拦蓄5662.8万立方米的降水。三是梯田的保土效益按每亩保土3吨、保肥40公斤的77%的效率计算，年可保土654.1万吨，保持土壤有机肥8.73万吨。

（二）典型做法

1. 大通县小流域生态补偿案例

青海省大通县生态环境治理工作一直走在全省的前列，在“紧紧围

绕治理水土流失这一中心，以水土资源的可持续利用为主线，以改革和科技创新为动力，以促进农业增产，农民增收，农村经济发展和维系良好生态环境建设为目标”的黄河水土保持生态建设的这一指导思想下，近年来调动各方积极因素，采取综合防治措施，加快治理速度，提高工程质量，实现了水土保持工作的快速发展，特别是在生态工程计划未及时下达，资金没有到位的情况下，积极主动，从实际出发，精心组织，完成了项目区小流域的生物措施的治理工作。

2005 年初，大通县就根据项目区内庙沟流域、清水沟流域、后子沟流域水土保持初步设计和 2003 年、2004 年下达的计划任务，以及监理公司核准数量，早筹备、早动手、精心组织，精心施工各项剩余治理任务，其完成治理面积 8.84km^2，其中完成造林 323.92hm^2，围栏封育 560hm^2，截至目前各流域根据初步设计剩余工程量完成情况：庙沟流域剩余造林 40.98hm^2，完成 72.88hm^2，剩余围栏封育 560hm^2，完成 560hm^2，补栽 120hm^2；清水沟流域剩余造林 172.26hm^2，完成 122.26hm^2，补栽 54hm^2；后子沟流域剩余造林 128.788hm^2，完成 128.78hm^2，补栽 100hm^2；2005 年完成毛家寨流域补栽 76.6hm^2，另外石山流域补栽 80hm^2，洪水沟流域补栽 45.3hm^2，寺沟流域补栽 37.3hm^2，合计补栽 513.2hm^2。

黄河水土保持生态工程项目的实施，使大通县小流域综合治理迈上了一个新台阶，但仍存在一些问题，由于 2005 年计划没有下达，资金无法落实，淤地坝任务没有按初设完成，其中庙沟流域剩余 2 座淤地坝，清水沟流域剩余 4 座淤地坝，后子沟流域剩余 2 座淤地坝，同时使整个黄河生态大通县项目区的治理工作不能正常进行，治理工作缺乏连续性。经过多年的努力，该县建成了一大批符合当地实际的水土保持生态园、精品小流域和集中连片的示范区，有力推动了大通县生态建设的发展，为进一步实现湟水流域西宁项目区生态环境综合治理工程上规模、上档次、有品位、有特色，充分发挥了示范带动作用。

2. 民和县小流域生态补偿案例

自1993年以来民和县共投资1200多万元，对14个小流域进行水土保持综合治理，累计治理水土流失面积670平方公里，完成造林94.68万亩，种草8.69万亩，农田改造10万亩；共修建土石谷坊1430座，小涝池33座，防洪坝22座，完成了民和镁厂垃圾场、天然气输气管道等12处治理样板工程。经过十几年的努力，民和县的森林覆盖率提高了6.5个百分点，小流域的林草覆盖率达到了43.5%，治理区的土壤侵蚀量比治理前减少了68%，显著改善了生态条件和农业生产环境，控制了水土流失。

民和县地处青海省东部，素称青海“东大门”，全县总面积1890.82 km^2，辖22个乡镇312个行政村42.88万人，其中农业人口32.07万人。属黄土高原丘陵沟壑区第四副区，水土流失面积1670km^2，占总面积的88.3%。多年来，民和县始终坚持把小流域综合治理作为兴县富民的一项根本措施来抓，转变观念，持续治理，靠市场牵动、项目推动、机制促动，使民和县小流域综合治理走上了治理与调整产业结构相结合，水利与水保相配套，生态与经济、社会效益相统一的持续健康发展的轨道，并取得了显著的生态、经济和社会效益，在小流域综合治理中走出了一个以功能分区进行治理的创新模式。

一是生态型治理。以柴沟小流域为典型的生态型小流域，柴沟小流域总面积为38km^2，系湟水流域南岸民和县隆治沟的一条支流，水土流失面积为34.9 km^2，占总面积91.8%，经过8年治理新增措施面积22.86 km^2，治理程度达73.3%。柴沟流域为青海东部地区小流域综合治理树立了典型，得到广大群众普遍认可和专家的高度评价。1985年全国水土保持协调小组授予水利部“全国水土保持先进单位”。2000年水利部和财政部命名为“十百千”示范工程小流域。

二是以人为本，改造人居环境的清洁型治理。民和县古鄯小流域以改善古鄯水库上游生态环境为目标，具有保护水源、改善水质、美化环境的功能。流域于 1987 年开始治理，1993 年通过省级达标验收。该流域总面积为 49.63 km^2，其中水土流失面积为 32.8 km^2，水土流失严重。经过 6 年治理，累计治理 26.58 km^2，民和县三乡一镇（总堡、隆治、马场垣、古鄯）源源不断的清洁水源得益于古鄯小流域治理。2010 年实施的县城周边（川口、北山、马场垣）流域综合治理，治理总面积 119.6 km^2，共修建水平梯田 200.0 hm^2，营造水保林 3700 hm^2、营造经济林 75 hm^2，种草 810 hm^2，封育 7175 hm^2，小型水保工程 130 座（处）。各项措施总投资为 3737.89 万元，该项目完工将为减轻县城周边自然灾害、改善人居环境、促进新农村建设发挥很大作用。

三是依托资源经济开发型治理。资源开发型是今后发展方向，结合当前形势，保护生态就是保护生产力，发展生态就是发展生产力的要求，以流域实际功能定位其发展方向，积极探索，把水保与特色经济发展、支柱产业培育结合起来、大力发展经济林、调整产业结构，提高土地利用率。依据“林果上山、坡地梯田、坡面草灌、牛羊入圈”的模式配置产业，把生态建设融入到经济发展大环境中，力争实现“治理一条流域，建一个基地，发展一方经济，富一方百姓”的基本目标。结合当前全县实施全膜双垄栽培技术推广面积 35 万亩，建立万亩示范区 6 个，马场垣、总堡垣建成 2 个设施农业优质果品基地，全县建成了大果樱桃、苗木示范、优质核桃、核桃苗木繁育基地、优质蔬菜生产等十二大基地，建成标准化规模养殖（小区）场 124 家。同时，依托园区建设先后引进新品种 77 个，展示了新技术 15 项，申报人参果、葡萄、辣椒、番茄为无公害农产品，并通过了无公害产品认证，申报成功旱砂西瓜为农产品地理标志，促进了特色产业的提质增效，为群众增收致富奠定了坚实基础，实现了水保治理与农业调产、小流域治理与农民增收的有机结合。33 年巨变，“八条大沟九道山”变成了郁郁葱葱、果实累累的绿洲，“两大谷地三大垣”变成了生态优美、高产高效的节水园区和绿色走廊。昔日的光山秃岭、黄土乱飞、河水断流、干旱难防，现如今已变成村容整洁、交通畅通、河水清澈、山川秀美、庭院果香的家园。据推算，通过小流域治理全县每年平均增产粮食1.37万吨，拦泥保土95.1万吨，拦蓄径流850万立方米，显示出巨大的经济、社会和生态效益。

（三）经验总结

青海省小流域综合治理已从起步阶段的重点治理发展到目前的全面规模治理，突出了流域清洁、城镇防洪、防污治污以及提升品位的建设特点，经过综合治理的小流域实现了“三增、三减、三改善”的建设目标，形成了科学合理、效益明显、特色各异的水土保持综合防治体系，有力推进了三江源、青海湖流域、湟水流域、柴达木盆地和祁连山等“五大生态圈”建设，水土流失得到有效控制，植被涵养水源的能力显著提高，凸显了水土保持在整个生态建设中的关键作用。今后应紧紧围绕“构建生态系统，恢复生态屏障”这个大原则，加快水土流失综合防治步伐，努力促进青海省向生态文明的美好目标迈进。

三、四川省小流域生态补偿案例

（一）小流域概况

1. 基本情况

四川省位于金沙江中下游和嘉陵江下游地区，总共有212个小流域。四川省地表呈紫红色，土壤松散，基本上是由砂、页、泥岩风化形成的幼年土，该土壤的结构性差，有机物质的含量低，容易被水分溶解，土壤的抗蚀性差，容易被水销蚀。四川省地势来说，东北高，西南低，海拔在274米到600米之间，地貌以中、低丘为主。该地属于亚热带湿润季风气候。气候温和，冬天和夏天温度适合，没有极端天气，雨量充沛，四季分明，全年无霜期长，全年平均气温17.7℃，利于农作物生长和植被繁衍。四川省内河流湖泊大多属于长江水系。地上生长的植被以常绿阔叶林为主，由于人类生存需要与社会的发展导致该地带的原生植被破坏严重，森林覆盖率低，仅为2.2%。四川省水土流失面积和土壤侵蚀是非常严重的，其水土流失和土壤侵蚀量均占了长江上游土地水土流失和侵蚀量的 70% 左右。四川省小流域土壤侵蚀导致土地的破坏和农田的吞蚀，甚至会降低土壤肥力，加剧洪灾及旱灾的发生，并且会使得小流域的河床抬高，降雨量大时会加大灾害面积和影响，同时堵塞河流和湖泊，影响小流域的开发和利用。

2. 案例选择

四川省小流域环境治理和生态补偿的措施及方案，以 32 个重点小流域为典型，其中岷江流域有 10 个，沱江流域有 11 个，嘉陵江流域有 11 个，并划分为 76 个控制单元进行治理和补偿。在岷江流域的小流域污染中，工业废水的污染有 40% 以上，城镇和生活污水的污染达到 25%，农村面源污染和养殖畜禽污染也有 25%左右。而其中的沱江流域，城镇生活污染占所有污染的 40%以上，同时也是沱江流域的主要污染源；而嘉陵江流域中，城镇污水的污染也极高，达到了 50%。所以，四川省主要通过分类的方式对小流域进行治理，主要是工业污染、城镇生活污水的污染、农村污染及家禽饲养的污染四类。对四川省的案例选取也是根据四川省的小流域分类情况选取的，第一个是毛河小流域生态治理案例，该案例主要是工业污染型小流域重点污染治理措施。第二个是沱江支流九曲河小流域治理案例，主要是城市生活污染型小流域重点污染控制的方法和措施。第三个案例是茫溪河小流域，主要是农村污染型小流域治理的典型。第四个是州河小流域是复合污染型小流域治理的典型。

（二）典型做法

1. 毛河小流域生态补偿案例

彭山县毛河是岷江中游的一条中小支流，是眉山市彭山县人口主要聚集地带，也是粮油等农产品和主要工矿企业的分布地带。随着经济的发展，人口增长，资源环境的开发，排入毛河的污染物总量已经超过其水环境承载量。对于毛河小流域的治理措施和生态补偿主要是针对工业型小流域污染的应对之策和治理之法。毛河小流域具体做法：第一，工业污染是源头，要先切断源头，狠抓工业污染源防治，工业排放达标并符合制度要求；第二，由于沿流域企业对污染的直接影响是最大的，所以对小流域越近的对于沿流域企业要加大企业监管力度和环保的制度要求，积极推进清洁生产；第三，流域全面实行总量控制和核发总量许可证、重视流域污水资源化；第四，要对工业企业进行产业调整，贯彻“关、停、禁、改、转”五字方针；第五，排污交易权的推行也是对工业企业的限制，让工业企业对小流域进行生态补偿。

2. 九曲河小流域生态补偿案例

沱江支流九曲河是城市生活污染型小流域治理的典型。九曲河是沱江水系的支流，发源于芦葭镇，总长 57.5 公里。因长期受城市生活污水、生活垃圾、工业污水排放的影响，导致该河道污染严重，水质严重超标。经过对该河道的调研及检测发现，当时的城区 75% 的生活污水是直接排放进入九曲河的，同时该河流下游的工业企业排放也加剧了对九曲河的污染。上游堤坝蓄水后，使得河水流速减慢，九曲河的污染也变得更严重。此外，农村养殖业对九曲河的污染也不容忽视。养猪的农户把猪潲水和排泄物直接排放进入九曲河，养奶牛的农户也是把牛的排泄物借着其他的一些排污口直接排放到九区河中。同时九曲河沿岸的居民保护意识不强，也加重了小流域的污染，例如，一些沿岸的农户将田里的秸秆燃烧后将剩下的草木灰倒进河里，对他们来说从来都是这样处理草灰，没有想过会不会污染的问题。

对于城市生活污染型小流域的治理重点实施城镇生活污染源控制措施，狠抓城市生活污水及生活垃圾治理。同时，政府统一规划并多渠道筹集资金同时带领公众参与的方式对城市小流域进行建立污水处理厂，并把居民生活污水集中后按照一定的处理工艺，将污水有害物质除掉，对水质通过一些流程净化。并把净化后的城市用水再投入到农业和工业领域，使其资源化。政府以多方筹资、公众参与的方式让多方对小流域生态进行补偿。四川省政府通过多方参与补偿的方式对 32 个重点小流域涉及城镇生活污水进行治理，治理项目 318 项，投资 49.97 亿元；总的来说，减少 COD 19.64 万吨 / 年，氨氮 1.56 万吨 / 年。流域的城镇生活垃圾处置项目增加 240 项，总共投资在项目上的资金有 9.31 亿元。

3. 茫溪河小流域治理生态补偿案例

茫溪河小流域是农村污染型小流域的典型，茫溪河发源于井研县大佛乡大力村宋家坡，流域干流全长 95 公里，流域面积 1238 平方公里。由于茫溪河流域内农户进行的畜禽养殖、工业生产的发展，再加上年均降水不足 800 毫米，水资源的短缺，平均径流量只有 1.57m^3/s，每当枯水期时会呈现断流状态。该河道小流域的污染使得小流域的水资源缺乏，让政府和流域内的居民感到十分痛心，所以该小流域受到中央环保督察组重视，同时也引起了市委、市政府及茫溪河涉及的井研县、五通桥区、市中区、犍为县的高度重视，所以政府结合"河长制"工作，对茫溪河小流域的污染进行治理，多措并举，持续发力。

综合治理，主要从茫溪河沿线畜禽养殖场治理、工业企业污染治理、城镇生活污水治理、河道清淤、农村面源污染治理五个方面全方位推进治理。但是，农村面源性污染是重点治理对象，截至目前，井研县全面拆除茫溪河沿岸养鸭场 94 家 7.6 万平方米，全面拆除禁养区 146 户养殖场；加快推进淘汰落后产能工作，关闭 4 家不符合国家产业政策的造纸企业；关闭小瓦窑、小砖窑、小炼油厂等企业 27 户，取缔 28 户，整改 64 户，强化监管 3 户，有效控制了污染物进入茫溪河。并就缺水、臭水、死水等三个问题找到了解决的方案：缺水，就引水；臭水，就净水；死水，就活水等三个解决方案，又细化为生态湿地引水、拦水坝净水、污水处理他建设、底泥清理修复等治理项目。

四川省农村污染型的小流域，在结合社会主义新农村建设基础上推进农村小康环保行动计划，并以生态文明和环境较好的村镇为载体出发，改善农村人居环境，实施农村面源污染控制措施，控制农村生活污水排放及垃圾丢弃、禁止农村集约化养殖、防止过度网箱养鱼等。从而实现流域生态环境综合整治加强，控制小流域的水土流失，减少农村污染物进入小流域的排放量及对流域内面积的污染量。

4. 州河小流域治理生态补偿案例

州河小流域污染和破坏是由于多种污染共同强作用形成的，所以对其治理也是多种治理途径同时进行的，其治理措施是复合污染型小流域污染防治的主要案例。州河小流域位于嘉陵江支流渠江的上游，流域面积 1494km^2，年降水量 1144—1192.5mm。州河在达州市境内，流程约 25 公里，流域面积 263 平方公里。河床平均宽约 250 米。平均枯水位 270 米，最低水位 269.56 米，平均含沙量 1277.67 克 / 立方米。游东林站多年的平均水温为 15.7℃，最高水温为 26.2℃，最低水温为 5℃。其污染是多种因素导致的，而并非单一因素的影响。该小流域被污染破坏后使得流域内的生态破坏，水土流失，影响经济增长和发展。

为了可持续发展，经济生态的可循环性，对小流域生态进行治理和补偿，加强流域生态保护及建设，特别应加强季节性污染防止措施；加强枯水期对工业企业的管理，降低枯水期水污染事故的发生风险；加大汛期环境监管力度，开展汛期专项检查活动；加强水污染事故风险防范和应急机制，积极预防、妥善处置环境污染事故。

（三）经验总结

以上四个案例中对四川省的小流域进行的治理措施和生态补偿的方式，从污染分类出发，首先从源头上找到小流域的污染源，然后再进行治理和补偿，这是较为高效的方式。遏制源头，再对破坏进行治理就可以减少小流域的破坏，对生态破坏进行补偿，使其恢复到未被破坏前的状态。

小流域综合保护措施，其一是以综合治理为核心，开展山、水、田、林、路、气综合建设，构建小流域综合防控体系。其二是要加强流域生态保护，特别是源头和水源地的生态保护，严格规范流域中上游水电开发活动，控制人为活动引起的生态破坏，防止工业、城市及农村污染引起水质恶化。

建立生态补偿机制是小流域生态补偿中最重要的环节，生态补偿机制是以保护生态环境，促进人与自然和谐发展为目的，根据生态系统服务价值、生态保护成本、发展机会成本，运用政府和市场手段，调节生态保护利益相关者之间利益关系的公共制度。能有效实施该措施可更好地激励流域上游地区的生态建设和环境保护，促进流域上下游区域的互相沟通、协调发展。

但是在以上所有案例中，对于治理总是下很大的成本，但是对于源头的控制还是不够的，在上面的几个小流域生态补偿的案例中，都是大范围的治理为主，也有可能是四川省小流域污染严重才大范围建立治理机制，但是对于污染和破坏前的保护机制是没有成立的，也就是说四川省小流域一边大面积地破坏和污染，一边又在治理，不会从源头上控制污染源。所以最好的治理方式就是把污染扼杀在摇篮之中，防止污染的产生。

四、广西小流域生态补偿案例

（一）小流域概况

广西地处祖国南疆，位于东经104° 28′ —112° 04′ ，北纬20° 54′ —26° 24′ 之间，北回归线横贯中部。东连广东省，南临北部湾并与海南省隔海相望，西与云南省毗邻，东北接湖南省，西北靠贵州省，西南与越南社会主义共和国接壤。行政区域土地面积23.76万平方千米，管辖北部湾海域面积约4万平方千米。广西地处中国地势第二台阶中的云贵高原东南边缘，两广丘陵西部，南临北部湾海面。西北高、东南低，呈西北向东南倾斜状。山岭连绵、山体庞大、岭谷相间，四周多被山地、高原环绕，中部和南部多丘陵平地，呈盆地状，有“广西盆地”之称。总体是山地丘陵性盆地地貌，分山地、丘陵、台地、平原、石山、水面6类。山地以海拔800米以上的中山为主，海拔400—800米的低山次之，山地约占广西土地总面积的39.7%；海拔200—400米的丘陵占10.3%，在桂东南、桂南及桂西南连片集中；海拔200米以下地貌包括谷地、河谷平原、山前平原、三角洲及低平台地，占26.9%；水面仅占3.4%。广西地处低纬度，北回归线横贯中部，南临热带海洋，北接南岭山地，西延云贵高原，属亚热带季风气候区。气候温暖，雨水丰沛，光照充足。夏季日照时间长、气温高、降水多，冬季日照时间短、天气干暖。受西南暖湿气流和北方变性冷气团的交替影响，干旱、暴雨、热带气旋、大风、雷暴、冰雹、低温冷（冻）害气象灾害较为常见。

广西境内河流大多随地势从西北流向东南，形成以红水河—西江为主干流的横贯中部以及两侧支流的树枝状水系。集雨面积在50平方千米以上的河流有986条，总长3.4万千米，河网密度每平方千米144米。河流分属珠江、长江、桂南独流入海、百都河等四大水系。珠江水系是最大水系，流域面积占广西土地总面积的85.2%，集雨面积50平方千米以上的河流有833条，主干流南盘江—红水河—黔江—浔江—西江自西北折东横贯全境，出梧州经广东入南海，在境内流长1239千米。长江水系分布在桂东北，流域面积占广西土地总面积的3.5%，集雨面积50平方千米以上的河流有30条，主干流湘江、资江属洞庭湖水系上游，经湖南汇入长江。秦代在湘江（今兴安县境内）筑建的灵渠，沟通长江和珠江两大水系。独流入海水系主要分布于桂南，流域面积占广西土地总面积的10.7%，较大河流有南流江、钦江和北仑河，均注入北部湾。自云南入广西再出越南的百都河，水系流域面积仅占广西土地总面积的0.6%。此外，广西还有喀斯特地下河433条，其中长度在10千米以上的有248条，坡心河、地苏河等均各自形成地下水系。广西现有水土流失面积2.81万平方公里，占土地总面积的11.91%。其中，崩岗2.78万座，石漠化土地面积2.38万平方公里，水土流失地区在所有市县均有不同程度分布。广西将新增综合治理水土流失面积3000平方公里；力争到2020年，生态脆弱河流和地区水生态得到修复，水源涵养区的生态得到保护，生态清洁型小流域基本建成。

广西对于清洁型小流域方向的治理和保护十分重视，所以在广西的小流域的治理发展以及生态补偿过程中都朝着清洁型小流域的方向发展。所以，在选择小流域生态补偿的典型时，清洁型小流域必不可少，其中驮烈河就是一条污染严重、水土流失量大、生态破坏程度高的河流。

（二）典型做法

1. 驮烈河小流域生态补偿案例

针对驮烈河小流域生态环境恶化、水土流失加剧的现状，对流域内河道岸坡采用格宾挡墙生态护岸的型式，在河道支流入口处建设一块人工湿地，周边农田及生活污水流经人工湿地，再流入驮烈河中，以达到净化的目的。经过一年多的运行，流域的水土流失已得到有效控制，河道生态环境也得到明显改善。驮烈河小流域水土保持工程治理区位于田阳县那满镇新立村流域去面积总共为 657.30hm^2，水土流失面积为 322.40hm^2。主要是水力侵蚀为主，其水力侵蚀又可分为轻度、中度、强度、级强度侵蚀 4 种。轻度侵蚀面积占水土流失面积的 12.22%，中度侵蚀面积占了 59.37%，强度侵蚀面积占了水土流失面积的 17.59%，极强度侵蚀面积占了水土流失面积的 10.83%。所以对其进行清洁型小流域的治理，治理目标：治理该流域的水土流失 5.10km^2，占流失面积的 94.9%。年减少泥沙流失量 3.34 万吨以上，年增加蓄水量 8.30 万立方米以上。

2. 西江流域生态补偿案例

广西每年投入约 30 亿元进行生态环境建设和水源保护，全区封山育林面积达到 7778 万亩。随着包括珠江防护林工程在内的生态保护工作深入推进，使得西江一直以来始终保持着充足的水量和优良的水质。除此，在各方面的生态补偿机制中大大地保护了各流域，使得水源污染问题得到了有效的解决。问题："一产只能种，二产不能动，三产空对空。"这一玩笑式的说法，描绘的正是广西一些饮用水水源地保护区、自然保护区、重要生态功能区等区域的现状。

广西目前的生态补偿标准普遍偏低，生态效益补偿基金主要来源于国家和生态地区自身财政，还没有直接从受益部门、企业、单位和地区征收的政策安排，横向生态补偿这个“大饼”，至今无法兑现。生态效益补偿机制的有效落实离不开对生态效益和生态服务价值的认识和评估问题，目前这方面工作面临缺乏专业人员、设备和经费不足等问题。

补偿措施：第一，强化政府生态补偿的主导作用，按照“谁开发谁保护、谁受益谁补偿”的原则，因地制宜选择生态补偿模式，建立生态补偿政策的绩效评估制度，进一步完善生态补偿机制。同时，重点开展西江上游等源头区和饮用水水源地等水生态功能区的生态补偿，开展同一流域上下游生态保护与生态受益地区之间生态补偿试点，逐步提高补偿标准。第二，建立生态补偿联席会议制度，建立跨省生态协调与利益补偿机制。把广西纳入国家生态补偿重点省区，扩大重点生态功能区范围；将西江流域列入中央生态补偿机制试点范围；加大中央财政对广西生态补偿的转移支付力度和生态环保产业扶持力度等。最后对于沿海地区小流域要加强海洋生态监测，才能更好地保护小流域。

（三）经验总结

1. 创新理念和方法的支撑

生态清洁型小流域是创新的概念，用创新的东西来解决老的问题，会有意想不到的结果。生态清洁型小流域治理是小流域综合治理的发展和完善。工程建设应以水土流失综合治理为基础，全面做好流域治理、生态修复、水系整治和人居环境改善，建立面源污染控制、人为水土流失防治等管理制度，加强相关监测评价等。生态清洁小流域建设是广西实施乡村振兴战略、推进生态文明建设、美丽广西建设的一项重要举措，各地水利部门一定要高度重视，水土保持工作者要树立和践行“绿水青山就是金山银山”的理念，做到“一湾清水要长留”，要结合广西实际，结合群众需要，积极开展生态清洁小流域前期工作，加快推进广西生态清洁小流域建设。

2. 充分利用资源，实践与理论结合

小流域治理工程是通过结合当地实际，实施坡耕地改造，修建水窖、水塘和坡面灌排水系等小型水利水保工程。营造水土保持林草，建设乔灌草相结合的入库（河）生物缓冲带。通过工程措施和生物措施，减少土壤侵蚀，发挥梯地、林草植被等水土保持设施控制和降解面源污染的作用。而生态清洁型小流域治理是在有条件的地方，实施封山禁牧、封育保护，加强林草植被保护，防止人为破坏。要充分依靠大自然的力量恢复植被，改善生态环境，涵养水源，保护水资源。

3. 制度和实施方案的制定

制定了《广西贫困地区坡耕地改造和基本农田整治实施方案》：从2012年到2015年，在全区12个市共50个贫困县整体推进，完成坡耕地改造和基本农田整治72万亩。经过治理，项目区的水土资源得到保护，有效减少进入江河水库的泥沙，减轻干旱、洪涝等自然灾害，促进生态环境和生产条件的改善。截至2011年底，全区石漠化综合治理工程完成治理面积2110.24平方公里。

4. 小流域生态补偿的监督

项目都取得良好成效，有效地保护了耕地，改造了沙化地，提高了土地复垦率，但仍需要创新、绿色的小流域补偿方式。小流域治理仍需创新，需要用更加绿色环保的方式进行治理。仍有部分地区小流域仍然存在问题，应加大对全区小流域的监控力度，使得问题马上被发现，马上采取相应对策，改进治理技术。

五、甘肃省小流域生态补偿案例

（一）小流域概况

甘肃省位于中国西部地区，地处黄河中上游，地域辽阔。介于北纬32° 11′ —42° 57′ 、东经92° 13′ —108° 46′ 之间，大部分位于中国地势二级阶梯上。东接陕西，南邻四川，西连青海、新疆，北靠内蒙古、宁夏并与蒙古国接壤。东西蜿蜒1600多公里，纵横45.59万平方公里（其中飞地53.22平方公里），占中国总面积的4.72%。甘肃各地气候类型多样，从南向北包括了亚热带季风气候、温带季风气候、温带大陆性（干旱）气候和高原高寒气候等四大气候类型。年平均气温0—15℃，大部分地区气候干燥，干旱、半干旱区占总面积的75%。主要气象灾害有干旱、暴雨洪涝、冰雹、大风、沙尘暴和霜冻等。

全省各地年降水量在36.6—734.9毫米，大致从东南向西北递减，乌鞘岭以西降水明显减少，陇南山区和祁连山东段降水偏多。受季风影响，降水多集中在6—8月份，占全年降水量的50%—70%。全省无霜期各地差异较大，陇南河谷地带一般在280天左右，甘南高原最短，只有140天。海拔多数地方在1500米到3000米之间，年降雨量约300毫米（40—800毫米之间）。甘肃地处黄土高原、青藏高原和内蒙古高原三大高原的交汇地带，境内地形复杂，山脉纵横交错，海拔相差悬殊，高山、盆地、平川、沙漠和戈壁等兼而有之，是山地型高原地貌。甘肃省水资源主要分属黄河、长江、内陆河3个流域9个水系。黄河流域有洮河、湟水、黄河干流（包括大夏河、庄浪河、祖厉河及其他直接入黄河干流的小支流）、渭河、泾河等5个水系；长江流域有嘉陵江水系；内陆河流域有石羊河、黑河、疏勒河（含苏干湖水系）3个水系。年总地表径流量174.5亿立方米，流域面积27万平方公里。

（二）典型做法

甘肃是全国水土流失最为严重的省份之一，全省有水土流失面积28.13万平方公里，占全省国土总面积的66%。甘肃省通过保持水土，开发利用水土资源，建立了有机、高效的农林牧业生产体系。截至2013年底，全省累计治理水土流失面积7.36万平方公里，其中兴修梯田2791万亩，营造水土保持林草5233万亩，生态修复2011万亩，已治理小流域植被覆盖率都在30%以上。特别是近年来，部分县（区）以小流域综合治理和梯田建设项目为依托，大力发展中药材等特色产业，初步形成了

“梯田 + 中药材”的特色产业模式。较为典型的有如下四个治理工程：

1. 庄浪梯田

庄浪县地处陇中干旱地区，流域山大坡陡，地形破碎。全县 90.4% 的耕地分布在山区梁峁和沟壑之上，耕地条件差，水土流失严重。自 20 世纪 60 年代，庄浪县开始平田整地，使全县建成水平梯田面积累计达到 94.5 万亩，占坡耕地总面积的 92%。持续植树造林，使全县林草覆盖率达到 26.9%。配套开展移民搬迁、人饮工程、道路建设等，使全县自来水普及率达到了 65%，实现了乡乡通油路、村村通公路的目标。1998 年 7 月，庄浪县荣获全国第一个“中国梯田化模范县”光荣称号。2002 年 8 月 5 日，在人民大会堂联合举办了“庄浪县再造秀美山川先进事迹报告会”。2008 年，庄浪梯田被列入全国非物质文化遗产。

2. 兰州南北两山环境绿化工程

兰州南北两山环境绿化工程是兰州党政军民历经半个世纪，持续绿化荒山，改善生态环境，拓展城市发展空间的综合治理项目。目前南北两山人工植树达 58 万亩 1.5 亿株，发展植物种类 59 科 248 种，动物、鸟类 76 种。已形成人工森林、基础设施、管理管护、生态文化等 4 个体系，初步构筑起兰州生态的绿色屏障。

3. 甘南黄河重要水源补给生态功能区保护与建设

甘南黄河重要水源补给生态功能区是黄河主要的产流区、水源涵养区和水源补给区，年均补给黄河水量 65.9 亿立方米。甘南黄河重要水源补给生态功能区保护与建设规划总投资 44.51 亿元，包括生态保护与修复工程、生产生活基础设施、生态保护支撑体系三大工程 23 个方面的项目。项目建设围绕“增强黄河水资源补给功能、稳定黄河水资源补给”这一生态保护目标，分近期（2006—2010）年）和远期（2011—2020 年）两个阶段实施。工程建成后，对保障整个黄河流域的生态安全意义重大。

4. 民勤县石羊河流域重点治理工程

民勤县石羊河流域重点治理工程是解决石羊河流域生态环境极度恶

化的大型水利工程，于2007年12月启动实施，规划总投资47.49亿元，其中民勤属区11.46亿元。此项目以节水型社会建设为主线，通过合理配置水资源、明晰水权、加强用水管理、调整产业结构、改造灌区节水、转移农村富余劳动力等措施，力争实现“决不能让民勤成为第二个罗布泊”的奋斗目标。

（三）经验总结

1. 多样化的生态补偿

甘肃省建立了多样化的生态补偿制度，先后在区域内建立了森林生态补偿、矿产资源生态补偿和草原生态补偿项目。

2. 两种补偿主体下的主导的补偿方式

甘肃生态补偿主要采取以下两种类型：政府补偿和市场补偿。其中，政府补偿主要采取财政转移支付、生态补偿专项基金、重大生态建设项目补偿、生态特色产业补偿；市场补偿主要采取生态补偿费、生态补偿税、排污费、资源费、环境税、排污权交易等。生态补偿的方式一般分为资金补偿、实物补偿、政策补偿和智力补偿等。针对不同区域和类型采取不同的补偿方式，或者联合采用几种方式，以实现最优的补偿效果。省政府通过制定相关的法律、法规及政策，保证补偿资金来源并补偿到位，发挥生态补偿对生态建设和保护的支持作用。

附录二：西部地区调查样本小流域基本情况一览表

附录表 1–1　西部地区调查样本小流域基本情况一览表

序号	省份名	县市名	流域名	面积（km^2）		
				总面积	流失面积	治理面积
1	贵州	清镇市	麦格小流域	10.38	5.92	5.77
2	贵州	清镇市	百花湖清小流域			35.88
3	贵州	开阳县	青龙河小流域	13.29	7.97	750.1
4	贵州	清镇市	栗木河小流域	19.1	8.94	35.88
5	贵州	小河区	阿哈湖	11.46	7.58	757.9
6	贵州	黔西县	驮煤河小流域	18.96	8.98	6.67
7	贵州	城关镇	田冲小流域	20.12	9.66	
8	贵州	织金县	大陌河小流域	23.16	12.98	11.77
9	贵州	威宁县	嘎利小流域	1000.17	659.12	501.73
10	贵州	威宁县	草海项目区	157.54	95.36	73.03
11	贵州	威宁县	吕家河小流域	25.98	16.87	12.5

续表

序号	省份名	县市名	流域名	面积（km²）		
				总面积	流失面积	治理面积
12	贵州	威宁县	瓜拉小流域	134.55	87.89	87.89
13	贵州	威宁县	新坪小流域	2574.47	1585.69	1500.91
14	贵州	威宁县	岩格箐小流域	3220.22		14.54
15	贵州	龙里县	三元镇西联小流域	1082.06	1002.3	1002.3
16	贵州	平塘县	牙舟镇白沙小流域	5.65	858.05	5.62
17	贵州	平塘县	通州镇翁岗小流域	1405.48	891.64	636.36
18	贵州	独山县	黑神河	424.55	4513	4513
19	贵州	独山县	江寨河小流域		22457	22457
20	贵州	福泉市	陡河	800		800
21	贵州	福泉市	甘棠	1100		1100
23	贵州	望谟县	红星小流域	1985.66	1479.98	1206.21
24	贵州	望谟县	拢岸小流域	2058.99	1497.89	1200
25	贵州	松桃县	官舟河小流域	2058.99		
26	贵州	务川县	大塘堡小流域	2058.99	389.66	312.81
27	贵州	务川县	大桥头小流域			886.94
28	贵州	务川县	杨家田小流域	653.17	449.54	380
29	贵州	凤冈县	朱场河小流域	48.2		
30	青海	民和县	柴沟小流域	38	34.9	22.86
31	青海	民和县	古鄯小流域	49.63	32.8	26.58
32	宁夏	彭阳县	彭阳县小流域	2528.65	2333	1712

续表

序号	省份名	县市名	流域名	面积（km²）		
				总面积	流失面积	治理面积
33	云南	大理	洱海	29459	1.062	
34	云南	德钦县	澜沧江流域	3044	1013	
35	云南	永平县	倒流河	2 666 .7	32 500	36 .17
36	云南	永平县	潘河小流域	74.75	21.32	12
37	云南	石屏县	珠江流域	881.47	345.16	90.36
38	云南	石屏县	红河流域	2159.38	1021.69	175.64
39	重庆	渝北区	朝阳河	260.82		7825

附录三：西部地区样本小流域调研资料清单一览表

附录表 1-2　小流域治理调研资料清单一览表

组长	组员	资料清单
张清风（遵义地区）	张清风	1. 凤冈县 2008、2009、2010 年度石漠化造林验收报告 2. 凤冈县水系情况 3. 2008—2010 年石漠化综合治理试点工程情况总结 4. 小流域石漠化综合治理模式 5. 石漠化综合治理与农业产业发展有机结合 6. 石漠化综合治理试点工程组织管理形式 7. 建设管理和建后管护制度的建立情况 8. 试点县总结 9. 凤冈县各小流域情况 9. 凤冈县规划书（修改稿） 10. 石漠化表格（1—12）
	杨雪	1. 务川水保站小流域资料（大塘堡，桥头沟，杨家田） 2. 贵州省务川县第二次湿地资源调查报告 3. 4-1 建标表 4. 4-2 判读考核登记表 5. 务川县背靠背判读一致率及外业验证表 6. 务川县小流域概况表格

续表

组长	组员	资料清单
陈明龙（黔南地区）	陈明龙	龙里县三元镇小流域
	李俊	1. 平塘县白沙小流域水土保持综合治理工程（内含四项有效文件） 2. 平塘县通州镇翁岗小流域水土保持综合治理工程（内含六项有效文件） 3. 平塘县通州镇翁岗小流域水土保持综合治理工程（内含十项有效文件） 4. 2008 年苗二河流域石漠化汇总文件（内含十三项有效文件） 5. 2009 年苗二河流域石漠化汇总文件（内含文件及图片若干）
	陆跃勇	1. 独山县摆略河水土保持工程 2. 独山县黑神河水土保持工程 3. 独山县江寨河水土保持工程 4. 独山县牛洞河水土保持工程 5. 独山县水土保持生态建设规划 6. 水土保持方案编制总则 7. 地理位置图 (三小) 8. 独山县水土保持生态环境监督管理 9. 水土保持生态修复规划
陈明龙（黔南地区）	罗大群	1.2010 年以来林业工作汇报（内含六项文件） 2.15 条小流域—水土保持 3. 罗甸县 2008—2013 年石漠化治理情况表 (2014-07-23) 4. 罗甸县生态公益林现状及发展思路 5. 罗甸县石漠化治理与扶贫产业发展效益最大化的思考 6. 罗甸县石漠化综合治理林业措施实施情况汇报 (2013-10-19) 7. 上隆河小流域水土保持规划现状概况 8. 生态公益林补偿资金管理存在的问题与建议 9. 水土保持规划附表 (罗悃) 10. 水土保持规划附表 (上隆) 11. 小流域治理分布图
	罗雪	1. 2012 年度面上治理 8km^2(方案及图片） 2.2013 年度面上治理 11km^2（方案、图片、鉴定书） 3. 福泉市河流分布及现状表 4. 福泉市水资源分布和利用现状的报告
	彭兴慧	
胡丹（黔东南区）	胡丹	1. 镇远县 2010 年石漠化综合治理试点项目区工程特性表 2. 镇远县石漠化基本情况及实施方案 3. 石漠化综合治理项目（2008—2010）实施方案概况 4. 项目区基本概况

续表

组长	组员	资料清单
晋祥龙（毕节地区）	晋祥龙	1. 毕节小流域治理概况 2. 节能减排思想在小流域综合治理中的体现 3. 田冲小流域治理概况
	李伟 秦刚刚	1. 织金县 2010 年水土保持工作完成情况 2. 织金县大陌河小流域水土流失治理效益及做法 3. 织金县坡耕地水土流失治理措施及对策 4. 织金县石漠化的成因、防治对策及效益分析
	李晓鹏 高璇卿	1.2012 年重点治理小流域汇报材料 2. 迤那水系配套（草海项目区） 3. 威宁县吕家河小流域初步设计（2009 年度草海项目区） 4. 吕家河小流域工程实施汇报（草海项目区） 5. 中央预算内投资水土保持项目威宁县吕家河小流域（草海项目区） 6. 贵州省 2009—2011 水土保持实施方案通知及提纲 7. 贵州省 2009—2011 年水土保持重点工程小流域综合治理威宁县瓜拉项目区可行性研究报告 2 8. 威宁县瓜拉项目区可行性研究报告 9. 威宁县新坪小流域规划预审材料 10. 岩格小流域（典型） 11. 贵州省挑战石漠化的现状及治理思路初探
吴运泽	吴运泽	1. 铜仁市松桃县吸纳民间资本参与水土流失治理 2. 铜仁市小流域
	王芳	铜仁地区小河流域治理情况的资料
	黄凡	喀斯特生态治理区可持续发展能力评价
鄢朝汉（六盘水区）	鄢朝汉	贵州省盘县岩溶地区石漠化综合治理工程方案
	张吉珍 江大卫	
谢荣花（黔西南区）	谢荣花	“十一五”“十二五”期间水土流失治理情况
	蓝涌源	1. 全州水土保持工作开展情况 2. 陇岸小流域文本
	周鹏	1. 河堡小流域正文（报批稿） 2. 黔西南州土壤侵蚀表（2010 年）
	雷文桐	红星小流域初步设计（终稿）

续表

组长	组员	资料清单
省外地区	陈春龄（云南省）	1. 大理州洱海保护治理工作情况 2. 大理州水利局 2008 年工作总结 3. 大理州水利局 2012 年工作总结 4. 大理州水土保持工作简况 5. 大理州辖区流域水系概况 6. 大理州中小河流和小流域治理工程建设快速推进方案 7. 德钦县澜沧江流域生态综合治理措施探讨 8. 洱海保护治理 9. 敢叫山河换新装——来自永平县倒流河治理的报告 10. 永平县博南镇卓潘河小流域综合治理效益评价
		石屏县小流域综合治理情况
	卢建波	西部小流域报告（外省组）（周奇、邓冬晴、耿思婧、王婞、谢安琪、金粉姬）
	董瑞琪	青海小流域整治

参考文献

［1］《中国共产党第十八次全国代表大会报告》，新华网，http://www.xinhuanet.com/18cpcnc。

［2］《中共十八届三中全会公报》，新华网，http://www.xinhuanet.com/politics/18sanzhongqh。

［3］《习近平在中国共产党第十九次全国代表大会上的报告》，人民网，http://cpc.people.com.cn/n1/2017/1028/c64094-29613660.html。

［4］俞海、任勇：《中国生态补偿：概念、问题类型与政策路径选择》，《中国软科学》2008 年第 6 期。

［5］［美］莱斯特 · R. 布朗：《生态经济：有利于地球的经济构想》，东方出版社 2003 年版。

［6］Wunder S，"Payments for Environmental Services：Some Nuts and Bolts"，*CIFOR Occasional Paper 2005*，No. 42.

［7］Castro E，Costa Rican，"Experience in the Change for Hydro Environmental Services of the Biodiversity to Finance Conservation and Recuperation of Hillside co Systems"，The International Workshop on Market Creation for Biodiversity Products and Services，OECD，Paris，2001.

［8］张连国：《广义循环经济学的科学范式》，人民出版社 2007 年版。

［9］Haberl H，Erb K H，Krausmann F，"How to Calculate and Interpret Ecological Footprints for Long Periods of Time: The Case of Austria 1926-1995"，*Ecological Economics*，2001，38.

[10] WuS, WangQ, YeF, “Opinions on Pollution Ebatement from the Perspective of the Indieators Relationship between Energy-saving and Pollution Ebatement,” Environ Prot, 2007, 3B.

[11] 孙新章、谢高地、张其仔等:《中国生态补偿的实践及其政策取向》,《资源科学》2006 年第 5 期。

[12] 陶建格:《生态补偿理论研究现状与进展》,《生态环境学报》2012 年第 21 卷第 4 期。

[13] 中国环境与发展国际合作委员会生态补偿机制与政策研究课题组:《中国生态补偿机制与政策研究总报告》, 中国环境与发展国际合作委员会, 2006 年。

[14] 国家环境保护局自然环境司编:《中国生态环境补偿费的理论与实践》, 中国环境科学出版社 1995 年版。

[15] 陈作成:《新疆重点生态功能区生态补偿机制研究》, 石河子大学博士学位论文, 2014 年。

[6] 彭珂珊:《西部地区水土保持小流域治理的成效及发展思路》,《桂海论丛》2002 年 4 月 20 日。

[17] 赖金明:《我国生态补偿制度与污染者负担原则的关系——以三江源生态补偿为例》,《生态文明法制建设——2014 年全国环境资源法学研讨会(年会)论文集(第二册)》, 2014 年 8 月 21 日。

[18] 马洪波、吴天荣:《 建立三江源生态补偿机制试验区的思考》,《开发研究》2008 年 10 月 20 日。

[19] 谭啖、刘春学、王鹏云:《滇池湖滨湿地非使用价值的 CVM 评估》,《安徽农业科学》2012 年 3 月 1 日。

[20] 项继权:《湖泊治理:从“工程治污”到“综合治理”——云南洱海水污染治理的经验与思考》,《中国软科学》2013 年 2 月 28 日。

[21] 刘莹:《关于水权交易市场相关问题的探讨》,《中国水利》2004 年 5 月 12 日。

[22] 沈满洪:《水权交易与政府创新——以东阳义乌水权交易案为例》,《管理世界》2005年6月。

[23] 罗宏、裴莹莹、冯慧娟、吕连宏等:《促进中国低碳经济发展的政策框架》,《资源与产业》2011年1月。

[24] 邓琳君:《贵州省湿地保护立法评析》,《贵州民族学院学报(哲学社会科学版)》2011年3月。

[25] 周其坤、徐溧伶、韦忠阳、谢祖发等:《织金县坡耕地水土流失治理探析》,《现代农业科技》2010年9月10日。

[26] 石祖述、徐溧伶:《织金县大陌河小流域水土流失治理效益及做法》,《现代农业科技》2010年7月10日。

[27] 杨光梅、闵庆文、李文华等:《我国生态补偿研究中的科学问题》,《生态学报》2007年10月。

[28] 吴健、郭雅楠等:《生态补偿:概念演进、辨析与几点思考》,《环境保护》2018年3月15日。

[29] 潘志伟、吕志祥等:《石羊河流域生态补偿机制新论》,《生态文明法制建设——2014年全国环境资源法学研讨会(年会)论文集(第二册)》,2014年8月21日。

[30] 唐雄:《中国特色社会主义生态文明建设研究》,华中师范大学博士学位论文,2018年。

[31] 李鹏梅、齐宇等:《产业生态化理论综述及若干思辨》,《未来与发展》2012年第6期。

[32] R.U.Ayres, L.W.Ayres, *A Handbook of Industrial Ecology*, Cheltenham, U.K.: Edward Elgar Publishiers, 2002.

[33] 任正晓:《农业循环经济概论》,中国经济出版社2007年版。

[34] 黄贤金等:《循环经济:产业模式与政策体系》,南京大学出版社2004年版。

[35] 严立冬:《绿色经济发展论》,中国财政经济出版社2002年版。

[36] 伍国勇:《农业生态化发展路径研究——基于超循环经济的视角》,西南大学博士学位论文,2014年。

[37] [美] 道格拉斯·C. 诺斯:《制度、制度变迁与经济绩效》,刘守英译,上海三联书店1994年版。

[38] [美] 道格拉斯·诺思、罗伯斯·托马斯:《西方世界的兴起》,厉以平等译,华夏出版社1999年版。

[39] [美] 曼昆:《经济学原理(上册)》,梁小民译,北京大学出版社2005年版。

[40] 张维迎:《博弈论与信息经济学》,上海人民出版社2004年版。

[41] 嘉蓉梅:《产业结构生态化的有效实现途径——基于一个博弈模型》,《生态经济(学术版)》2012年第5期。

[42] 何继善、戴卫明等:《产业集群的生态学模型及生态平衡分析》,《北京师范大学学报(社会科学版)》2005年第1期。

[43] 涂子沛:《大数据》,广西师范大学出版社2012年版。

[44]《大数据是什么?一文让你读懂大数据》,http://www.thebigdata.cn/YeJieDongTai/7180.html。

[45] 王秀峰、伍国勇:《生态农业"三维"复合系统内部机理分析》,《湖北社会科学》2005年12月25日。

[46] 郑海霞:《中国流域生态服务补偿机制与政策研究》,中国农业科学院博士学位论文,2006年。

[47] 郑海霞:《关于流域生态补偿机制与模式研究》,《云南师范大学学报(哲学社会科学版)》2010年9月15日。

[48] 王军锋、侯超波等:《中国流域生态补偿机制实施框架与补偿模式研究——基于补偿资金来源的视角》,《中国人口·资源与环境》2013年2月15日。

[49] 孙开、孙琳等:《流域生态补偿机制的标准设计与转移支付安排——基于资金供给视角的分析》,《财贸经济》2015年12月10日。

[50] 汪炳、黄涛珍等:《对淮河流域生态补偿资金管理机制的思考》,《水资源保护》2015年3月20日。

[51] 蔡燕燕:《我国自然保护区管理模式研究》,浙江农林大学硕士学位论文,2012年。

[52] 蔡邦成、庄亚芳、刘庄、王向华等:《生态补偿的管理与调控模式研究》,《环境科学与技术》2009年5月15日。

[53] 潘华、徐星等:《生态补偿投融资市场化机制研究综述》,《昆明理工大学学报(社会科学版)》2016年2月15日。

[54] 秦长海:《水资源定价理论与方法研究》,中国水利水电科学研究院博士学位论文,2013年。

[55] 吴保刚:《小流域生态补偿机制实证研究》,西南大学硕士学位论文,2016年。

[56] 贺志丽:《南水北调西线工程生态补偿机制研究》,西南交通大学硕士学位论文,2008年。

[57] 甘信兵:《马克思主义生态观视域下枣庄市经济可持续发展研究》,西华大学硕士论文,2016年。

[58] 伍国勇:《林业多功能货币价值测度研究——以贵州省丹寨县为例》,《安徽农业科学》2009年12月1日。

[59] 程云:《缙云山森林涵养水源机制及其生态功能价值评价研究》,北京林业大学博士论文,2007年。

[60] 陆贵巧:《大连城市森林生态效益评价及动态仿真研究》,北京林业大学博士学位论文,2006年。

[61] 谷建才:《华北土石山区典型区域主要类型森林健康分析与评价》,北京林业大学博士学位论文,2006年。

[62] 代永彬:《大雪山自然保护区森林生态功能及价值评估初探》,《林业调查规划》2004年6月30日。

[63] 接玉梅、葛颜祥、徐光丽等:《基于进化博弈视角的水源地与

下游生态补偿合作演化分析》,《运筹与管理》2012 年 6 月 2 日。

[64] 徐光丽:《流域生态补偿机制研究》，山东农业大学博士学位论文，2014 年。

[65] 黄昌硕、耿雷华、王淑云等:《水源区生态补偿的方式和政策研究》,《生态经济》2009 年第 31 期。

[66] 危丽、杨先斌、刘燕等:《退耕还林中的中央政府与地方政府最优激励合约》,《财经研究》2006 年 11 月 3 日。

[67] 中国生态补偿机制与政策研究课题组:《中国生态补偿机制与政策研究》，科学出版社 2007 年版。

[68] 伍国勇、邵美婷:《农业生态化发展中各利益主体博弈行为分析》,《生态经济评论》2014 年 2 月 28 日。

[69] 潘腾、王恒俭、李宏超等:《杭州市环境保护局“一站式”互联网 + 污染源监管信息管理与公开平台》,《2016 全国环境信息技术与应用交流大会暨中国环境科学学会环境信息化分会年会论文集》，2016 年 11 月 24 日。

[70] 马国君:《论民族文化失范与清水江流域生态局部退变的关系》,《原生态民族学刊》2009 年第 1 期。

[71] 刘峰:《清水江流域林业生态保护中的奖惩机制——以林业碑刻为研究文本》,《农业考古》2014 年 6 月。

[72] 张娅:《贵州省清水江流域生态补偿现状、难点与建议》，中国—东盟博览，2013 年 8 月 20 日。

[73] 韩卫敏:《城市生态带规划实施政策研究》，浙江大学硕士学位论文，2012 年。

[77] 李松森、盛锐等:《完善财政转移支付制度的思考》,《经济纵横》2014 年 3 月 10 日。

[75] 王苹:《金融支持西部生态环保的融资渠道》,《农村金融研究》2001 年 12 月 20 日。

[76] 李秉祥、黄泉川等:《西部区域生态环境建设面临的困境及对策》,《中共南京市委党校南京市行政学院学报》2006 年 2 月 10 日。

[77] 石波文:《地方政府科技政策执行效果与困境研究》,江西农业大学硕士学位论文,2014 年。

[78] 张士威:《流域治理的制度分析——以滇池治理为例》,苏州大学硕士学位论文,2012 年。